国防科技大学学术著作出版资助专项经费资助

声学超材料基础理论与应用

温激鸿　蔡　力　郁殿龙　肖　勇　赵宏刚　尹剑飞　杨海滨　编著

科学出版社
北　京

内 容 简 介

本书系统介绍声学超材料的基础理论和应用探索研究成果。全书分为上、下两篇。基础理论篇详细讨论声学超材料的基本概念与内涵，系统介绍研究涉及的主要理论与分析方法，并归纳主要的超常特性及产生机理。应用探索篇系统介绍声学超材料在声隐身、减振降噪及新型声学器件设计方面探索研究的最新成果。

本书可供从事声子晶体、声学超材料及减振降噪领域的相关科技人员以及高年级本科生和研究生阅读参考。

图书在版编目(CIP)数据

声学超材料基础理论与应用/温激鸿等编著. —北京：科学出版社，2018.8
ISBN 978-7-03-057691-0

Ⅰ.①声… Ⅱ.①温… Ⅲ.①声学材料 Ⅳ.①TB34

中国版本图书馆 CIP 数据核字(2018)第 122872 号

责任编辑：张艳芬 王 苏 / 责任校对：郭瑞芝
责任印制：赵 博 / 封面设计：铭轩堂

科学出版社 出版
北京东黄城根北街 16 号
邮政编码：100717
http://www.sciencep.com
北京中石油彩色印刷有限责任公司 印刷
科学出版社发行 各地新华书店经销
*
2018 年 8 月第 一 版 开本：720×1000 B5
2024 年 3 月第四次印刷 印张：19 3/4 插页：4
字数：384 000

定价：128.00 元

（如有印装质量问题，我社负责调换）

前　言

弹性波在由人工结构单元构成的阵列结构中传播时，在波长远小于结构单元尺度的频段(亚波长频段，通常单元结构尺度小于波长的 1/10)，能够获得与自然界中物质迥然不同的超常物理性质，如负等效质量密度、负弹性模量、负折射、低频带隙、低频超常吸收等。这意味着能够在亚波长的介观尺度上构造人工“原子”，设计出天然材料不具备的超常声学、力学性质的新型人工材料，这类材料通常称为声学超材料。声学超材料具有的特殊物理效应极大地拓展了声学结构对弹性波传播的控制能力，为声波、振动控制及声学功能器件设计提供了全新的思路。

随着现代科学技术的发展，人类社会对各种材料的电磁、力学、声学等方面性能的挖掘和利用越来越深，进一步发展的难度越来越大。超材料力图从介观尺度上分析结构对波的控制原理及特性，通过对结构单元的创新设计，制备出具有天然材料所不具备的超常物理性能的新材料，提高对电磁波、声波传播的控制和操纵能力。超材料代表了一种崭新的复合结构/材料设计理念，在认识和利用当前材料的基础上，人们按照自己的意志设计、制备新型材料并实现特殊功能需求。其从介观尺度出发的思想既能突破常规材料的性能限制，产生新的物理现象和物理机制，又具有较强的物理可实现性，能够发展出具有重大军用和民用价值的新技术、新材料，促进和引领新兴产业的发展，其科学理论及应用价值引起了各国政府、学术界、产业界和军事界的高度关注。

作者所在的课题组长期从事声子晶体、声学超材料领域的研究工作，在声子晶体、声学超材料及传统人工周期结构中的弹性波传播特性及控制方面取得了较为可观的成果和经验，并提出将三者统一到弹性波人工周期结构这一范畴中的思想。2008 年，作者出版了《声子晶体》一书，比较系统地阐述了声子晶体的基本概念、弹性波带隙理论及减振降噪应用探索研究工作。2015 年，作者出版了《人工周期结构中的弹性波传播》一书，对课题组在梁类、板壳类人工周期结构的振动特性及体结构人工周期结构的吸声、隔声、声绕射等特性方面的研究工作进行了提炼、整理和总结。

本书突出基础性、先进性和前瞻性，可以作为研究者学习和研究声学超材料的入门书籍，作者由衷地期望本书的出版能为我国声学超材料技术的研究与发展起到一定的促进作用。

在撰写本书的过程中，课题组的研究生黄凌志、陆智淼、方鑫、钟杰、陈幸、赵翔等也参与了部分工作，在此表示感谢。同时，感谢装备综合保障重点实验室其他老师及同学给予的热情帮助。

感谢国家自然科学基金项目(51275519、51175501、11372346、11004250、51322502、51305448、51405502)的支持,特别感谢国防科技大学学术著作出版资助专项经费的资助。

限于作者水平,书中难免存在不妥之处,敬请读者批评指正。

作　者

目　　录

下篇 应用探索

上篇　基础理论

第1章　声学超材料概述

1.1 引　　言

新材料技术是21世纪科技发展的主要方向之一，它标志着人类对物质性质的认识和应用向更深层次拓展，对科学技术进步和国民经济发展具有重大的推动作用，是现代社会的三大支柱之一。半导体、新型合金材料和先进陶瓷技术等都是新材料领域中对推动社会进步具有显著作用的新技术。材料是由原子、分子按一定规律排列构成。通常，材料的力、热、声、电磁等宏观性能都由微观的原子、分子种类及其排列规律来决定，微观组成及排列方式确定以后，其力学、电磁、热学等参数就固定不变。科技的不断发展使人们对材料性能的要求越来越高，需要发展新的材料设计技术和理念[1]。

超材料选择介于原子、分子的微观结构尺寸与宏观尺寸间的介观尺度来构建人工微结构，或者说“人工原子或分子”。由这样的微结构阵列构成的人工材料的材料参数可以通过微观结构的设计实现大范围的人为调节，甚至实现负折射率等自然界中不存在的超常特性。超材料的出现不仅为电磁、声学等众多领域提供了性能更高的材料选择，更代表了一种崭新的材料设计理念，即人类在利用现有材料的基础上，能够按照自己的意志逆向设计微结构来获得新型材料。这在材料科学领域具有重大意义。

作为超材料研究领域的重要分支，声学超材料通过在亚波长物理尺度上的结构设计，获得具有超常力学、声学性能的复合材料或复合结构，为人们控制弹性波的传播提供了新的技术途径，为物理学、力学、声学、机械工程噪声与振动控制等领域开辟了全新的研究方向。

1.2 声学超材料

弹性波的传播特性及其控制是力学、声学、机械工程等领域的重要研究方向。始于1992年的声子晶体研究表明[2,3]，利用人工结构材料来调制弹性波，能够为声波及振动的操控提供新的手段。始于1998年的电磁超材料研究则进一步激发了研究亚波长结构控制波的热潮[4,5]。这两方面的研究推动了声学超材料研究的出现和迅速发展。本节结合声子晶体和电磁超材料的发展论述引入声学超材料的概念，并对声学超材料的基本特征、主要研究内容及研究意义进行阐述。

1.2.1　声子晶体

人们对晶体的认识源于自然界中存在的、呈现规则的几何形状，就像有人特意加工出来的固体，如天然的冰晶体呈六角棱柱体，食盐晶体呈立方体，明矾晶体呈八面体，如图 1.1 所示。X 射线衍射分析表明，内部原子或分子在空间按一定的规律周期性重复排列是这类固体的最基本特征[6]。结构的周期性使晶体表现出具有规则几何外形、固定熔点、高折射率、电子能带等众多特性。这些特性在力学、光学、热学方面都拓展了广阔的应用领域，尤其是源于周期性原子势场的固体电子能带特性[7]，为人们操控电子的流动提供了手段。自 20 世纪 50 年代，基于固体电子能带的半导体技术带来了一次科学技术革命，对人类文明的进步产生了深远的影响。固体电子能带理论极大地丰富了波在周期结构中传播的研究。最初的研究可以追溯到 1883 年，Floquet[8] 针对一维 Mathieu 方程研究了波在周期介质中的传播问题。Bloch[9] 于 1928 年将 Floquet 的结论推广到三维，得到了著名的 Bloch 定理。电子能带理论就是 Bloch 定理应用于量子力学薛定谔方程发展起来的。20 世纪 80 年代，人们将能带理论引入折射率周期性变化介质中的光传播研究中，得到能操控光传播的光子能带结构和光子带隙，这种存在光子带隙的周期性结构称为光子晶体[10,11]。光子晶体的提出给新的光电或光子器件的发明和应用创造了条件，因此迅速成为光电子和信息技术领域研究的热点。1998 年和 1999 年，*Science* 都将光子晶体研究成果列入当年的十大研究进展。

(a) 冰晶体

(b) 食盐晶体

(c) 明矾晶体

图 1.1　晶体的有序结构导致规则外形

从波动的共性出发，弹性波在周期性弹性复合介质中传播是否也产生能带结构和带隙就成为人们关注的问题。1992 年，人们首次从理论上证实了由两种或两种以上介质形成的、弹性常数或密度周期性变化的结构中存在弹性波能带结构及弹性波带隙。Martínez-Sala 等[12]在 1995 年对西班牙马德里的一座具有 200 多年历史的雕塑“流动的旋律”进行了声学特性测试，从实验角度证实了弹性波带隙的存在。这种弹性常数及质量密度周期性分布且存在弹性波能带结构和弹性波带隙的周期性复合结构称为声子晶体。

声子晶体按周期性分布的维数可分为一维声子晶体、二维声子晶体和三维声子晶体。一维声子晶体一般为两种或多种材料组成的周期性层状结构或杆状结构。二维声子晶体一般为柱体材料中心轴线均平行于空间某一方向并将其埋入基体材料中所形成的周期性点阵结构。柱体材料可以是中空的或实心的,柱体的横截面通常是圆形,也可以是正方形。柱体的排列形式可以是正方形排列、三角形排列、六边形排列等。三维声子晶体一般是球形散射体埋入某一基体材料中所形成的周期点阵结构。周期点阵结构形式可以是体心立方结构、面心立方结构、简单立方结构等。图 1.2 给出了各种维度的典型声子晶体结构示意图。

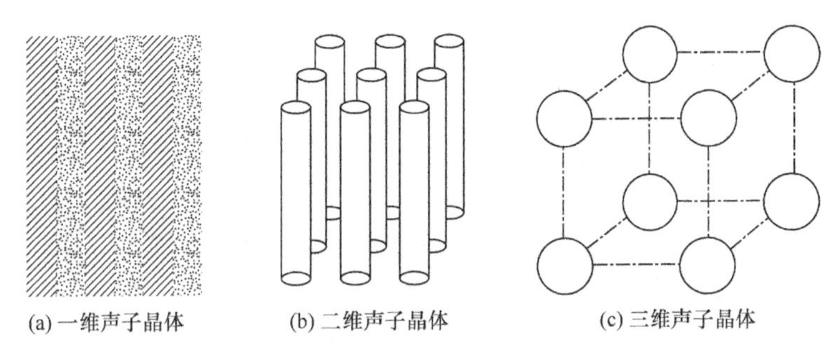

图 1.2　各种维度的典型声子晶体结构示意图

声子晶体的主要特征如下:

(1) 具有周期性,两种或两种以上弹性材料周期性排列构成;

(2) 具有带隙特性,落在带隙频率范围中的弹性波被禁止传播;

(3) 当周期性结构中存在点缺陷、线缺陷和面缺陷时,弹性波会被局域在点缺陷处,或只能沿缺陷方向传播。

通过对声子晶体周期结构及其缺陷的设计,可以人为地调控弹性波的传播。

1.2.2　左手材料与电磁超材料

超材料概念的提出始于左手材料的发展。左手材料是苏联物理学家 Veselago[13] 于 1968 年提出的理论模型,他从 Maxwell 方程出发,分析了电磁波在同时具有负磁导率和负介电常数材料中传播的特性。理论分析表明:在具有负介电常数和负磁导率的材料中,电磁波的能量传播方向(群速度)与相位传播方向(相速度)相反,这时波矢(***K***)、电场(***E***)、磁场(***H***)三矢量之间满足左手螺旋规则,这与电磁波在传统材料(磁导率和介电常数都为正)中的传播规律相反。由于自然界中观察不到这样材料的存在,因此 Veselago 的这一工作长期停留在理论上。

随着二元光学、光子晶体等人工电磁结构研究的不断深入,Pendry 等[14] 于 1999 年提出了以开口谐振环(split-ring resonator,SRR)为单元的周期结构

(图 1.3),能够实现负的等效磁导率,为左手材料的实现开辟了道路。在此基础上,Shelby 等[15]于 2001 年将两种微结构——铜直导线(实现负的电响应)与 SRRs(实现负的磁响应)组合在一起,通过结构尺寸设计使两种单元负响应的频段相同,首次从实现上验证了介电常数和磁导率同时为负的材料。左手材料的实现为人工电磁材料的设计开拓了广阔的空间。研究表明,左手材料具有一系列自然界中天然材料不具有的特性,如折射时入射方向与折射方向处于法线同侧的负折射(图 1.4)、负的切连科夫效应[16]、反多普勒效应[17]等。其表现出的新颖的电磁响应特性成为 21 世纪初国际物理学界研究的热点。

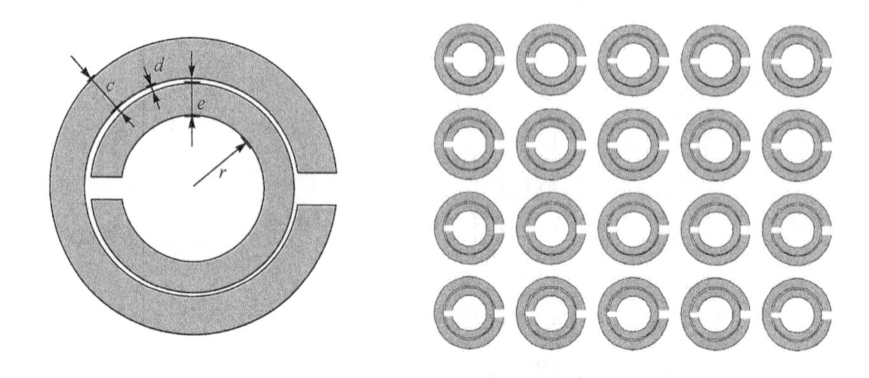

图 1.3 SRRs 结构及其阵列

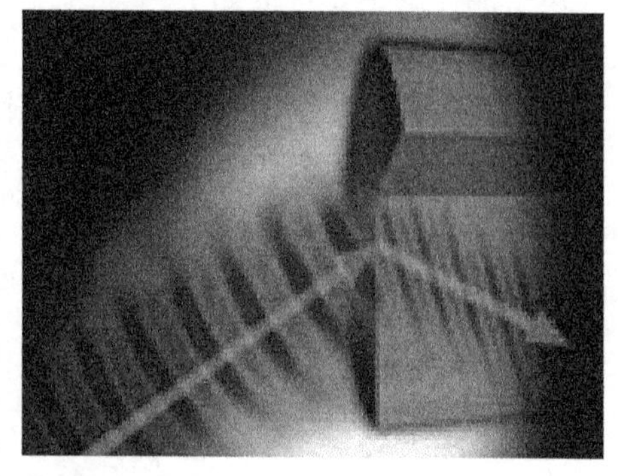

图 1.4 波的负折射现象

随着研究在深度和广度上的不断深入,通过对实现左手材料的微结构单元的研究发现,通过调整其几何参数和结构形式,可以在亚波长频段实现材料的磁导率或介电常数的任意调控,实现远大于 1、小于 1 甚至接近于 0,以及小于 0 的介电常数和磁导率。这种材料参数大范围可调的特性,为各种新型功能器件的设计提供了更为广泛的材料基础和设计自由度。由于这样的人工材料能够具有天然材料不具备的超常物理性质,研究者用一个新的学术词汇"Metamaterial"来描述,拉丁语为"meta-",可以表达"超出"含义,因此称为超材料。

作为一种材料设计理念，超材料在微波[18]、可见光[19,20]、太赫兹[21,22]等众多研究领域得到了验证和发展。它表现出的卓越的、传统材料难以具备的特性使其在众多领域具有诱人的应用前景，如新型天线[23,24]、电磁隐身[25,26]、微波毫米波器件[27,28]、表面等离子体光子芯片[29,30]、超衍射极限高分辨成像[31,32]等。目前，超材料的概念还在扩展，其种类和范围也仍在进一步扩大。但普遍认为，超材料是在连续介质中周期或非周期地嵌入特殊的人工结构单元，能够在亚波长频段获得与自然界中物质迥然不同的超常物理性质的"新材料"。其基本特征如下：

(1) 奇异或者超常物理特性。超材料具有负折射率、负磁导率、负介电常数等超越天然材料的奇异物理特性。这些特性源于波场入射人工结构产生的动态响应。特殊的结构单元设计使动态响应的宏观整体效果与通常材料不同。

(2) 亚波长结构。超材料的超常物理特性出现在波长远大于结构单元尺寸的亚波长频段。超材料的研究源于更早期对光子晶体、声子晶体等人工周期结构的研究。在这些研究中，当周期结构尺度与工作波长处于同一量级时，波场入射人工结构同样能够产生光子/声子带隙、负折射、定向传播等奇异特性，但与超材料不同，当波长与结构尺度相当时，这些效应主要源于结构单元之间的多重散射，或者说 Bragg 散射效应。这些效应可以通过色散曲线来分析，但目前还不能一般性地用等效介质分析将其等效为均匀介质，而超材料的物理性质和材料参数通常可以用等效介质理论来描述。

超材料的特性使人们可通过结构的设计和尺寸的调整来获得不同波段、不同物理性质的响应特性。目前，在电磁波领域，超材料的相关研究覆盖了从微波到可见光波段的广大区域，吸引了众多领域的研究者。由于介电常数和磁导率的人为设计可调特性，超材料为各种新型功能器件(图 1.5)的设计提供了更为广泛的材料基础和设计自由度。自 2005 年起，基于超材料的高分辨率透镜[33,34]、波束变换器[35,36]、场旋转装置[37]、隐身斗篷[38,39]等新型功能器件设计原理或方法陆续被提出。随后，超材料在隐身技术、小型化微波器件、天线、天线罩、频率选择表面等方面的应用研究得到了突飞猛进的发展。

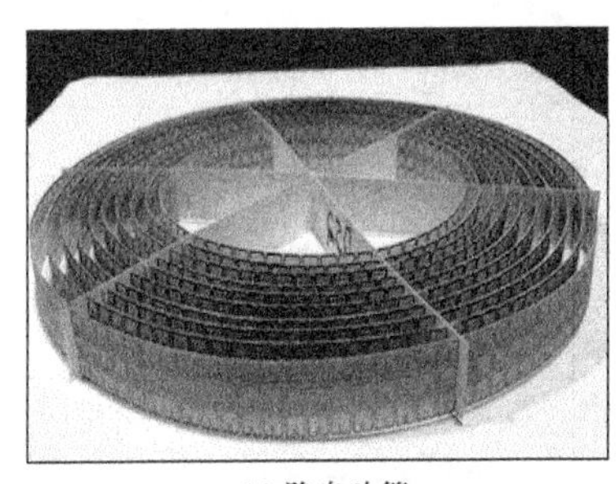

(a) 隐身斗篷

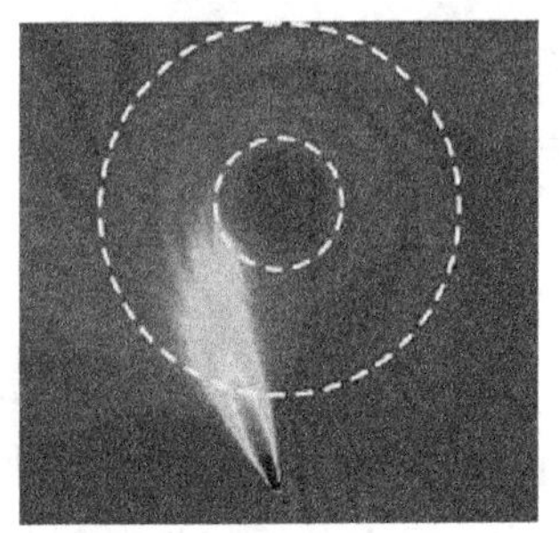

(b) 电磁黑洞

图 1.5　基于超材料的新型功能器件

1.2.3　声学超材料的概念及基本特征

超材料在电磁领域的发展表明，在连续介质中嵌入亚波长的微结构单元，可以得到具有与自然界中物质迥然不同的超常物理性质的新材料。而声子晶体研究中，通过周期性调制弹性模量或质量密度来控制弹性复合介质中弹性波传播的理论得到系统研究。在这两方面研究的基础上，如何设计亚波长单元控制弹性波传播的思路，即声学超材料(acoustic metamaterial)，得到了多个领域研究者的关注。

声学超材料的研究源于局域共振声子晶体。Liu 等[40]于 2000 年提出了局域共振声子晶体：利用软橡胶材料包裹高密度芯体构成局域共振单元。在弹性介质中周期性排列局域共振单元构成人工周期结构，在亚波长频段利用弹性波的局域共振效应成功实现了低频弹性波带隙(图 1.6)，为低频小尺寸的减振降噪开辟了新的途径。Mei 等[41]在局域共振声子晶体的等效介质研究中指出，局域共振单元使复合介质的动态等效质量密度发生了很大变化，在谐振频率附近产生了负的质量密度，正是负的质量密度实现了低频的弹性波带隙。Li 等[42]于 2004 年研究了一种由软硅橡胶散射体埋入水中构成的固/液复合周期结构，发现这种复合介质在一定频率范围内的等效质量密度和等效体积模量同时为负值，即表现出所谓的“双负”(double negative)声学参数特性，参照电磁超材料，他们提出了声学超材料的概念。Fang 等[43]于 2006 年研究了一种周期排列的 Helmholtz 共振腔阵列，发现其在共振频段具有负的等效体积模量，并给出了实验验证。Ding 等[44]于 2007 年设计了双共振单元的具有双负等效参数的固体声学超材料。这些研究都表明，电磁波超材料所具有的超常物理效应在弹性波领域同样存在。

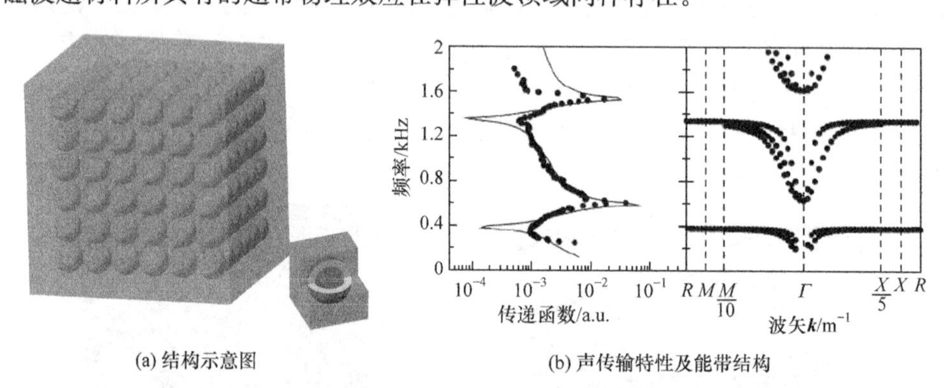

(a) 结构示意图　　(b) 声传输特性及能带结构

图 1.6　局域共振声子晶体结构及其低频带隙

初期的声学超材料都具有特殊设计的局域共振单元结构，即在基体材料中周期性地嵌入具有共振特性的微结构单元，即局域共振单元、Helmholtz 共振器等(图 1.7)。因此，Fok 等[45]于 2008 年在总结声学超材料的研究工作时，认为声学超材料都具有局域共振单元，其特性在于能够在亚波长范围内实现上述特殊的声学特性。但随着研究的深入，这一概念有所拓展。Norris[46]于2008年提出利用六边形格栅单元构造人工周期结构，实现具有类似流体特性的五模超材料（pentamode metamaterials，PM）的设计思路。PM通过亚波长的单元结构设计可以实现等效参数的大范围调节，但其性质的变化不需要共振效应。因此，声学功能材料的另一重要研究小组——Torrent等[47]认为，能够设计单元结构使等效材料参数大范围变化的人工声学结构就可以称为声学超材料，负质量密度、负弹性模量等特殊效应是其等效材料参数大范围变化的极端表现。而从发展来看，声学超材料的概念还有可能扩展，如准周期、非周期人工结构等的研究也可以纳入其研究范畴。可以看出，声学超材料目前尚未有一个严格的定义，但由其发展历程和共性可以定义为：在亚波长物理尺度（一般为所控制波长的几十分之一）上进行微结构的有序设计，获得常规材料所不具备的超常声学或力学性能的人工周期或非周期结构。

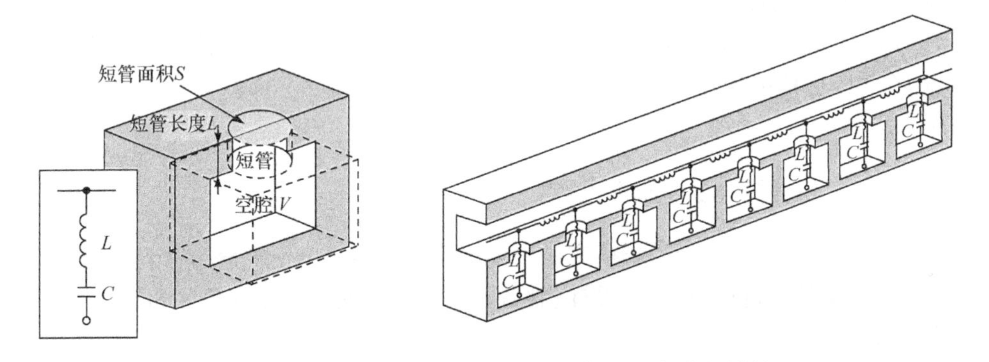

图1.7　Helmholtz共振腔周期排列构成的声学超材料

值得注意的是，声学超材料给人最为直观的印象是具有负的质量密度、负的弹性模量及局域共振低频带隙、超常吸收等特殊物理效应。但其更为深远的意义在于极大地提高了人们操控弹性波的能力。通过单元结构设计，可以比较自由地实现材料参数，如弹性模量、质量密度为正值、负值及零的材料参数，从而可以实现波在特定范围的局域、反射、折射，甚至任意弯曲传播。该概念代表的是一种崭新的复合材料或结构设计理念，在认识和利用当前材料的基础上，按照自己的意志设计、制备新型材料。这种设计理念的主要特征如下：

(1) 亚波长尺度上的结构单元设计。作为超材料的一种，声学超材料的单元结构尺寸远小于所控制的弹性波波长。在长波条件下，其声学、力学特性可等效为均匀介质，能够用等效弹性模量、等效质量密度及等效泊松比等等效参数来描述。这些参数主要依赖于其基本组成的共振单元或非共振单元的结构设计。这一特征可以将声学超材料区别于通常意义上的声子晶体。在声子晶体中，弹性波带隙及负折射等弹性波调控效应起源于散射体单元间的 Bragg 散射效应，其周期结构尺度与工作波长在同一量级，通常只能视为一种结构而不能等效为均匀介质。而声学超材料通过对微结构单元的设计可以在特定频段对入射声波进行大范围的调节，在设计和实现上具有很大的灵活性。

(2) 实现奇异物理特性的弹性波调控。声学超材料中微结构单元与基体介质间产生强烈的耦合作用，耦合作用使得入射弹性波时产生常规材料不能出现的奇特物理性质，如负质量密度、负弹性模量、负折射率、反常多普勒效应等。这些特性为振动与噪声控制技术及新型声学功能器件(如高分辨率声透镜[48]、高指向性声源[49])等的开发提供了更多的途径。

(3) 基于等效材料参数的力学、声学特性描述。由于具有亚波长的单元结构，可以将声学超材料视为均匀介质，其材料参数和物理性质可用密度和弹性模量这两个描述介质声学、力学特性的本构参数决定，可以提取超材料的这两个等效参数对其声学特性进行描述。在长波条件下，复合介质静态时的力学特性通常可用其各种组分材料参数的体平均值来近似。声学超材料中，亚波长结构单元的强局域等效应使声波传播时的能量分布极为不均匀，其动态等效参数与静态值具有很大的区别[50]。分析声学超材料的等效介质特性，对深入研究、理解各种奇异物理效应的机理具有重要意义。

1.2.4　声学超材料的主要研究内容

声学超材料已经成为基础研究的前沿热点。近年来，在声学超材料的新物理效应探索、波场控制机理、结构设计、制备及测试等方面进行了大量的研究工作，可概括如下。

1) 声学超材料的新现象、新效应探索

从控制波段与单元结构尺度的对比来看，超材料的范畴介于分子、原子微观尺度和大于控制波长的宏观尺度之间的亚波长尺度，属于介观尺度的范畴。在该范畴内，较小的尺度使单元结构通过设计能够产生新效应，实现材料性能的飞越；同时，与分子、原子尺度的微观设计相比，设计、制备难度有明显的降低。因此，声学超材料在获得新的性能和较好的可实现性方面得到良好的兼顾。

目前，声学超材料的各种特殊物理效应研究包括低频带隙效应(负质量密度、负弹性模量)、低频吸声效应、负折射效应、反常透射效应等。

基于声学超材料，还发展了变换声学理论[51]、声波整流[52]、声学黑洞[53]、高刚度高阻尼结构[54]等多种弹性波控制的新理论、新思路。这些研究不仅具有重要的理论意义，还为声学超材料在减振降噪及声学功能器件方面的应用探索提供了广阔的空间。

2）亚波长条件下弹性波与结构的相互作用机理研究

声学超材料研究从理论上来看是弹性波与复杂非均匀结构的动力学问题。在一定频段中，亚波长微结构的特殊动态响应导致了超常特性，发展、完善基于矢量场分析的弹性波动力学理论，深入研究这些特殊效应物理过程中的弹性波作用机制；探索微观作用机制与宏观整体特性间的内在联系，建立声学超材料的等效介质分析理论，最终能够基于微结构单元的设计实现声学超材料的"人工特性剪裁"，具有重要的理论意义和工程应用价值。

相对于只包含横波模式的电磁超材料，由于弹性波中同时包含了纵波与横波，弹性波和结构的相互作用与电磁波相比既有共性的规律又存在独特的作用机制，因此声学超材料必将可以提供更丰富的物理内涵及更大尺度的物性剪裁空间。

3）新型声学结构的设计、制备研究

正如左手材料是在Smith设计出开口谐振环微结构后得以实现的，声学超材料的微结构设计研究是实现其各种超常特性的基础。自2000年Liu等提出局域共振结构以来，利用亚波长共振单元实现各种超常声学特性，包括利用单极共振单元实现负弹性模量[55]、利用偶极共振单元实现负密度[43]，以及同时利用两种共振单元集成实现双负参数[44]的问题得到了广泛关注，设计在同一频率皆具两种共振模式的单元结构也有所突破[56]。一系列基于局域共振结构、Helmholtz共振腔结构的单元相继实现了多种弹性波超常特性，为声学超材料研究的发展提供了坚实的基础。

针对共振结构存在的作用带宽较窄的问题，研究者们开展了多谐振单元结构的研究，Liang等[57]和Norris等[46]相继发展了蜷曲空间结构单元、五模结构单元等基于非谐振单元的微结构设计理论，对拓展声学超材料的作用带宽及扩展其应用领域具有重要意义。随着研究的发展，主动控制技术[58]、非线性动力学[59]等理论也引入声学超材料研究中，声学超材料的研究领域得到了进一步拓展。

4）应用探索

声学超材料的各种物理效应不仅具有重要的理论研究意义，还具有非常广阔的应用前景。减振降噪是最为突出的探索方向，基于负质量密度、负模量的空气声/水声隔声、吸声超材料[60~64]为低频、宽带、小尺寸的噪声控制提供了多种有效途径，其设计思想还被引入梁、板、壳等工程结构的振动控制中[65~69]。此外，人们基于声学超材料提出了一系列新型声学功能器件，如以声隐身斗篷为代表的变换声学器件[70]、能够突破衍射极限的平板声透镜[71]、声整流器件[72]以及仿生声学器件[73]等。

1.2.5　研究意义

目前，声学超材料的相关研究已经成为声学领域中发展最迅速、成果最密集的研究方向。声学超材料所提供的超常物理特性颠覆了处理声学问题时的诸多传统技术理念，在不久的将来有可能引发声场控制技术的革命性突破，在与国家安全及经济建设密切相关的许多重要领域促成跨越式发展。

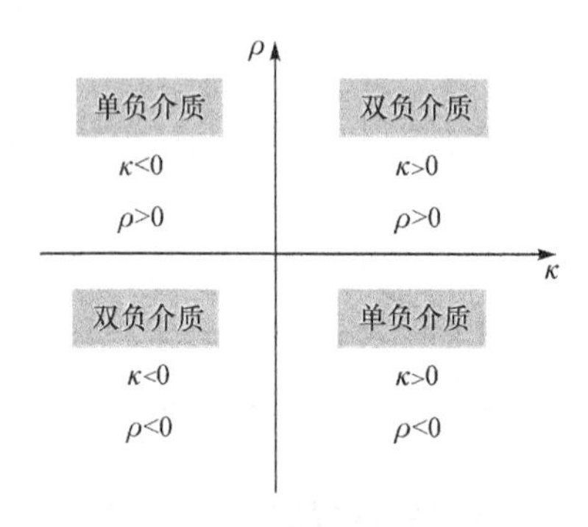

图 1.8　声学超材料等效介质的分类

自然界中材料的声学参数都是正的，以材料的密度 ρ 和弹性模量 κ 为坐标建立一个空间，各种自然界中材料的参数需要满足密度和弹性模量同时为正，因此只能位于该空间的第一象限，如图 1.8 所示。而基于亚波长单元设计，声学超材料的声学特性参数能够实现模量单独为负、密度单独为负，以及两者同时为负的材料，即材料参数可以覆盖该空间的全部象限。不仅如此，人工可设计性使声学超材料的声学参数在参数空间中可以相对平滑地连续改变。声学超材料参数这两方面的特点表明，声学超材料从理论上突破了自然材料的局限，可对弹性波的传播提供前所未有的、更加灵活自如的操控。

基于不同象限的超材料，可以发展多种不同的弹性波操控原理。超材料的低频带隙效应和低频吸声效应往往源于声学参数 $\kappa<0$ 且 $\rho>0$ 和 $\kappa>0$ 且 $\rho<0$ 的超材料，即第二象限和第四象限中的超材料；第三象限中材料的参数满足 $\kappa<0$ 且 $\rho<0$，这类介质即为声学左手介质，可以实现声波平板聚焦等功能，而声学斗篷需要材料参数在大范围内连续变化且趋于极限的材料，这可以用第一象限中的超材料来实现。除此之外，位于坐标轴原点附近的参数对应的超材料为零折射率介质超材料[74]，其 ρ 和 κ 同时或单独趋近于零，具有弹性波隧穿等特殊的声学效应。

这些由声学超材料发展起来的声波控制新原理在噪声与振动控制、抗振、声聚焦、声成像和表面波控制等多个方面具有潜在的、广泛的应用前景。尤其是声学超材料的亚波长尺度使其能够实现“小尺寸控制大波长”，为低频减振降噪提供了新的技术手段。而这一问题是声振控制领域长期以来公认的难点问题。目前，基于负刚度、负质量、超阻尼以及低频带隙等超常物理效应的声学超材料减振降噪应用探索已得到国内外研究者的广泛关注。在空气声吸/隔声、水声吸/隔声、结构减振降噪及声学斗篷等方面，声波超材料都表现出良好的低频控制效果。

此外，声学超材料还有望用于多种声学功能器件设计，如高分辨率声透镜、声整流、声筛[75]（超声微粒控制）、声通信等。声学探测在医学、工业检测等方面具有重要的、广泛的应用，基于声学超材料的声透镜可以实现声聚焦和声成像，能够将含有亚波长信息的声瞬逝波转换成自由空间中传播的声波，从而将近场的亚波长信息提取出来，这样的成像装置能够突破普通成像装置分辨率的瑞利衍射极限限制,实现高分辨率的亚波长声成像,为声探测、声信息处理等提供了新的技术途径。基于声波反常透射及相位控制,能够实现高指向性的声发射,在声波检测、声通信等方面具有重要意义。

总体来看,声学超材料的物理内涵非常丰富,在声学、振动及凝聚态物理等领域具有强大的创新潜力。近年来,声学超材料在新效应、新特性等方面的研究不断发展,极大地提高了人们对声波的操控能力。同时,超材料也是材料开发设计模式的创新,打破了传统以化学成分设计调控材料性能的设计模式,转而从材料结构设计的角度出发,实现材料的超常性能。这些超常性能有望实现装备的性能提升和设计自由度的放宽,一旦全面投入应用,将会带来军用、民用装备及其他工业产品设计的变革。

1.3　声学超材料的研究历程与发展趋势

与通常的复合材料设计不同,声学超材料的物理性质与亚波长尺度单元的结构及排列方式密切相关,遵循"结构—组分—功能"的三角关系,可以通过结构的设计和尺寸的调整来获得不同频段、不同奇异特性的声学响应。声学超材料的相关研究覆盖了从超声到次声频段,以及各种梁、板、壳结构的振动特性,吸引了越来越多的研究者。

图 1.9 为声学超材料研究体系。声学超材料的超常物理效应及新物理机制的研究从本质上来说主要是周期结构中的弹性波传播问题,或者说是周期弹性介质体系的动力学问题,以及振动及声学领域的相关理论。例如,声能带理论、等效介质理论等是其研究的理论基础。另外,亚波长结构中的弹性波传播是声学超材料的突出特点,这有赖于发展比较完备的基于矢量场理论的弹性动力学分析。结合这两方面的研究,能够对弹性波与亚波长结构的相互作用机理这一核心理论问题进行深入探讨,不断揭示声学超材料对弹性波传播的调节和控制规律。从弹性波与亚波长结构的相互作用机理出发,研究者一方面探索新物理现象、新效应,不断深化、丰富声学超材料的理论体系;另一方面探索新的声波与振动控制的结构或器件,变换声学、声学超表面[76]等都是从这一方面发展起来的典型范例。基于上述研究,能够进一步探索声学超材料的弹性波控制新原理、新机制,发展基于声学超材料的声振控制技术及声学功能器件设计。经过十多年的探索,从早期对各种新物理效应的理论分析、原理性实验验证,到进一步的机理、特性研究与新型结构的设计制备,再到目前的空气声、水声及结构振动控制方面应用探索的广泛展开,声学超材料的理论和应用研究工作已经得到了显著的深化和拓展。

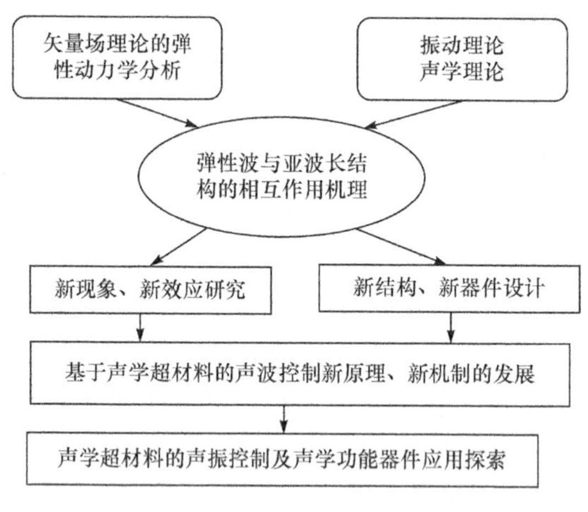

图 1.9 声学超材料研究体系

1.3.1 理论研究

早期的声学超材料研究主要集中在对低频带隙、负折射、低频反常吸收、反常透射等特殊物理效应的探索及机理分析上。

鉴于电磁超材料的研究,负声学特性参数的实现与形成机理是声学超材料研究最先关注的问题。2000 年,Liu 等[40]提出局域共振声子晶体后,该结构的低频带隙带机理得到关注,研究者先后从 Fano-like 效应[77]、基体中长波行波与周期局域振子的谐振特性相互耦合[78]等方面进行了分析。Liu 等[55]于 2005 年分析了三组元局域共振结构长波条件下的等效参数,结果表明,低频带隙范围内具有负的等效质量密度。随后,声学超材料负质量密度、负弹性模量的机理及实现问题得到了众多的关注。Mei 等[79]于 2006 年利用长波下的多重散射理论解析地分析了无限长直圆柱体周期镶嵌于流体基体中的声学系统的等效参数,阐释了动态质量密度和静态质量密度之间的关系,提出负质量密度源于局域振子的负动态响应的观点。随后,基于这一思想,研究者分别在利用 Helmholtz 共振腔单元及薄膜型单元构成的声学超材料,实现了负弹性模量和负质量密度[80,81],并对其产生机理进行了深入分析。单负声学特性参数的研究,既是声学超材料特殊物理效应研究的重要组成部分,也为低频隔声、隔振声学超材料的结构设计及弹性波传播特性分析提供了重要的理论基础。

2004 年,Li 等[42]在软硅橡胶散射体埋入水中构成的固/液体系中发现了等效质量密度和等效体积模量同时为负值的现象,但该体系中双负特性具有方向性。2007 年,Ding 等[44]将分别具有偶极共振和单极共振的两种局域共振单元混合周期排列,得到体弹模量和质量密度同时为负的双负声学超材料。基于此,研究者从两方面对声学超材料双负参数的实现进行了探索。一方面是将两种分别实现负质量密度和负弹性模量的单元组合，调节两者的谐振频率在同一频段来实现；另一方面是设计特殊的谐振单元，在同一频率下实现两种共振模式，同样得到了双负声学特性参数[82,83]。这些研究证实了声学超材料声波负折射的存在，为基于声学超材料的亚波长声聚焦和声成像研究提供了可能。在此基础上，研究者进一步从声传输线模型等出发对声学超材料的负折射声聚焦特性进行研究，对负折射率的形成机理进行了分析，进而验证了声超棱镜效应[84]。近年来，零折射率的形成机理、声传播特性及阻抗匹配特性方面的研究也得到了人们的关注[85~88]。这些研究为基于声学超材料的新型声学器件设计及弹性波传播特性分析提供了重要的理论基础。

低频反常吸声效应的发现，对声学超材料的工程应用探索具有重要意义。Zhao 等[89]于 2006 年将阻尼引入局域共振结构，发现了低频水声反常吸声效应。自 2007 年起，研究者对其吸声机理进行了深入研究，提出基于 Mie 散射的波形转化效应和多重散射效应的共同作用是其低频吸声显著增强的内在机制。在此基础上，研究者又从吸声模态、阻抗匹配的角度对吸声的影响因素及规律进行了系统分析[90,91]。在空气声方面，Mei 等[92]于 2012 年提出了能实现宽频高效吸声的薄膜型声学超材料，对其实现高效空气声吸声的声波损耗机理和阻抗匹配原理进行了分析。随后，研究者从含阻尼声学超材料的弹性波吸收机理、阻抗匹配特性、声能量局域分布控制原理及慢声控制原理等角度对空气声吸声超材料的机理、特性进行了较系统的分析[93,94]。这些研究有力地推动了声学超材料在水声及空气控制领域的工程应用探索。

随着研究的深入，声学超材料表面的波传播效应也得到了人们的关注。Christensen 等[95]于 2007 年利用含狭缝的亚波长凹槽平板实现声反常透射及准直控制，研究认为凹槽结构能够激发出具有平行波矢的声表面波，并与入射声波很好地耦合，使出射声波在远场区域有较好的准直效果。随后，从狭缝衍射波和板的局域共振本征模耦合分析出发，发现衍射波和波导 Fabry Perot 局域共振模的耦合在反常透射中起着重要作用[96]。在研究基于超材料薄板反常透射的声成像问题时，研究者发现了沿狭缝的波导模式，认为利用波导模式可以将入射声波信号的衰逝分量传输到平板的另一端，实现高分辨率的亚波长成像[97]。此后，在无狭缝的亚波长平板上也得到了声波反常透射[98]。研究认为，入射波与平板的非泄漏 Lamb 波模式的耦合是声波透射的原因。此外，研究者们发现了声学超材料平板的声波隧穿现象，并探索了隧穿模式的形成机制[99]。这方面的研究在声波定向传播控制、声学探测等领域具有重要意义。

1.3.2　结构设计与制备

随着理论研究的深入，声学超材料的设计与实现研究也在广泛展开。研究者在刘正猷局域共振理论的基础上发展了多种能实现不同效应的局域共振声学超材料单元结构，并进一步提出了 Helmholtz 共振腔、蜷曲空间型单元结构、五模型单元结构等多种结构单元。

Liu 等[40]于 2000 年提出由高密度铅球包裹硅橡胶构成局域共振单元，周期性地嵌入弹性介质(环氧树脂)中构成声学超材料。它利用厘米量级的结构实现对波长为米量级的弹性波的控制，为亚波长结构控制声波提出了实现的途径。2005 年，Wang 等[78]的研究表明，只由软橡胶构成局域共振单元，也可以实现负质量密度的低频带隙。进一步的研究表明，产生单极共振的局域共振单元能够形成负的弹性模量，而偶极共振的局域共振单元形成负的质量密度。通过设计同时具有旋转自由度和平动自由度的单元，实现了利用一种单元同时产生负的等效质量密度和弹性模量。从优化水声低频反常吸声效应出发，研究者提出了柱形、木堆形等多种优化的水声吸声局域共振结构。在空气声领域，Yang 等于 2008 年提出了将高密度芯体附加在薄膜上构成局域共振单元结构的薄膜型声学超材料，在亚波长频段内获得远远高于质量密度定律的隔声量。基于该模型，研究者先后提出了附加同心环质量芯体、多质量块元胞等单元设计思路，希望通过多谐振设计来拓展薄膜超材料的隔声带宽[100,101]。通过在薄膜中引入黏弹性阻尼及在局域单元的高密度芯体中采用非对称的设计，实现在 200～1000Hz 低频段的宽频空气声吸声，随后，薄膜型声学超材料还发展了具有双负参数的耦合单元设计模型及偏心质量设计等多种思路[102,103]。局域共振的设计思想还被引入梁、板、壳等工程结构的减振设计中，研究者先后设计了一维弯曲振动局域共振、弯扭耦合局域共振及多谐振局域共振[104]等多种梁结构以及局域共振板结构，对其振动控制机制进行了深入讨论。

Fang 等[43]于 2006 年对以 Helmholtz 共振腔为单元结构的周期结构进行了研究，在亚波长频段获得声波强烈衰减的频带。研究表明，该结构表现出了负的有效模量。随后，多种 Helmholtz 共振腔构成的具有负弹性模量的声学超材料被陆续报道出来[105～108]。2010 年，结合共振腔结构单元和薄膜局域共振单元，研究者进一步实现了具有双负特性的声学超材料。随后，还发现了能同时实现负质量密度和负弹性模量的 Helmholtz 共振腔型声学超材料[109,110]。

Liang 等[57]于 2012 年提出一种由刚性薄板折叠成弯曲状沟道而成的空气声单元结构，如图 1.10 所示。通过调整沟道的结构参数能够进行等效质量密度和等效弹性模量的调节，在亚波长频段实现负折射、低频带隙等现象，这种材料称为二维蜷曲空间(coiling up space)型声学超材料。人们利用这种结构，设计了负折射空气声声学棱镜，并观察到了零折射率导致的超耦合现象。该结构在 2013 年进一步发展到三维[111]。实验测试结果表明，与二维结构相比，三维结构的等效声学参数的调节范围更大，且能在较宽的频率范围内实现有效的声学特性调节。

上述声学超材料产生超常物理特性都与亚波长单元结构的谐振特性密切相

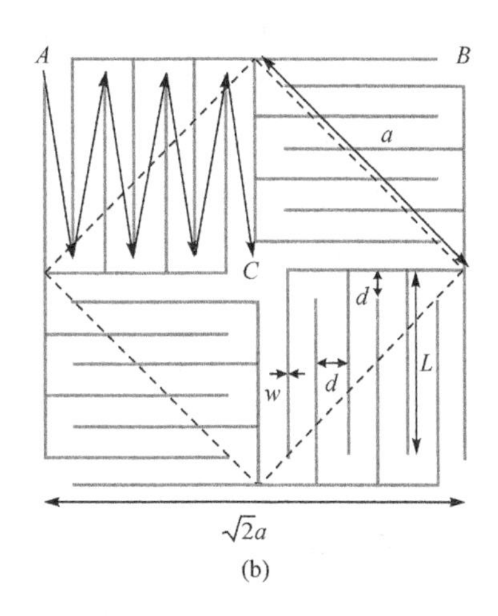

(a)　(b)

图 1.10　二维蜷曲空间型弹性波亚波长单元结构及平面投影图

关,这往往使其控制弹性波的频段较窄。研究者进一步发展了基于非谐振单元的声学超材料。Torrent 等[112]于 2007 年提出利用降低周期晶格对称性设计各向异性超材料的方法,利用二组元结构单元在长波条件下实现宽频带的声学超材料。随后,对矩形薄板周期分布于流体中构成的复合结构长波等效特性的研究表明,在亚波长频段,该结构为具有各向异性等效质量密度的非谐振声学超材料[113]。Norris[46]于 2008 年提出利用六边形单元结构的泡沫铝材构造亚波长结构[图 1.11(a)],通过改变结构参数使其在整体上表现为通常流体的力学特性,这样的声学超材料称为五模材料或“金属水”。它可以实现负折射声聚焦、弹性模量各向异性等声学超材料的设计,同样具有宽频特性。2012 年,研究者利用沉浸式光刻技术,制备了由尖圆锥支柱构造四面体单元而成的三维五模超材料[图 1.11(b)][114,115],实验测得等效体积模量比剪切模量大 3 个数量级。

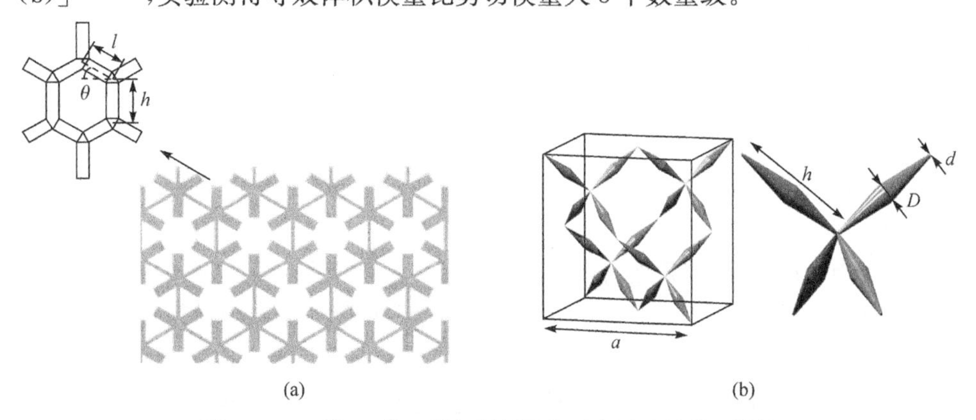

(a)　(b)

图 1.11　二维、三维五模超材料结构示意图及其单元结构

主动控制技术灵活、可调，是低频声振控制技术发展的重点技术之一。近年来，多位研究者将主动控制技术引入亚波长单元结构的设计中，发展了多种主动型声学超材料结构。Chen 等[116,117]在梁结构基体上周期性地贴附压电分流振子，利用主动结构替代弹簧-质量谐振系统，设计了主动型声学超材料梁结构，有效地对结构振动的传播进行控制[118]。随后，基于压电薄膜的主动 Helmholtz 共振腔单元超材料[119]、多层复合结构超材料以及薄膜型声学超材料都得到研究[120~122]。结果表明，通过一定的控制电路，声学超材料结构的局域共振频率、等效参数等可以很方便地进行主动调节，显著提高了声学超材料的弹性波控制带宽和设计的灵活性，极大地拓展和增强了亚波长结构对弹性波/声波的操控能力。

1.3.3　应用探索

从物理本质上来说，声学超材料技术力图通过亚波长人工单元结构设计，在不违背基本物理学规律的前提下，突破常规声学材料设计中存在的一系列极限。声学超材料的多种特殊物理效应的发现，显著提高了人们对弹性波的控制能力，在机械工程、声学、控制等诸多技术领域拥有巨大的应用潜力和发展空间，在某些领域更具备战略性重大突破的可能。目前，声学超材料在声波与振动控制、新型声学功能器件、声隐身等方面的应用探索有了长足的发展。

1. *声波与振动控制*

减振降噪是声学超材料应用探索的主要方向之一。亚波长尺度使其有利于用小尺寸的设计实现低频控制。宽频带、轻质量的设计成为工程应用探索的重点。目前，在空气声、水声及振动控制方面，初步的研究工作都已经展开。

在空气声方面，多位研究者提出了基于局域共振结构、Helmholtz 共振结构的隔声、吸声声屏障[123,124]，得到了吸、隔声结构厚度减薄、作用频段降低的效果。此外，研究者还探索了将多种声波控制机理，如绕射控制[125]、对称和反对称调制[126]等与吸声相合的问题，发展了声学黑洞、声波完美吸收等多种新概念技术，显著拓展了声学超材料的声振控制手段。进一步，研究者考虑将声学超材料与周期格栅结构[127]、蜂窝夹层板结构（图 1.12）[128~130]等相结合，探索轻质、低频超材料隔声结构的工程应用问题，获得了较好的隔声效果。

在水声吸声方面，赵宏刚等[89,90]实验验证了局域共振水声吸声的可行性。随后，研究者从拓展低频吸声带宽出发，从复合局域共振结构与钢背衬间的整体共振（驻波）吸声机制[131,132]、同心/非同心条件下局域共振结构参数对其吸声性能的影响[133]等方面对其低频吸声机理及优化问题进行了深入研究，揭示了钢背衬条件下背衬对声学超材料低频吸声性能的影响，并比较研究了球形与圆柱形局域共振

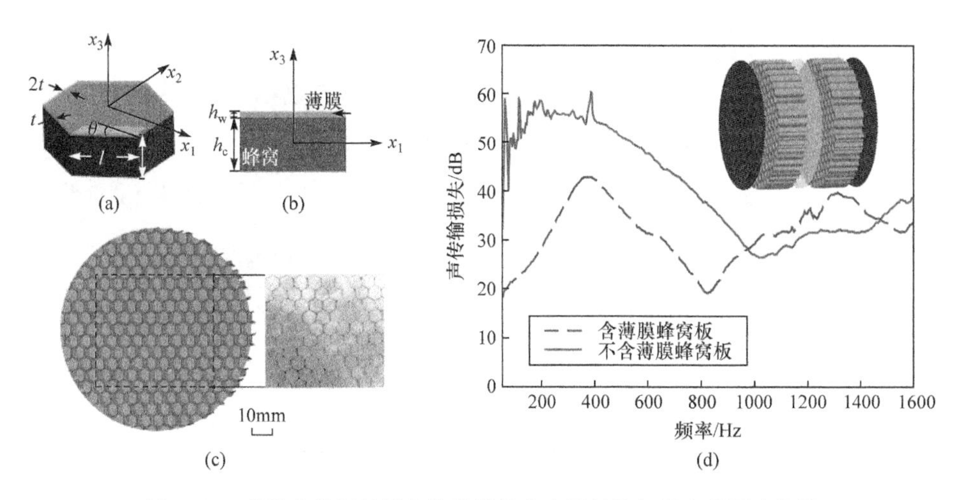

图 1.12　薄膜声学超材料与传统的蜂窝夹层结构相结合的隔声曲线

结构的吸声性能[134,135]，发现圆柱形局域共振结构可进一步提升材料的低频吸声能力。

在振动控制方面，Peynolds 等[136]于 2014 年设计了声学超材料隔振器，结果表明，基于超材料思想能够改善低频隔振性能。2015 年，Aravantinos-Zafiris 等[137]提出了基于声学超材料的地震波隔振器设计。2016 年，Mahmoud 等[138]设计了具有惯性放大结构的超材料结构，为低频、轻质超材料隔振器件设计提供了参考。

2. 新型声学功能器件的设计

声学超材料的负折射、表面反常效应使其在声透镜、声发射器等方面具有取得突破性进展的能力。Zhang 等[139]于 2009 年设计了基于超材料的声学超棱镜，可以灵活地在水中控制传播声波束的方向。随后，研究者先后提出了水声、空气声超材料的声透镜模型并实现了原理性实验验证(图 1.13)[140]。此外，在指向性声波束发射、声波单向传播控制方面，研究者也进行了大量的探索性工作[141~143]。同时，声学超材料在声学仿生设计方面也有所涉及并取得突破。

3. 新型声隐身技术探索

隐身技术在现代军事中具有巨大的战术价值和战略威慑作用。吸波材料和外形设计是目前隐身设计的主要手段。基于超材料强大的电磁波、声波控制能力，Pendry 等[38]于 2006 年发展了以隐身斗篷为代表的新型隐身技术，有望实现隐身技术的革命性突破。探索基于声学超材料的声隐身新技术的问题也很快得到关注。Cummer 等[51]于 2007 年提出了声学斗篷的概念：通过声学超材料密度和体

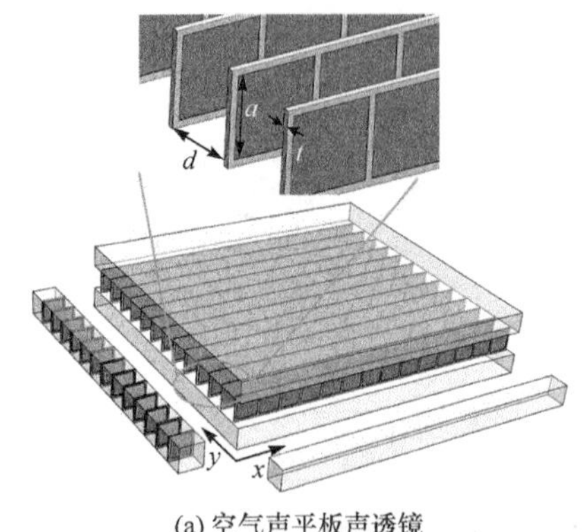

(a) 空气声平板声透镜

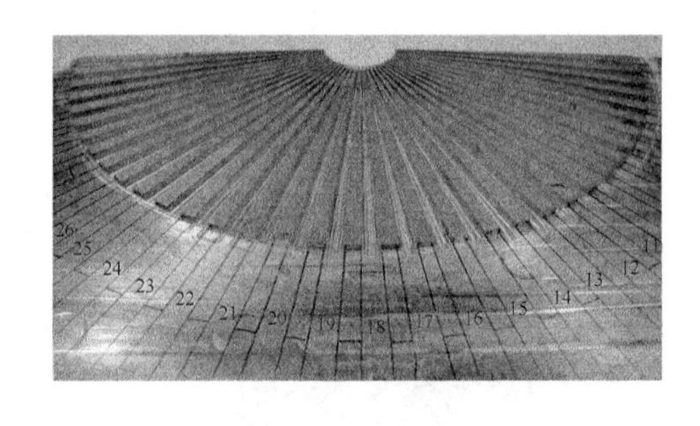

(b) 水声声学超棱镜

图 1.13 基于声学超材料的新型声学功能器件

积模量的分布设计，人为构造一个扭曲的空间，使声波绕开隐身区域并恢复实现隐身，如图 1.14 所示。随后，围绕如何实现的问题，各国研究者开展了一系列研究工作，提出了多层各向同性介质设计各向异性声学参数、五模超材料等多种实现声学斗篷的方式，并于 2011 年基于声传输线模型设计方法，实现了二维声学斗篷的声波绕射原理性实验验证[144~146]。在此基础上，研究者一方面探索了更多的弹性波控制斗篷装置，如液体表面波斗篷装置[147]、薄板弯曲波的声隐身斗篷设计[148]等，另一方面探索了更多的新型声隐身原理，如声幻象设计[149]、地毯式声学斗篷[150]等。此外，基于声学斗篷的坐标变换设计理论，还发展了声波蜃景、压力无感斗篷[151]、声超散射体[152]、可任意调节波传播方向的声波导[153,154]、声学黑洞[155]等新设想。这些研究进一步拓展了声学超材料隐身设计理论的应用领域。

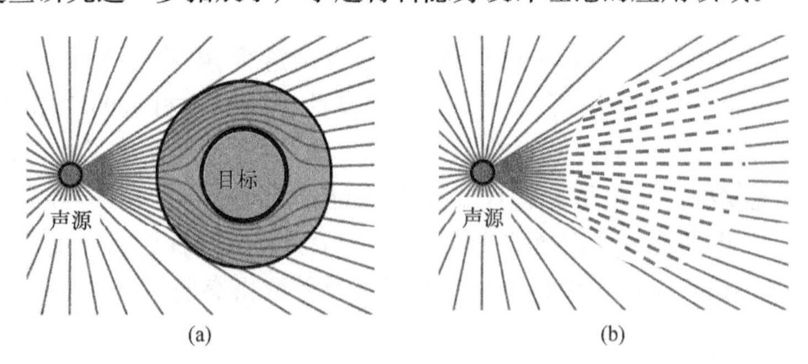

图 1.14 声学斗篷声波绕射控制及透明化隐身效果示意图

1.3.4 声学超材料研究的发展趋势

从早期对声学超材料各种特殊物理效应的理论研究及原理性实验验证，到不同波形、不同频段、不同特性的声学超材料的结构设计/实现，再到其在振动与噪声控制、声学功能器件设计及新型声隐身等方面的应用探索研究，声学超材料的理论研究和应用探索工作在不断丰富和发展。

随着研究的深入，声学超材料与电磁超材料及凝聚态物理等学科的融合不断加深。势垒隧穿、拓扑绝缘等量子世界的概念被越来越多地引入弹性波这一传统经典波的研究中，弹性波与电磁相结合的声光相互耦合作用等更将声学超材料的弹性波调控拓展到与电磁波相结合，既深化了对这些量子概念的理解，又可以揭示弹性波传播中更多新颖的物理效应，甚至可以实现与声学、热学、光学性质相关的量子调控，具有重要的理论和现实意义。

随着声学超材料单元结构设计的发展，其设计、制备的复杂度也急剧增大。大规模模型的高精度数值仿真、大规模结构的高精度加工及复杂材料组分的质量密度、模量参数的稳定性都是实现声学超材料的重要基础。发展大规模仿真技术、新的加工技术、加工工艺对声学超材料的工程应用和产业化具有极其重要意义。目前，从传统机械加工、3D 打印等新型加工技术到微纳加工，对于不同频段的声学超材料，发展了众多设计、制备技术，有力地推动了声学超材料的实验研究及工程应用探索。

声学超材料的声振控制特性向频带增宽、尺寸变小变薄、性能提高的实用化方向不断发展和完善。目前，声学超材料在减振降噪方面的应用研究已具有一定的基础，其关键的技术问题在于拓展带宽、减轻重量及提高综合的力学性能等。发展薄层、轻质空气声、水声吸声材料，提高低频控制性能，以及发展基于超材料理论的振动控制技术，成为当前声学超材料工程应用探索的重中之重。而基于声学超材料负折射、反常透射等效应的声学器件设计，如指向性声发射、声成像等则以其更加复杂和丰富的物理内涵引起越来越多研究者的关注。

1.4　国内外研究概况

自 2000 年 Liu 等[40]提出局域共振声学结构以及 Pendry 等[4]、Smith 等[5]设计出左手材料以来，基于亚波长结构探索声学超常物理特性的声学超材料研究引起了国内外众多研究者的关注。他们相继从物理、力学、声学、振动控制等多个方向开展了声学超材料的弹性波控制机理、超常物理效应、结构设计及应用探索研究，取得了大量的成绩，使该领域的研究范畴迅速扩展。目前，已有多个研究团队在该领域开展了各具特色的研究工作。

1.4.1　国外研究概况

声学超材料的特殊物理效应使其在固体物理、材料科学、声学、力学、工程振动等领域得到了越来越广泛的青睐。目前，国际上关于声学超材料的研究除了美国杜克大学的 Cummer 团队、伊利诺伊大学的 Fang 团队、马里兰大学的 Baz 团队、西班牙瓦伦西亚理工大学的 Sánchez-Dehesa 团队、法国马赛大学的 Farhat 团队、韩国首尔大学的 Lee 团队等代表性的团队外，瑞典、德国、英国、日本、新加坡等都有学者先后涉足这一领域，对包括声学超材料物理效应及机理、新概念的声学超材料结构设计，以及声学与振动工程应用探索方面进行了大量的研究，取得了显著成绩。

美国杜克大学的 Cummer 等在声学超材料的单元结构设计以及新概念声学器件研制方面进行了大量的研究。在声隐身斗篷、声学超材料透镜、声波非对称传播，以及新型超材料单元结构设计等方面取得了一系列创新性成果。Cummer 等[51]于 2007 年基于电磁波与声波方程类比将坐标变换理论引入声学超材料研究中，首先提出了声学斗篷设计理论，并对声学斗篷所需的各向异性声学介质的设计进行了探讨。Popa 等[156]于 2009 年进一步提出了一种可物理实现的各向异性声学超材料单元结构设计方案，其等效参数特性具有宽频带的特点；同年，他还讨论了在声学斗篷设计中引入优化算法的问题，得到了较简化的声隐身结构设计方案。Zigoneanu 等[150]于 2014 年在超材料声隐身设计理论和实现两方面进一步取得突破，提出了地毯式声学斗篷的设计方案，并进行了实验研究(图 1.15)。这些研究使变换声学成为声学超材料研究领域的一个重要方向，为声学超材料的声波控制提供了新的理论基础和思路。

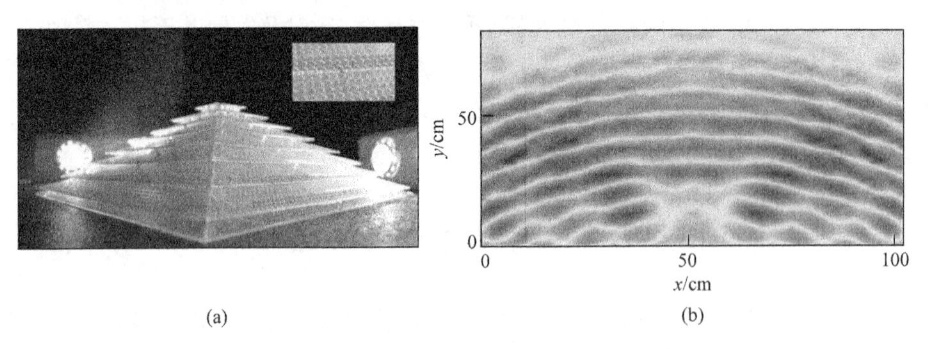

图 1.15　地毯式声学斗篷结构及隐身效果

杜克大学在基于声学超材料的新概念声学器件研究方面也多有建树。Li 等[157]于 2012 年讨论了利用声学超材料技术控制声波传播存在的频段限制、入射波波前等影响因素，探讨了在声学超材料透镜设计中引入优化算法的问题。Popa 等[158]于 2014 年设计了一种主动型非线性声学超材料，能够实现高效的声波单向导通控制[图 1.16(a)]；同年，Cummer[159]对声波单向导通的原理及设计思路从理论上进行了深入探讨，提出了实现声波单向导通对声学超材料特性的基本要求。Xie 等[160]于 2014 年提出了迷宫型单元结构的声学超表面设计，并对基于相位梯度的声波控制原理及特性进行了比较系统深入的分析[图 1.16(b)]。这些研究在声学超材料的新物理效应探索及新型声学器件设计方面具有重要的理论意义和应用探索价值。

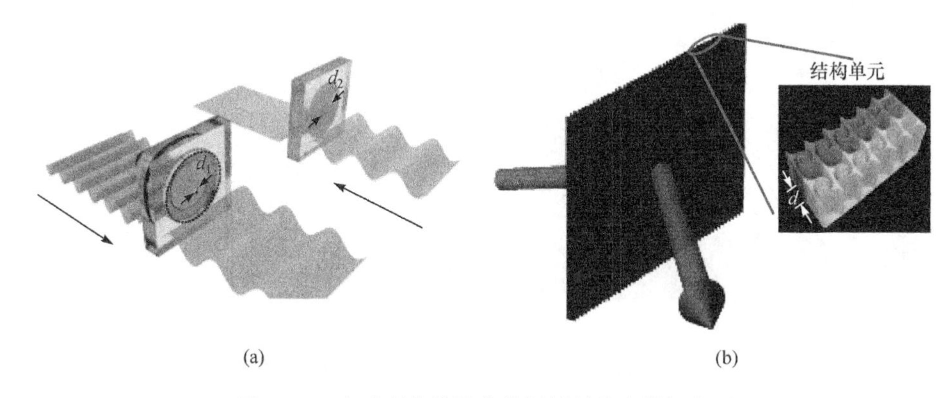

图 1.16　主动型非线性声学超材料及声学超表面

西班牙瓦伦西亚理工大学的 Sánchez-Dehesa 团队在声学超材料的等效参数分析与声学斗篷设计、声学超材料的反演设计及超材料反常效应研究方面都开展了卓有成效的工作。Torrent 和 Sánchez-Dehesa[47] 于 2007 年提出了利用多层均匀各向同性介质设计声学斗篷各向异性本构参数的方案，并分析了离散化对其声学性能的影响，为声学斗篷研究提供了有力的手段。Torrent 等[162] 于 2008 年发展了基于多散射理论的声学超材料等效参数分析，探讨了基于周期拓扑结构设计实现各向异性声学参数的问题。Torrent 等[163] 于 2011 年进一步将多散射理论的等效参数分析引入声学超材料的特殊物理效应分析中，对负等效参数的机理进行了系统的分析。这些研究在声学超材料的结构设计方面提供了有力的支持，也推动了声学超材料弹性波控制机理方面的研究。García-Meca 等[164] 于 2014 年进一步研究了变换声学理论的空间、时间压缩问题，深化了对声学斗篷等装置的弹性波控制机理的认识。此外，Torrent 等[165] 于 2013 年还对声表面波的 Dirac 点效应进行了理论和实验研究。

在新概念声学器件设计方面，Sánchez-Dehesa 团队也取得了多项突破性进展。García-Chocano 等[166] 于 2011 年基于散射抵消原理，结合优化算法研究提出了反演设计实现声隐身的思路，设计的二维声隐身结构对一定角度的入射波具有与声学斗篷类似的良好消除声波散射的效果。Sanchis 等[167] 于 2013 年进一步将该设计思路推广到三维，设计了三维散射抵消声隐身结构，对一定角度的入射波具有良好的散射消除效果(图 1.17)。此外，García-Chocano 等[168] 于 2012 年分析了平板空腔与圆柱空腔阵列构成的准二维结构在亚波长条件下的传播模式，设计了具有负弹性模量以及双负声学参数的声学超材料。同年，Climente 等[161] 设计了基于多层渐变声学超材料的声学黑洞装置，在较宽频段内实现了80%以上的空气声吸声。

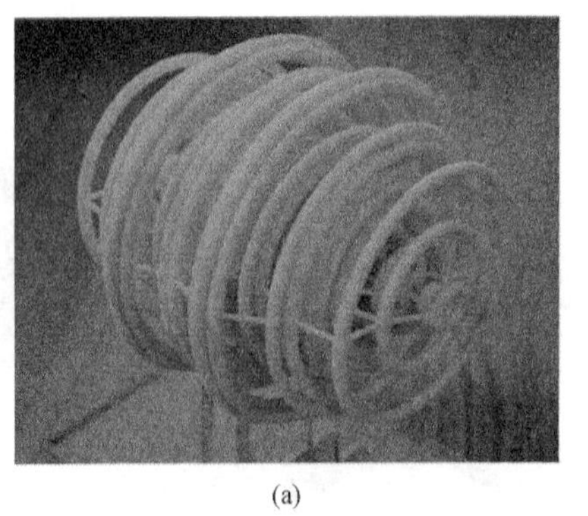
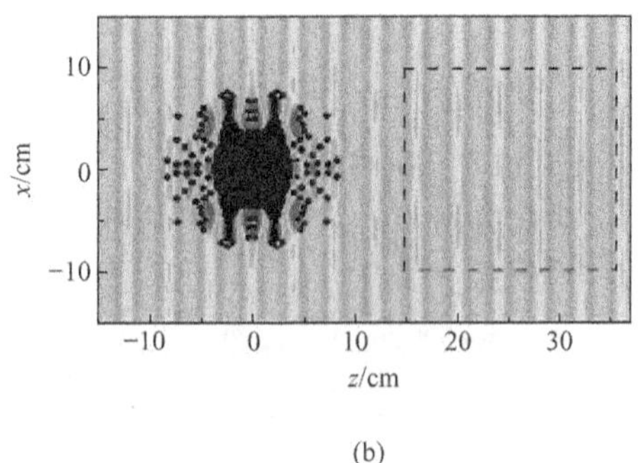

(a)　　(b)

图 1.17　三维散射抵消声隐身斗篷及其波场控制效果

法国马赛大学的 Farhat 团队[147,148]研究了将超材料的波传播控制原理应用于不同类型弹性波的问题。Farhat 等[147]于 2008 年将声学斗篷设计理论引入液体表面波的控制中，提出并实验验证了液体表面波斗篷的设计(图 1.18)；2009 年，Farhat 等[148]又将该理论引入薄板弯曲波的控制中，论证了坐标变换理论应用于弯曲波控制的可行性，推导了弯曲波斗篷的设计公式；2014 年，基于散射截面缩减原理，又进一步提出了具有各向同性设计参数的弯曲波斗篷设计思路[169]，能够有效降低斗篷结构的尺寸厚度。这些研究使以声学斗篷为代表的变换声学理论的研究范畴、应用对象得到了显著的拓展，为声学超材料的工程应用探索开拓了更为广阔的空间。

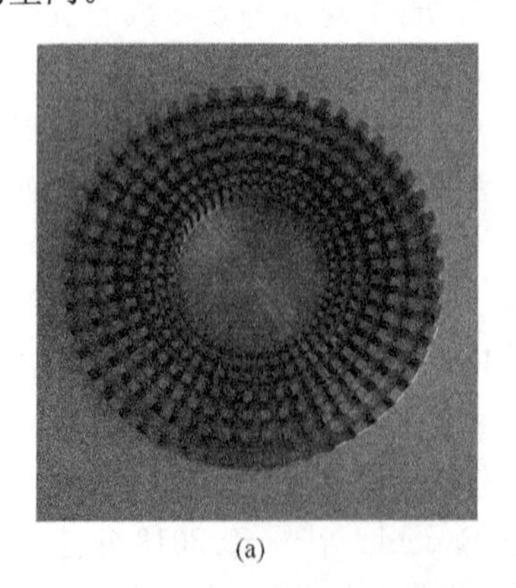
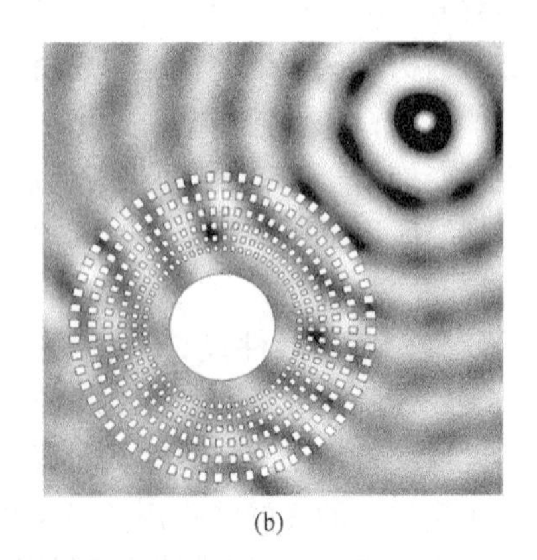

(a)　　(b)

图 1.18　液体表面波斗篷及其波场控制效果

Farhat 团队在声学超材料的弹性波控制机理方面也进行了深入研究。Farhat 等[84]于 2009 年研究了 Helmholtz 共振腔结构构成的声学超材料，指出这样的超材料具有各向异性的等效弹性模量和强色散的等效密度特性，能够在一定条件下分别实现负折射、超棱镜及表面波增透效应。这些研究深化了对声学超材料的特殊物理效应机理的认识。

韩国首尔大学的 Lee 团队在声学超材料的单元结构设计与特殊物理效应分析方面开展了比较系统深入的研究工作。Lee 等[170]于 2009 年研究了一维薄膜声学超材料的动力学模型，并实验验证了其低频带隙范围内的负质量密度特性。同年，他们还研究了一维 Helmholtz 共振腔阵列构成的声学超材料，基于理论分析，实验证实了该结构的负弹性模量特性。2010 年，他们[56]进一步将 Helmholtz 共振腔单元结构与薄膜单元结构相结合，得到了具有双负参数的空气声声学超材料。2016 年，Lee 等[171]对共振腔单元和薄膜单元的动态负参数特性进行了系统的动力学建模分析。这些工作深化了对声学超材料弹性波控制机理的认识，也为声学超材料的设计提供了思路。

Lee 团队在声成像器件研究方面也取得了多项进展。Li 等[172]于 2009 年利用多层渐变的声学超材料设计了水声声学超棱镜，能将声信号中的瞬逝波分量转化为行波分量进行放大[图 1.19(a)]。Park 等[173]于 2011 年利用具有负弹性模量的薄膜声学超材料平板结构设计超棱镜[图 1.19(b)]，验证了声学超材料负参数特性对空气声瞬逝波的放大作用，为声学超材料声成像理论提供了有力的支持。

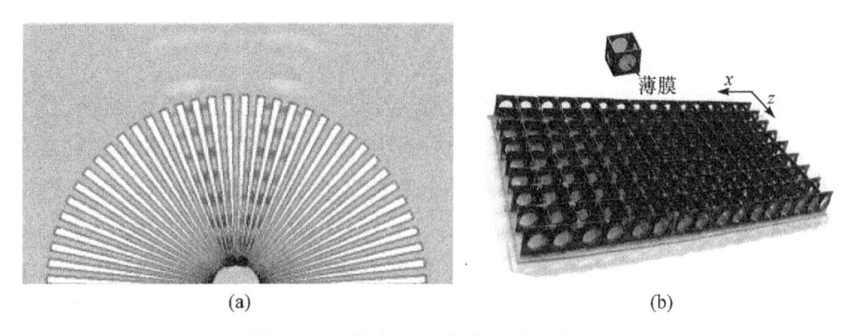

图 1.19　水声及空气声声学超棱镜

美国伊利诺斯大学的 Fang 团队在声学超材料器件的设计及原理验证方面开展了多项卓有成效的突破性研究工作。Zhang 等[71]于 2009 年利用 Helmholtz 单元结构，基于声传输线理论设计了声学超材料平板透镜，首次实验验证了超声频段的亚波长结构平板声成像[图 1.20(a)]。2011 年，他们[146]又将声传输线理论引入声学斗篷的设计中，首次报道了声学斗篷的原理性实验验证工作[图 1.20(b)]。这些工作有力地支持了声学超材料的理论研究，也为声学超材料的结构设计及应用探索提供了思路。

随着研究的深入，声学超材料工程应用探索也得到更多研究者的关注。美国马里兰大学的 Baz 团队[58,119,174]在主动型声学超材料方面进行了比较深入的研究。Baz[119]于 2009 年在一维空腔单元结构中引入压电薄膜，分析了由该单元周期排列

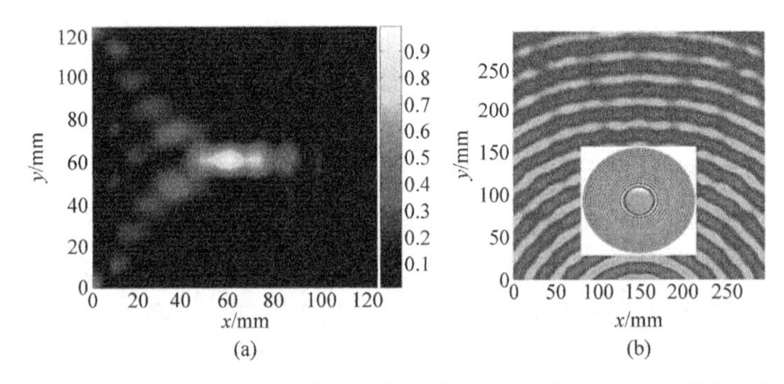

图 1.20　基于 Helmholtz 单元的声学超材料平板透镜及隐身斗篷实验结果

构成的声学超材料的等效参数，结果表明其等效密度可随压电结构的电学参数及外加电压而变化，这增加了声学超材料等效参数的调节方式。同年，其结合声学斗篷的研究指出，含压电薄膜空腔的结构可用于声学斗篷等声学超材料器件的设计。2010 年，Baz[174]进一步研究指出，当压电片采用自感应驱动时，含压电薄膜主动声学空腔的等效参数可随反馈电路的反馈控制量而变化，能够实现低频宽带的等效参数调节。2012 年，其实现了主动超材料声学特性调节的实验验证。这些工作在理论研究及工程应用探索方面都具有重要意义。

1.4.2　国内研究概况

国内的香港科技大学、南京大学、武汉大学、中国科学院声学研究所、北京理工大学、西安交通大学、国防科技大学等单位研究者在声学超材料单元结构的创新设计、新物理效应的开发，以及声振控制及新型声学器件应用探索等方面进行了大量研究，取得了显著成绩。

香港科技大学沈平课题组长期从事声子晶体、声学超材料的基础理论及应用探索方面的研究工作。在声学超材料的声波控制机理、亚波长单元结构设计及声学器件方面均进行了大量研究，取得了显著成绩。

Jensen 等[42]于 2004 年利用周期排列于水中的橡胶球，得到了同时具有负弹性模量和密度的亚波长结构，并首次明确提出声学超材料的概念。Mei 等[79]于 2006 年基于多散射理论，用严格的数学推导得到了固液周期声学系统的动态声学特性参数，深入揭示了声学超材料负质量密度、负弹性模量等特殊物理效应的机理。Hu 等[175]于 2008 年研究了流体中周期排列多狭缝 Helmholtz 共振腔单元构成的声学超材料，推导了等效声学参数的解析表达式，从理论上论证了该结构负弹性模量的存在。Yang 等[176]于 2014 年提出利用单元有限体积内低阶散射波进行声学超材料等效参数均匀化分析的理论，能够将更多的影响因素引入声学超材料的等效参数分析中。这些研究工作有效地深化了人们对声学超材料弹性波控制机理及特殊物理效应的认识。

在声学超材料结构设计及应用探索方面，香港科技大学在薄膜型声学超材料及空气声控制方面实现了多项突破。Yang 等[80]于 2008 年基于局域共振思想提出利用薄膜单元设计声学超材料，在 100～1000Hz 的低频范围内实现具有一定带宽的空气声隔声，有限元分析指出该隔声特性源于超材料的负质量密度。2010 年，Yang 等[81]通过进一步改进单元结构设计，在 50～1000Hz 的宽频范围内实现了隔声，探索了局域共振超材料的带隙展宽途径。Mei 等[92]于 2012 年在薄膜中引入非对称的质量块，设计了具有宽带、高效吸声特性的薄膜型声学超材料。Yang 等[177]于 2013 年设计了能同时实现单极共振和偶极共振的薄膜超材料单元[图 1.21(a)]，实现具有双负特性的薄膜超材料。Ma 等[178]于 2014 年提出利用薄膜超材料的混合共振模式实现频率可调的空气声阻抗匹配，以实现宽带高效吸声。Xiao 等[179]于 2015 年在薄膜超材料中引入金属衬底和网格电极[图 1.21(b)]，实现了隔声特性随外加直流电压调节的主动型声学超材料。

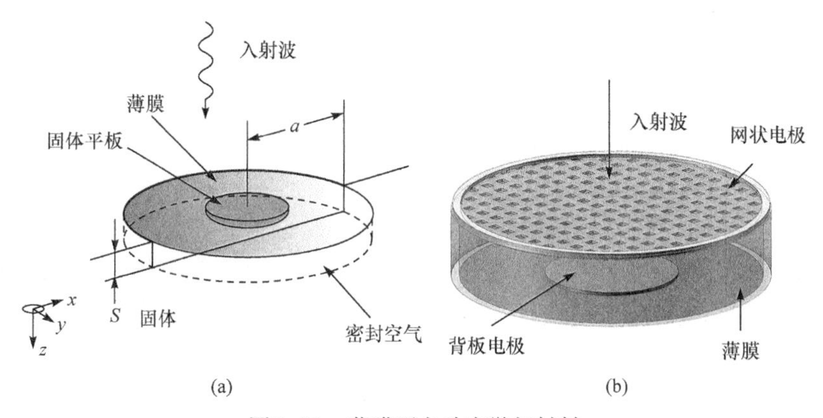

图 1.21　薄膜型主动声学超材料

南京大学程建春、刘晓俊等课题组在声学超材料的单元结构设计及新物理效应开发方面进行了大量的研究。在变换声学与声隐身超材料、声波反常透射与非对称传播，以及新型超材料单元结构设计方面取得了众多成果。

Cheng 等[180,181]于 2008 年首先提出采用均匀各向同性多层介质来实现声隐身斗篷各向异性本构参数分布的方案，并探讨了声隐身斗篷的声学特性评价问题，为变换声学的结构设计及仿真分析提供了一种简单高效的途径；随后进一步对声隐身斗篷的简化设计、共振效应等特性进行了深入研究。Zhu 等[182]于 2012 年提出了单负声学超材料的变换声学设计思路，对单负超材料声隐身斗篷、声聚焦等问题进行了探讨。Jiang 等[183]于 2014 年设计了可在宽频带范围内对声波波阵面进行旋转控制的声学超材料器件，并进行了实验验证(图 1.22)。这些研究为实现声场特殊操控提供了新的可能，在振动与噪声控制、生物医学成像和治疗等领域具有潜在的价值。

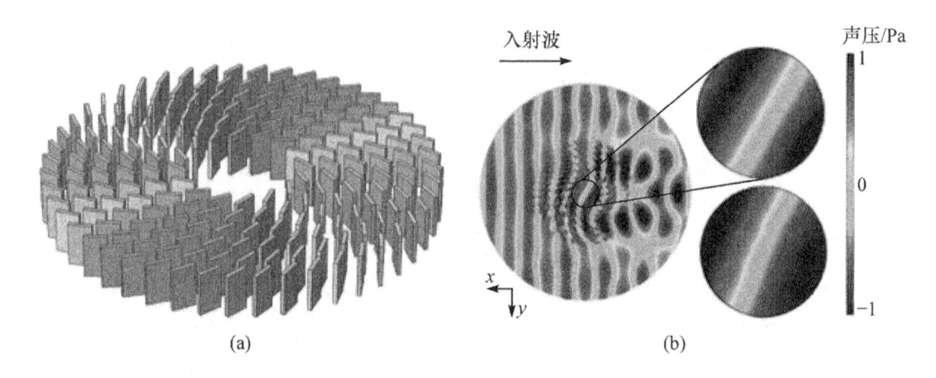

图 1.22 声波旋转装置样品图及 3400Hz 时的仿真结果图

在超材料声波反常透射效应及非对称传播方面，Lu 等[96]于 2007 年利用平面声波垂直入射到方形钢板组成的一维声栅阵列(图 1.23)，在理论和实验上实现了声波的异常透射现象，并提出该结构声波异常透射的物理机理为衍射波和波导模式的耦合。Cheng 等[184]于 2010 年提出通过改变声学阵列的参数(如出射凹槽的周期长度等)来调控声波异常透射特性的思路，实现了对出射声波传播方向的调制，并利用波矢量分析法对该特性的机理进行了分析。Wang 等[185]于 2014 年利用非对称的声波异常透射结构，实现了声波的非对称(单向)传播控制。此外，Quan 等[186]和 Sun 等[187]还分别提出了基于声学超材料界面声阻抗调制和声学梯度材料的声波非对称传播控制的设计思路。这些研究在声学超材料的表面物理特性研究及新型声学器件设计方面具有重要的理论意义和应用探索价值。

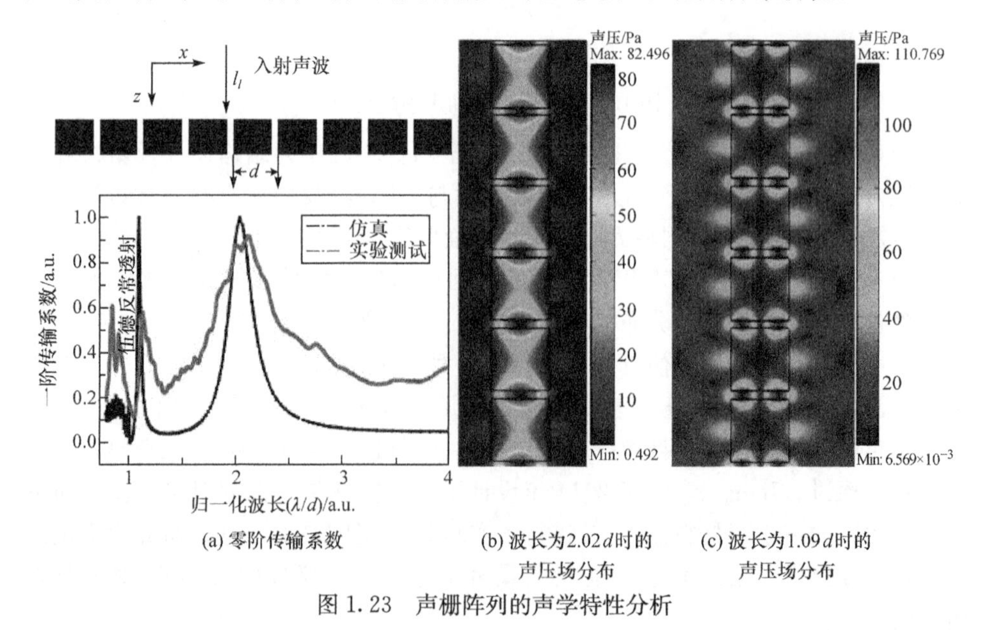

(a) 零阶传输系数　(b) 波长为2.02d时的声压场分布　(c) 波长为1.09d时的声压场分布

图 1.23 声栅阵列的声学特性分析

在新型声学超材料单元结构设计方面，Cheng 等[188]于 2015 年提出了利用高对称性折叠空间结构中低有效声速效应来构建具备超慢声速的流体微单元的思路，构建了可有效激发强烈声学 Mie 共振的空气声单元结构(图 1.24)，以亚波长厚度、大单元间隔的超稀疏结构获得了低频声波的强反射效果，为突破传统声学理论中低频隔声需要大厚度、无间隔、高密度固体层的限制提供了一种新方法。同年，该课题组[189]基于薄膜阵列首次设计出一种简单高效的具备近零有效密度的声学超材料，可在各种不同情况下对声波进行有效调控，使之在经过任意形状障碍物、直角波导和分束器时保持较高的透射率和平面波阵面(图 1.25)。这为实现声场特殊操控提供了新的可能，在声学超分辨率成像等领域中具有潜在的价值。

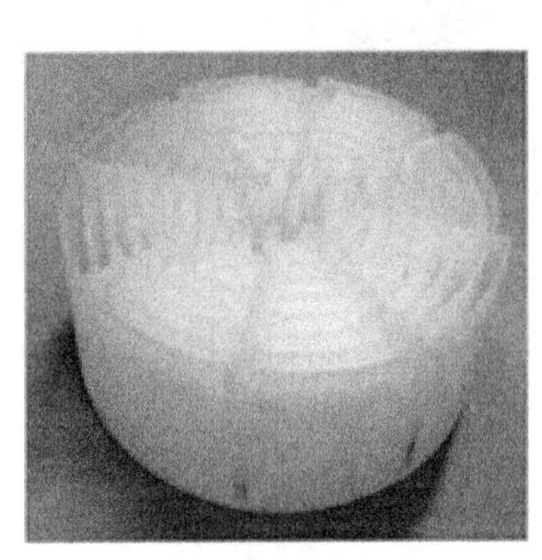

(a) Mie共振空气声单元结构

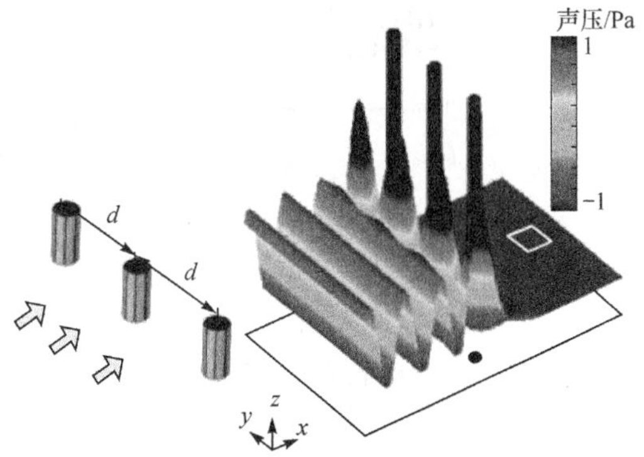

(b) 流体中平面波入射单元阵列时的声场分布

图 1.24 基于空间折叠设计的 Mie 共振声学超材料

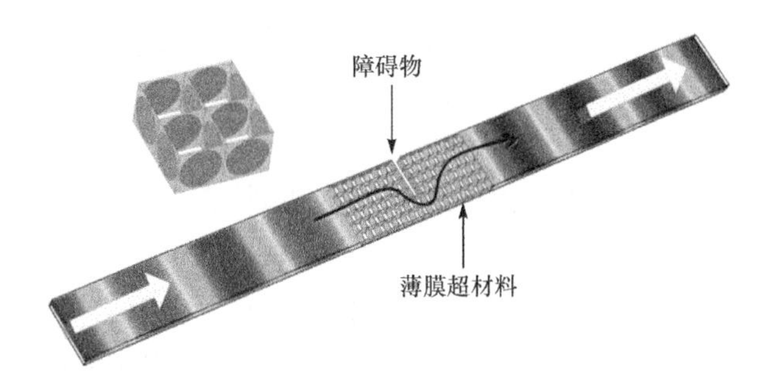

图 1.25 声波通过近零有效密度的声学超材料的声场分布

武汉大学刘正猷课题组主要从事声学超材料的基础理论和新物理效应方面的研究工作。在局域共振声学超材料的设计与声波控制机理、平板亚波长结构的声波反常透射，以及超材料中声聚焦、准直等传播特性研究方面取得了多项突破性成果。

Liu 等[40]于 2000 年率先在声子晶体研究中引入局域共振单元(图 1.26)，突破 Bragg 机理的限制，得到了在亚波长频段具有低频声波带隙的人工声学材料，为声学超材料研究开拓了新思路。2005 年，Liu 等[55]又进一步论证了局域共振超材料的负质量密度效应和以流体介质为基体的周期人工声学结构的动态质量密度特性，对声学超材料特殊物理效应的机理、影响因素及影响规律进行了深入探讨。2010 年，He 等[190]设计了非局域共振的负质量密度超材料，拓展了声学超材料结构设计研究。这些成果为声学超材料的理论研究和声振控制应用探索提供了理论基础。

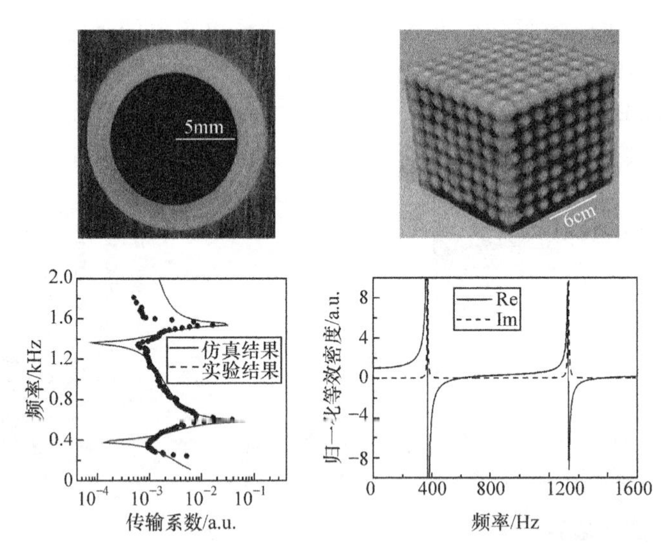

图 1.26　局域共振声子晶体低频带隙特性及其负质量密度

在声学超材料的波传播特性研究方面，Ding 等[44]于 2007 年结合单极共振单元和偶极共振单元设计超材料，在体弹模量和质量密度同时为负的频段得到了双负的纵波能带。利用该能带中声波传播的负折射效应，进行了亚波长声成像研究。

在亚波长平板声学超材料研究方面，Liu 等[191]于 2009 年研究了亚波长薄板结构中与表面模式相关的声波传输现象，He 等[98]于 2010 年在无孔隙的薄板上设计结构，观察到了反常声波透射(图 1.27)。Peng 等[99]于 2011 年研究了声学超材料板的声波隧穿现象。这些研究深化了声波在声学超材料中的亚波长传播行为的认识，对发现新现象和预示新应用具有重要的科学意义和应用价值。

随着研究的深入，声学超材料单元结构设计及新概念声学器件设计成为多个研究团队关注的重点。西安交通大学在这方面进行了多项卓有成效的研究工作。Zhang 等[192]于 2013 年设计了螺旋局域共振单元声学超材料板，在 250Hz 以下的低频范围内具有较宽的振动带隙。Ma 等[73]于 2014 年将局域共振结构引入仿生设计中，提出了耳蜗仿生声学超材料的设计思想，具有宽频、高灵敏度的声响应特性，为声能量收集等方面的研究提供了新的启示。Cai 等[193]于 2015 年研究了五模超材料的单元结构设计，利用非对称五模单元在低频段得到了宽的声波带隙。Ren 等[194]于 2016 年设计了多狭缝亚波长单元结构空气声吸声超材料，通过使其具有负的等效质量密度和弹性模量，获得了良好的低频宽带吸声性能。

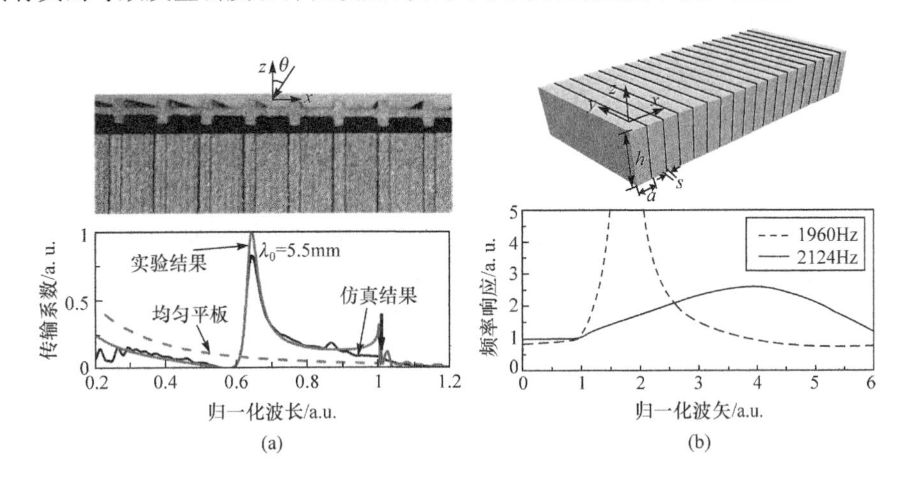

图 1.27　声学超材料平板及其反常增透现象

北京理工大学的胡更开等在声学超材料的特殊物理效应机理分析及应用探索方面进行了一系列的研究工作。2007 年，Zhou 等[195]研究了流体中球散射体覆盖多层声学超材料介质的等效参数特性，通过等效参数设计使散射体对外部入射波的散射为零，实现"声透明"。2008 年，Zhou 等进一步研究了固体球散射体覆盖多层声学超材料介质的声透明问题[196]。2014 年，Chen 等[197]研究了基于五模超材料单元的声学斗篷设计问题，实现了宽频带的五模声学斗篷设计。

国防科技大学在声学超材料的振动与噪声控制应用探索及声隐身方面进行了大量的研究。赵宏刚及其团队[89]于 2006 年研究了局域共振声学超材料中的能量耗散特性，发现了低频水声反常吸声效应。2007 年起，该团队[60]对其吸声机理进行了深入的研究，提出基于 Mie 散射的波形转化效应和多重散射效应的共同作用是其低频吸声显著增强的内在机制。2011 年，该团队[90]又从吸声模态、阻抗匹配的角度对低频、宽带吸声的影响因素及规律进行了系统分析。2012 年，该团队[131]揭示了钢背衬条件下复合局域共振结构与钢背衬间的整体共振（驻波）吸声机制，温激鸿、孟浩等[132]进一步对水声吸声超材料的低频吸声特性进行了优化，拓展了局域共振结构的低频吸声带宽。

在空气声控制方面，Zhang 等[198]于 2012 年利用模态分析法研究了薄膜声学超材料的声学特性，推导了薄膜声学超材料的传声损失公式；其又于 2013 年进一步提出了在超材料相邻单元附加不同质量的散射体，提高薄膜超材料低频隔声性能的思路[199]。同时，Xiao 等[200]于 2012 年研究了局域共振型超材料平板的声振特性，提出利用局域共振结构抑制吻合效应的思路，能够得到远高于同质量均质板的隔声量。Zhang 等[201]于 2016 年提出了一种压电分流型箔状隔声超材料，由轻质薄层金属箔上贴附分流压电片构成，能够在非常轻质、薄层的条件下，实现对低频噪声的高效隔离。

在声隐身技术探索方面，Shen 等[202,203]于 2012 年将粘贴主动压电薄片声学空腔引入声学斗篷设计中，提出了主动声学斗篷的概念。同时，为弥补声隐身斗篷不能观测外部的不足，提出了主动声隐身反斗篷概念，在保持对外部声学探测隐身的同时，使斗篷内部声学探测器可以在特定的频段"看"到外部声场环境情况。

中国科学院声学研究所在声学超材料新概念声学器件及声隐身探索方面开展了一系列探索性工作。Hu 等[149]于 2013 年利用变换声学原理设计超材料使一个二维棱柱区域体现出平板的声散射特性，提出了声学"拟态"，即声幻象的声隐身思路(图 1.28)。2015 年，他们进一步提出了梯形毯状声幻象结构的设计，能对半自由空间中所有角度的入射波实现传播方向的控制，全角度地隐藏半空间中凸起物体的声学特征。2017 年，Bi 等[204]实现了水下声隐身地毯的设计及实验。这些研究在克服声学超材料隐身的材料奇异性问题、拓宽控制频段方面取得了显著的成果，对声学超材料声隐身技术的发展具有重要意义。

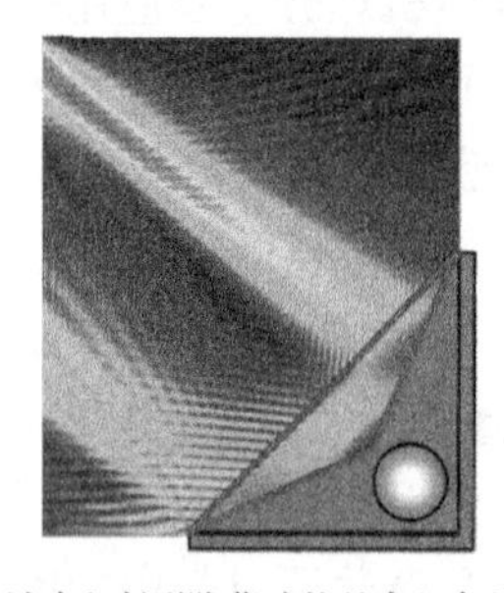

(a) 波束入射到隐藏球体的声幻象结构

(b) 波束入射到空旷的墙角

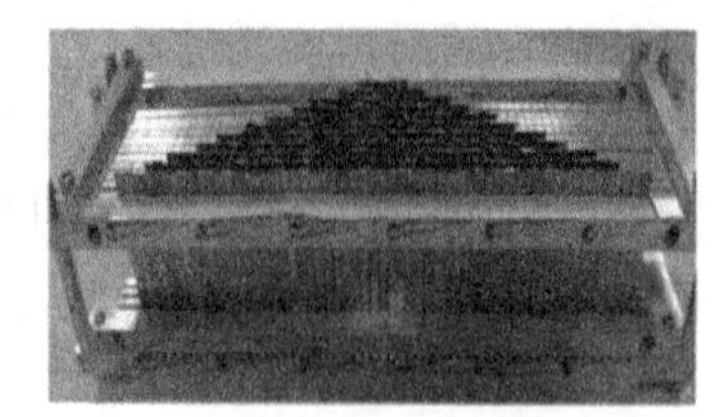

(c) 开缝板叠制成的声幻象结构

图 1.28　声幻象结构及其声隐身效果

1.4.3　研究概况小结

国内研究者从 2000 年起就对声学超材料的研究给予了持续密切的关注。他们在声学超材料概念的提出、负声学特性参数的机理、声学斗篷的设计原理等方面都开展了大量开创性的工作。在对声学超材料认识深入的基础上，在声学超材料的新结构设计、新原理声学器件设计等方面也提出了多种创新性的设计思路，开拓了声学超材料研究的深度和广度。同时，在水声吸隔声、空气声吸隔声及结构减振方面，国内学者引入超材料思想的设计都取得了突破性进展，设计、制备的关键技术也已相继取得突破，声学超材料有望应用于传统减振降噪及声学器件的工程化设计中，克服常规设计的技术瓶颈和短板，提升其性能并减小其体积和重量。总体来看，我国在声学超材料的基础研究领域已积累了一批有影响的研究成果，形成了在国际上有影响力的研究队伍，在声学超材料的弹性波控制机理、特殊物理效应及声波与振动控制应用探索方面基本与国际同步，但在实验研究、制备及器件化水平方面仍有一定的差距。

1.5 前沿动态

1.5.1 非线性声学超材料

Gendelman[205]提出的立方非线性刚度振子结构，在耦合到弹性基体结构后，结构中的瞬态冲击能量会通过被动受控空间传输的方式局部化到非线性附加质量上，从而高效抑制基体结构的瞬态振动。这样的非线性振子称为非线性能量阱(nonlinear energy sink，NES)。图1.29为Wierschem[206]于2014年给出的大尺度NES爆炸冲击试验结构。炸药在空气中爆炸会产生幅度峰值达1.5MPa的强冲击波，结构在这类冲击波作用下产生高幅响应从而带来严重破坏，如图1.30(a)所示；然而当结构中耦合了立方刚度NES和振动冲击NES结构后，基体中的瞬态能量将快速传输到NES中从而使基体振动快速衰减，如图1.30(b)所示，表现了良好的冲击波防护能力。

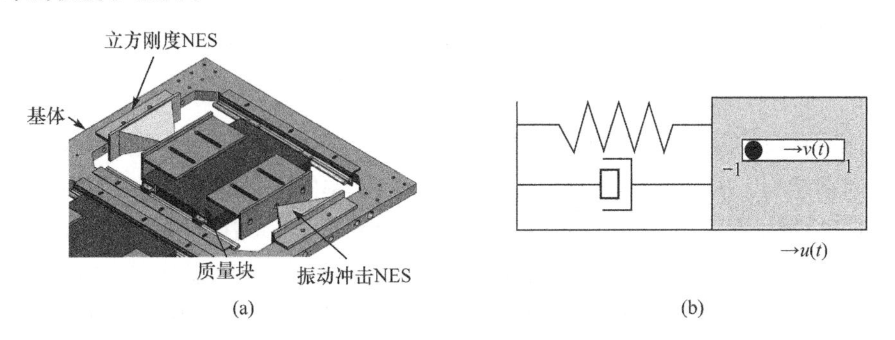

图1.29　非线性NES单元结构示意图及其动力学模型

2014年，Romeo等[207]和Manevitch等[208]同时提出并研究了双稳态NES结构及其势能(图1.31)。双稳态NES中特有的稳态跃迁能够提高高效靶能量传输(targeted energy transfer，TET)的作用范围。NES结构及其TET机理的研究为设计具有冲击波调控特性的超材料结构奠定了理论基础，有望为舰船、装甲等重要装备的冲击与冲击波防护提供技术支撑。

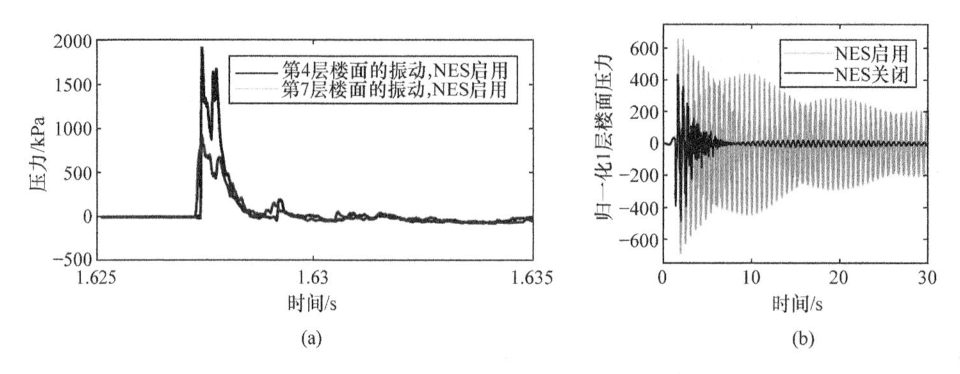

图 1.30　非线性 NES 结构在冲击压力波作用时的时域响应图

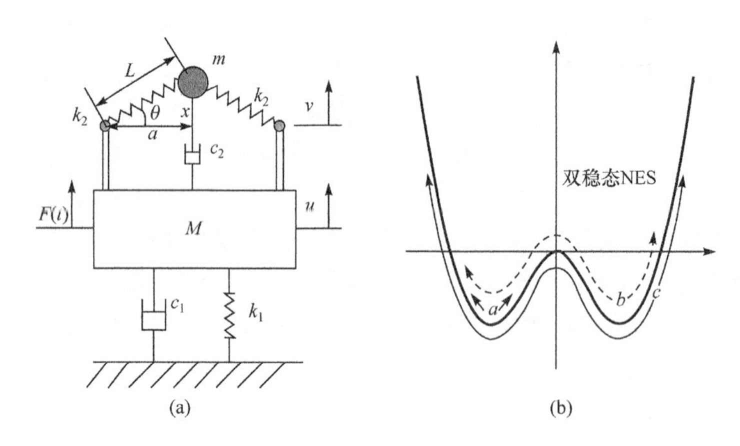

图 1.31　非线性双稳态 NES 结构及其势能

球形颗粒单元相互挤压排列的颗粒晶体结构[图 1.32(a)]也是研究较多的非线性周期结构。由于颗粒之间是通过 Hertz 接触率的非线性作用力相互耦合的，因此这类结构可以表现出非线性特征，且其非线性强度取决于预压缩力的大小。例如，在短脉冲激励下，这样的结构中能产生具有空间局部化特性的孤立波[图 1.32(b)]。孤立波的传播具有幅值依赖性，其波速可通过预压缩力进行调节[图 1.32(c)]。

Donahue[209] 于 2014 年利用二维颗粒晶体设计了水下聚焦和成像的声棱镜，如图 1.33 所示。基于 NES 设计的非线性亚波长结构有望实现高阻尼和高效 TET 效应以控制材料内部的瞬态应力波传播，从而实现冲击波防护，是一种颠覆性的创新技术。然而，这方面的研究尚未有效展开。

1.5.2　声学超表面

Grbic 等[210] 于 2008 年设计了单元结构随位置变化的亚波长多孔金属板结

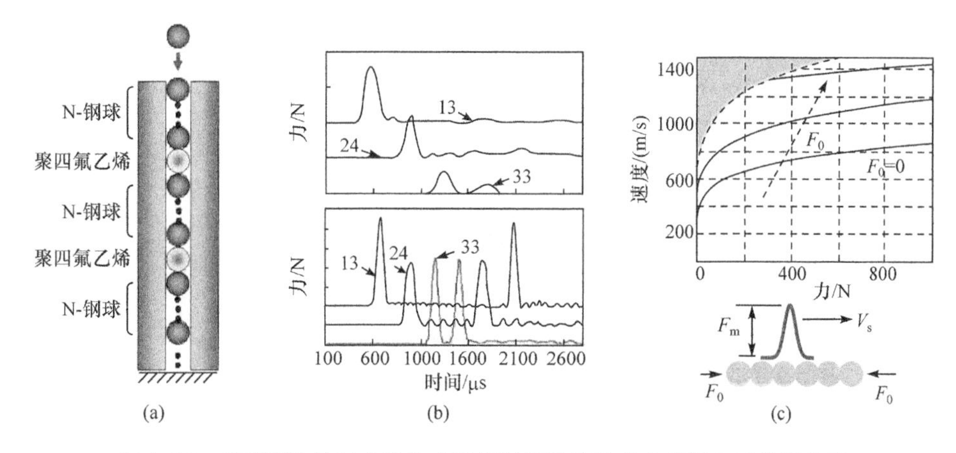

图 1.32　球形颗粒单元非线性声学超材料结构及其中的弧立波传播特性

(b) 图中数字表示钢球序号

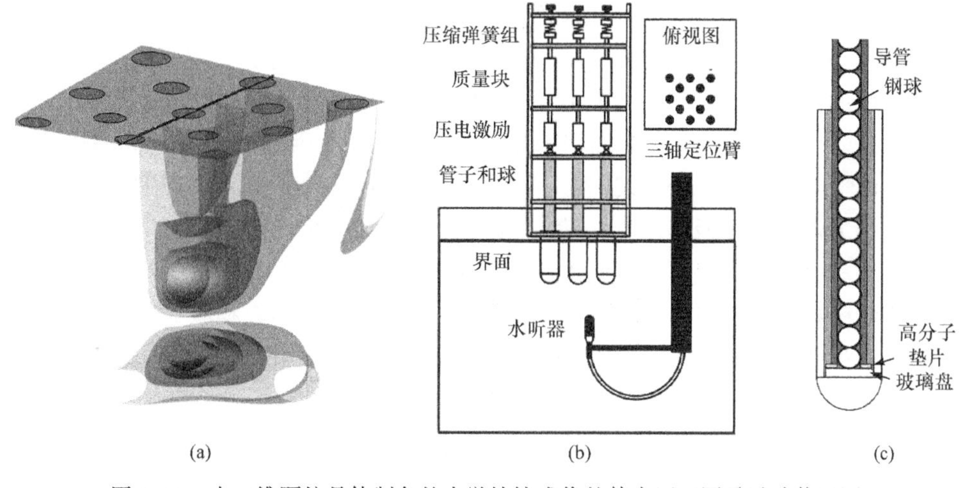

图 1.33　由二维颗粒晶体制备的声学棱镜成像的等声压面图及试验装置图

构，使得透射波的相位随位置发生变化形成相位梯度，通过调制相位梯度来改变透射波的传播方向，实现了平板透镜成像。这种使反射波/透射波沿波阵面方向产生相位梯度、通过相位梯度实现波场调制的亚波长结构表面称为超表面(metasurface)。Yu 等[211]于 2011 年指出，在两种介质的交界面设计一层具有相位梯度的薄层表面结构，则折射角中含有与相位梯度相关的分量，反射角/折射角将随相位梯度变化，如图 1.34(a)所示。这时 Snell 定律将增加与相位梯度相关的项：

$$\sin\theta_{\mathrm{i}} n_{\mathrm{i}} = \sin\theta_{\mathrm{t}} n_{\mathrm{t}} - \frac{\lambda_0 \mathrm{d}\phi}{2\pi \mathrm{d}x} \tag{1.1}$$

式中，θ_{i}、θ_{t} 为入射角和折射角；n_{i}、n_{t} 为入射波和折射波的折射率；$\mathrm{d}\phi/\mathrm{d}x$ 为波阵面

的相位梯度。

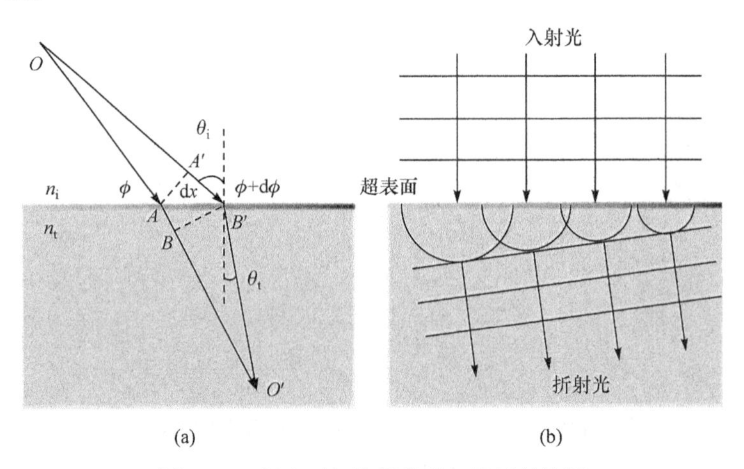

(a)　(b)

图 1.34　超表面相位梯度引起的折射控制

由式(1.1)可以看出,在介质表面引入相位梯度超表面后,即使入射波垂直入射($\theta_i=0$),折射角也不为零,如图 1.34(b)所示。式(1.1)称为广义 Snell 定律,它为超表面的研究提供了简明的基础定律,有力地推动了超表面研究的发展。

Li 等[212]于 2013 年将超表面引入弹性波研究领域,利用多个尺寸不同的蜷曲空间结构声学超材料单元[图 1.35(a)、(b)]设计了具有反射波相位梯度[图 1.35(c)]的声学超表面。仿真及实验结果表明:该结构能够实现声波反射调制(图 1.36)、声表面波耦合及声聚焦。随后,Mei 等[213]对声学超表面的相位梯度设计、阻抗匹配等进行了探索研究;Ding 等[214]和 Zhao 等[215]研究了利用双狭缝谐振腔、五模单元结构等构造声学超表面的问题。这方面的研究已经引起了越来越多研究者的关注。

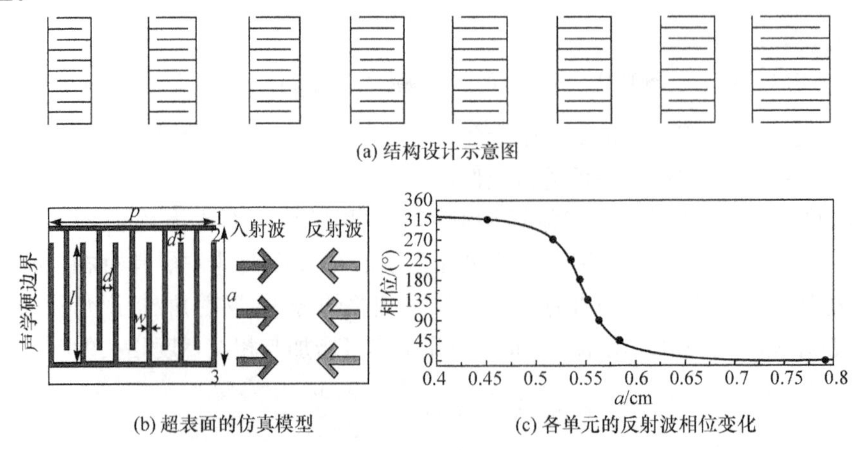

(b) 超表面的仿真模型　(c) 各单元的反射波相位变化

图 1.35　基于蜷曲空间结构的声学超表面模型示意图

超表面是人们结合相控阵波场控制原理与超材料亚波长结构而提出的新概念，由渐变的亚波长微结构按特定的空间分布排列构成一维或二维表面结构，通过结构设计，形成特定的反射或透射波相位梯度，基于广义 Snell 定律，实现波的任意折射、聚焦成像，高效表面波耦合等控制。超表面在超材料基于亚波长微结构的声学特性调制基础上，引入了波前的相位梯度这一新的波场调制自由度，能够实现更加灵活的弹性波控制。从原理上讲，超表面对波的控制具有明显的薄层小尺寸的特点，具有深远的研究和应用潜力。

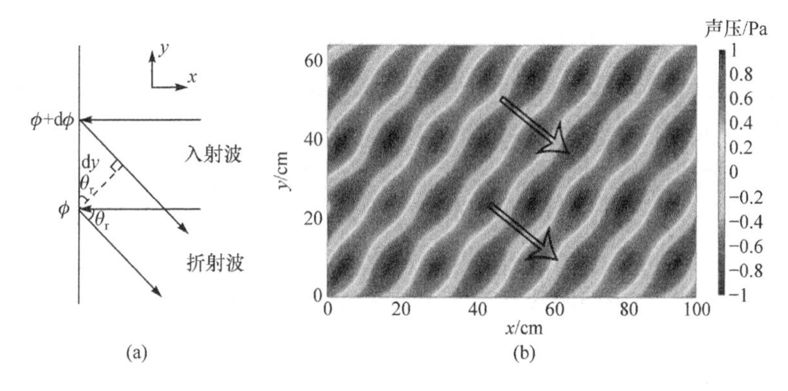

图 1.36　基于蜷曲空间结构的声学超表面仿真结果

1.5.3　声学黑洞

声学黑洞(acoustic black hole)是 Krylov[216] 于 2001 年提出的控制板中弹性波在特定位置聚集的结构设计新思路。当弹性薄板结构的厚度在选定方向按一定的幂函数规律减小到零时[图 1.37(a)]，板中弯曲波的相速度和群速度也相应减小到零，达到波的零反射[图 1.37(c)]，这将使沿该方向传播的弹性波能量集中在结构的尖端位置，通过附加阻尼材料，能够达到弹性波能量吸收或减振降噪的目的。2011 年，O'Boy 等[217]进一步提出了二维声学黑洞的设计模型，如图 1.37 (b) 所示。在薄板上设计圆柱形单元，其厚度按一定规律沿半径方向减小，在圆心位置最薄，当厚度的变化使弯曲波速度逐渐减小，同时保持阻抗匹配时，弹性波能量向黑洞单元的中心聚集，这种结构有望用于结构的振动与噪声控制。

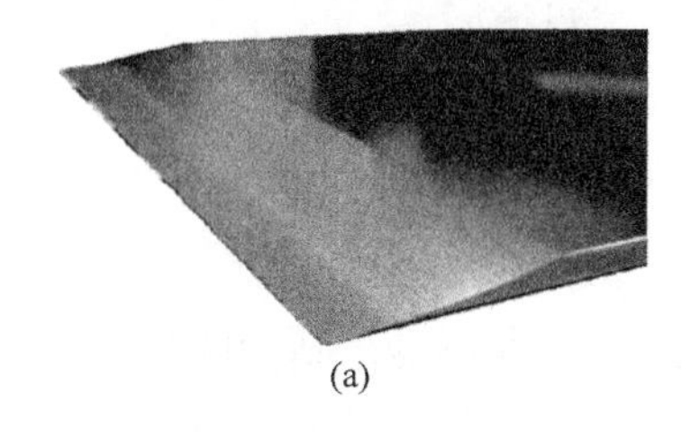

(a)

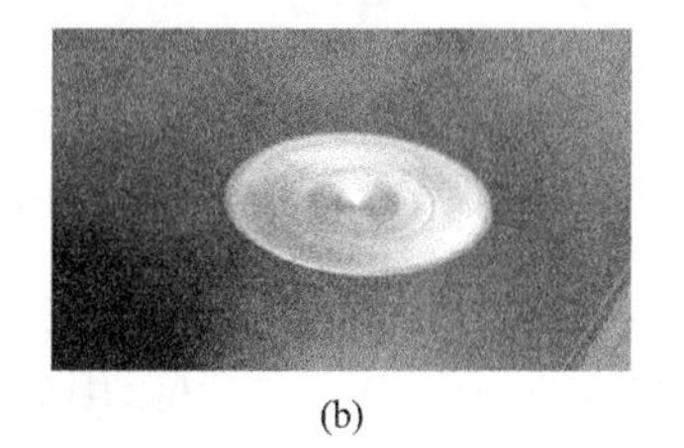

(b)

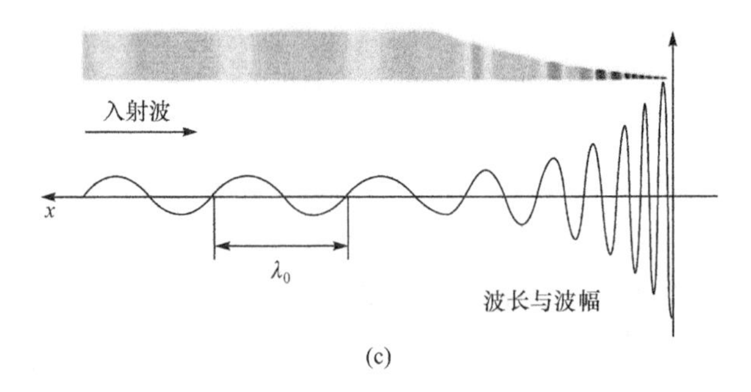

图 1.37　一维、二维声学黑洞样品及弹性波聚集原理示意图

声学黑洞的核心思想是通过结构的阻抗渐变调节实现弹性波的无反射聚集，如引入适当的阻尼，可实现“有进无出”的吸收效果，其类似于物理学中黑洞的波场控制效果，有着深远的应用前景，因此，以声学黑洞为单元结构的周期阵列研究很快引起了研究者的关注。2014 年，Bowyer 等[218]研究了声学黑洞周期阵列的声学特性，得到了良好的隔振和声辐射衰减效果。同时，Zhao 等[219]和 Umnova 等[220]研究了基于声学黑洞原理的空气声吸声及水声吸声结构的设计问题，对其影响因素及特性进行了初步的探索研究。2015 年，Zhu 等[221]对声学黑洞周期阵列[图 1.38(a)]进行了研究。能带结构分析的结果表明，通过一定的单元结构设计，这种结构可以用于实现声波负折射[图 1.38(b)]、零质量密度、声波类 Dirac 区域及宏观各异性等众多声学超材料中具有的特殊物理性质。目前，这方面的研究已经引起了越来越多研究者的关注。

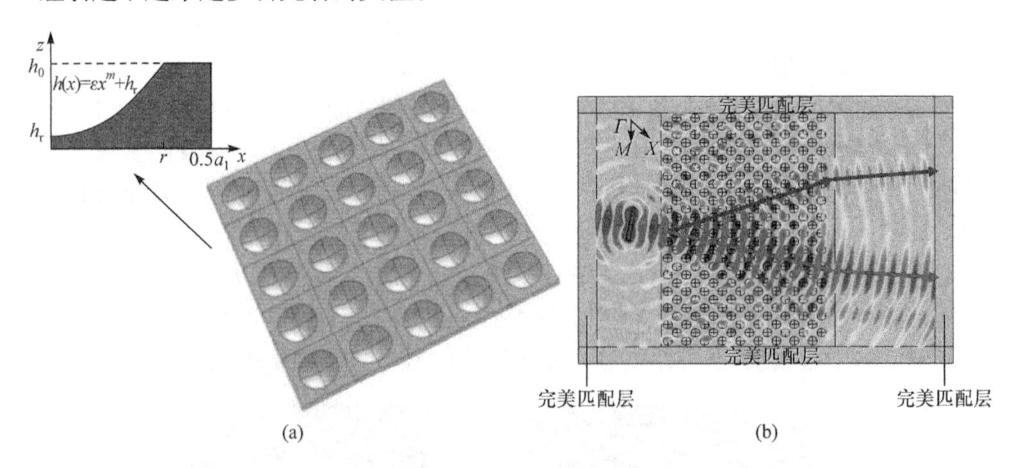

图 1.38　二维声学黑洞阵列结构示意图及弹性波负折射仿真结果

声学黑洞结构利用厚度或阻抗的变化来操纵弹性波，并最终捕获弹性波传递的能量。与变换声学相比，它可以用简单的设计实现波沿特定路径的弯曲，显著提高设计的灵活性。与局域共振结构相比，它属于非谐振结构，且在耗散能量时需要

的阻尼材料相对较少,有利于在轻质结构中实现宽频的声波与振动控制。能带结构分析表明,这样的单元结构可以在较宽的频率范围内大幅度地调节周期阵列整体的等效参数,具有结构简单、调节灵活的特点。无论在理论研究还是在工程应用探索方面,声学黑洞都具有重要的研究价值。

1.5.4　零折射率声学超材料

折射率是描述波传播过程中振动随时间、空间变化规律的基本物理量。自然界中,在等离子共振频率附近,金、银等贵金属电磁波在材料中的传播不会发生任何空间相位的变化,表现为介电常数和折射率为零的电磁波传播模式。波在这样的材料中传播将不受外界环境的影响。天然材料中,电磁波零折射率特性只在特定的频率出现,声波零折射特性没有发现,这极大地限制了该特性的研究及应用。声学超材料可以通过调节单元结构使等效材料参数在大范围内变化,得到折射率为正或者为负的人工介质。可以直观地推论,在正负材料参数之间,能够通过结构设计得到折射率为零的超材料。Bongard 等[222]于 2010 年利用声传输线模型论证了零折射声学超材料的设计原理。零折射率声学超材料开始引起研究者的关注。

2013 年,Fleury 等[223]利用一维薄膜阵列构造零折射率声学超材料,实现了超耦合声传输控制。同年,Zhu[224]通过对局域共振声学超材料的等效折射率分析,得到局域共振声学超材料产生零折射率的条件,并仿真分析了该材料的超耦合效应。Park 等[225]则研究一维 Helmholtz 共振腔阵列构成的声学超材料,通过声传输特性及等效参数分析得到零折射率产生的条件,并对零折射率声传播的能量分布进行了分析。2015 年,Li 等[226]提出了二维薄膜阵列零折射声学超材料的设计模型,深入分析了材料的阻抗匹配特性和声传播特性。

从原理上讲,声波在零折射率材料中传播时不受材料尺寸、外形及传播路径的影响,声波在其中的传播表现出多种新颖的特性,如超耦合效应、反常隧穿效应、引入缺陷产生超透射和超反射效应等。这些特性在增强声波的定向辐射、改善声探测分辨率以及发展声隐身新技术方面具有重要的价值。Jing 等[87]于 2012 年从理论上研究了零折射率声学超材料的特性,他们提出,这样的材料可用于声波的角滤波调制和辐射模式调制。Li 等[226]于 2013 年在声波单向传播控制研究中引入零折射率超材料,声波波形在传播过程中能够良好地保持(图 1.39)。2015 年,Gu 等[227]基于零折射率声学超材料在经过任意形状障碍物时保持较高的透射率和平面波阵面的超耦合特性,分别提出了基于零折射率声学超材料的声隐身设计原理模型和直角波导模型(图 1.40),从这些研究中可以看出,零折射率声学超材料在新型声学器件研究中有其独特的魅力。

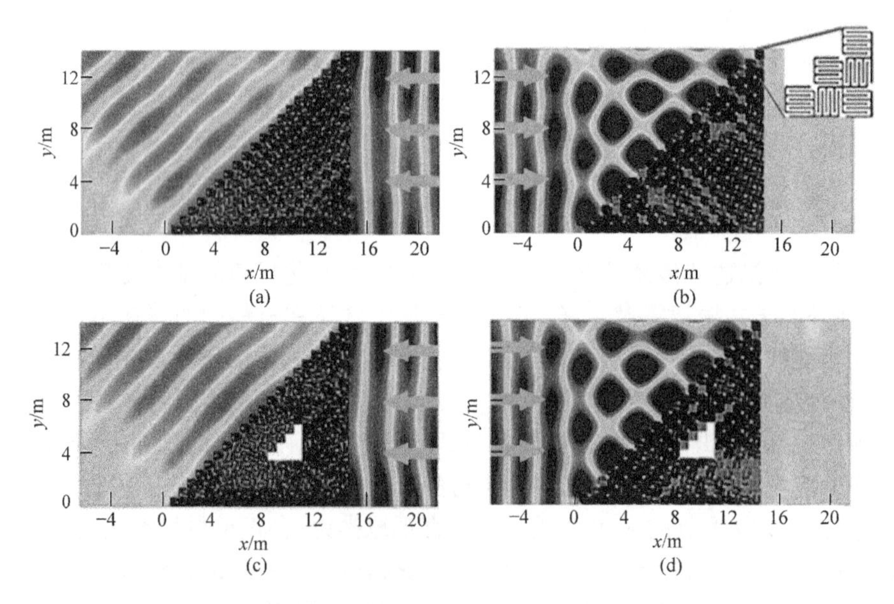

图 1.39　基于零折射率声学超材料单向声传播控制仿真结果

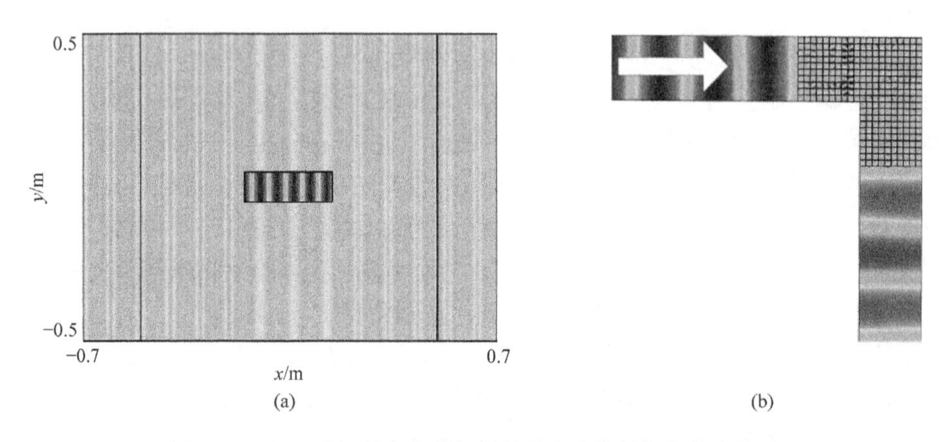

图 1.40　基于零折射率声学超材料单向声传播控制仿真结果

参 考 文 献

[1] 国家自然科学基金委员会. 未来 10 年中国学科发展战略. 材料科学[M]. 北京:科学出版社,2017.

[2] Sigalas M M,Economou E N. Elastic and acoustic wave band structure[J]. Journal of Sound and Vibration,1992,158(2):377-382.

[3] Kushwaha M S,Halevi P,Dobrzynski L,et al. Acoustic band structure of periodic elastic composites[J]. Physical Review Letters,1993,71(13):2022.

[4] Pendry J B, Holden A J, Robbins D J, et al. Low frequency plasmons in hin-wire structures[J]. Journal of Physics: Condensed Matter, 1998, 10(22): 4785-4809.

[5] Smith D R, Kroll N. Negative refractive index in left-handed materials[J]. Physical Review Letters, 2000, 85(14): 2933-2936.

[6] 方俊鑫, 陆栋. 固体物理学[M]. 上海: 上海科学技术出版社, 1980.

[7] 黄昆. 固体物理学[M]. 韩汝琦, 改编. 北京: 高等教育出版社, 1988.

[8] Floquet G. Sur les équations différentielles linéaires *à* coefficients périodiques[J]. Annales Scientifiques de l'Éolecole Normale Supérieure, 1883, 12: 47-88.

[9] Bloch F. Über die quantenmechanik der electronen in kristallgittern[J]. Zeitschrift Für Physik A Hadrons & Nuclei, 1929, 52: 555-600.

[10] Yablonovitch E. Inhibited spontaneous emission in sold-state physics and electronics[J]. Physical Review Letters, 1987, 58(20): 2059-2062.

[11] John S. Strong localization of photons in certain disordered dielectric superlattices[J]. Physical Review Letters, 1987, 58(23): 2486-2489.

[12] Martínez-Sala R, Sancho J, Sanchez J V, et al. Sound attenuation by sculpture[J]. Nature, 1995, 378(6554): 241.

[13] Veselago V G. The electrodynamics of substances with simultaneously negativevalues of μ and ε[J]. Soviet Physics Uspekhi, 1968, 10(4): 509-514.

[14] Pendry J B, Holden A J, Robbins D J, et al. Magnetism from conductors and enhanced nonlinear phenomena[J]. IEEE Transactions on Microwave Theory and Techniques, 1999, 47(11): 2075-2084.

[15] Shelby R A, Smith D R, Schultz S. Experimental verification of a negative index of refraction[J]. Science, 2001, 292(5514): 77-79.

[16] Galyamin S N, Tyukhtin A V, Kanareykin A, et al. Reversed Cherenkov-transition radiation by a charge crossing a left-handed medium boundary[J]. Physical Review Letters, 2009, 103(19): 194802.

[17] Reed E J, Soljacic M, Joannopoulos J D. Reversed Doppler effect in photonic crystals[J]. Physical Review Letters, 2003, 91(13): 133901.

[18] Smith D R, Padilla W J, Vier D C, et al. Composite medium with simultaneously negative permeability and permittivity[J]. Physical Review Letters, 2000, 84(18): 4184-4187.

[19] Valentine J, Zhang S, Zentgraf T, et al. Three-dimensional optical metamaterial with a negative refractive index[J]. Nature, 2008, 455(7211): 376-379.

[20] Yao J, Liu Z, Liu Y, et al. Optical negative refraction in bulk metamaterials of nanowires[J]. Science, 2008, 321(5891): 930.

[21] Tao H, Strikwerda A C, Fan K, et al. Terahertz metamaterials on free-standing highly-flexible polyimide substrates[J]. Journal of Physics D: Applied Physics, 2008, 41: 232004.

[22] Tanoto H, Ding L, Teng J H. Tunable terahertz metamaterials[J]. Terahertz Science and Technology, 2013, 6(1): 1-25.

[23] Enoch S, Tayeb G, Sabouroux L. A metamaterial for directive emission[J]. Physical Review Letters, 2002, 89(21): 213902.

[24] Zhou H, Pei Z, Qu S. A novel high-directivity microstrip patch antenna based on zero-index metamaterial[J]. IEEE Antennas and Wireless Propagation Letters, 2009, 8: 538-541.

[25] Schurig D, Mock J J, Justice B J, et al. Metamaterial electromagnetic cloak at microwave frequencies[J]. Science, 2006, 314(5801): 977-980.

[26] Cai W S, Chettiar U K, Kildishev A V, et al. Optical cloaking with metamaterials[J]. Nature Photonics, 2007, 1(4): 224-227.

[27] Li H, Yuan L H, Zhou B, et al. Ultrathin multiband giganertzmetamaterial absorbers[J]. Journal of Applied Physics, 2007, 110: 024911.

[28] Strikwerda A C, Zalkovskij M, Lorenzen D L, et al. Metamaterial composite bandpass filter with an ultra-broadband rejection bandwidth of up to 240 terahertz[J]. Applied Physics Letters, 2014, 104: 191103.

[29] Fan B, Liu F, Li Y, et al. Refractive index sensor based on hybrid coupler with short-range surface plasmon polariton and dielectric waveguide[J]. Applied Physics Letters, 2012, 100: 111108.

[30] Li L, Li T, Wang S M, et al. Broad band focusing and demultiplexing of in-plane propagating surface plasmons[J]. Nano Letters, 2011, 11: 4357.

[31] Pendry J B. Negative refraction makes a perfect lens[J]. Physical Review Letters, 2000, 85(18): 3966-3969.

[32] Fang N, Zhang X. Imaging properties of a metamaterial superlens[J]. Applied Physics Letters, 2003, 82(2): 161-163.

[33] Williams J M. Some problems with negative refraction[J]. Physical Review Letters, 2001, 87(24): 249703.

[34] Fang N, Lee H, Sun C, et al. Sub-diffraction-limited optical imaging with a silver superlens[J]. Science, 2005, 308(5721): 534-537.

[35] Chen H, Chan C T. Transformation media that rotate electromagnetic fields[J]. Applied Physics Letters, 2007, 90(24): 241105.

[36] Greenleaf A, Kurylev Y, Lassas M, et al. Electromagnetic wormholes and virtual magnetic-monop oles from metamaterials[J]. Physical Review Letters, 2007, 99(18): 183901.

[37] Rahm M, Schurig D, Roberts D A, et al. Design of electromagnetic cloaks and concentrators using form-invariant coordinatetransformations of Maxwell's equations[J]. Photonics and Nanostructures-Fundamentals and Applications, 2008, 6(1): 87-95.

[38] Pendry J B, Schurig D, Smith D R. Controlling electromagnetic fields[J]. Science, 2006, 312(5781): 1780-1782.

[39] Leonhardt U. Optical conformal mapping[J]. Science, 2006, 312(5781): 1777-1780.

[40] Liu Z Y, Zhang X, Mao Y, et al. Locally resonant sonic materials[J]. Science, 2000, 289(5485): 1734-1736.

[41] Mei J,Wu Y,Liu Z Y. Effective medium of periodic fluid-solid composites[J]. Europhysics Letters,2012,98(5):54001.

[42] Li J, Chan C T. Double-negative acoustic metamaterial[J]. Physical Review E, 2004, 70(5):055602.

[43] Fang N,Xi D,Xu J,et al. Ultrasonic metamaterials with negative modulus[J]. Nature Materials,2006,5(6):452-456.

[44] Ding Y Q,Liu Z Y,Qiu C Y,et al. Metamaterial with simultaneously negative bulk modulus and mass density[J]. Physical Review Letters,2007,99(9):093904.

[45] Fok L,Ambati M,Zhang X. Acoustic metamaterials[J]. MRS Bulletin,2008,33:931-934.

[46] Norris A N. Acoustic cloaking theory[J]. Proceedings of the Royal Society of London,Series A,2008,464:2411-2434.

[47] Torrent D,Sánchez-Dehesa J. Acoustic cloaking in two dimensions:A feasible approach[J]. New Journal of Physics,2008,10:063015.

[48] Li J,Fok L,Yin X,et al. Experimental demonstration of an acoustic magnifying hyperlens[J]. Nature Materials,2009,8(12):931-934.

[49] Wang X L. Acoustical mechanism for the extraordinary sound transmission through subwavelength apertures[J]. Applied Physics Letters,2010,96(13):134104.

[50] Sheng P,Mei J,Liu Z Y,et al. Dynamic mass density and acoustic metamaterials[J]. 2007, 394:256-261.

[51] Cummer S A,Schurig D. One path to acoustic cloaking[J]. New Journal of Physics,2007, 9(3):45.

[52] Liang B, Yuan B, Cheng J. Acoustic diode: Rectification of acoustic energy flux in one-dimensional systems[J]. Physical Review Letters,2009,103(10):104301.

[53] Wang Y R,Zhang H,Zhang S Y,et al. Broadband acoustic concentrator with multilayered alternative homogeneous materials[J]. Journal of the Acoustical Society of America,2012, 131(2):150-155.

[54] Liu X N,Hu G K,Sun C T,et al. Wave Propagation characterization and design of two-dimensional elastic chiral metacomposite[J]. Journal of Sound and Vibration,2011,330(11): 2536-2553.

[55] Liu Z Y,Chan C T,Sheng P. Analytic model of phononic crystals with local resonances[J]. Physical Review B,2005,71:1.

[56] Lee S H,Park C M,Seo Y M,et al. Composite acoustic medium with simultaneously negative density and modulus[J]. Physical Review Letters,2010,104(5):054301.

[57] Liang Z,Li J. Extreme acoustic metamaterial by coiling up space[J]. Physical Review Letters,2012,108(11):114301.

[58] Akl W,Baz A. Analysis and experimental demonstration of an active acoustic metamaterial cell[J]. Journal of Applied Physics,2012,111:044505.

[59] Fan L,Ge H,Zhang S Y,et al. Nonlinear acoustic fields in acoustic metamaterial based on a cylindrical pipe with periodically arranged side holes[J]. Journal of the Acoustical Society of America,2012,133(6):3846-3852.

[60] Zhao H G,Liu Y Z,Wen J H,et al. Tri-component phononic crystals for underwater anechoic coatings[J]. Physics Letters A,2007,367(3):224-232.

[61] Zhao H G,Wen J H,Yu D L,et al. Low-frequency acoustic absorption of localized resonances:Experiment and theory[J]. Journal of Applied Physics,2010,107:023519.

[62] 杨海滨,李岳,赵宏刚,等. 一种含圆柱形谐振散射体的黏弹材料低频吸声机理研究[J]. 物理学报,2013,62(15):154301.

[63] Wang X,Zhao H,Luo X,et al. Membrane-constrained acoustic metamaterials for low frequency sound insluation[J]. Applied Physics Letters,2016,108(4):041905.

[64] Naify C J,Chang C M,Mcknight G,et al. Transmission loss and dynamic response of membrane-type locally resonant acoustic metamaterials[J]. Journal of Applied Physics,2010,108:114905.

[65] 王刚,温激鸿,温熙森,等. 细直梁弯曲振动中的局域共振带隙[J]. 机械工程学报,2005,41(10):107-110.

[66] Yu D L,Liu Y Z,Zhao H G,et al. Flexural vibration band gaps in Euler-Bernoulli beams with locally resonant structures with two degrees of freedom[J]. Physical Review B,2006,73(6):064301.

[67] Chen S B,Wen J H,Wang G,et al. Locally resonant gaps of phononic beams induced by periodic arrays of resonant shunts[J]. Chinese Physics Letters,2011,28(9):094301.

[68] Wang G,Chen S,Wen J. Low-frequency locally resonant band gaps induced by arrays of resonant shunts with Antoniou's circuit:Experimental investigation on beams[J]. Smart Materials and Structures,2011,20:015026.

[69] 陈圣兵,韩小云,郁殿龙,等. 不同压电分流电路对声子晶体梁带隙的影响[J]. 物理学报,2010,59(1):387-392.

[70] Chen H S,Chan C T. Acoustic cloaking and transformation acoustics[J]. Journal of Physics D:Applied Physics,2010,43(11):113001.

[71] Zhang S,Yin L,Fang N. Focusing ultrasound with an acoustic metamaterialnetwork[J]. Physical Review Letters,2009,102(19):194301.

[72] Liang B,Zou X,Yuan B,et al. Frequency-dependence of the acoustic rectifying efficiency of an acoustic diode model[J]. Applied Physics Letters,2010,96(23):23351.

[73] Ma F Y,Wu J H,Huang M,et al. Cochlear bionic acoustic metamaterials[J]. Applied Physics Letters,2014,105(21):213702.

[74] Li Y,Liang B,Gu Z M,et al. Unidirectional acoustic transmission through a prism with near-zero refractive index[J]. Applied Physics Letters,2013,103(5):053505.

[75] Li F,Cai F,Liu Z,et al. Phononic-crystal-based acoustic sieve for tunable manipulations of particles by a highly localized radiation force[J]. Physical Review Applied,2014,1:051001.

[76] LiY,Liang B,Gu Z M,et al. Reflected wavefront manipulation based on ultrathin planar acoustic metasurfaces[J]. Scientific Reports,2013,3:2546.

[77] Rybin M V,Khanikaev A B,Inoue M,et al. Fano resonance between Mie and Bragg scattering in photonic crystals[J]. Physical Review Letters,2009,103(2):23901.

[78] Wang G,Wen X S,Wen J H,et al. Two-dimensional locally resonant phononic crystals with binary structures[J]. Physical Review Letters,2004,93(15):154302.

[79] Mei J,Liu Z Y,Wen W J,et al. Effective mass density of fluid-solid composites[J]. Physical Review Letters,2006,96(2):024301.

[80] Yang Z,Mei J,Yang M,et al. Membrane-type acoustic metamaterial with negative dynamic mass[J]. Physical Review Letters,2008,101(20):024301.

[81] Yang Z,Dai H M,Chan N H,et al. Acoustic metamaterial panels for sound attenuation in the 50—1000Hz regime[J]. Applied Physics Letters,2010,96(4):041906.

[82] Cheng Y,Xu Y,Liu X J. One-dimensional structured ultrasonic metamaterials with simultaneously negative dynamic density and modulus[J]. Physical Review B,2008,77(4):045134.

[83] Liu X N,Hu G K,Huang G L,et al. An elastic metamaterial with simultaneously negative mass density and bulk modulus[J]. Applied Physics Letters,2011,98(25):251907.

[84] Farhat M,Guenneau S,Enoch S,et al. Negative refraction,surface modes,and superlensing effect via homogenization near resonances for a finite array of split-ring resonators[J]. Physical Review E,2009,80(4):046309.

[85] Park J J,Lee K J,Wright O B,et al. Giant acoustic concentration by extraordinary transmission in zero-mass metamaterials[J]. Physical Review Letters,2013,110(24):244302.

[86] Li Y F,Jun L,Yu H Y,et al. Membrane-based acoustic metamaterial with mear-zero refractive index[J]. Chinese Physics B,2017,26(1):014302.

[87] Jing Y,Xu J,Fang N X. Numerical study of a near-zero-index acoustic metamaterial[J]. Physics Letters A,2012,376(9):2834-2837.

[88] Wei Q,Cheng Y,Liu X J. Acoustic total transmission and total reflection in zero-index metamaterials with defects[J]. Applied Physics Letters,2013,102(17):174104.

[89] Zhao H G,Liu Y Z,Wen J H,et al. Sound absorption of locally sonic materials[J]. Chinese Physics Letters,2006,23(8):2132-2134.

[90] Wen J H,Zhao H G,Lv L,et al. Effects of locally resonant modes on underwater sound absorption in viscoelastic materials[J]. Journal of the Acoustical Society of America,2011,130(3):1201-1208.

[91] Jiang H,Wang Y R,Zhang M L,et al. Locally resonant phononic woodpile:A wide band anomalous underwater acoustic absorbing material[J]. Applied Physics Letters,2009,95(10):104101.

[92] Mei J,Ma G C,Yang M,et al. Dark acoustic metamaterials as super absorbers for low-frequency sound[J]. Nature Communications,2012,3:765.

[93] Frazier M J,Hussein M I. Viscous-to-viscoelastic transition in phononic crystal and metama-

terial band structures[J]. Journal of the Acoustical Society of America,2015,138(5):3169-3180.

[94] Jimenez N,Romero-Garcıa V,Pagneux V,et al. Quasiperfect absorption by subwavelength acoustic panels in transmission using accumulation of resonances due to slow sound[J]. Physical Review B,2017,95(1):014205.

[95] Christensen J,Fernandez-dominguez A I,Leon-Perez D,et al. Collimation of sound assisted by acoustic surface waves[J]. Nature Physics,2007,3(12):851,852.

[96] Lu M H,Liu X K,Feng L,et al. Extraordinary acoustic transmission through a 1D grating with very narrow apertures[J]. Physical Review Letters,2007,99(17):174301.

[97] Jia H,Ke M Z,Hao R,et al. Subwavelength imaging by a simple planar acoustic superlens [J]. Applied Physics Letters,2010,97(17):173507.

[98] He Z J,Jia H,Qiu C Y,et al. Acoustic transmission enhancement through a periodically structured stiff plate without any opening[J]. Physical Review Letters,2010,105(7):074301.

[99] Peng P,Qiu C Y,Ding Y Q,et al. Acoustic Acoustic tunneling through artificial structures: From phononic crystals to acoustic metamaterials[J]. Solid State Communications,2011,151:400-403.

[100] Naify C J,Chang C M,Geoffrey M K,et al. Transmission loss and dynamic response of membrane-type locally resonant acoustic metamaterials[J]. Journal of Applied Physics,2010,108:114905.

[101] Wang X L,Zhao H,Luo X D,et al. Membrane-constrained acoustic metamaterials for low frequency sound insulation[J]. Applied Physics Letters,2016,108(4):041905.

[102] Yang M,Ma G C,Yang Z Y,et al. Coupled membranes with doubly negative mass density and bulk modulus[J]. Physical Review Letters,2013,110(13):134301.

[103] Chen Y Y,Huang G L,Zhou X M,et al. Analytical coupled vibroacoustic modeling of membrane-type acoustic metamaterials: Membrane model[J]. Journal of the Acoustical Society of America,2014,136(3):969-979.

[104] Pai P F,Peng H,Jiang S Y. Acoustic metamaterial beams based on multi-frequency vibration absorbers[J]. International Journal of Mechanical Sciences,2014,79:195-205.

[105] Guenneau S,Movchan A,Pétursson G,et al. Acoustic metamaterials for sound focusing and confinement[J]. New Journal of Physics,2007,9:399.

[106] Hu X H,Ho K M,Chan C T,et al. Homogenization of acoustic metamaterials of Helmholtz resonators in fluid[J]. Physical Review B,2008,77(17):172301.

[107] Lee S H,Park C M,Seo Y M,et al. Acoustic metamaterial with negative modulus[J]. Journal of Physics:Condensed Matter,2009,21:175704.

[108] Ding C L,Hao L M,Zhao X P. Two-dimensional acoustic metamaterial with negative modulus[J]. Journal of Applied Physics,2010,108(7):074911.

[109] Sharma B,Sun C T. Metamaterial with negative modulus and a double negative structure[J]. Physics,2015,arXiv:1501. 02833.

[110] García-ChocanoV M, Gracía-Salgado R, Torrent D, et al. Quasi-two-dimensional acoustic metamaterial with negative bulk modulus[J]. Physical Review B, 2012, 85(18): 184102.

[111] Frenzel T, Brehm J D, Buckmann T, et al. Three-dimensional labyrinthine acoustic metamaterials[J]. Applied Physics Letters, 2013, 103(6): 114301.

[112] Torrent D, Sánchez-Dehesa J. Acoustic metamaterials for new two-dimensional sonic devices[J]. New Journal of Physics, 2007, 9: 323.

[113] Popa B I, Cummer S A. Design and characterization of broadband acoustic composite metamaterials[J]. Physical Review B, 2009, 80: 174303.

[114] Martin A, Kadic M, Schittny, et al. Phonon band structures of three-dimensional pentamode metamaterials[J]. Physical Review B, 2012, 86(15): 155116.

[115] Kadic M, Buckmann T, Stenger N, et al. On the practicability of pentamode mechanical metamaterials[J]. Applied Physics Letters, 2012, 100(19): 191901.

[116] Chen S B, Wang G, Wen J H, et al. Wave propagation and attenuation in plates with periodicarrays of shunted piezo-patches[J]. Journal of Sound and Vibration, 2013, 332(6): 1520-1532.

[117] Chen S B, Wen J H, Wang G, et al. Tunable band gaps in acoustic metamaterials with periodic arrays of resonant shunted piezos[J]. Chinese Physics B, 2013, 22(7): 074301.

[118] Airoldi L, Ruzzene M. Design of tunable acoustic metamaterials through periodic arrays of resonant shunted piezos[J]. New Journal of Physics, 2011, 13: 113010.

[119] Baz A. The structure of an active acoustic metamaterial with tunable effective density[J]. New Journal of Physics, 2009, 11: 123010.

[120] Popa B I, Zigoneanu L, Cummer S A. Tunable active acoustic metamaterials[J]. Physics Review B, 2013, 88(2): 024303.

[121] Allam A, Elsabbagh A, Akl W. Experimental demonstration of one-dimensional active plate-type acoustic metamaterial with adaptive programmable density[J]. Journal of Applied Physics, 2017, 121(12): 125106.

[122] Chen X, Xu X C, Ai S G, et al. Active acoustic metamaterials with tunable effective mass density by gradient magnetic fields[J]. Applied Physics Letters, 2014, 105(7): 071913.

[123] Sánchez-Dehesa J, Garcia-Chocano V M, Torrent D, et al. Noise control by sonic crystal barriers made of recycled materials[J]. The Journal of the Acoustical Society of America, 2011, 129(3): 1173-1183.

[124] Cai X B, Guo Q Q, Hu G K, et al. Ultrathin low-frequency sound absorbing panels based on coplanar spiral tubes or coplanar Helmholtz resonators[J]. Applied Physics Letters, 2014, 105(12): 121901.

[125] Climente A, Torrent D, Sánchez-Dehesa J. Omnidirectional broadband acoustic absorber based on metamaterials[J]. Applied Physics Letters, 2012, 100(14): 144103.

[126] Wei P J, Croënne C, Chu S T, et al. Symmetrical and anti-symmetrical coherent perfect absorption for acoustic waves[J]. Applied Physics Letters, 2014, 104(12): 121902.

[127] Zhu R,Liu X N,Hu G K,et al. Negative refraction of elastic waves at the deep-subwavelength scale in a single-phase metamaterial[J]. Nature Communications,2014,6510(5):5510.

[128] Song Y B,Feng L P,Yu D L,et al. Reduction of the sound transmission of a periodic sandwich plate using the stop band concept[J]. Composite Structures,2015,128:428-436.

[129] Wang D W,Ma L. Sound transmission through composite sandwich plate with pyramidal truss cores[J]. Composite Structures,2017,164:104-117.

[130] Shen C,Xie Y B,Sui N,et al. Broadband acoustic hyperbolic metamaterial[J]. Physical Review Letters,2015,115(25):254301.

[131] Meng H,Wen J,Zhao H,et al. Analysis of absorption performances of anechoic layer swith steel plate backing[J]. Journal of the Acoustical Society of America,2012,132(1):69-75.

[132] Meng H,Wen J,Zhao H,et al. Optimization of locally resonant acoustic metamaterials on under water sound absorption characteristics[J]. Journal of Sound and Vibration,2012,331(20):4406-4416.

[133] 商超.消声瓦的吸声机理研究[D].哈尔滨:哈尔滨工业大学,2011.

[134] Ivansson S M. Anechoic coatings obtained from two- and three-dimensional monopole resonance diffraction grating[J]. The Journal of the Acoustical Society of America,2012,131:2622.

[135] Yang H B,Li Y,Zhao H G,et al. Acoustic anechoic layers with singly periodic array of scatterers:Computational methods,absorption mechanisms,and optimal design[J]. Chinese Physics B,2014,23(10):104304.

[136] Reynolds M,Daley S. An active viscoelastic metamaterial for isolation applications[J]. Smart Materials and Structures,2014,23:045030.

[137] Aravantinos-Zafiris N,Sigalas M M. Large scale phononic metamaterials for seismic isolation[J]. Journal of Applied Physics,2015,118(6):064901.

[138] Frandsen N M,Bilal O R,Jensen J S,et al. Inertial amplification of continuous structures:Large band gaps from small masses[J]. Journal of Applied Physics,2016,119(12):124902.

[139] Zhang S,Park Y S,Li J,et al. Negative refractive index in chiral metamaterials[J]. Physical Review Letters,2009,102(2):023901.

[140] Shen C,Xie Y B,Sui N,et al. Broadband acoustic hyperbolic metamaterial[J]. Physical Review Letters,2015,115(25):254301.

[141] Wang J W,Cheng Y,Liu X J. Manipulation of extraordinary acoustic transmission by tunable bull's eye structure[J]. Chinese Physics,2014,23(5):054301.

[142] Wang J W,Yuan B G,Cheng Y,et al. Unidirectional acoustic transmission in asymmetric bull's eye structure[J]. Science China Physics Mechanics & Astronomy,2014,57:543.

[143] Li B,Alamri S,Tan K T. A diatomic elastic metamaterial for tunable asymmetric wave transmission in multiple frequency bands[J]. Scientific Reports,2017,7(1):6626.

[144] Chen H,Chan C T. Acoustic cloaking in three dimensions using acoustic metamaterials[J]. Applied Physics Letters,2007,91:183518.

[145] Torrent D, Sánchez-Dehesa J. Acoustic cloaking in two dimensions: A feasible approach [J]. New Journal of Physics, 2008, 10: 63015.

[146] Zhang S, Xia C G, Fang N. Broadband acoustic cloak for ultrasound waves[J]. Physical Review Letters, 2011, 106(2): 024301.

[147] Farhat M, Enoch S, Guenneau S, et al. Broadb and cylindrical acoustic cloak for linear surface waves in a fluid[J]. Physical Review Letters, 2008, 101(13): 134501.

[148] Farhat M, Guenneau S, Enoch S. Ultrabroadband elastic cloaking in thin plates[J]. Physical Review Letters, 2009, 103(2): 24301.

[149] Hu W L, Fan Y X, Ji P F, et al. An experimental acoustic cloak for generating virtual images[J]. Applied Physics Letters, 2013, 113(2): 024911.

[150] Zigoneanu L, Popa B, Cummer S A. Three-dimensional broadband omnidirectional acoustic ground cloak[J]. Nature Materials, 2014, 13: 352-355.

[151] Buckmann T, Thiel M, Kadic, et al. An elasto-mechanical unfeelability cloak made of pentamode metamaterials[J]. Nature Communications, 2014, 5: 4130.

[152] Yang T, Cao R F, Luo X D, et al. Acoustic superscatterer and its multilayer realization[J]. Applied Physics A: Materials Science and Processing, 2010, 99: 843-847.

[153] Liang Z, Li J. Bending a periodically layered structure for transformation acoustics[J]. Applied Physics Letters, 2011, 98 (24): 1780.

[154] Wu L Y, Chiang T Y, Tsai C N, et al. Design of an acoustic bending waveguide with acoustic metamaterials via transformation acoustics [J]. Applied Physics A, 2012, 109 (3): 523-533.

[155] Krylov V V, Tilman F. Acoustic "black hole" for flexural waves as effective vibration dampers[J]. Journal of Sound and Vibration, 2004, 274(3-5): 605-619.

[156] Popa B I, Cummer S A. Cloaking with optimized homogeneous anisotropic layers[J]. Physical Review A, 2009, 79(2): 023806.

[157] Li D, Zigoneanu L, Popa B, et al. Design of an acoustic metamaterial lens using genetic algorithms[J]. The Journal of the Acoustical Society of America, 2012, 132(4): 2823-2833.

[158] Popa B, Cummer S A. Non-reciprocal and highly nonlinear active acoustic metamaterials[J]. Nature Communications, 2014, 5: 3398.

[159] Cummer S A. Selecting the direction of sound transmission[J]. Science, 2014, 343(31): 495-496.

[160] Xie Y B, Wang W Q, Chen H Y, et al. Wavefront modulation and subwavelength diffractive acoustics with an acoustic metasurface[J]. Nature Communications, 2014, 5: 5553.

[161] Climente A, Torrent D, Sánchez-Dehesa J. Omnidirectional broadband acoustic absorber based on metamaterials[J]. Applied Physics Letters, 2012, 100: 144103.

[162] Torrent D, Sánchez-Dehesa J. Anisotropic mass density by two-dimensional acoustic metamaterials[J]. New Journal of Physics, 2008, 10: 023004.

[163] Torrent D, Sánchez-Dehesa J. Multiple scattering formulation of two-dimensional acoustic

and electromagnetic metamaterials[J]. New Journal of Physics,2011,13:093018.
[164] García-Meca C,CarloniS,Barceló C,et al. Space time transformation acoustics[J]. Wave Motion,2014,51:785-797.
[165] Torrent D,Mayou D,Sánchez-Dehesa J. Elastic analog of graphene:Dirac cones and edge states for flexural waves in thin plates[J]. Physical Review B,2013,87(11):115143.
[166] García-Chocano V M,Sanchis L,Díaz-Rubio A,et al. Acoustic cloak for airborne sound by inverse design[J]. Applied Physics Letters,2011,99(7):024911.
[167] Sanchis L,García-Chocano V M,Llopis-Pontiveros R,et al. Three-dimensional axisymmetric cloak based on the cancellation of acoustic scattering from a sphere[J]. Physical Review Letters,2013,110(12):124301.
[168] García-Chocano V M,Nagaraj,Lopez-Rios T,et al. Resonant coupling of Rayleigh waves through a narrow fluid channel causing extraordinary low acoustic transmission[J]. The Journal of the Acoustical Society of America,2012,132(4):2807-2815.
[169] Farhat M,Chen P Y,Bağc H,et al. Platonic scattering cancellation for bending waves in a thin plate[J]. Scientific Reports,2014,4:4644.
[170] Lee S H,Park C M,Seo Y M,et al. Acoustic metamaterial with negative density[J]. Physics Letters A,2009,373(48):4464-4469.
[171] Lee S H,Wright O B. Origin of negative density and modulus in acoustic metamaterials[J]. Physical Review B,2016,93:24302.
[172] Li J,Fok L,Yin X,et al. Experimental demonstration of an acoustic magnifying hyperlens[J]. Nature Materials,2009,8(12):931.
[173] Park C M,Park J J,Lee S H,et al. Amplification of acoustic evanescent waves using metamaterial slabs[J]. Physical Review Letters,2011,107(19):194301.
[174] Baz A. An active acoustic metamaterial with tunable effective density[J]. Journal of Vibration and Acoustics,2010,132:1.
[175] Hu X,Ho K,Chan C T,et al. Homogenization of acoustic metamaterials of Helmholtz resonators in fluid[J]. Physical Review B,2008,77(17):172301.
[176] Yang M,Ma G,Wu Y,et al. Homogenization scheme for acoustic metamaterials[J]. Physical Review B,2014,89(6):64309.
[177] Yang M,Ma G,Yang Z,et al. Coupled membranes with doubly negative mass density and bulk modulus[J]. Physical Review Letters,2013,110(13):134301.
[178] Ma G,Yang M,Xiao S,et al. Acoustic metasurface with hybrid resonances[J]. Nature Materials,2014,13:873-878.
[179] Xiao S W,Ma G C,Li Y,et al. Active control of membrane-type acoustic metamaterial by electric field[J]. Applied Physics Letters,2015,106(9):91904.
[180] Cheng Y,Liu X J. Extraordinary resonant scattering in imperfect acoustic cloak[J]. Chinese Physics Letters,2009,26(1):014301.
[181] Cheng Y,Liu X J. Resonance effects in broadband acoustic cloak with multilayered homo-

geneous isotropic materials[J]. Applied Physics Letters,2008,93(7):071903.

[182] Zhu X,Liang B,Kan W,et al. Acoustic cloaking by superlens with single-negative materials[J]. Physics Review Letters,2011,106(7):014301.

[183] Jiang X,Liang B,Zou X Y,et al. Broadband field rotator based on acoustic metamaterials[J]. Applied Physics Letters,2014,104(8):083153.

[184] Cheng Y,Xu J Y,Liu X J. Tunable sound directional beaming assisted by acoustic surface wave[J]. Applied Physics Letters,2010,96(7):071910.

[185] Wang J W,Ying C,Liu X J. Manipulation of extraordinary acoustic transmission by a tunable bull's eye structure[J]. Chinese Physics B,2014,23(5):054301.

[186] Quan L,Zhong X,Liu X J,et al. Effective impedance boundary optimization and its contribution to dipole radiation and radiation pattern control[J]. Nature Communications,2014,5:3188.

[187] Sun H X,Zhang S Y. Enhancement of asymmetric acoustic transmission[J]. Applied Physics Letters,2013,102(11):113511.

[188] Cheng Y,Zhou C,Yuan B G,et al. Ultra-sparse metasurface for high reflection of low-frequency sound based on artificial Mie resonances[J]. Nature Materials,2015,14:1013.

[189] Fleury R,Alù A. Extraordinary sound transmission through density-near-zero ultranarrow channels[J]. Physical Review Letters,2013,111(5):055501.

[190] He Z J,Qiu C Y,Cheng L,et al. Negative-dynamic-mass response without localized resonance[J]. Europhysics Letters,2010:54004.

[191] Liu F M,Cai F Y,Peng S S,et al. Parallel acoustic near-field microscope:A steel slab with a periodic array of slits[J]. Physical Review E,2009,80(2):026603.

[192] Zhang S W,Wu J H,Hu Z. Low-frequency locally resonant band-gaps in phononic crystal plates with periodic spiral resonators[J]. Journal of Applied Physics,2013,113(16):163511.

[193] Cai C X,Wang Z H,Li Q W,et al. Pentamode metamaterials with asymmetric double-cone elements[J]. Journal of Physics D:Applied Physics,2015,48:175103.

[194] Ren S W,Meng H,Xin F X,et al. Ultrathin multi-slit metamaterial as excellent sound absorber:Influence of micro-structure[J]. Journal of Applied Physics,2016,119:014901.

[195] Zhou X M,Hu G K. Acoustic wave transparency for a multilayered sphere with acoustic metamaterials[J]. Physical Review E,2007,75(4):046606.

[196] Zhou X M,Hu G K,Lu T J. Elastic wave transparency of a solid sphere coated with metamaterials[J]. Physical Review B,2008:024101.

[197] Chen Y,Liu X N,Hu G K. Latticed pentamode acoustic cloak[J]. Scientific Reports,2015,5:15745.

[198] Zhang Y G,Wen J H,Xiao Y,et al. Theoretical investigation of the sound attenuation of membtane-type acoustic metamaterials[J]. Physics Letters A,2012,376:1489-1494.

[199] Zhang Y G,Wen J H,Zhao H G,et al. Sound insulation property of membrane-type acoustic metamaterials carrying different masses at adjacent cells[J]. Journal of Applied Phys-

ics,2013,114(6):063515.

[200] Xiao Y,Wen J,Wen X. Flexural wave band gaps in locally resonant thin plates with periodically attached spring-mass resonators[J]. Journal of Physics D: Applied Physics, 2012, 45(19):195401.

[201] Zhang H,Xiao Y,Wen J H,et al. Ultra-thin smart acoustic metasurface for low-frequency sound insulation[J]. Applied Physics Letters,2016,108(14):141902.

[202] Shen H J,Wen J H,Paidoussis M P,et al. Parameter derivation for an acoustic cloak based on scattering theory and realization with tunablemetamaterials[J]. Modelling and Simulation in Materials Science and Engineering,2013,21:065011.

[203] Shen H J,Paidoussis M P,Wen J H,et al. Acoustic cloak/anti-cloak device with realizable passive/active metamaterials[J]. Journal of Physics D:Applied Physics,2012,45:285401.

[204] Bi Y F,Jia H,Lu W J,et al. Design and demonstration of an underwater acoustic carpet cloak[J]. Scientific Reports,2017,7:705.

[205] Gendelman O V. Transition of energy to a nonlinear localized mode in a highly asymmetric system of two oscillators[J]. Nonlinear Dynamics,2001,25(1-3):237-253.

[206] Wierschem N E. Targeted energy transfer using nonlinear energy sinks for the attenuation of transient loads on building structures[D]. Illinois: University of Illinois at Urbana-Champaign,2014.

[207] Romeo F,Sigalov G,Bergman L A,et al. Dynamics of a linear oscillator coupled to a bistable light attachment:Numerical study[J]. Journal of Computational and Nonlinear Dynamics,2015,10:011007.

[208] Manevitch L I,Sigalov G,Romeo F,et al. Dynamics of a linear oscillator coupled to a bistable light attachment:Analytical study[J]. Journal of Applied Mechanics,2014,81:041011.

[209] Donahue C. Experimental realization of a nonlinear acoustic lens with a tunable focus[J]. Applied Physics Letters,2014,104:014103.

[210] Grbic A,Merlin R. Near-field focusing plates and their design[J]. IEEE Transactions on Antennas and Propagation,2008,56(10):3159-3165.

[211] Yu N F,Genevet P,Kats M A,et al. Light propagation with phase discontinuities:Generalized laws of reflection and refraction[J]. Science,2011,334:333.

[212] Li Y,Liang B,Gu Z M,et al. Reflected wavefront manipulation based on ultrathin planar acoustic metasurfaces[J]. Scientific Reports,2013,3:2546.

[213] Mei J,Wu Y. Controllable transmission and total reflection through an impedance-matched acoustic metasurface[J]. New Journal of Physics,2014,16:123007.

[214] Ding C L,Zhao X P,Chen H J. Reflected wavefronts modulation with acoustic metasurface based on double-split hollow sphere[J]. Applied Physics A:Materials Science and Processing,2015,120:487-493.

[215] Zhao J J,Li B W,Chen Z N,et al. Redirection of sound waves using acoustic metasurface[J]. Applied Physics Letters,2013,103(15):151604.

[216] Krylov V V. Laminated plates of variable thickness as effective absorbers for flexural vibrations[C]//Proceedings of the 17th International Congress on Acoustics, Rome, 2001.

[217] O'Boy D J, Krylov V V. Damping of flexual vibrations in circular plates with tapered central holes[J]. Journal of Sound and Vibration, 2011, 330: 2220-2232.

[218] Bowyer E P, Krylov V. Damping of flexural vibrations in turbofan blades using the acoustic black hole effect[J]. Applied Acoustics, 2014, 76: 359-365.

[219] Zhao L X, Conlon S C, Semperlotti F. Broadband energy harvesting using acoustic black hole structural tailoring[J]. Smart Materials and Structures, 2014, 23: 065021.

[220] Umnova O, Elliott A S, Venegas R. Omnidirectional acoustic absorber with a porous core theory and measurements[J]. Journal of the Acoustical Society of America, 2013, 133(5): 3290.

[221] Zhu H F, Semperlotti F. Phononic thin plates with embedded acoustic black holes[J]. Physical Review B, 2015, 91: 104304.

[222] Bongard F, Lissek H, Mosig J R. Acoustic transmission line metamaterial with negative/zero/positive refractive index[J]. Physical Review B, 2010, 82(9): 094306.

[223] Fleury R, Alù A. Extraordinary sound transmission through density-near-zero ultranarrow channels[J]. Physical Review Letters, 2013, 111(5): 055501.

[224] Zhu X F. Effective zero index in locally resonant acoustic material[J]. Physics Letters A, 2013, 377(31-33): 1784-1787.

[225] Park C M, Lee S H. Propagation of acoustic waves in a metamaterial with a refractive index of near zero[J]. Applied Physics Letters, 2013, 102(24): 241906.

[226] Li Y, Liang B, Gu Z M, et al. Unidirectional acoustic transmission through a prism with near-zero refractive index[J]. Applied Physics Letters, 2013, 103(5): 184301.

[227] Gu Y, Cheng Y, Wang J S, et al. Controlling sound transmission with density-near-zero acoustic membrane network[J]. Journal of Applied Physics, 2015, 118(2): 024505.

第 2 章　声学超材料理论基础

2.1　引　　言

亚波长结构中的弹性波传播是声学超材料理论的核心，全矢量条件下的弹性动力学分析是描述这种介观模型的理论基础。周期性结构对弹性波的调制是声学超材料出现各种特性的主要物理机制，引入晶格、能带等固体物理学的相关概念、描述方法和结论对声学超材料的研究具有重要意义。

本章首先回顾弹性动力学的相关概念，并引出矢量分析框架下弹性动力学的基本方程及弹性波传播方程；随后对固体物理学中的晶格和能带理论等概念进行简要的讨论，它们是声学超材料研究的理论基础；最后从能带结构分析、等效介质分析及能流传播分析三方面比较系统地对声学超材料理论研究的主要框架进行介绍。

2.2　弹性动力学基础

本节简单回顾弹性动力学中的相关概念，并引出弹性动力学的基本方程，这是声学超材料理论研究的基础。弹性动力学理论中假设介质内部是连续的，而不看成原子的周期性排列。这种近似在弹性波波长大于 10^{-6}m 时是正确的。

2.2.1　形变、位移与应变

一个连续体在任意时刻 t 总是占据三维欧氏空间中的某个区域 $\boldsymbol{R}_t$。如图 2.1 所示，物体上的质点在初始时刻用点 ξ 标出其位置，该质点在 t 时刻运动到新的位置 $\boldsymbol{x}$，从物体的初始构形 $\boldsymbol{R}$ 到当前构形 $\boldsymbol{R}_t$ 的可逆映射 $\chi(\cdot,t):\xi\mapsto\boldsymbol{x}$ 称作物体的形变，矢量 $\boldsymbol{u}(\xi,t):=\chi(\xi,t)-\xi$ 称为质点 ξ 的位移，也可表示为空间点 $\boldsymbol{x}$ 的函数：t 时刻空间点 $\boldsymbol{x}$ 处质点 $\xi=\chi^{-1}(\boldsymbol{x},t)$ 的位移 $\boldsymbol{u}(\boldsymbol{x},t)=\boldsymbol{x}-\chi^{-1}(\boldsymbol{x},t)$。

与运动物体相关的任意一个物理量均可表示为质点 ξ 的函数或空间点 $\boldsymbol{x}$ 的函数，两种表示方式分别称为该物理量的物质描述（Lagrange 描述）和空间描述（Euler 描述）。例如，速度的物质描述为

$$\boldsymbol{v}(\xi,t)=\frac{\partial}{\partial t}\boldsymbol{u}(\xi,t) \tag{2.1}$$

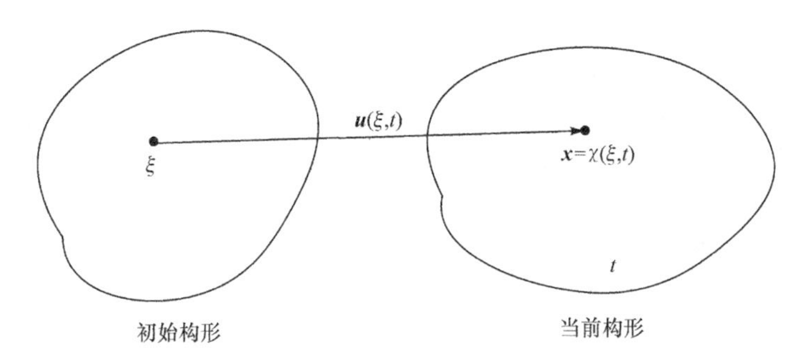

图 2.1　物体的形变

其表示质点 ξ 在时刻 t 的速度。速度的空间描述为

$$\boldsymbol{v}(\boldsymbol{x},t)=\left.\frac{\partial \boldsymbol{u}(\boldsymbol{x}(\xi,t),t)}{\partial t}\right|_{\xi=\chi^{-1}(\boldsymbol{x},t)}=\frac{\partial \boldsymbol{u}(\boldsymbol{x},t)}{\partial t}+\nabla_{x}\boldsymbol{u}(\boldsymbol{x},t)\boldsymbol{v}(\boldsymbol{x},t) \tag{2.2}$$

表示 t 时刻位于 $\boldsymbol{x}$ 点的质点在该时刻的速度。类似地，加速度的物质描述为

$$\boldsymbol{a}(\xi,t):=\frac{\partial}{\partial t}\boldsymbol{v}(\xi,t) \tag{2.3}$$

表示质点 ξ 在 t 时刻的加速度。加速度的空间描述为

$$\boldsymbol{a}(\boldsymbol{x},t)=\left.\frac{\partial \boldsymbol{v}(\boldsymbol{x}(\xi,t),t)}{\partial t}\right|_{\xi=\chi^{-1}(\boldsymbol{x},t)}=\frac{\partial \boldsymbol{v}(\boldsymbol{x},t)}{\partial t}+\nabla_{x}\boldsymbol{v}(\boldsymbol{x},t)\boldsymbol{v}(\boldsymbol{x},t) \tag{2.4}$$

表示 t 时刻位于 $\boldsymbol{x}$ 点的质点在该时刻的加速度。

为了研究物体形变的局部性质，需要利用形变梯度 $\boldsymbol{F}(\xi,t)=\nabla_{\xi}\chi(\xi,t)$，其与位移梯度 $\nabla_{\xi}\boldsymbol{u}$ 存在如下关系：$\nabla_{\xi}\chi=\boldsymbol{I}+\nabla_{\xi}\boldsymbol{u}$。在物体的任意一点，如果已知形变梯度，那么可以求得经过该点的任意线段的长度变化以及经过该点的任意两个线段之间夹角的变化。考虑质点 ξ 及其附近两个质点 $\xi+\alpha\boldsymbol{a}$ 和 $\xi+\alpha\boldsymbol{b}$（图 2.2），其中 $\boldsymbol{a}$ 和 $\boldsymbol{b}$ 均为单位矢量。当 $\alpha\to 0$ 时：

$$\frac{\|\chi(\xi+\alpha\boldsymbol{a},t)-\chi(\xi,t)\|}{\|(\xi+\alpha\boldsymbol{a})-\xi\|}\to\|\boldsymbol{U}(\xi,t)\boldsymbol{a}\| \tag{2.5}$$

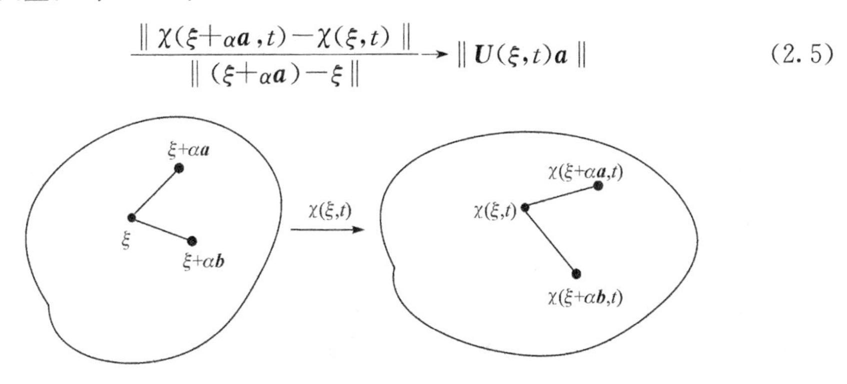

图 2.2　物体的局部形变

同时，$\chi(\xi+\alpha\boldsymbol{a},t)-\chi(\xi,t)$与$\chi(\xi+\alpha\boldsymbol{b},t)-\chi(\xi,t)$之间的夹角在$\alpha\to0$时趋于$\boldsymbol{U}(\xi,t)\boldsymbol{a}$与$\boldsymbol{U}(\xi,t)\boldsymbol{a}$之间的夹角。其中，$\boldsymbol{U}=(\boldsymbol{F}^{\mathrm{T}}\boldsymbol{F})^{1/2}$称为右伸缩张量。

在线弹性力学理论中，假设变形很小，位移梯度为小量。右伸缩张量$\boldsymbol{U}$可以看作位移梯度$\nabla_\xi\boldsymbol{u}$的函数，将其关于$\nabla_\xi\boldsymbol{u}$在$\nabla_\xi\boldsymbol{u}=\boldsymbol{0}$处进行一阶 Taylor 展开，得到

$$\boldsymbol{U}=\boldsymbol{I}+\frac{1}{2}(\nabla_\xi\boldsymbol{u}+(\nabla_\xi\boldsymbol{u})^{\mathrm{T}})+O(\nabla_\xi\boldsymbol{u}),\quad \nabla_\xi\boldsymbol{u}\to\boldsymbol{0} \tag{2.6}$$

因此在小变形假设条件下，物体的局部距离及角度变化可由张量

$$\boldsymbol{E}=\frac{1}{2}(\nabla_\xi\boldsymbol{u}+(\nabla_\xi\boldsymbol{u})^{\mathrm{T}}) \tag{2.7}$$

进行度量，该张量称为小应变张量。为了理解小应变张量的物理意义，考察物体中一个平面微小单元的拉伸与纯剪切变形，如图 2.3 所示。对于图示拉伸变形，$\boldsymbol{e}_1$轴上微线元的伸长量为

$$u_1(\xi_1+\Delta\xi_1,\xi_2)-u_1(\xi_1,\xi_2)=E_{11}\Delta\xi_1+O(\Delta\xi_1),\quad \Delta\xi_1\to0 \tag{2.8}$$

因此，小应变张量的E_{11}分量表示微元沿$\boldsymbol{e}_1$方向的伸长率。对于图示纯剪切变形，微元$\boldsymbol{e}_1$轴上棱边旋转角度θ_1的正切值为

$$\tan\theta_1=\frac{u_2(\xi_1+\Delta\xi_1,\xi_2)-u_2(\xi_1,\xi_2)}{\Delta\xi_1}=\frac{\partial u_2}{\partial\xi_1}(\xi_1,\xi_2)+O(\Delta\xi_1),\quad \Delta\xi_1\to0 \tag{2.9}$$

微元$\boldsymbol{e}_2$轴上棱边旋转角度θ_2的正切值为

$$\tan\theta_2=\frac{u_1(\xi_1,\xi_2+\Delta\xi_2)-u_2(\xi_1,\xi_2)}{\Delta\xi_2}=\frac{\partial u_1}{\partial\xi_2}(\xi_1,\xi_2)+O(\Delta\xi_2),\quad \Delta\xi_1\to0 \tag{2.10}$$

小变形条件下，$\frac{\partial u_1}{\partial\xi_2}$、$\frac{\partial u_2}{\partial\xi_1}$均为小量，所以

$$\theta_1\approx\tan\theta_1\approx\frac{\partial u_2}{\partial\xi_1},\quad \theta_2\approx\tan\theta_2\approx\frac{\partial u_1}{\partial\xi_2} \tag{2.11}$$

于是，微元两垂直邻边夹角的变化为

$$\theta_1+\theta_2=\frac{\partial u_2}{\partial\xi_1}+\frac{\partial u_1}{\partial\xi_2}=2E_{12}=2E_{21} \tag{2.12}$$

另外，小变形条件下，位移的物质导数与空间导数近似相等，准确地说有以下关系成立：

$$\nabla_x\boldsymbol{u}=\nabla_\xi\boldsymbol{u}+O(\nabla_\xi\boldsymbol{u})\approx\nabla_\xi\boldsymbol{u},\quad \nabla_\xi\boldsymbol{u}\to\boldsymbol{0} \tag{2.13}$$

在弹性波理论中，通常假设扰动很小，位移梯度、速度、速度梯度均为小量。此时，忽略式(2.2)和式(2.4)中的二阶小量可得以下近似关系：

$$\boldsymbol{v}(\boldsymbol{x},t)\approx\frac{\partial\boldsymbol{u}(\boldsymbol{x},t)}{\partial t},\quad \boldsymbol{a}(\boldsymbol{x},t)\approx\frac{\partial\boldsymbol{v}(\boldsymbol{x},t)}{\partial t}\approx\frac{\partial^2\boldsymbol{u}(\boldsymbol{x},t)}{\partial t^2} \tag{2.14}$$

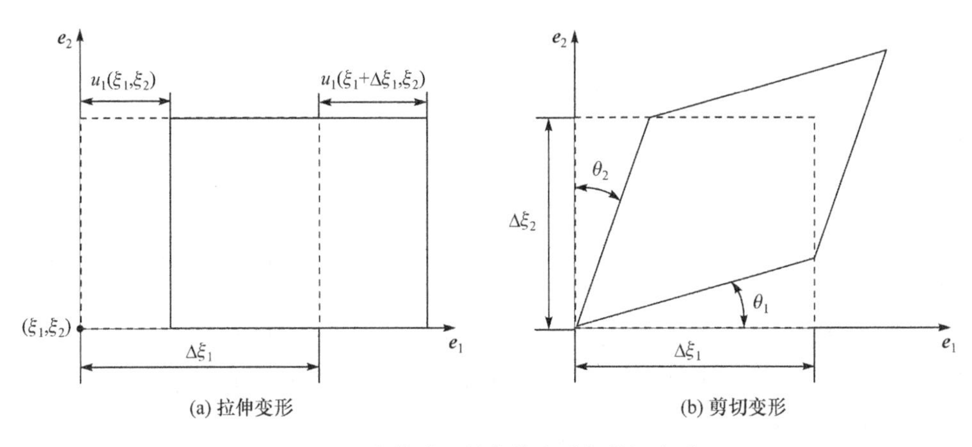

图 2.3　物体微元的拉伸变形与剪切变形

式(2.14)意味着质点的速度近似等于空间位移场对时间的偏导，质点的加速度近似等于空间速度场对时间的偏导或空间位移场对时间的二阶偏导。

2.2.2　力与应力

运动物体各部分之间、物体与其外部环境间的相互机械作用由力来描述。一般涉及如下三种力：

(1) 物体各部分间的接触力；

(2) 外部环境作用于物体边界上的接触力；

(3) 外界作用于物体内部各点上的体力。

一般地，连续介质力学中假设接触力满足 Cauchy 应力公式[1]，对于运动轨迹中的任一$(\boldsymbol{x},t)$及任意单位矢量$\boldsymbol{n}$，存在一个确定的面力密度$\boldsymbol{t}(\boldsymbol{n},\boldsymbol{x},t)$，且该面力密度场具有以下性质：给定运动物体当前构形$\boldsymbol{R}_t$中任意一个在$\boldsymbol{x}$处具有单位正法向矢量$\boldsymbol{n}$的有向曲面$\boldsymbol{\Gamma}$，$\boldsymbol{t}(\boldsymbol{n},\boldsymbol{x},t)$为在$\boldsymbol{x}$处$\boldsymbol{\Gamma}$正侧物质通过$\boldsymbol{\Gamma}$作用于$\boldsymbol{\Gamma}$负侧物质单位面积上的力，如图 2.4 所示。

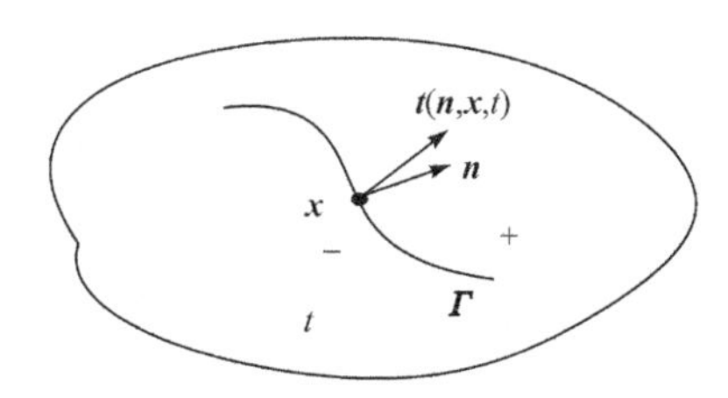

图 2.4　物体内的应力

考虑物体中一个部分$D\subset\mathbf{R}$。D为与其分离并相交于曲面$\boldsymbol{\Gamma}$的部分。各部分及相交曲面在时刻t的构形分别为P_t、D_t和$\boldsymbol{\Gamma}_t$。面力密度在$\boldsymbol{\Gamma}_t$上的面积分

$$\int_{\Gamma_t} \boldsymbol{t}(\boldsymbol{n}_x, \boldsymbol{x}, t)\mathrm{d}A_x \tag{2.15}$$

给出 $\boldsymbol{D}$ 在时刻 t 通过相交曲面作用于 P 的接触力，其中，$\boldsymbol{n}_x$ 为 $\boldsymbol{\Gamma}_t$ 在 $\boldsymbol{x}$ 的单位正法向矢量，由 P_t 一侧指向 D_t 一侧。面力密度在 P_t 边界面 ∂P_t 上的面积分为

$$\int_{\partial P_t} \boldsymbol{t}(\boldsymbol{n}_x, \boldsymbol{x}, t)\mathrm{d}A_x \tag{2.16}$$

则给出时刻 t 作用于 P 的总接触力，包括与物体相交部分的作用力及外部环境作用在其表面上的接触力。

例如，重力等属于外界作用于物体内部各质点的体力，假设 $\boldsymbol{f}(\boldsymbol{x},t)$ 给出时刻 t 物体在 $\boldsymbol{x}$ 处所受单位体积的力，称为体力密度，则对于物体中某部分 P，体力密度在 P_t 上的体积分

$$\int_{P_t} \boldsymbol{f}(\boldsymbol{x}, t)\mathrm{d}V_x \tag{2.17}$$

给出外界在时刻 t 作用于 P 的总体力。

2.2.3 运动方程与本构方程

1. 运动方程

连续介质力学服从动量(线动量)守恒原理、动量矩(角动量)守恒原理及质量守恒原理。线动量守恒原理指出，物体中任意一部分 $P\subset\mathbf{R}$ 所受合力等于其动量的变化率，即

$$\int_{\partial P_t} \boldsymbol{t}\mathrm{d}A + \int_{P_t} \boldsymbol{f}\mathrm{d}V = \frac{\mathrm{d}}{\mathrm{d}t}\int_{P_t} \boldsymbol{v}\rho\mathrm{d}V \tag{2.18}$$

角动量守恒原理指出，物体中任意一部分所受合力矩等于其角动量的变化率，即

$$\int_{\partial P_t} \boldsymbol{r}\times\boldsymbol{t}\mathrm{d}A + \int_{P_t} \boldsymbol{r}\times\boldsymbol{f}\mathrm{d}V = \frac{\mathrm{d}}{\mathrm{d}t}\int_{P_t} \boldsymbol{r}\times\boldsymbol{v}\rho\mathrm{d}V \tag{2.19}$$

式中，$\boldsymbol{r}=\boldsymbol{x}-\boldsymbol{o}$ 为点 $\boldsymbol{x}$ 的矢径，$\boldsymbol{o}$ 为原点。

质量守恒原理表明，物体每一部分的质量不会因该部分发生形变而产生变化。确切地讲，对于物体任一部分 $P\subset\mathbf{R}$，在任意时刻 t 满足

$$\int_{P_t} \rho(\boldsymbol{x}, t)\mathrm{d}V_x = \int_P \rho_0(\xi)\mathrm{d}V_\xi \tag{2.20}$$

式中，$\rho(\boldsymbol{x},t)$ 为时刻 t 在空间点 $\boldsymbol{x}$ 处的密度；$\rho_0(\xi)$ 为质点 ξ 的初始密度。

结合积分的变量替换公式，由式(2.18)可得质量守恒的另一等价表示式为

$$\rho(\boldsymbol{x}, t)\det\boldsymbol{F}(\xi, t) = \rho_0(\xi) \tag{2.21}$$

式中，det(·)为对二阶张量求行列式运算。

考虑一光滑空间场(标量场或矢量场)$\Phi(\boldsymbol{x},t)$，利用积分的变量替换公式及质量守恒关系式(2.21)可得，对于物体中任一部分 $P\subset\mathbf{R}$，有

$$\begin{aligned}\frac{\mathrm{d}}{\mathrm{d}t}\int_{P_t}\Phi(\boldsymbol{x},t)\rho(\boldsymbol{x},t)\mathrm{d}V_x &= \frac{\mathrm{d}}{\mathrm{d}t}\int_{P}\Phi(\boldsymbol{x}(\xi,t),t)\rho(\boldsymbol{x}(\xi,t),t)\det\boldsymbol{F}(\xi,t)\mathrm{d}V_\xi \\ &= \frac{\mathrm{d}}{\mathrm{d}t}\int_{P}\Phi(\boldsymbol{x}(\xi,t),t)\rho_0(\xi)\mathrm{d}V_\xi \\ &= \int_{P}\frac{\mathrm{d}}{\mathrm{d}t}\Phi(\boldsymbol{x}(\xi,t),t)\rho_0(\xi)\mathrm{d}V_\xi \\ &= \int_{P_t}\frac{\mathrm{d}}{\mathrm{d}t}\Phi(\boldsymbol{x},t)\rho(\boldsymbol{x},t)\mathrm{d}V_x\end{aligned} \tag{2.22}$$

利用式(2.22)可将物体线动量和角动量的变化率表示为

$$\begin{aligned}\frac{\mathrm{d}}{\mathrm{d}t}\int_{P_t}\boldsymbol{v}\rho\mathrm{d}V &= \int_{P_t}\boldsymbol{a}\rho\mathrm{d}V \\ \frac{\mathrm{d}}{\mathrm{d}t}\int_{P_t}\boldsymbol{r}\times\boldsymbol{v}\rho\mathrm{d}V &= \int_{P_t}\boldsymbol{r}\times\boldsymbol{a}\rho\mathrm{d}V\end{aligned} \tag{2.23}$$

将式(2.23)代入式(2.18)可得积分形式的动量守恒定律：

$$\int_{\partial P_t}\boldsymbol{t}\mathrm{d}A+\int_{P_t}\boldsymbol{f}\mathrm{d}V=\int_{P_t}\boldsymbol{a}\rho\mathrm{d}V \tag{2.24}$$

将式(2.23)代入式(2.19)可得积分形式的角动量守恒定律：

$$\int_{\partial P_t}\boldsymbol{r}\times\boldsymbol{t}\mathrm{d}A+\int_{P_t}\boldsymbol{r}\times\boldsymbol{f}\mathrm{d}V=\frac{\mathrm{d}}{\mathrm{d}t}\int_{P_t}\boldsymbol{r}\times\boldsymbol{v}\rho\mathrm{d}V \tag{2.25}$$

由动量守恒定律可以导出重要的 Cauchy 应力定理[2]，即在给定空间位置 $\boldsymbol{x}$ 及时刻 t 的条件下，面力密度 $\boldsymbol{t}(\boldsymbol{n},\boldsymbol{x},t)$线性依赖 $\boldsymbol{n}$，从而通过张量

$$\boldsymbol{T}(\boldsymbol{x},t)=\sum_i\boldsymbol{t}(\boldsymbol{e}_i,\boldsymbol{x},t)\otimes\boldsymbol{e}_i \tag{2.26}$$

完全表达位置 $\boldsymbol{x}$ 处的应力状态(其中$\{\boldsymbol{e}_1,\boldsymbol{e}_2,\boldsymbol{e}_3\}$为任意正交基)。由 $\boldsymbol{t}(\boldsymbol{n},\boldsymbol{x},t)$关于 $\boldsymbol{n}$ 的线性可得，对于任意单位矢量 $\boldsymbol{n}$，有

$$\boldsymbol{t}(\boldsymbol{n},\boldsymbol{x},t)=\boldsymbol{T}(\boldsymbol{x},t)\boldsymbol{n} \tag{2.27}$$

式中，$\boldsymbol{T}(\boldsymbol{x},t)$称为 Cauchy 应力张量。下面对 Cauchy 应力定理的证明进行简要阐述。

将式(2.27)代入线动量守恒方程(2.24)，可得

$$\int_{\partial P_t}\boldsymbol{T}\boldsymbol{n}\mathrm{d}V+\int_{P_t}\boldsymbol{f}\mathrm{d}V=\int_{P_t}\boldsymbol{a}\rho\mathrm{d}V \tag{2.28}$$

利用散度定理，并由 $\boldsymbol{P}_t$ 的任意性及物理场的连续性假定，可导出以下线动量守恒方程的微分形式：

$$\nabla_x\cdot\boldsymbol{T}(\boldsymbol{x},t)+\boldsymbol{f}(\boldsymbol{x},t)=\rho(\boldsymbol{x},t)\boldsymbol{a}(\boldsymbol{x},t) \tag{2.29}$$

进一步利用角动量守恒定律可以导出应力张量为对称二阶张量，即

$$[\boldsymbol{T}(\boldsymbol{x},t)]^{\mathrm{T}}=\boldsymbol{T}(\boldsymbol{x},t) \tag{2.30}$$

在小扰动条件下，假设密度变化为小量，再结合小扰动条件下加速度空间场的近似表示式(2.21)，通过忽略二阶小量，可将运动方程(2.30)近似表示为

$$\nabla_x \cdot \boldsymbol{T}(\boldsymbol{x},t)+\boldsymbol{f}(\boldsymbol{x},t)=\rho_0(\boldsymbol{x},t)\frac{\partial \boldsymbol{u}(\boldsymbol{x},t)}{\partial t^2} \tag{2.31}$$

式中，ρ_0 表示初始(静态)密度。

2. 本构方程

运动方程(2.30)描述一般连续介质运动的规律，而构成物体材料的具体力学性质则需由其本构方程加以描述。不同的本构方程表征不同的材料力学特性。本书主要涉及三种材料，即线弹性材料、线性黏弹性材料及弹性理想流体介质。

如果物体中质点的当前应力状态只与其当前的应变有关，即应力张量可表示为形变梯度的函数：

$$\boldsymbol{T}(\boldsymbol{x},t)=\widetilde{\boldsymbol{T}}(\boldsymbol{F}(\xi,t),\xi)\big|_{\xi=\chi^{-1}(\boldsymbol{x},t)} \tag{2.32}$$

则称材料具有线弹性本构。如果假设初始应力为零，则在小变形条件下，应力张量可表示为

$$\boldsymbol{T}=\widetilde{\boldsymbol{T}}(\boldsymbol{I})+\boldsymbol{C}\,\nabla_x\boldsymbol{u}+O(\nabla_x\boldsymbol{u})\approx\boldsymbol{C}\,\nabla_x\boldsymbol{u}=\boldsymbol{C}\boldsymbol{E},\quad \nabla_x\boldsymbol{u}\to\boldsymbol{0} \tag{2.33}$$

式中，$\boldsymbol{C}$ 为映射 $\widetilde{\boldsymbol{T}}:\boldsymbol{A}\mapsto\widetilde{\boldsymbol{T}}(\boldsymbol{A})$ 在 $\boldsymbol{A}=\boldsymbol{I}$ 处的导数，是一个四阶张量，称为弹性张量。式(2.33)描述了线弹性本构关系，即应力张量与应变张量满足线性关系。满足该本构关系的材料称为线弹性材料。应力和应变均为对称张量，各自有 6 个独立分量，从而可将线弹性本构关系表示为以下矩阵形式：

$$\begin{bmatrix}T_{11}\\T_{22}\\T_{33}\\T_{23}\\T_{13}\\T_{12}\end{bmatrix}=\begin{bmatrix}C_{11}&C_{12}&C_{13}&C_{14}&C_{15}&C_{16}\\C_{21}&C_{22}&C_{23}&C_{24}&C_{25}&C_{26}\\C_{31}&C_{32}&C_{33}&C_{34}&C_{35}&C_{36}\\C_{41}&C_{42}&C_{43}&C_{44}&C_{45}&C_{46}\\C_{51}&C_{52}&C_{53}&C_{54}&C_{55}&C_{56}\\C_{61}&C_{62}&C_{63}&C_{64}&C_{65}&C_{66}\end{bmatrix}\begin{bmatrix}E_{11}\\E_{22}\\E_{33}\\\gamma_{23}\\\gamma_{13}\\\gamma_{12}\end{bmatrix} \tag{2.34}$$

式中，$\gamma_{23}=2E_{23}=2E_{32}$；$\gamma_{12}=2E_{12}=2E_{21}$。

当线弹性物体各向同性，即物体内各点的弹性在所有各个方向都相同时[3]，有

$$\boldsymbol{T}=\lambda(\mathrm{tr}\boldsymbol{E})\boldsymbol{I}+2\mu\boldsymbol{E}=\lambda(\nabla_x\cdot\boldsymbol{u})\boldsymbol{I}+\mu[\nabla_x\boldsymbol{u}+(\nabla_x\boldsymbol{u})^{\mathrm{T}}] \tag{2.35}$$

式中，λ 和 μ 称为 Lamé 常数，μ 也称为剪切模量。

黏弹性材料的应力状态不仅与当前时刻的应变有关，还与应变的历史过程有关。线性黏弹性材料的本构关系满足 Boltzmann 线性叠加原理，可用以下积分形式表示[4]：

$$\boldsymbol{T}(t)=\int_{-\infty}^{t}\boldsymbol{C}(t-\tau)\frac{\mathrm{d}\boldsymbol{E}(t)}{\mathrm{d}\tau}\mathrm{d}\tau=\int_{-\infty}^{+\infty}\boldsymbol{C}(t-\tau)\frac{\mathrm{d}\boldsymbol{E}(t)}{\mathrm{d}\tau}\mathrm{d}\tau \tag{2.36}$$

式中，当 $t<0$ 时，$\boldsymbol{C}(t)=\boldsymbol{0}$。

理想弹性流体是一种不能承受任何剪切力的物质，即应力张量为 $\boldsymbol{T}=-P\boldsymbol{I}$ 的形式，P 称为流体中的压强。当剪切模量 $\mu=0$ 时，各向同性线弹性本构退化为理想弹性流体的声学本构关系，即流体中的压强可表示为

$$P=P_0+p=P_0-\lambda(\nabla_x\cdot\boldsymbol{u}) \tag{2.37}$$

式中，P_0 为初始(静态)压强；$p=-\lambda(\nabla_x\cdot\boldsymbol{u})$ 为压强的扰动，称为声压，λ 为流体的压缩模量。

2.2.4　频域响应

利用 Fourier 变换

$$\hat{f}(\omega)=\int_{-\infty}^{+\infty}f(t)\mathrm{e}^{\mathrm{i}\omega t}\mathrm{d}t \tag{2.38}$$

可将时域方程转换至频域，得到稳态动力学方程，包括如下方程(为方便起见，以下均用原符号表示频域中的物理量)。

(1) 运动方程：

$$\nabla\cdot\boldsymbol{T}(\boldsymbol{x},\omega)+\boldsymbol{f}(\boldsymbol{x},\omega)=-\omega^2\rho_0(\boldsymbol{x})\boldsymbol{u}(\boldsymbol{x},\omega) \tag{2.39}$$

(2) 几何方程：

$$\boldsymbol{E}(\boldsymbol{x},\omega)=\frac{1}{2}\left[\nabla\boldsymbol{u}(\boldsymbol{x},\omega)+(\nabla\boldsymbol{u}(\boldsymbol{x},\omega))^{\mathrm{T}}\right] \tag{2.40}$$

(3) 本构方程：

$$\boldsymbol{T}(\boldsymbol{x},\omega)=\boldsymbol{C}(\boldsymbol{x},\omega)\boldsymbol{E}(\boldsymbol{x},\omega) \tag{2.41}$$

当材料为线弹性时，弹性张量 $\boldsymbol{C}(\boldsymbol{x},\omega)=\boldsymbol{C}(\boldsymbol{x})$ 与频率无关，且其分量为实数；当材料为线黏弹性时，弹性张量 $\boldsymbol{C}(\boldsymbol{x},\omega)$ 与频率相关，且分量为复数。当材料为各向同性时，本构方程为

$$\boldsymbol{T}(\boldsymbol{x},\omega)=\lambda(\boldsymbol{x},\omega)(\mathrm{tr}\boldsymbol{E}(\boldsymbol{x},\omega))\boldsymbol{I}+2\mu(\boldsymbol{x},\omega)\boldsymbol{E}(\boldsymbol{x},\omega) \tag{2.42}$$

若将 λ 和 μ 写成 $\lambda=\lambda'-\mathrm{i}\lambda''$ 和 $\mu=\mu'-\mathrm{i}\mu''$ 的形式，则称 $\eta_\lambda=\lambda''/\lambda'$、$\eta_\mu=\mu''/\mu'$ 分别为 λ 和 μ 的损耗因子。

当介质为流体时，运动方程和本构方程可简化如下。

(1) 运动方程：

$$-\nabla p(\boldsymbol{x},\omega)+\boldsymbol{f}(\boldsymbol{x},\omega)=-\omega^2\rho_0(\boldsymbol{x})\boldsymbol{u}(\boldsymbol{x},\omega) \tag{2.43}$$

(2) 本构方程：

$$p(\boldsymbol{x},\omega)=-\lambda(\boldsymbol{x},\omega)(\nabla\cdot\boldsymbol{u}(\boldsymbol{x},\omega)) \tag{2.44}$$

2.2.5 弹性波与声波

当不考虑体力作用时，由各向同性体的稳态弹性动力学方程可导出以位移为未知函数的弹性波波动方程[4]（Wiener 方程）：

$$-\omega^2\rho_0\boldsymbol{u}=\nabla(\lambda\nabla\cdot\boldsymbol{u})+\nabla\cdot[\mu(\nabla\boldsymbol{u}+(\nabla\boldsymbol{u})^{\mathrm{T}})] \tag{2.45}$$

对于均匀介质，由张量场公式

$$\begin{aligned}\nabla\times\nabla\times\boldsymbol{u}&=\nabla\cdot[(\nabla\boldsymbol{u})^{\mathrm{T}}-\nabla\boldsymbol{u}]\\&=\nabla(\nabla\cdot\boldsymbol{u})-\nabla\cdot\nabla\boldsymbol{u}\end{aligned} \tag{2.46}$$

可将式(2.45)写成如下形式：

$$-\omega^2\rho_0\boldsymbol{u}=(\lambda+2\mu)\nabla(\nabla\cdot\boldsymbol{u})-\mu\nabla\times\nabla\times\boldsymbol{u} \tag{2.47}$$

观察式(2.47)可以看出，位移场 $\boldsymbol{u}$ 可以表示为一个标量场的梯度与一个矢量场的旋度，即

$$\boldsymbol{u}=\nabla\Phi+\nabla\times\boldsymbol{\Psi} \tag{2.48}$$

式中，$\Phi=-\dfrac{\lambda+2\mu}{\omega^2\rho_0}\nabla\cdot\boldsymbol{u}$ 称为位移的标量势；$\boldsymbol{\Psi}=\dfrac{\mu}{\omega^2\rho_0}\nabla\times\boldsymbol{u}$ 称为位移的矢量势。

对式(2.48)两端分别进行散度运算，由一个矢量的旋度的散度为零可得 Φ 满足以下 Helmholtz 方程：

$$\nabla^2\Phi+k_l^2\Phi=0 \tag{2.49}$$

式中，$k_l=\dfrac{\omega}{c_l}$，$c_l=\left(\dfrac{\lambda+2\mu}{\rho_0}\right)^{1/2}$。对式(2.49)两端分别进行旋度运算，由一个矢量的梯度的旋度为零及张量运算公式(2.48)，可得 $\boldsymbol{\Psi}$ 满足以下矢量 Helmholtz 方程：

$$\nabla^2\boldsymbol{\Psi}+k_t^2\boldsymbol{\Psi}=0 \tag{2.50}$$

式中，$k_t=\dfrac{\omega}{c_t}$，$c_t=\left(\dfrac{\mu}{\rho_0}\right)^{1/2}$。

由 $\nabla\Phi$ 产生的波的传播速度 c_l 较快，称为初波（primary，P 波）；而由 $\nabla\times\boldsymbol{\Psi}$ 产生的波的传播速度 c_t 较慢，称为次波（secondary，S 波）。P 波还有无旋波、压缩膨胀波、纵波等名称，而 S 波也有无散波、剪切波、横波等名称。因此，通常将 c_l、c_t 分别称为纵波声速、横波声速，k_l、k_t 分别称为纵波波数、横波波数。

由于流体不承受剪切，即 $\mu=0$，式(2.49)可描述流体中的声波，其中，Φ 与声压 p 的关系为 $\Phi=p/(\omega^2\rho_0)$，将此关系代入式(2.49)可得由声压描述的声波方程为

$$\nabla^2 p+k^2 p=0 \tag{2.51}$$

式中，$k=\dfrac{\omega}{c}$ 和 $c=\left(\dfrac{\lambda}{\rho_0}\right)^{1/2}$ 分别称为声波的波数和声速。

2.3　弹性波传播的能带结构分析

2.3.1　晶格理论

声学超材料通常由一种基本结构单元在空间上周期性排列而构成。声学超材料的这一特点与固体物理学领域关注的晶体结构是相同的。因此,可以借用固体物理学中晶体的晶格理论来描述声学超材料的空间周期性。为此,本节简要介绍固体物理学中的晶格理论,为后续内容做理论铺垫。

晶格的概念是根据晶体的内部结构抽象而来的:晶体中无限重复的基本结构单元(基元)均可抽象成空间上的一个点(结点或格点),那么晶体就可以看成这些结点在空间的周期性排列,称为空间点阵、晶格或晶格。于是,一种晶体结构便可看成每个格点上以相同的方式放置一个基元。

1. 平移周期性

晶格的平移周期性可采用原胞和基矢来刻画。原胞是一个晶格的最小周期性单元,对于三维周期晶格而言,将原胞沿 3 个不共面的矢量 a_1、a_2、a_3 平移,就能得到整个晶格,这 3 个矢量称为晶格的基矢。晶格中格点的坐标位置可用格矢 $\boldsymbol{R}$ 表示,它是 3 个基矢的线性组合:

$$\boldsymbol{R}=n_1\boldsymbol{a}_1+n_2\boldsymbol{a}_2+n_3\boldsymbol{a}_3 \tag{2.52}$$

式中,n_1、n_2、n_3 为整数。由式(2.52)定义的坐标空间点阵通常称为晶格的正晶格,相应地 $\boldsymbol{R}$ 称为正格矢,它直观地描述了晶格的空间周期性。

晶格可以分为简单晶格和复式晶格。原胞只含一个格点的晶格称为简单晶格,包含两个或更多格点的晶格称为复式晶格。原胞的选取不是唯一的,对于简单晶格,较常用的是维格纳-塞茨(Wigner-Seitz)原胞,简称 WS 原胞。以简单晶格中任一格点为中心,作其与近邻格点连线的垂直平分面(或线),这些面(或线)所围成的以该点为中心的最小区域即为一个 WS 原胞。

由格矢 $\boldsymbol{R}$ 端点形成的简单晶格称为布拉维晶格。由于简单晶格的原胞内只有一个格点,因此布拉维晶格相当于将该格点取为该原胞的坐标原点。任意一种简单晶格都可对应为一种布拉维晶格。常见的三维布拉维晶格有简单立方、体心立方、面心立方和简单六角;二维布拉维晶格主要是正方、长方和三角晶格。

晶体不仅具有平移周期性,还具有空间对称性,即晶体经过一定角度旋转、中心反演等对称操作后仍与自身重合。晶格作为晶体结构的抽象描述,也具有对称性,常用晶格点群来描述。为了保证晶体的平移对称性,其空间对称性只能是某些确定的形式。具体的分析表明,晶体的空间对称只有 32 个不同的类型,分别由 32

个点群来描述。反过来，由于晶格具有对称性，因此也就要求表征晶格平移周期性的布拉维晶格满足特定的要求。研究表明，对于三维晶格，满足 32 个点群要求的布拉维晶格共有 14 种；按坐标系的性质，可以将它们分为 7 大类，称为 7 大晶系。二维晶格相对简单，只有 4 个晶系、5 种布拉维晶格。详细的介绍可以参阅固体物理学及相关书籍。

2. 倒晶格

考察周期结构中的本征波传播问题时，波矢 $\boldsymbol{k}$ 是一重要参量，其量纲为 L^{-1}，因此可以设想“长度”量纲为 L 的倒数的空间，称为倒空间或波矢空间。在此空间引入倒晶格的概念会带来很大的方便。

类比实空间中的正晶格，倒晶格可看成由倒空间中周期性排列的倒格点组成。倒晶格与正晶格是一一对应的，给定一种正晶格的原胞基矢，就可以确定其倒晶格的基矢。例如，对于三维晶格，设其正晶格的原胞基矢为 $\boldsymbol{a}_1$、$\boldsymbol{a}_2$、$\boldsymbol{a}_3$，与之相对应的倒晶格的基矢 $\boldsymbol{b}_1$、$\boldsymbol{b}_2$、$\boldsymbol{b}_3$ 规定为

$$\begin{cases} \boldsymbol{b}_1 = \dfrac{2\pi}{V}(\boldsymbol{a}_2 \times \boldsymbol{a}_3) \\ \boldsymbol{b}_2 = \dfrac{2\pi}{V}(\boldsymbol{a}_3 \times \boldsymbol{a}_1) \\ \boldsymbol{b}_3 = \dfrac{2\pi}{V}(\boldsymbol{a}_1 \times \boldsymbol{a}_2) \end{cases} \tag{2.53}$$

式中，$V = \boldsymbol{a}_1 \cdot (\boldsymbol{a}_2 \times \boldsymbol{a}_3)$ 为正晶格原胞的体积。可以看出，正、倒晶格之间满足如下关系：

$$\boldsymbol{a}_i \cdot \boldsymbol{b}_j = 2\pi\delta_{ij} \tag{2.54}$$

式中

$$\delta_{ij} = \begin{cases} 1, & i = j \\ 0, & i \neq j \end{cases} \tag{2.55}$$

倒晶格中格点的坐标位置可用倒格矢 $\boldsymbol{G}$ 表示，它是倒晶格基矢的线性组合：

$$\boldsymbol{G} = h_1\boldsymbol{b}_1 + h_2\boldsymbol{b}_2 + h_3\boldsymbol{b}_3 \tag{2.56}$$

式中，h_1、h_2、h_3 为整数。

类似地，对于二维晶格，其倒晶格的基矢也由正晶格的基矢规定，可表述为

$$\begin{cases} \boldsymbol{b}_1 = \dfrac{2\pi}{S}(\boldsymbol{a}_2 \times \boldsymbol{e}_3) \\ \boldsymbol{b}_2 = \dfrac{2\pi}{S}(\boldsymbol{e}_3 \times \boldsymbol{a}_1) \end{cases} \tag{2.57}$$

式中，$S=|\boldsymbol{a}_1\times\boldsymbol{a}_2|$为正晶格原胞的面积；$\boldsymbol{e}_3$ 为垂直于二维面的无量纲单位矢量。可以证明，二维正、倒晶格基矢之间也存在式(2.54)所确定的关系。

倒晶格所组成的空间可以理解为状态空间，而正晶格所组成的空间是位置空间或坐标空间。倒晶格的 WS 原胞称为第一 Brillouin 区，或称简约 Brillouin 区。

2.3.2　Bloch 定理与能带理论

周期结构的空间周期性和对称性，使得其中波场的本征频率和本征模式具有一定的对称性，因此在研究其本征波问题时，可以进行相应的简化。

1. Bloch 定理

一般地，周期结构中的本征波场量(如某一方向的位移分量、应力分量等)可表述为

$$u(\boldsymbol{r},t)=u(\boldsymbol{r})\mathrm{e}^{\mathrm{i}\omega t} \tag{2.58}$$

式中，$\boldsymbol{r}=(x,y,z)$为空间位置矢量；t 为时间；ω 为波动的角频率。本征波场量中与空间位置 $\boldsymbol{r}$ 相关的部分 $u(\boldsymbol{r})$又可进一步表述为空间平面波形式：

$$u(\boldsymbol{r})=U(\boldsymbol{r})\mathrm{e}^{-\mathrm{i}\boldsymbol{k}\cdot\boldsymbol{r}} \tag{2.59}$$

式中，$U(\boldsymbol{r})$为本征波波幅；$\boldsymbol{k}$ 为波矢。

根据 Bloch 定理，周期结构中本征波的波幅 $U(\boldsymbol{r})$对格矢 $\boldsymbol{R}$ 的平移同样具有周期性，即

$$U(\boldsymbol{r}+\boldsymbol{R})=U(\boldsymbol{r}) \tag{2.60}$$

结合式(2.59)和式(2.60)可知，本征波场量 u 在空间域满足如下关系：

$$u(\boldsymbol{r}+\boldsymbol{R})=\mathrm{e}^{-\mathrm{i}\boldsymbol{k}\cdot\boldsymbol{R}}u(\boldsymbol{r}) \tag{2.61}$$

Bloch 定理还表明，周期结构中的本征行波的频率(本征频率)在倒晶格空间中具有平移周期性。因此，对周期结构而言，在其第一 Brillouin 区之外不会有新的本征场和本征频率。换言之，周期结构中本征行波的波矢 $\boldsymbol{k}$ 只在第一 Brillouin 区中取值，所以又称为简约波矢。这就大大缩小了研究周期系统的本征波场时所需考察的波矢取值范围。由于 Bloch 定理对周期结构中本征波场特点进行了一般性的描述，通常将周期结构中的波称为 Bloch 波，将相应的波矢 $\boldsymbol{k}$ 称为 Bloch 波矢。

有研究表明，如果周期结构除具有格矢平移周期性外，还具有特定的晶格点群对称性，那么其本征谱也具有相同的对称性，波矢 $\boldsymbol{k}$ 的取值范围可以进一步压缩。通常将晶格第一 Brillouin 区中通过晶格点群的对称操作得到的最小不可压缩区

域称为不可约 Brillouin 区。换言之，第一 Brillouin 区中的任意波矢，总可以在不可约 Brillouin 区中找到一个对应波矢，两者具有相同的本征值。这进一步缩小了研究周期系统本征场时所需考察的波矢取值范围。

2. 能带理论

能带理论是研究固体中电子运动的主要理论基础，它通过将固体抽象为具有平移周期性和对称性的理想晶体，将固体中的电子运动简化为单电子在周期性势场中的运动，从而建立了一系列的方法来计算固体中电子的能带。固体的许多基本物理性质，如振动谱、磁有序、电导率、热导率、光学介电函数等，原则上都可以由固体能带理论来阐明和解释。

研究固体中电子的运动时，对于任意一个给定的 Bloch 波矢 $\boldsymbol{k}$，可以求出一组本征值和相应的本征矢，每一个本征值和相应的本征矢代表电子的一种能量值和相应的运动状态(本征波函数)。由于 Bloch 波矢 $\boldsymbol{k}$ 是一个连续变量，每一个本征值不再是一个简单的数，而是 Bloch 波矢 $\boldsymbol{k}$ 的函数，因此通常称为一条本征能带，相应的本征矢称为一个本征模式。以波矢 $\boldsymbol{k}$ 为横坐标，以本征值或与其相应的量为纵坐标，画出两者之间的关系曲线，称为能带结构图或色散曲线图(色散关系图)。若在某些能量取值范围内，不存在相应的本征谱(能带或色散曲线)，则这些能量值范围称为带隙(或禁带)，其他能量值范围称为通带。

计算晶体的能带结构并从中确定其带隙是晶体研究的重要内容之一。一种常见的能带结构计算思路是，给定任意 Bloch 波矢 $\boldsymbol{k}$，求解相应的本征能量值。由前述可知，如果晶体同时具有格矢平移周期性和特定的晶格点群对称性，可将 Bloch 波矢的取值范围限定在不可约 Brillouin 区。更进一步地，可以证明波矢取值在倒晶格空间中的高对称点时，本征场群速度沿对称面的法向分量为零，本征谱取极值。高对称点就是某对称操作作用的结果仍是自身的点。因此，如果只是为了确定带隙的频率范围而进行能带结构计算，那么任意波矢 $\boldsymbol{k}$ 只要在不可约 Brillouin 区的边界上取值即可。

在晶体的电子能带理论启发下，人们进一步发展了用于研究人工周期性结构中经典波(如电磁波、弹性波)传播问题的能带理论。例如，将弹性动力学理论和方法与 Bloch 定理相结合，可以建立宏观周期结构中弹性波分析理论模型，进而求得 Bloch 弹性波波矢 $\boldsymbol{k}$ 与本征频率 ω 之间的关系。绘出两者之间的关系曲线，称为弹性波能带(或称为弹性波频带、色散曲线)。若在某些频率范围内，不存在相应的能带，则这些频率范围称为弹性波带隙(或禁带)，而带隙以外的频率范围称为弹性波通带。

为便于读者参考，将常用晶格的简约 Brillouin 区和不可约 Brillouin 区列于表 2.1。

表 2.1　常用晶格简约 Brillouin 区和不可约 Brillouin 区

晶格名称		简约 Brillouin 区 不可约 Brillouin 区(阴影)	正晶格基矢,倒晶格基矢 高对称点坐标
一维晶格		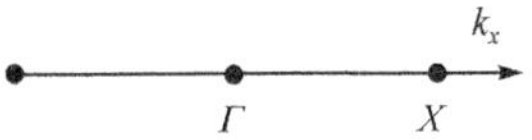 k_x, Γ, X	$a_1=a$，　$b_1=\dfrac{2\pi}{a}$
二维晶格	正方晶格	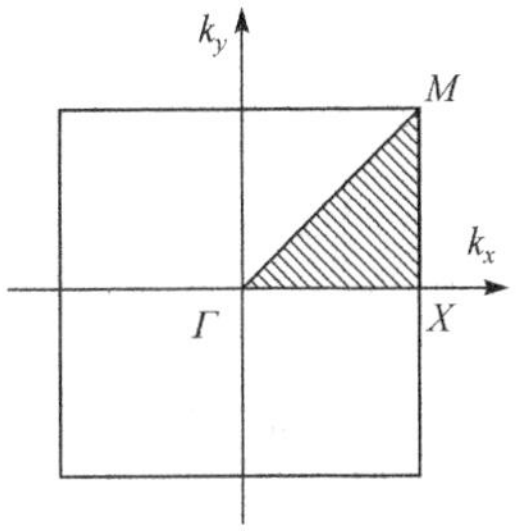 k_y, M, k_x, Γ, X	$\begin{cases}\boldsymbol{a}_1=a(1,0)\\ \boldsymbol{a}_2=a(0,1)\end{cases}$, $\begin{cases}\boldsymbol{b}_1=\dfrac{2\pi}{a}(1,0)\\ \boldsymbol{b}_2=\dfrac{2\pi}{a}(0,1)\end{cases}$
	三角晶格	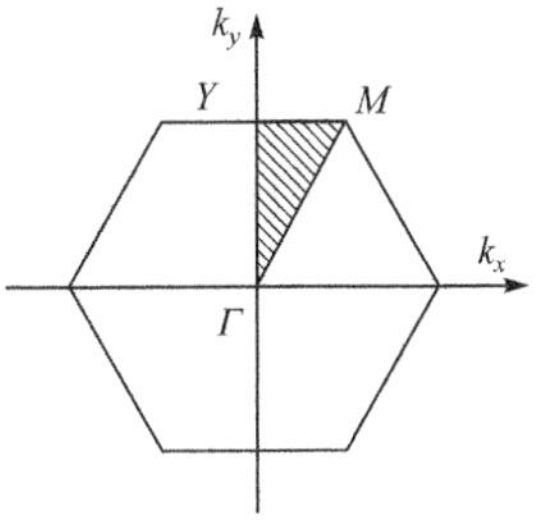 k_y, Y, M, k_x, Γ	$\begin{cases}\boldsymbol{a}_1=a(1,0)\\ \boldsymbol{a}_2=a\left(\dfrac{1}{2},\dfrac{\sqrt{3}}{2}\right)\end{cases}$, $\begin{cases}\boldsymbol{b}_1=\dfrac{2\pi}{a}\left(1,-\dfrac{\sqrt{3}}{3}\right)\\ \boldsymbol{b}_2=\dfrac{2\pi}{a}\left(0,\dfrac{2\sqrt{3}}{3}\right)\end{cases}$
	长方晶格	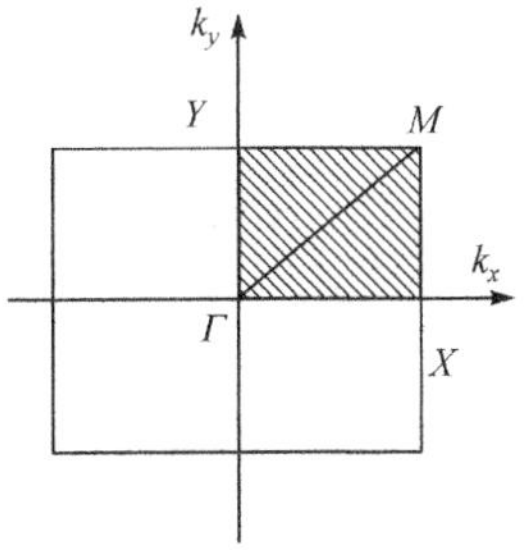 k_y, Y, M, k_x, Γ, X	$\begin{cases}\boldsymbol{a}_1=a(1,0)\\ \boldsymbol{a}_2=a(0,d\neq 1)\end{cases}$, $\begin{cases}\boldsymbol{b}_1=\dfrac{2\pi}{a}(1,0)\\ \boldsymbol{b}_2=\dfrac{2\pi}{a}\left(0,\dfrac{1}{d}\right)\end{cases}$ $d=b/a$

续表

晶格名称		简约 Brillouin 区 不可约 Brillouin 区(阴影)	正晶格基矢,倒晶格基矢 高对称点坐标
三维晶格	简单立方晶格	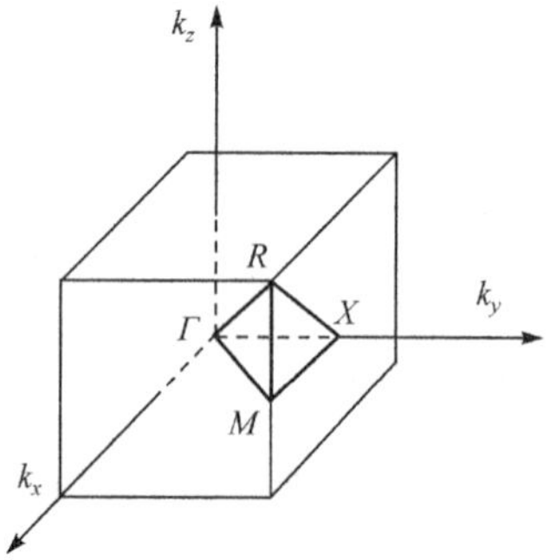	$\begin{cases}\boldsymbol{a}_1=a(1,0,0)\\ \boldsymbol{a}_2=a(0,1,0),\\ \boldsymbol{a}_3=a(0,0,1)\end{cases}$ $\begin{cases}\boldsymbol{b}_1=\frac{2\pi}{a}(1,0,0)\\ \boldsymbol{b}_2=\frac{2\pi}{a}(0,1,0)\\ \boldsymbol{b}_3=\frac{2\pi}{a}(0,0,1)\end{cases}$ $\frac{2\pi}{a}(0,0,0)$, $\frac{2\pi}{a}\left(\frac{1}{2},\frac{1}{2},\frac{1}{2}\right)$, $\frac{2\pi}{a}\left(\frac{1}{2},\frac{1}{2},0\right)$, $\frac{2\pi}{a}\left(0,\frac{1}{2},0\right)$
	体心立方晶格	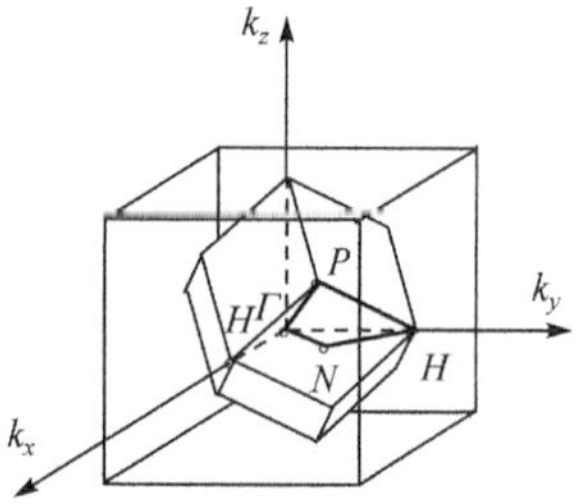	$\begin{cases}\boldsymbol{a}_1=\frac{a}{2}(-1,1,1)\\ \boldsymbol{a}_2=\frac{a}{2}(1,-1,1),\\ \boldsymbol{a}_3=\frac{a}{2}(1,1,-1)\end{cases}$ $\begin{cases}\boldsymbol{b}_1=\frac{2\pi}{a}(0,1,1)\\ \boldsymbol{b}_2=\frac{2\pi}{a}(1,0,1)\\ \boldsymbol{b}_3=\frac{2\pi}{a}(1,1,0)\end{cases}$ $\frac{2\pi}{a}(0,0,0)$, $\frac{2\pi}{a}(1,0,0)$, $\frac{2\pi}{a}\left(\frac{1}{2},\frac{1}{2},\frac{1}{2}\right)$, $\frac{2\pi}{a}\left(\frac{1}{2},\frac{1}{2},0\right)$
	面心立方晶格	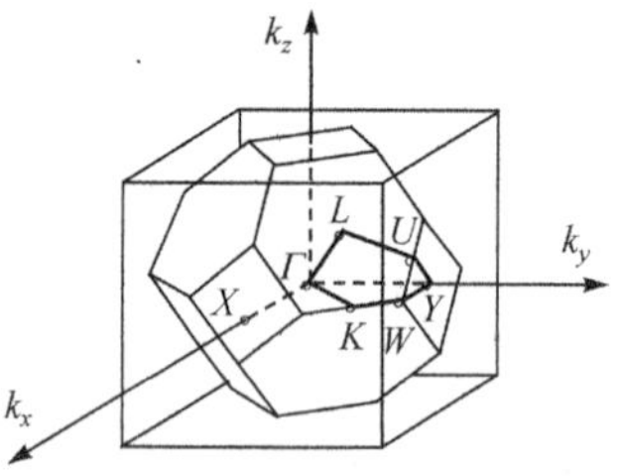	$\begin{cases}\boldsymbol{a}_1=\frac{a}{2}(0,1,1)\\ \boldsymbol{a}_2=\frac{a}{2}(1,0,1),\\ \boldsymbol{a}_3=\frac{a}{2}(1,1,0)\end{cases}$ $\begin{cases}\boldsymbol{b}_1=\frac{2\pi}{a}(-1,1,1)\\ \boldsymbol{b}_2=\frac{2\pi}{a}(1,-1,1)\\ \boldsymbol{b}_3=\frac{2\pi}{a}(1,1,-1)\end{cases}$ $\frac{2\pi}{a}(0,0,0)$, $\frac{2\pi}{a}(1,0,0)$, $\frac{2\pi}{a}\left(\frac{3}{4},\frac{3}{4},0\right)$, $\frac{2\pi}{a}\left(\frac{1}{2},\frac{1}{2},\frac{1}{2}\right)$

2.3.3 一维离散周期系统的能带结构

结合弹性动力学理论和 Bloch 定理,已经发展了平面波展开、有限元、多重散射、传递矩阵等多种周期结构中弹性波传播的数值分析方法。然而,对于一维周期体系,可以将其简化为一个质量弹簧系统来解析分析,即将周期单元的质量集中在晶格中的一点(如质心),相邻质点间以一弹簧相连接,周期单元间的弹性变形相互作用由弹簧的弹性系数来等效。这样的模型使系统的自由度大为减少,却保留了系统的周期特性和单元的基本力学特性，可以方便地对周期结构中弹性波的调制进行分析。

1. 一维周期双弹簧-质量系统

图 2.5 所示为典型的一维周期双弹簧-质量系统，图中虚线框内双弹簧-质量代表该系统的单个周期元胞，a 表示元胞的长度，即该周期系统的晶格常数。

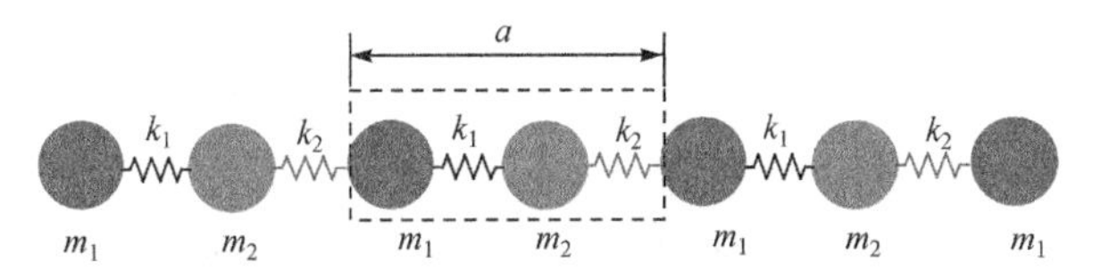

图 2.5　一维周期双弹簧-质量系统

取图 2.6 所示的单个周期元胞进行动力学建模，设 $x_{\rm L}(t)$ 和 $x_{\rm I}(t)$ 分别表示元胞中第 1 个质量块 m_1 和第 2 个质量块 m_2 的位移，$x_{\rm R}(t)$ 表示元胞中第 2 个弹簧 k_2 右端的位移(与右边相邻元胞中的第 1 个质量块 m_1 的位移相同)，$f_{\rm L}(t)$ 表示左边相邻元胞对其的作用力，$f_{\rm R}(t)$ 表示右端相邻元胞对其的作用力。

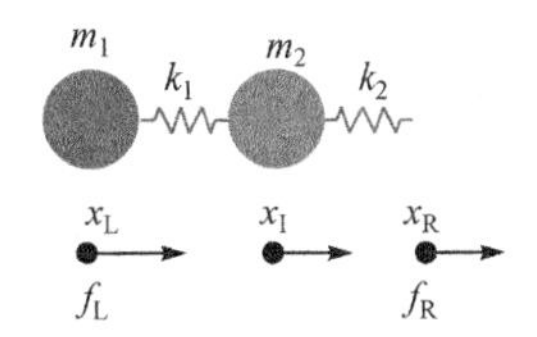

图 2.6　一维周期双弹簧-质量系统的单个周期元胞

根据动力学平衡关系，可列出图 2.6 所示单个周期元胞的运动方程为

$$\begin{cases} m_1\ddot{x}_{\rm L}=k_1(x_{\rm I}-x_{\rm L})+f_{\rm L} \\ m_2\ddot{x}_{\rm I}=k_2(x_{\rm R}-x_{\rm I})-k_1(x_{\rm I}-x_{\rm L}) \\ 0=-k_2(x_{\rm R}-x_{\rm I})+f_{\rm R} \end{cases} \tag{2.62}$$

整理得

$$\begin{cases} m_1\ddot{x}_{\rm L}+k_1x_{\rm L}-k_1x_{\rm L}=f_{\rm L} \\ m_2\ddot{x}_{\rm I}-k_1x_{\rm L}+(k_1+k_2)x_{\rm I}-k_2x_{\rm R}=0 \\ -k_2x_{\rm I}+k_2x_{\rm R}=f_{\rm R} \end{cases} \tag{2.63}$$

写成矩阵形式有

$$\begin{bmatrix} m_1 & 0 & 0 \\ 0 & m_2 & 0 \\ 0 & 0 & 0 \end{bmatrix}\begin{bmatrix} \ddot{x}_{\rm L} \\ \ddot{x}_{\rm I} \\ \ddot{x}_{\rm R} \end{bmatrix}+\begin{bmatrix} k_1 & -k_1 & 0 \\ -k_1 & k_1+k_2 & -k_2 \\ 0 & -k_2 & k_2 \end{bmatrix}\begin{bmatrix} x_{\rm L} \\ x_{\rm I} \\ x_{\rm R} \end{bmatrix}=\begin{bmatrix} f_{\rm L} \\ 0 \\ f_{\rm R} \end{bmatrix} \tag{2.64}$$

令位移向量 $\boldsymbol{x}=[x_{\rm L}\quad x_{\rm I}\quad x_{\rm R}]^{\rm T}$，力向量 $\boldsymbol{f}=[f_{\rm L}\quad 0\quad f_{\rm R}]^{\rm T}$，则有

$$\boldsymbol{M}\ddot{\boldsymbol{x}}+\boldsymbol{K}\boldsymbol{x}=\boldsymbol{f} \tag{2.65}$$

式中

$$\boldsymbol{M}=\begin{bmatrix} m_1 & 0 & 0 \\ 0 & m_2 & 0 \\ 0 & 0 & 0 \end{bmatrix},\quad \boldsymbol{K}=\begin{bmatrix} k_1 & -k_1 & 0 \\ -k_1 & k_1+k_2 & -k_2 \\ 0 & -k_2 & k_2 \end{bmatrix} \tag{2.66}$$

考虑周期系统的稳态简谐振动，则可设力和位移解为

$$\boldsymbol{f}=\boldsymbol{F}\mathrm{e}^{\mathrm{i}\omega t},\quad \boldsymbol{x}=\boldsymbol{X}\mathrm{e}^{\mathrm{i}\omega t} \tag{2.67}$$

展开即为

$$\begin{Bmatrix} x_{\mathrm{L}}(t) \\ x_{\mathrm{I}}(t) \\ x_{\mathrm{R}}(t) \end{Bmatrix}=\begin{Bmatrix} X_{\mathrm{L}} \\ X_{\mathrm{I}} \\ X_{\mathrm{R}} \end{Bmatrix}\mathrm{e}^{\mathrm{i}\omega t},\quad \begin{Bmatrix} f_{\mathrm{L}}(t) \\ 0 \\ f_{\mathrm{R}}(t) \end{Bmatrix}=\begin{Bmatrix} F_{\mathrm{L}} \\ 0 \\ F_{\mathrm{R}} \end{Bmatrix}\mathrm{e}^{\mathrm{i}\omega t} \tag{2.68}$$

将式(2.68)代入式(2.65)得到

$$(\boldsymbol{K}-\omega^2\boldsymbol{M})\boldsymbol{X}=\boldsymbol{F} \tag{2.69}$$

由周期结构 Bloch 定理可知，元胞的边界位移和边界力的关系为

$$X_{\mathrm{R}}=\mathrm{e}^{-\mathrm{i}qa}X_{\mathrm{L}},\quad F_{\mathrm{R}}=-\mathrm{e}^{-\mathrm{i}qa}F_{\mathrm{L}} \tag{2.70}$$

式中，q 为 Bloch 波矢。

由式(2.68)可以扩充得到以下关系式：

$$\begin{cases} X_{\mathrm{L}}=X_{\mathrm{L}} \\ X_{\mathrm{I}}=X_{\mathrm{I}} \\ X_{\mathrm{R}}=\mathrm{e}^{-\mathrm{i}qa}X_{\mathrm{L}} \end{cases},\quad \begin{cases} F_{\mathrm{L}}=F_{\mathrm{L}} \\ F_{\mathrm{R}}=-\mathrm{e}^{-\mathrm{i}qa}F_{\mathrm{L}} \end{cases} \tag{2.71}$$

令 $\boldsymbol{X}_{\mathrm{r}}=[X_{\mathrm{L}}\ X_{\mathrm{I}}]^{\mathrm{T}}$，$\boldsymbol{F}_{\mathrm{r}}=[F_{\mathrm{L}}\ 0]^{\mathrm{T}}$，式(2.71)可写成如下矩阵形式：

$$\boldsymbol{X}=\boldsymbol{A}(q)\cdot\boldsymbol{X}_{\mathrm{r}},\quad \boldsymbol{F}=\boldsymbol{B}(q)\cdot\boldsymbol{F}_{\mathrm{r}} \tag{2.72}$$

式中

$$\boldsymbol{A}(q)=\begin{bmatrix} 1 & 0 \\ 0 & 1 \\ \mathrm{e}^{-\mathrm{i}qa} & 0 \end{bmatrix},\quad \boldsymbol{B}(q)=\begin{bmatrix} 1 & 0 \\ 0 & 1 \\ -\mathrm{e}^{-\mathrm{i}qa} & 0 \end{bmatrix} \tag{2.73}$$

将式(2.72)代入式(2.69)可得

$$\boldsymbol{KAX}_{\mathrm{r}}-\omega^2\boldsymbol{MAX}_{\mathrm{r}}=\boldsymbol{BF}_{\mathrm{r}} \tag{2.74}$$

在式(2.74)的两端左乘矩阵 $\boldsymbol{A}$ 的复共轭转置矩阵 $\boldsymbol{A}^{\mathrm{H}}$，则有

$$[\boldsymbol{K}_{\mathrm{r}}(q)-\omega^2\boldsymbol{M}_{\mathrm{r}}(q)]\boldsymbol{X}_{\mathrm{r}}=\boldsymbol{0} \tag{2.75}$$

式中

$$\boldsymbol{K}_{\mathrm{r}}(q)=\boldsymbol{A}^{\mathrm{H}}\boldsymbol{KA},\quad \boldsymbol{M}_{\mathrm{r}}(q)=\boldsymbol{A}^{\mathrm{H}}\boldsymbol{MA} \tag{2.76}$$

式(2.75)为标准特征值问题，可采用数值方法求解。每给定一个 Bloch 波矢 q，就可以计算出一系列特征频率 ω；给出一系列 Bloch 波矢 q，就可以计算出特征频率 ω 随 q 的变化，绘出两者之间的关系 $\omega(q)$，即得到能带结构图。根据能带理论，Bloch 波矢 q 的取值范围只需限定在不可约 Brillouin 区，即$[0,\pi/a]$。

事实上,式(2.75)代表的特征值问题可以一步化简,因为矩阵 $\boldsymbol{K}_r$ 和 $\boldsymbol{M}_r$ 的显示表达式可以由式(2.66)直接推导得出:

$$\boldsymbol{K}_r=\begin{bmatrix} k_1+k_2 & -k_1-k_2\mathrm{e}^{\mathrm{i}qa} \\ k_1+k_2\mathrm{e}^{-\mathrm{i}qa} & k_1+k_2 \end{bmatrix},\quad \boldsymbol{M}_r=\begin{bmatrix} m_1 & 0 \\ 0 & m_2 \end{bmatrix} \tag{2.77}$$

而式(2.75)代表的特征值问题可表述成以下方程:

$$|\boldsymbol{K}_r-\omega^2\boldsymbol{M}_r|=0 \tag{2.78}$$

将式(2.77)代入式(2.78)可推得解析的特征值方程为

$$\omega^4 m_1 m_2-\omega^2(m_1+m_2)(k_1+k_2)+2k_1k_2[1-\cos(qa)]=0 \tag{2.79}$$

每给定一个 Bloch 波矢 q 取值(实数,限定在不可约 Brillouin 区内),由式(2.79)就可求得 4 个特征频率解,其中两个正的特征频率为所需解,其解析表达式为

$$\omega_{1,2}=\sqrt{\frac{(m_1+m_2)(k_1+k_2)}{2m_1m_2}\mp\sqrt{\frac{(m_1+m_2)^2\ (k_1+k_2)^2}{4m_1^2m_2^2}-\frac{2k_1k_2[1-\cos(qa)]}{m_1m_2}}} \tag{2.80}$$

另外,式(2.79)还可以表示成如下形式:

$$\cos(qa)=1+\frac{\omega^4 m_1m_2-\omega^2(m_1+m_2)(k_1+k_2)}{2k_1k_2} \tag{2.81}$$

于是,每给定一个频率 ω,就可以由式(2.81)求得一组相应的 Bloch 波矢 q。不过,这样求得的波矢 q 一般为复数,其实部 $\mathrm{Re}(q)$ 与式(2.80)中赋予的实数 q 的物理意义相同,都表征波的相位特性(波传播单位长度后的相位变化),而虚部 $\mathrm{Im}(q)$ 则表征波的幅值衰减特性(波传播单位长度后的幅值变化)。若 $\mathrm{Im}(q)=0$,则说明波为自由行波,沿波传播方向相位会发生变化而幅值不变;若 $\mathrm{Im}(q)\neq 0$,则说明波为隐失波(衰减波)。因此,通过考察 $\mathrm{Im}(q)$ 随频率的变化曲线,同样可以判定带隙范围,即 $\mathrm{Im}(q)\neq 0$ 的频率范围。

为了区分以上两种不同的能带结构计算方法,通常将第一种称为 $\omega(q)$ 法,即给定实数 Bloch 波矢 q 求解特征频率 ω;而将第二种称为 $q(\omega)$ 法,即给定特征频率 ω 求解复数形式的 Bloch 波矢 q。

现用一个算例来说明一维周期双弹簧-质量系统的能带结构及带隙特性。算例中系统的参数为:$m_1=0.1\mathrm{kg}$、$m_2=0.2\mathrm{kg}$、$k_1=1\times10^5\mathrm{N/m}$、$k_2=2\times10^5\mathrm{N/m}$。图 2.7(a)为计算得到的无限周期系统的能带结构,可以看出,该系统存在一个频率范围为 175.7~288.3Hz 的带隙,该带隙既可以从 Bloch 波矢实部——$\mathrm{Re}(q)$ 图中识别,也能从 Bloch 波矢虚部——$\mathrm{Im}(q)$ 图中识别。图 2.7(b)为计算得到的含有 8 个周期元胞的有限周期系统的振动传递率频率响应曲线,可以看出,在带隙频率范围内,振动传递被显著衰减,且衰减量随频率的变化特征与图 2.7(a)中带隙

内的波矢虚部 Im(q)的变化特征非常吻合。

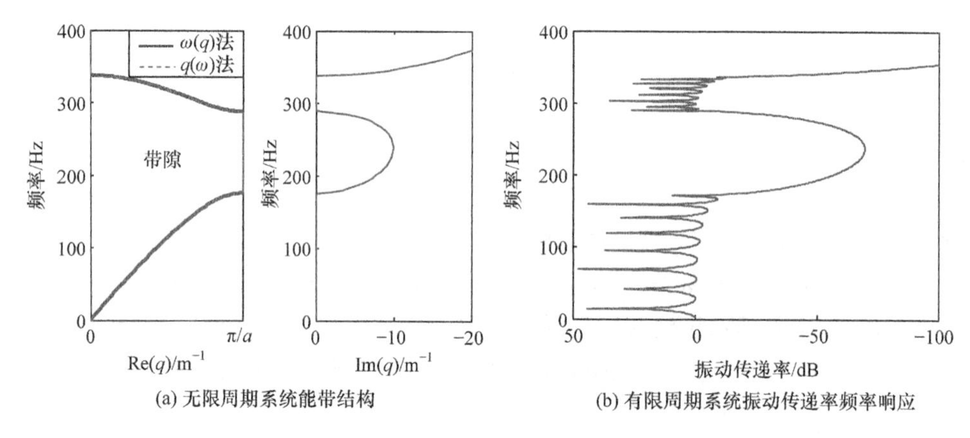

(a) 无限周期系统能带结构 (b) 有限周期系统振动传递率频率响应

图 2.7 一维周期双弹簧-质量系统的能带结构与振动传递率频率响应

此外，由 2.7(a)中左图还可以看出，带隙的起始频率和截止频率处对应的 Bloch 波矢实部 Re(q)为 π/a，而虚部 Im(q)为 0。于是，将 $q=\pi/a$ 代入式(2.80)即可得出带隙的起始频率和截止频率的解析表达式为

$$\omega_{\text{lower}}=\sqrt{\frac{(m_1+m_2)(k_1+k_2)}{2m_1m_2}-\sqrt{\frac{(m_1+m_2)^2\ (k_1+k_2)^2}{4m_1^2m_2^2}-\frac{4k_1k_2}{m_1m_2}}} \tag{2.82}$$

$$\omega_{\text{upper}}=\sqrt{\frac{(m_1+m_2)(k_1+k_2)}{2m_1m_2}+\sqrt{\frac{(m_1+m_2)^2\ (k_1+k_2)^2}{4m_1^2m_2^2}-\frac{4k_1k_2}{m_1m_2}}} \tag{2.83}$$

于是，带隙的中心频率解析表达式为

$$\omega_{\text{center}}=\frac{1}{2}(\omega_{\text{lower}}+\omega_{\text{upper}})=\frac{1}{2}\sqrt{\frac{(m_1+m_2)(k_1+k_2)}{m_1m_2}+4\sqrt{\frac{k_1k_2}{m_1m_2}}} \tag{2.84}$$

式(2.84)也可以表述成如下形式：

$$\omega_{\text{center}}=\frac{1}{2}\sqrt{\frac{k_1}{m_1}\left(1+\frac{m_1}{m_2}\right)+\frac{k_2}{m_2}\left(1+\frac{m_2}{m_1}\right)+4\sqrt{\frac{k_1k_2}{m_1m_2}}} \tag{2.85}$$

式中，令

$$\sqrt{\frac{k_1}{m_1}}=\omega_{01},\quad \sqrt{\frac{k_2}{m_2}}=\omega_{02} \tag{2.86}$$

代表两个子谐振单元的固有频率。

由式(2.82)～式(2.84)可知，带隙的起止频率和中心频率均同时受一对弹簧参数(k_1、k_2)和一对质量参数(m_1、m_2)的影响，而且每对参数均存在对偶性质，因此对偶的两个参数对带隙频率位置的影响必然存在类似的作用规律，而无主次之分。事实上，由该周期系统的串联结构形式(图 2.5)也可以理解这一特点。此外，

由式(2.84)可知，当两个质量参数(m_1、m_2)固定不变时，若想获得更低频的带隙中心频率，则需选取更小的弹簧参数(k_1、k_2)。当质量比 m_1/m_2 固定不变时，若想获得更低频的带隙中心频率，则需选择更低频的子谐振单元的固有频率(ω_{01}、ω_{02})。

2. 一维周期局域共振弹簧-质量系统

图 2.8 所示为典型的一维周期局域共振弹簧-质量系统，图中虚线框内系统代表该周期系统的单个元胞，a 表示元胞的长度。该系统中嵌入在圆环状质量 m_1 中的弹簧-质量系统可视为一种局域共振子系统。这样一种周期局域共振弹簧-质量系统也被视为一种声学超材料的基础物理模型，得到了深入研究[5,6]。

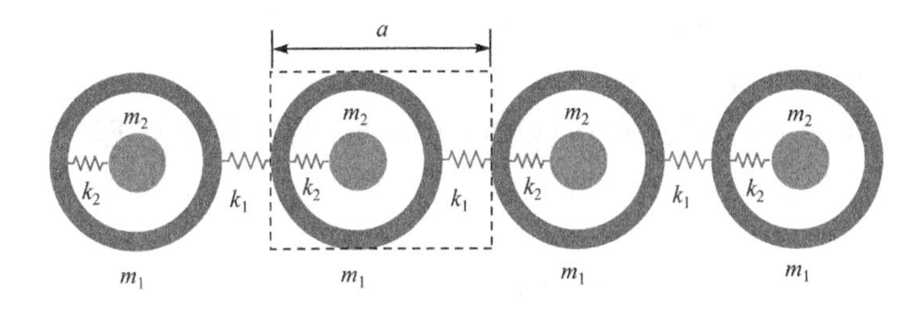

图 2.8　一维周期局域共振弹簧-质量系统

设 $x_L(t)$ 和 $x_I(t)$ 分别表示元胞中第 1 个质量块 m_1 和第 2 个质量块 m_2 的位移，$x_R(t)$ 表示元胞中弹簧 k_1 右端的位移(与右边相邻元胞中的第 1 个质量块 m_1 的位移相同)，$f_L(t)$ 表示左边相邻元胞对其的作用力，$f_R(t)$ 表示右端相邻元胞对其的作用力。

类似图 2.5 所示的周期双弹簧-质量系统的方法，可建立原胞的动力学方程为

$$\boldsymbol{M}\ddot{\boldsymbol{x}}+\boldsymbol{K}\boldsymbol{x}=\boldsymbol{f} \tag{2.87}$$

式中

$$\boldsymbol{M}=\begin{bmatrix} m_1 & 0 & 0 \\ 0 & m_2 & 0 \\ 0 & 0 & 0 \end{bmatrix},\quad \boldsymbol{K}=\begin{bmatrix} k_1+k_2 & -k_2 & -k_1 \\ -k_2 & k_2 & 0 \\ -k_1 & 0 & k_1 \end{bmatrix},\quad \boldsymbol{x}=\begin{bmatrix} x_L(t) \\ x_I(t) \\ x_R(t) \end{bmatrix},\quad \boldsymbol{f}=\begin{bmatrix} f_L(t) \\ 0 \\ f_R(t) \end{bmatrix} \tag{2.88}$$

考虑周期系统的稳态简谐振动，设力和位移解为

$$\boldsymbol{f}=\boldsymbol{F}\mathrm{e}^{\mathrm{i}\omega t},\quad \boldsymbol{x}=\boldsymbol{X}\mathrm{e}^{\mathrm{i}\omega t} \tag{2.89}$$

此外，利用 Bloch 定理可得如下矩阵方程：

$$\boldsymbol{X}=\boldsymbol{A}(q)\boldsymbol{X}_r,\quad \boldsymbol{F}=\boldsymbol{B}(q)\boldsymbol{F}_r \tag{2.90}$$

式中

$$\boldsymbol{X}_{\mathrm{r}}=\begin{Bmatrix}X_{\mathrm{L}}\\X_{\mathrm{I}}\end{Bmatrix},\quad \boldsymbol{F}_{\mathrm{r}}=\begin{Bmatrix}F_{\mathrm{L}}\\F_{\mathrm{I}}\end{Bmatrix},\quad \boldsymbol{A}(q)=\begin{bmatrix}1&0\\0&1\\\mathrm{e}^{-\mathrm{i}qa}&0\end{bmatrix},\quad \boldsymbol{B}(q)=\begin{bmatrix}1&0\\0&1\\-\mathrm{e}^{-\mathrm{i}qa}&0\end{bmatrix} \tag{2.91}$$

将式(2.3.90)代入式(2.3.87)可写成如下形式：

$$\boldsymbol{KAX}_{\mathrm{r}}-\omega^2\boldsymbol{MAX}_{\mathrm{r}}=\boldsymbol{BF}_{\mathrm{r}} \tag{2.92}$$

在两端左乘矩阵 $\boldsymbol{A}$ 的复共轭转置矩阵 $\boldsymbol{A}^{\mathrm{H}}$，则有

$$[\boldsymbol{K}_{\mathrm{r}}(q)-\omega^2\boldsymbol{M}_{\mathrm{r}}(q)]\boldsymbol{X}_{\mathrm{r}}=\boldsymbol{0} \tag{2.93}$$

式中

$$\boldsymbol{K}_{\mathrm{r}}(q)=\boldsymbol{A}^{\mathrm{H}}\boldsymbol{KA},\quad \boldsymbol{M}_{\mathrm{r}}(q)=\boldsymbol{A}^{\mathrm{H}}\boldsymbol{MA} \tag{2.94}$$

式(2.94)即为标准特征值方程。

矩阵 $\boldsymbol{K}_{\mathrm{r}}$ 和 $\boldsymbol{M}_{\mathrm{r}}$ 的显式表达式可以由式(2.94)直接推导得出，即

$$\boldsymbol{K}_{\mathrm{r}}=\begin{bmatrix}2k_1[1-\cos(qa)]+k_2 & -k_2\\ -k_2 & k_2\end{bmatrix},\quad \boldsymbol{M}_{\mathrm{r}}=\begin{bmatrix}m_1&0\\0&m_2\end{bmatrix} \tag{2.95}$$

于是，由式(2.93)可推得解析的特征值方程为

$$\alpha\omega^4+\beta\omega^2+\gamma=0 \tag{2.96}$$

式中

$$\begin{aligned}&\alpha=m_1m_2\\&\beta=-2k_1m_2[1-\cos(qa)]-k_2(m_1+m_2)\\&\gamma=2k_1k_2[1-\cos(qa)]\end{aligned} \tag{2.97}$$

由此得到所需特征频率的解析表达式为

$$\omega_{1,2}=\sqrt{-\frac{\beta}{2\alpha}\mp\sqrt{\frac{\beta^2}{4\alpha^2}-\frac{\gamma}{\alpha}}} \tag{2.98}$$

另外，式(2.96)还可以表示成如下形式：

$$\cos(qa)=1+\frac{\omega^4m_1m_2-\omega^2k_2(m_1+m_2)}{2k_1k_2-2\omega^2k_1m_2} \tag{2.99}$$

现通过一个算例来说明一维周期局域共振弹簧-质量系统的能带结构及带隙特性。算例中系统的参数为：$m_1=0.1\mathrm{kg}$、$m_2=0.2\mathrm{kg}$、$k_1=1\times10^5\mathrm{N/m}$、$k_2=1\times10^5\mathrm{N/m}$。图 2.9(a)为计算得到的无限周期系统的能带结构，可以看出，该系统存在一个频率范围为 100～195Hz 的带隙。图 2.9(b)为计算得到的含有 8 个周期元胞的有限周期系统的振动传递率频率响应曲线，可以看出，在带隙频率范围内，振动传递被显著衰减，且衰减量随频率的变化特征与图 2.9(a)中带隙内的波矢虚部 $\mathrm{Im}(q)$ 的变化特征非常吻合。

值得注意的是，图 2.9(a)中的能带结构与图 2.7(a)相比有显著的不同。

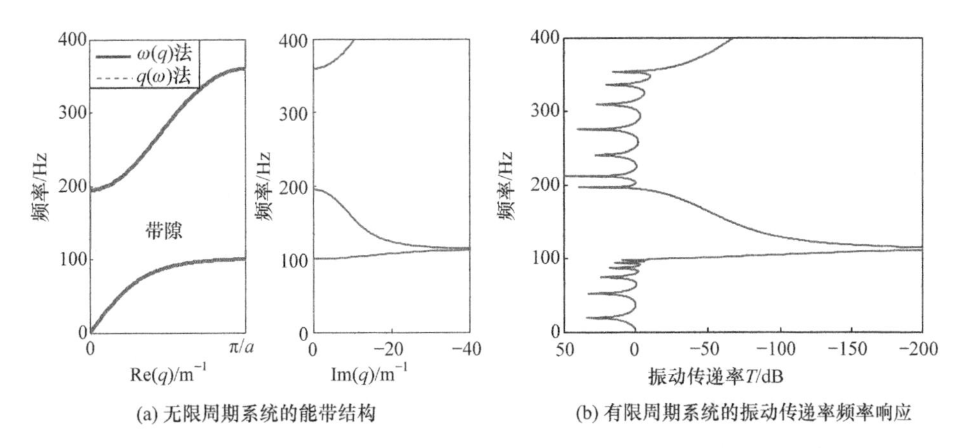

(a) 无限周期系统的能带结构　(b) 有限周期系统的振动传递率频率响应

图 2.9　一维周期局域共振弹簧-质量系统的能带结构与振动传递率频率响应

首先,带隙内的衰减特性[由 Bloch 波矢的虚部 Im(q)表征]不同,图 2.9(a)中带隙内的衰减特性存在尖锐的峰值特征,而图 2.7(a)中带隙不存在这一特征。事实上,图 2.9(a)中带隙内的衰减峰值是由局域共振子的谐振效应所致,该峰值出现的频率对应于局域共振子的固有频率(112.5Hz)。

其次,图 2.9(a)中带隙的起始频率和截止频率处对应的 Bloch 波矢实部 Re(q)分别为 π/a 和 0,而图 2.7(a)中带隙起止频率均对应于 Re(q)$=\pi/a$。于是,将 $q=\pi/a$ 和 $q=0$ 代入式(2.98)即可得出图 2.9(a)中带隙的起始频率和截止频率的解析表达式为

$$\omega_{\text{lower}}=\left.\sqrt{-\frac{\beta}{2\alpha}-\sqrt{\frac{\beta^2}{4\alpha^2}-\frac{\gamma}{\alpha}}}\right|_{q=\pi/a}$$

$$=\omega_{02}\sqrt{\left[\frac{2\omega_{01}^2}{\omega_{02}^2}+\frac{1}{2}(1+r)\right]-\sqrt{\left[\frac{2\omega_{01}^2}{\omega_{02}^2}+\frac{1}{2}(1+r)-1\right]^2+r}} \tag{2.100}$$

$$\omega_{\text{upper}}=\left.\sqrt{-\frac{\beta}{2\alpha}+\sqrt{\frac{\beta^2}{4\alpha^2}-\frac{\gamma}{\alpha}}}\right|_{q=0}=\omega_{02}\sqrt{1+r} \tag{2.101}$$

式中

$$\omega_{01}=\sqrt{\frac{k_1}{m_1}},\quad \omega_{02}=\sqrt{\frac{k_2}{m_2}},\quad r=\frac{m_2}{m_1} \tag{2.102}$$

式中,ω_{01} 和 ω_{02} 代表两个子单元的固有频率;r 代表局域共振子单元的附加质量比。

易知,带隙的起始频率影响因素较多,但是当局域共振子单元的固有频率 ω_{02} 被调至足够低时,满足

$$\frac{2\omega_{01}^2}{\omega_{02}^2}\gg 1 \tag{2.103}$$

此时，由式(2.100)可知，带隙的起始频率可近似为

$$\omega_{\text{lower}} \approx \omega_{02} \tag{2.104}$$

即说明，当局域共振频率 ω_{02} 被调至足够低时，带隙的起始频率与该局域共振频率非常接近。对于图 2.9(a)所示算例，$2\omega_{01}^2/\omega_{02}^2=8$，基本满足式(2.100)的条件，于是带隙的起始频率(100Hz)与局域共振频率(112.5Hz)较为接近。

另外，由式(2.101)可知，带隙的起始频率总是由局域共振频率 ω_{02} 和局域共振子单元的附加质量比 r 决定。

通过上述对比可知，采用不同形式的周期结构系统，得到的带隙衰减特性和产生带隙的频率位置可能会有显著不同。通常，可将图 2.7(a)中的带隙称为 Bragg 带隙，其带隙内的衰减特性随频率变化较为光滑，而且这种带隙出现的频率范围一般由各组成单元共同决定；将图 2.9(a)中带隙视为局域共振带隙，其带隙内的衰减特性随频率变化会出现明显的峰值，而且这种带隙出现的频率范围可通过调谐局域共振频率来改变，当局域共振频率被调至足够低时，带隙的起始频率与局域共振频率非常接近。

2.3.4 二维连续周期系统的能带结构

1. 常用的能带结构计算方法

1) 平面波展开法

平面波展开(plane wave expansion，PWE)法[7~9]是连续周期结构弹性波传播研究的常用算法之一。其基本思想是：利用结构的周期性，将弹性常数、密度等参数按 Fourier 级数展开，并与 Bloch 定理结合，将弹性波波动方程在倒格矢空间以平面波叠加的形式展开，进而将波动方程转化成本征值求解，从而得到周期结构的弹性波能带结构。PWE 法在计算固/固、液(气)/液(气)等组成的周期结构时相当成功，但是在计算由液(气)/固构成的周期结构时存在一定的困难；此外，当组元材料参数差异较大时，收敛较慢。

下面以二维二组元周期结构为例，介绍 PWE 法的基本原理和过程。

由于结构的周期性，组元材料参数 λ、μ 和 ρ 都是空间 $\boldsymbol{r}=(x,y)$ 的周期性函数，为叙述方便，统一使用 g 来表示这 3 个参量。各参数均可按 Fourier 级数展开：

$$g(\boldsymbol{r}) = \sum_{G} g(\boldsymbol{G})\mathrm{e}^{\mathrm{i}\boldsymbol{G}\cdot\boldsymbol{r}} \tag{2.105}$$

式中，$g(\boldsymbol{G})$为 Fourier 展开系数；$\boldsymbol{G}$ 为倒格矢。对于二维晶格，倒格矢 $\boldsymbol{G}$ 定义为

$$\boldsymbol{G}=n_1\boldsymbol{b}_1+n_2\boldsymbol{b}_2 \tag{2.106}$$

式中，n_1、n_2 为整数；$\boldsymbol{b}_1$、$\boldsymbol{b}_2$ 分别为晶格倒晶格基矢，参见表 2.1。

式(2.105)中的求和是对所有倒格矢求和，而其中的 Fourier 展开系数 $g(\boldsymbol{G})$

可以通过式(2.107)得到：

$$g(\boldsymbol{G}) = \frac{1}{S}\iint_S g(\boldsymbol{r})\mathrm{e}^{-\mathrm{i}\boldsymbol{G}\cdot\boldsymbol{r}}\mathrm{d}^2\boldsymbol{r} \tag{2.107}$$

式中，S 表示原胞的面积；$\iint_S \mathrm{d}^2\boldsymbol{r}$ 表示在原胞上进行面积分。当 $\boldsymbol{G}=\boldsymbol{0}$ 时，由式(2.107) 中积分得

$$g(\boldsymbol{G}) = g_A f + g_B(1-f) \tag{2.108}$$

式中，f 表示散射体占整个原胞的填充比；g_A 和 g_B 分别表示散射体和基体的相应参量。

当 $\boldsymbol{G}\neq\boldsymbol{0}$ 时，由式(2.107)可得

$$\begin{aligned} g(\boldsymbol{G}) &= \frac{1}{S}g_A\iint_A \mathrm{e}^{-\mathrm{i}\boldsymbol{G}\cdot\boldsymbol{r}}\mathrm{d}^2\boldsymbol{r} + \frac{1}{S}g_B\iint_B \mathrm{e}^{-\mathrm{i}\boldsymbol{G}\cdot\boldsymbol{r}}\mathrm{d}^2\boldsymbol{r} \\ &= \frac{1}{S}(g_A - g_B)\iint_A \mathrm{e}^{-\mathrm{i}\boldsymbol{G}\cdot\boldsymbol{r}}\mathrm{d}^2\boldsymbol{r} + \frac{1}{S}g_B\iint_S \mathrm{e}^{-\mathrm{i}\boldsymbol{G}\cdot\boldsymbol{r}}\mathrm{d}^2\boldsymbol{r} \end{aligned} \tag{2.109}$$

式中，$\iint_A \mathrm{d}^2\boldsymbol{r}$ 表示在散射体面域积分；$\iint_B \mathrm{d}^2\boldsymbol{r}$ 表示在基体面域积分。

根据周期性边界条件，式(2.109)中的第二项积分为零，所以

$$g(\boldsymbol{G}) = \frac{1}{S}(g_A - g_B)\iint_A \mathrm{e}^{-\mathrm{i}\boldsymbol{G}\cdot\boldsymbol{r}}\mathrm{d}^2\boldsymbol{r} = \Delta g P(\boldsymbol{G}) \tag{2.110}$$

式中

$$\Delta g = g_A - g_B \tag{2.111}$$

$$P(\boldsymbol{G}) = \frac{1}{S}\iint_A \mathrm{e}^{-\mathrm{i}\boldsymbol{G}\cdot\boldsymbol{r}}\mathrm{d}^2\boldsymbol{r} \tag{2.112}$$

式中，$P(\boldsymbol{G})$为结构函数，与散射体的形状有关。对于圆柱形散射体：

$$P(\boldsymbol{G}) = 2f\frac{\mathrm{J}_1(GR)}{GR} \tag{2.113}$$

式中，J_1 为一阶第一类 Bessel 函数；G 为倒格矢 $\boldsymbol{G}$ 的模。

若散射体的横截面为边长为 $2l$ 的正方形，则结构函数可以写成

$$P(\boldsymbol{G}) = \begin{cases} F\left(\dfrac{\sin(G_y l)}{G_y l}\right), & G_x=0, G_y\neq 0 \\ F\left(\dfrac{\sin(G_x l)}{G_x l}\right), & G_x\neq 0, G_y=0 \\ F\left(\dfrac{\sin(G_x l)}{G_x l}\right)F\left(\dfrac{\sin(G_y l)}{G_y l}\right), & G_x G_y\neq 0 \end{cases} \tag{2.114}$$

综合式(2.111)和式(2.113)，Fourier 展开系数 $g(\boldsymbol{G})$可以写成

$$g(\boldsymbol{G}) = \begin{cases} g_A f + g_B(1-f) \equiv \bar{g}, & \boldsymbol{G}=0 \\ (g_A - g_B)P(\boldsymbol{G}) \equiv (\Delta g)P(\boldsymbol{G}), & \boldsymbol{G}\neq 0 \end{cases} \tag{2.115}$$

考虑频率为 ω 的自由弹性波传播，结构中波动位移场可分解为

$$\boldsymbol{u}(\boldsymbol{r},t)=\boldsymbol{u}_k(\boldsymbol{r})\mathrm{e}^{\mathrm{i}(\boldsymbol{k}\cdot\boldsymbol{r}-\omega t)} \tag{2.116}$$

式中，$\boldsymbol{k}$ 为 Bloch 波矢。根据 Bloch 定理，$\boldsymbol{u}_k(\boldsymbol{r})$是与各材料参数具有相同周期的函数，同样可展开为 Fourier 级数，即

$$\boldsymbol{u}_{\boldsymbol{k}}(\boldsymbol{r})=\sum_{\boldsymbol{G}'}\mathrm{e}^{\mathrm{i}\boldsymbol{G}'\cdot\boldsymbol{r}}\boldsymbol{u}_{\boldsymbol{k}}(\boldsymbol{G}') \tag{2.117}$$

将式(2.117)代入式(2.116)得

$$\boldsymbol{u}(\boldsymbol{r},t)=\mathrm{e}^{-\mathrm{i}\omega t}\sum_{\boldsymbol{G}'}\mathrm{e}^{\mathrm{i}(\boldsymbol{G}'+\boldsymbol{k})\cdot\boldsymbol{r}}\boldsymbol{u}_{\boldsymbol{k}}(\boldsymbol{G}') \tag{2.118}$$

将式(2.115)和式(2.118)分别代入弹性波波动方程(2.39)中，可以得到 Z 模式的本征方程：

$$\omega^2\sum_{\boldsymbol{G}'}\rho(\boldsymbol{G}''-\boldsymbol{G}')u_{\boldsymbol{k}}^z(\boldsymbol{G}')=\sum_{\boldsymbol{G}'}\mu(\boldsymbol{G}''-\boldsymbol{G}')(\boldsymbol{k}+\boldsymbol{G}')\cdot(\boldsymbol{k}+\boldsymbol{G}'')u_{\boldsymbol{k}}^z(\boldsymbol{G}') \tag{2.119}$$

和 XY 模式的本征方程：

$$\begin{aligned}
&\omega^2\sum_{\boldsymbol{G}'}\rho(\boldsymbol{G}''-\boldsymbol{G}')u_{\boldsymbol{k+G}}^x\\
=&\sum_{\boldsymbol{G}'}(\lambda(\boldsymbol{G}''-\boldsymbol{G}')(\boldsymbol{k}+\boldsymbol{G}')_x(\boldsymbol{k}+\boldsymbol{G}'')_x\\
&+\mu(\boldsymbol{G}''-\boldsymbol{G}')((\boldsymbol{k}+\boldsymbol{G}')_y(\boldsymbol{k}+\boldsymbol{G}'')_y+2(\boldsymbol{k}+\boldsymbol{G}')_x(\boldsymbol{k}+\boldsymbol{G}'')_x))u_{\boldsymbol{k+G}}^x\\
&+\sum_{\boldsymbol{G}'}(\lambda(\boldsymbol{G}''-\boldsymbol{G}')(\boldsymbol{k}+\boldsymbol{G}')_y(\boldsymbol{k}+\boldsymbol{G}'')_x+\mu(\boldsymbol{G}''-\boldsymbol{G}')(\boldsymbol{k}+\boldsymbol{G}')_x(\boldsymbol{k}+\boldsymbol{G}'')_y)u_{\boldsymbol{k+G}}^y
\end{aligned} \tag{2.120}$$

$$\begin{aligned}
&\omega^2\sum_{\boldsymbol{G}'}\rho(\boldsymbol{G}''-\boldsymbol{G}')u_{\boldsymbol{k+G}}^y\\
=&\sum_{\boldsymbol{G}'}((\boldsymbol{G}''-\boldsymbol{G}')(\boldsymbol{k}+\boldsymbol{G}')_y(\boldsymbol{k}+\boldsymbol{G}'')_y\\
&+\mu(\boldsymbol{G}''-\boldsymbol{G}')((\boldsymbol{k}+\boldsymbol{G}')_x(\boldsymbol{k}+\boldsymbol{G}'')_x+2(\boldsymbol{k}+\boldsymbol{G}')_y(\boldsymbol{k}+\boldsymbol{G}'')_y)u_{\boldsymbol{k+G}}^y\\
&+\sum_{\boldsymbol{G}'}(\lambda(\boldsymbol{G}''-\boldsymbol{G}')(\boldsymbol{k}+\boldsymbol{G}')_x(\boldsymbol{k}+\boldsymbol{G}'')_y+\mu(\boldsymbol{G}''-\boldsymbol{G}')(\boldsymbol{k}+\boldsymbol{G}')_y(\boldsymbol{k}+\boldsymbol{G}'')_x)u_{\boldsymbol{k+G}}^x
\end{aligned} \tag{2.121}$$

式(2.119)～式(2.121)为无限阶复数矩阵的特征值问题，其中 $\boldsymbol{G}'$ 取遍整个倒格矢空间。为了求得该问题的数值解，通常使用倒格矢空间原点附近的有限多个倒格矢代替整个倒格矢空间，对方程进行近似求解。当选取 N 个倒格矢进行计算时，式(2.119)变成 $N\times N$ 个矩阵元的线性方程组的特征值求解，而式(2.120)和式(2.121)则变成 $2N\times 2N$ 个矩阵元的线性方程组的特征值求解。

2）有限元法

近年来，有限元法已被广泛用于研究各类周期结构弹性波传播问题。有限元法的基本思想是将连续弹性结构离散成很多有限小的单元体，根据弹性力学的基

本方程和变分原理建立单元结点力和结点位移之间的关系，再根据动力学平衡条件建立有限元方程[10~12]。有限元法概念清晰、适用性强、收敛性好，特别便于处理各类具有复杂构型的周期结构，而且可以直接借助很多成熟的商用软件进行建模，如MSC、ANSYS、COMSOL Multiphysics等。将有限元法用于计算周期结构的弹性波能带结构时，只需针对一个原胞建立有限元模型，再利用Bloch定理引入周期边界条件，即可转化为弹性波传播的本征值问题求解，进而得到周期结构的弹性波能带结构。

下面以一般的二维周期结构为例，介绍有限元法计算弹性波能带结构的基本原理和过程。

基于传统的有限元法对二维周期结构的单个原胞进行动力学建模，如果忽略结构的阻尼效应，那么可将原胞的简谐振动方程表示为

$$(\boldsymbol{K}-\omega^2\boldsymbol{M})\boldsymbol{q}=\boldsymbol{f} \tag{2.122}$$

式中，$\boldsymbol{K}$ 和 $\boldsymbol{M}$ 分别为原胞的刚度矩阵和质量矩阵；$\boldsymbol{q}$ 和 $\boldsymbol{f}$ 分别为广义位移矢量和力矢量；ω 为简谐振动角频率。为方便处理，可将广义位移矢量 $\boldsymbol{q}$ 和力矢量 $\boldsymbol{f}$ 按照对应的自由度所在原胞不同区域进行划分。例如，按图2.10所示进行划分，可将原胞的广义位移矢量 $\boldsymbol{q}$ 表示为

$$\boldsymbol{q}=[\boldsymbol{q}_{\mathrm{L}}^{\mathrm{T}}\quad \boldsymbol{q}_{\mathrm{B}}^{\mathrm{T}}\quad \boldsymbol{q}_{\mathrm{LB}}^{\mathrm{T}}\quad \boldsymbol{q}_{\mathrm{I}}^{\mathrm{T}}\quad \boldsymbol{q}_{\mathrm{R}}^{\mathrm{T}}\quad \boldsymbol{q}_{\mathrm{T}}^{\mathrm{T}}\quad \boldsymbol{q}_{\mathrm{RB}}^{\mathrm{T}}\quad \boldsymbol{q}_{\mathrm{LT}}^{\mathrm{T}}\quad \boldsymbol{q}_{\mathrm{RT}}^{\mathrm{T}}]^{\mathrm{T}} \tag{2.123}$$

式中，分矢量的下标L、B、LB、I、R、T、RB、LT、RT分别代表原胞的左边、下边、左下角、内部、右边、上边、右下角、左上角、右上角；上标T表示转置。

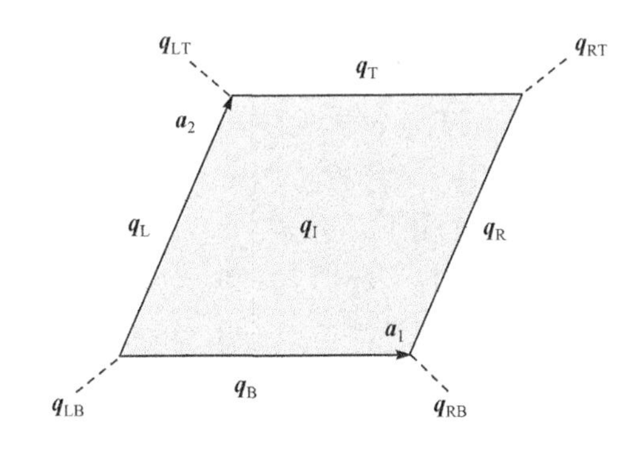

图2.10　二维周期结构的原胞即其自由度划分的示意图

类似地，可将广义力矢量 $\boldsymbol{f}$ 表述为

$$\boldsymbol{f}=[\boldsymbol{f}_{\mathrm{L}}^{\mathrm{T}}\quad \boldsymbol{f}_{\mathrm{B}}^{\mathrm{T}}\quad \boldsymbol{f}_{\mathrm{LB}}^{\mathrm{T}}\quad \boldsymbol{f}_{\mathrm{I}}^{\mathrm{T}}\quad \boldsymbol{f}_{\mathrm{R}}^{\mathrm{T}}\quad \boldsymbol{f}_{\mathrm{T}}^{\mathrm{T}}\quad \boldsymbol{f}_{\mathrm{RB}}^{\mathrm{T}}\quad \boldsymbol{f}_{\mathrm{LT}}^{\mathrm{T}}\quad \boldsymbol{f}_{\mathrm{RT}}^{\mathrm{T}}]^{\mathrm{T}} \tag{2.124}$$

由周期结构Bloch定理可知，图2.10所示元胞边界的广义位移矢量的分量之间满足如下关系：

$$\boldsymbol{q}_{\mathrm{R}}=\mathrm{e}^{-\mathrm{i}\boldsymbol{k}\cdot\boldsymbol{a}_1}\boldsymbol{q}_{\mathrm{L}} \tag{2.125}$$

$$\boldsymbol{q}_{\mathrm{T}}=\mathrm{e}^{-\mathrm{i}\boldsymbol{k}\cdot\boldsymbol{a}_2}\boldsymbol{q}_{\mathrm{B}} \tag{2.126}$$

$$\boldsymbol{q}_{\mathrm{RB}}=\mathrm{e}^{-\mathrm{i}\boldsymbol{k}\cdot\boldsymbol{a}_1}\boldsymbol{q}_{\mathrm{LB}} \tag{2.127}$$

$$\boldsymbol{q}_{\mathrm{LT}}=\mathrm{e}^{-\mathrm{i}\boldsymbol{k}\cdot\boldsymbol{a}_2}\boldsymbol{q}_{\mathrm{LB}} \tag{2.128}$$

$$\boldsymbol{q}_{\mathrm{RT}}=\mathrm{e}^{-\mathrm{i}\boldsymbol{k}\cdot(\boldsymbol{a}_1+\boldsymbol{a}_2)}\boldsymbol{q}_{\mathrm{LB}} \tag{2.129}$$

利用式(2.125)～式(2.129)，可得如下矩阵方程：

$$\boldsymbol{q}=\boldsymbol{A}\tilde{\boldsymbol{q}} \tag{2.130}$$

式中

$$\boldsymbol{A}=\begin{bmatrix} \boldsymbol{I}_{\mathrm{L}} & \boldsymbol{0} & \boldsymbol{0} & \boldsymbol{0} \\ \boldsymbol{0} & \boldsymbol{I}_{\mathrm{B}} & \boldsymbol{0} & \boldsymbol{0} \\ \boldsymbol{0} & \boldsymbol{0} & \boldsymbol{I}_{\mathrm{LB}} & \boldsymbol{0} \\ \boldsymbol{0} & \boldsymbol{0} & \boldsymbol{0} & \boldsymbol{I}_{\mathrm{I}} \\ \mathrm{e}^{-\mathrm{i}\boldsymbol{k}\cdot\boldsymbol{a}_1}\boldsymbol{I}_{\mathrm{L}} & \boldsymbol{0} & \boldsymbol{0} & \boldsymbol{0} \\ \boldsymbol{0} & \mathrm{e}^{-\mathrm{i}\boldsymbol{k}\cdot\boldsymbol{a}_2}\boldsymbol{I}_{\mathrm{B}} & \boldsymbol{0} & \boldsymbol{0} \\ \boldsymbol{0} & \boldsymbol{0} & \mathrm{e}^{-\mathrm{i}\boldsymbol{k}\cdot\boldsymbol{a}_1}\boldsymbol{I}_{\mathrm{LB}} & \boldsymbol{0} \\ \boldsymbol{0} & \boldsymbol{0} & \mathrm{e}^{-\mathrm{i}\boldsymbol{k}\cdot\boldsymbol{a}_2}\boldsymbol{I}_{\mathrm{LB}} & \boldsymbol{0} \\ \boldsymbol{0} & \boldsymbol{0} & \mathrm{e}^{-\mathrm{i}\boldsymbol{k}\cdot(\boldsymbol{a}_1+\boldsymbol{a}_2)}\boldsymbol{I}_{\mathrm{LB}} & \boldsymbol{0} \end{bmatrix},\quad \tilde{\boldsymbol{q}}=\begin{bmatrix} \boldsymbol{q}_{\mathrm{L}} \\ \boldsymbol{q}_{\mathrm{B}} \\ \boldsymbol{q}_{\mathrm{LB}} \\ \boldsymbol{q}_{\mathrm{I}} \end{bmatrix} \tag{2.131}$$

式中，$\boldsymbol{I}$ 代表单位矩阵。

类似地，考虑到图 2.10 所示元胞与其右边、上边及右上角相邻元胞之间的受力平衡和周期结构 Bloch 定理，可知图 2.10 所示原胞边界的广义力矢量的分量之间满足如下关系：

$$\boldsymbol{f}_{\mathrm{R}}+\mathrm{e}^{-\mathrm{i}\boldsymbol{k}\cdot\boldsymbol{a}_1}\boldsymbol{f}_{\mathrm{L}}=\boldsymbol{0} \tag{2.132}$$

$$\boldsymbol{f}_{\mathrm{T}}+\mathrm{e}^{-\mathrm{i}\boldsymbol{k}\cdot\boldsymbol{a}_2}\boldsymbol{f}_{\mathrm{B}}=\boldsymbol{0} \tag{2.133}$$

$$\boldsymbol{f}_{\mathrm{RT}}+\mathrm{e}^{-\mathrm{i}\boldsymbol{k}\cdot\boldsymbol{a}_1}\boldsymbol{f}_{\mathrm{LT}}+\mathrm{e}^{-\mathrm{i}\boldsymbol{k}\cdot\boldsymbol{a}_2}\boldsymbol{f}_{\mathrm{RB}}+\mathrm{e}^{-\mathrm{i}\boldsymbol{k}\cdot(\boldsymbol{a}_1+\boldsymbol{a}_2)}\boldsymbol{f}_{\mathrm{LB}}=\boldsymbol{0} \tag{2.134}$$

易知，式(2.132)～式(2.134)还可表示成

$$\boldsymbol{f}_{\mathrm{L}}+\mathrm{e}^{\mathrm{i}\boldsymbol{k}\cdot\boldsymbol{a}_1}\boldsymbol{f}_{\mathrm{R}}=\boldsymbol{0} \tag{2.135}$$

$$\boldsymbol{f}_{\mathrm{B}}+\mathrm{e}^{\mathrm{i}\boldsymbol{k}\cdot\boldsymbol{a}_2}\boldsymbol{f}_{\mathrm{T}}=\boldsymbol{0} \tag{2.136}$$

$$\boldsymbol{f}_{\mathrm{LB}}+\mathrm{e}^{\mathrm{i}\boldsymbol{k}\cdot\boldsymbol{a}_1}\boldsymbol{f}_{\mathrm{RB}}+\mathrm{e}^{\mathrm{i}\boldsymbol{k}\cdot\boldsymbol{a}_2}\boldsymbol{f}_{\mathrm{LT}}\mathrm{e}^{\mathrm{i}\boldsymbol{k}\cdot(\boldsymbol{a}_1+\boldsymbol{a}_2)}+\boldsymbol{f}_{\mathrm{RT}}=\boldsymbol{0} \tag{2.137}$$

此外，注意到原胞内部不受外力作用，因此有

$$\boldsymbol{f}_{\mathrm{I}}=\boldsymbol{0} \tag{2.138}$$

将式(2.135)～式(2.138)用矩阵形式表示为

$$\begin{bmatrix} \boldsymbol{I}_{\mathrm{L}} & \boldsymbol{0} & \boldsymbol{0} & \boldsymbol{0} & \mathrm{e}^{\mathrm{i}\boldsymbol{k}\cdot\boldsymbol{a}_1}\boldsymbol{I}_{\mathrm{L}} & \boldsymbol{0} & \boldsymbol{0} & \boldsymbol{0} & \boldsymbol{0} \\ \boldsymbol{0} & \boldsymbol{I}_{\mathrm{B}} & \boldsymbol{0} & \boldsymbol{0} & \boldsymbol{0} & \mathrm{e}^{\mathrm{i}\boldsymbol{k}\cdot\boldsymbol{a}_2}\boldsymbol{I}_{\mathrm{B}} & \boldsymbol{0} & \boldsymbol{0} & \boldsymbol{0} \\ \boldsymbol{0} & \boldsymbol{0} & \boldsymbol{I}_{\mathrm{LB}} & \boldsymbol{0} & \boldsymbol{0} & \boldsymbol{0} & \mathrm{e}^{\mathrm{i}\boldsymbol{k}\cdot\boldsymbol{a}_1}\boldsymbol{I}_{\mathrm{LB}} & \mathrm{e}^{\mathrm{i}\boldsymbol{k}\cdot\boldsymbol{a}_2}\boldsymbol{I}_{\mathrm{LB}} & \mathrm{e}^{\mathrm{i}\boldsymbol{k}\cdot(\boldsymbol{a}_1+\boldsymbol{a}_2)}\boldsymbol{I}_{\mathrm{LB}} \\ \boldsymbol{0} & \boldsymbol{0} & \boldsymbol{0} & \boldsymbol{I}_{\mathrm{I}} & \boldsymbol{0} & \boldsymbol{0} & \boldsymbol{0} & \boldsymbol{0} & \boldsymbol{0} \end{bmatrix}\boldsymbol{f}=\boldsymbol{0} \tag{2.139}$$

比较式(2.139)中左边矩阵和式(2.131)中的矩阵 $\boldsymbol{A}$ 可知，两者为共轭转置关系，因此式(2.139)可表示为

$$\boldsymbol{A}^{\mathrm{H}}\boldsymbol{f}=\boldsymbol{0} \tag{2.140}$$

式中，上标 H 表示共轭转置。

将式(2.130)代入原胞的简谐振动方程式(2.122)得到

$$(\boldsymbol{K}-\omega^2\boldsymbol{M})\boldsymbol{A}\tilde{\boldsymbol{q}}=\boldsymbol{f} \tag{2.141}$$

在式(2.141)两边左乘矩阵 $\boldsymbol{A}$ 的共轭转置矩阵 $\boldsymbol{A}^{\mathrm{H}}$，并利用关系式(2.140)可得

$$[\widetilde{\boldsymbol{K}}(\boldsymbol{k})-\omega^2\widetilde{\boldsymbol{M}}(\boldsymbol{k})]\tilde{\boldsymbol{q}}=\boldsymbol{0} \tag{2.142}$$

式中

$$\widetilde{\boldsymbol{K}}(\boldsymbol{k})=\boldsymbol{A}^{\mathrm{H}}\boldsymbol{K}\boldsymbol{A},\quad \widetilde{\boldsymbol{M}}(\boldsymbol{k})=\boldsymbol{A}^{\mathrm{H}}\boldsymbol{M}\boldsymbol{A} \tag{2.143}$$

式(2.142)为标准特征值问题，可采用数值方法求解。与离散周期系统一样，由不可约 Brillouin 区中 Bloch 波矢 $\boldsymbol{k}$，可计算出对应的特征频率 ω，从而得到色散关系 $\omega(\boldsymbol{k})$。根据能带理论，如果以带隙计算为目标，那么式(2.142)中的 Bloch 波矢 $\boldsymbol{k}$ 通常只需沿不可约 Brillouin 区的边界取值。

2. 典型二维连续周期系统的能带结构

考虑一种典型二维二组元周期结构，其由圆柱形散射体 A 周期性地嵌入在一种基体材料 B 中构成，其单个周期原胞在 x-y 平面内的视图如图 2.11 所示。假定散射体 A 为铝，基体材料 B 为环氧树脂。材料参数如下：铝密度为 2730kg/m^3，纵波速度为 6790m/s，横波速度为 3240m/s；环氧树脂密度为 1180kg/m^3，纵波速度为 2535m/s，横波速度为 1157m/s。周期结构的晶格形式为正方晶格，其晶格常数为$a=0.02$m，散射体 A 的半径$R=0.007$m。

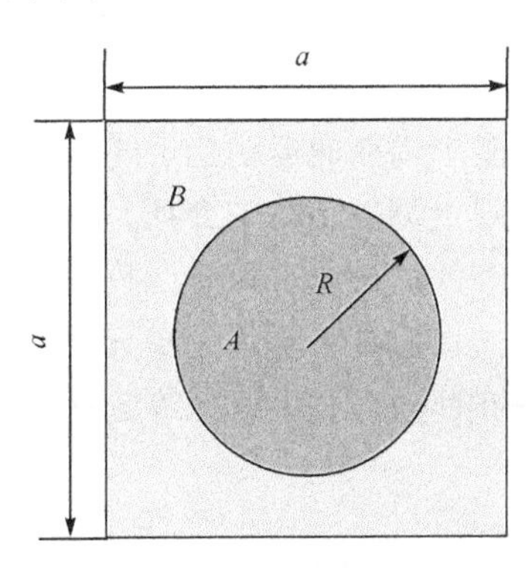

图 2.11　二维二组元周期结构的单个原胞示意图

采用 PWE 法，计算得到了该二维二组元周期结构的能带结构，如图 2.12 所示。图中横坐标为 Bloch 波矢，对应于不可约 Brillouin 区的边界(ΓX、ΓM、XM，参见

表 2.1)取值。纵坐标是给定 Bloch 波矢后计算得到的本征频率。

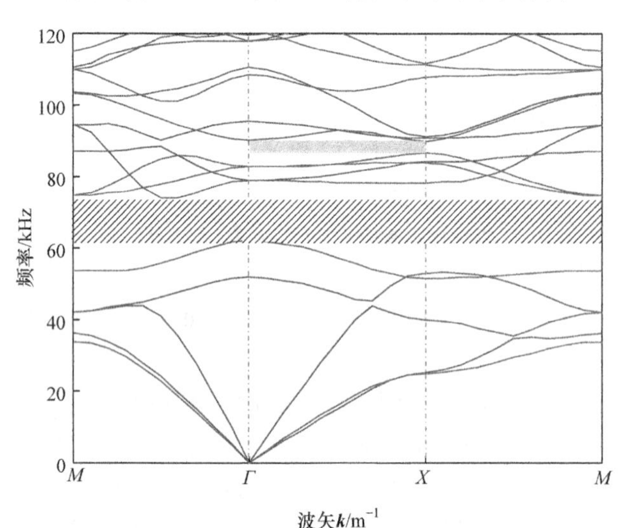

图 2.12　二维二组元周期结构的能带结构

图 2.12 中实线是 XY 模式的能带曲线,虚线是 Z 模式的能带曲线。从图中可以看到,在 0～120kHz 内,该声子晶体存在一个完全带隙(沿各个方向均不存在能带),如图中斜线阴影区所示;此外,在 ΓX 方向上,还存在方向带隙(沿某个方向不存在能带),如图中灰色阴影区所示。

2.4　弹性波传播的等效介质分析

当声波入射非均匀结构时,传播过程中声场通常都表现为非均匀的分布。但声学超材料作为一种亚波长结构,工作频段的声波在其中传播时,一个波长远大于结构的多个周期,这时相邻多个周期的运动趋于同步,具有明显的长波特性。这时结构的声学、力学特性在宏观上类似于均匀介质,可将其等效为均匀介质,用等效弹性模量、等效质量密度及等效泊松比等等效参数来描述。一般认为,当单元的尺寸小于波长的十分之一($\lambda/10$)时,具有非均匀单元结构的声学超材料对外部入射波的响应与某一均匀介质的响应相同,可以用等效材料参数来描述其声学特性。

2.4.1　参数反演分析

当一个非均匀介质系统可以用一种均匀介质来描述时,它们两者对外部激励的响应特性一致。若能够以某种方法得到非均匀结构对外部声波激励的响应特性,如透射系数、反射系数等,则可以由这些响应特性反过来推导,对于同样体积的均匀介质，什么材料参数能够具有相同的响应特性，从而得到其等效材料参数。图 2.13(a)为正方晶格排列的固体圆柱形散射体置于无限大流体介质中构成的固/液混合周期结构。当平面波入射时，其声传输反射特性可由多重散射、层多重散射及有限元、时域有限差分等多种方法仿真计算得到。而同样尺寸的层状均匀介质[图 2.13(b)]的声传输特性可由矩阵传递法解析得到。由仿真计算结果可以反演层状均匀介质的特性参数，从而得到周期结构系统的等效材料参数[13~15]。

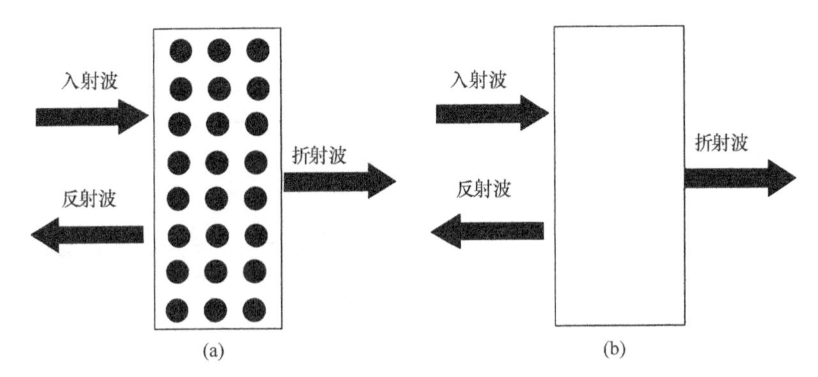

图 2.13　声学超材料等效材料参数反演分析示意图

设图 2.13(b)中等效均匀介质的声阻抗及声速分别为 $Z_{\rm eff}$ 及 $C_{\rm eff}$，厚度为 L，左右半无限均匀介质的声阻抗为 Z_1。由传递矩阵法可知，前界面与后界面的声压(p_1、p_2)与速度(v_1、v_2)在垂直入射声场中有如下关系：

$$\begin{bmatrix} p_1 \\ v_1 \end{bmatrix}=\begin{bmatrix} \cos(k_{\rm eff}L) & -{\rm i}Z_{\rm e}\sin(k_{\rm eff}L) \\ -{\rm i}\dfrac{\sin(k_{\rm eff}L)}{Z_{\rm eff}} & \cos(k_{\rm eff}L) \end{bmatrix}\begin{bmatrix} p_2 \\ v_2 \end{bmatrix} \tag{2.144}$$

式中，$k_{\rm eff}$ 为 $C_{\rm eff}$ 对应的等效波矢。

得到平面声波正入射该均匀介质时的能流透射系数为

$$T=\frac{1}{\cos\left(\dfrac{\omega}{c_{\rm eff}}L\right)^2+\left(\dfrac{Z_1^2+Z_{\rm eff}^2}{2Z_1^2Z_{\rm eff}}\right)\sin\left(\dfrac{\omega}{c_{\rm eff}}L\right)^2} \tag{2.145}$$

式中，ω 为入射波圆频率。

由式(2.145)可以看到，对于给定的厚度 L，能流透射系数 T 是 $\omega/c_{\rm eff}$ 的周期函数，T 的这种周期性变化称为 Fabry-Perrot 振荡。当圆频率满足

$$\frac{\omega}{c_{\rm eff}}L=n\pi,\quad n=0,\pm1,\cdots \tag{2.146}$$

时，T 取得最大值 1。

图 2.14 为图 2.13(a)所示周期结构的声能带结构和对应声波沿 ΓX 方向正入射到 12 层散射体的能流传输系数，其整体厚度与图 2.13(b)中的均匀介质相同。

计算中，晶格常数 L 为 15mm，填充率为 0.2，散射体为铝，流体介质为水。可以看到，在低频范围内，能流透射系数 T 以一个几乎不变的周期振荡。这个周期振荡与式(2.145)描述的平面波入射层状介质的 Fabry-Perrot 振荡相似，因此可以通过分析该周期特性得到图 2.13(a)所示周期结构在长波条件下的等效材料参数。同时，这一振荡特性也从宏观上表明这种声学周期系统在低频下可以被等效为均匀介质。

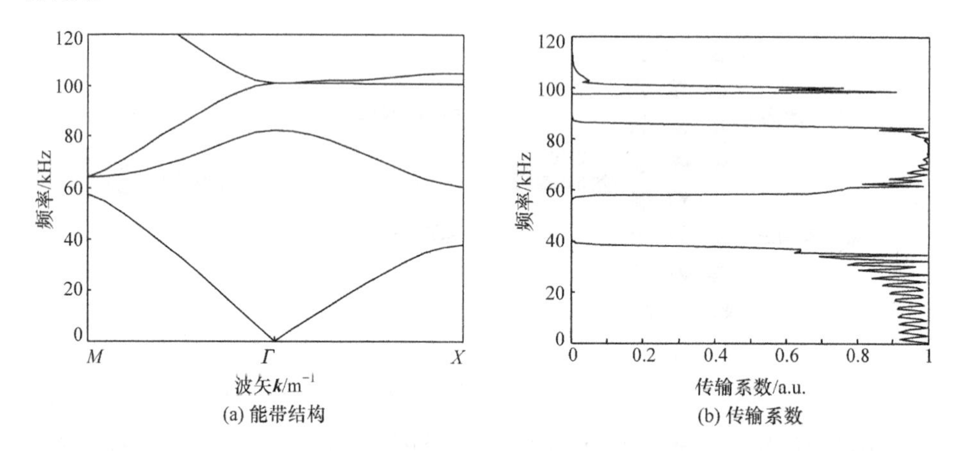

图 2.14　二维正方晶格固/液周期结构的能带结构及对应有限结构的传输系数

由式(2.145)和式(2.146)可见，如果能流透射系数 T 不是由该公式，而是由另一种方法得到，并且对应 $T=1$ 点的频率 ω_i 可以被选出来，那么对于给定的 L 和 n，等效速度可以由下式得到：

$$c_{\text{eff}}=\frac{\omega_i L}{n\pi},\quad n=0,\pm 1,\cdots \tag{2.147}$$

因此，由图 2.14(b)的结果找到 T 取得最大值 1 的频率点 ω_i，即可得到与该周期结构声学特性一致的等效均匀介质的等效速度。这里除了要知道周期结构的厚度 L 外，还要确定整数 n。由式(2.145)和式(2.146)可知，$n\pi$ 表示声波穿过周期结构片时的相移，而透射谱中对应相邻两峰值间的相移差为 π。对于低频下的透射谱，零频率对应的相移为零，当频率由零开始增大时，峰值对应的整数 n 也由零开始增大。因此在长波条件下，若能量传输系数能被准确地计算出来，则等效速度能由式(2.147)得到。随后，还可以结合式(2.145)，进一步得到等效阻抗和等效质量密度。

由上述分析可以看到，由声学超材料整体的宏观声学特性可以反演其等效材料参数。式(2.146)需要声波透过介质时为行波，当声学超材料出现负等效质量密度或弹性模量时，其中声波的传播为衰减波形式，这时可由位移、速度、应力等物理量的传递矩阵关系来进行反演。

对图 1.6 所示的三组元局域共振超材料，在亚波长频段，可以近似认为材料的各个单元做同步运动，不同单元的动力学特性一致。任取一个单元，如图 2.15 所示，当长波长的弹性波入射到这样的结构单元上时，由于包覆层材料足够软，基体和高密度芯体都可看成接近于刚性，可以把基体介质和高密度芯体均看成以单元的中心为平衡位置做简谐振动。

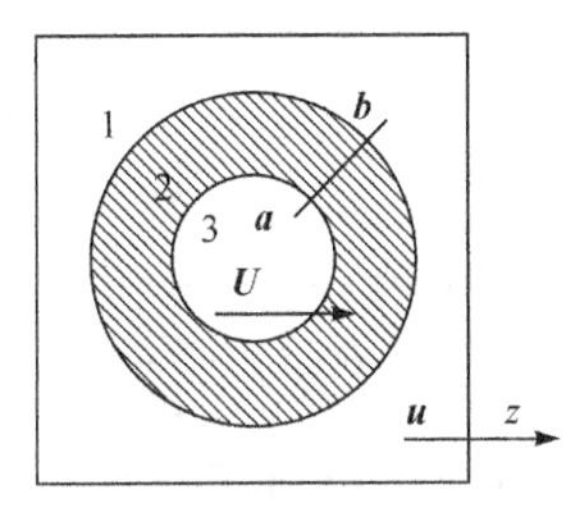

图 2.15　三维局域共振声学超材料单元

假设弹性波入射引起的振动沿着 z 方向(图 2.15)，高密度芯体 3 做简谐振动，设其位移为 u_3，其振动的驱动力由软包覆层与芯体边界上的应力提供，可以表示为

$$-m_3\omega^2 u_3 = \iint(\tau_{rr}\cos\theta - \tau_{r\theta}\sin\theta)a^2\sin\theta\mathrm{d}\theta\mathrm{d}\phi \tag{2.148}$$

软包覆层中的弹性波位移场为

$$\boldsymbol{u}=u_r\boldsymbol{e}_r+u_\theta\boldsymbol{e}_\theta \tag{2.149}$$

或

$$\boldsymbol{u}=\nabla\Phi+\nabla\times\left(\frac{\partial\Psi}{\partial\theta}\boldsymbol{e}_\phi\right) \tag{2.150}$$

式中，Φ 和 Ψ 是标量势函数，在球坐标系下展开为

$$\begin{aligned}\Phi &= \sum_{n=1}^{\infty}[A_n j_n(\alpha r)+B_n h_n(\alpha r)]P_n(\cos\theta)\\ \Psi &= \sum_{n=1}^{\infty}[C_n j_n(\beta r)+D_n h_n(\beta r)]P_n(\cos\theta)\end{aligned} \tag{2.151}$$

式中，α 和 β 为包覆层中纵、横波波数；$j_n(x)$ 和 $h_n(x)$ 为 n 阶 Bessel 函数和 n 阶 Neuman 函数；$P_n(x)$ 是 n 阶勒让德级数。

相对软包覆层而言，芯体和基体介质足够硬，可看成独自的整体运动。3 种介质间内外两个界面上的连续性条件为

$$\begin{aligned}u_r\big|_{r=b} &= u_1\cos\theta\\ u_\theta\big|_{r=b} &= -u_1\sin\theta\\ u_r\big|_{r=a} &= u_3\cos\theta\\ u_\theta\big|_{r=a} &= -u_3\sin\theta\end{aligned} \tag{2.152}$$

介质中的应变可用位移矢量表示为

$$\varepsilon=\frac{1}{2}(\nabla\boldsymbol{u}+\boldsymbol{u}\nabla) \tag{2.153}$$

软包覆层中应力张量 τ 和应变张量 ε 在球坐标系下满足如下关系：

$$\tau_{\zeta\xi}=\lambda(\varepsilon_{rr}+\varepsilon_{\theta\theta}+\varepsilon_{zz})\delta_{\zeta\xi}+2\mu\varepsilon_{\zeta\xi} \tag{2.154}$$

将式(2.151)和式(2.152)代入式(2.148)，结合式(2.153)和式(2.154)，化简可得高密度芯体的位移为

$$u_3=\frac{\frac{b}{a}g(\omega)}{R(\omega)-\frac{\rho_3}{\rho_2}} \tag{2.155}$$

同样的分析也可应用到基体介质作用在局域共振单元上的力 F_{23}，在球坐标系下，F_{23} 可写为

$$\begin{aligned}F_{23}&=\iint(\tau_{rr}\cos\theta-\tau_{r\theta}\sin\theta)b^2\sin\theta\mathrm{d}\theta\mathrm{d}\phi\\&=-\frac{4}{3}\pi b^2\rho_2\omega^3\left[g_1(\omega)-g_2(\omega)\frac{g(\omega)}{R(\omega)-\frac{\rho_3}{\rho_2}}\right]u_1\end{aligned} \tag{2.156}$$

在低频区域，基体的作用力 F_{23} 使整个包球一起随之做简谐振动，这时软橡胶包覆高密度芯体的有效质量密度满足：

$$-\rho_{\mathrm{eff}}^{23}V_{23}\omega^2u_1=F_{23} \tag{2.157}$$

式中，V_{23} 为体积。

可以得到这两部分整体的有效质量密度为

$$-\rho_{\mathrm{eff}}^{23}=\rho_2\left[g_1(\omega)-g_2(\omega)\frac{g(\omega)}{R(\omega)-\frac{\rho_3}{\rho_2}}\right] \tag{2.158}$$

整个单元的等效质量密度为

$$\begin{aligned}\rho_{\mathrm{eff}}&=\phi_1\rho_1+(\phi_2+\phi_3)\rho_{\mathrm{eff}}^{23}\\&=\phi_1\rho_1+(\phi_2+\phi_3)\rho_2\left[g_1(\omega)-g_2(\omega)\frac{g(\omega)}{R(\omega)-\frac{\rho_3}{\rho_2}}\right]\end{aligned} \tag{2.159}$$

式中，ϕ_1、ϕ_2、ϕ_3 分别是基体、包覆层和高密度芯体的体积填充率，满足 $\phi_1+\phi_2+\phi_3=1$。

图 2.16 为局域共振超材料的等效质量密度 ρ_{eff} 随频率变化的关系。其中，实线和虚线分别对应等效质量密度的实部和虚部。可以看出，等效质量密度的实部在两个频率区域变成负值，频率区正好与图 1.6 所示能带结构中的带隙相吻合。

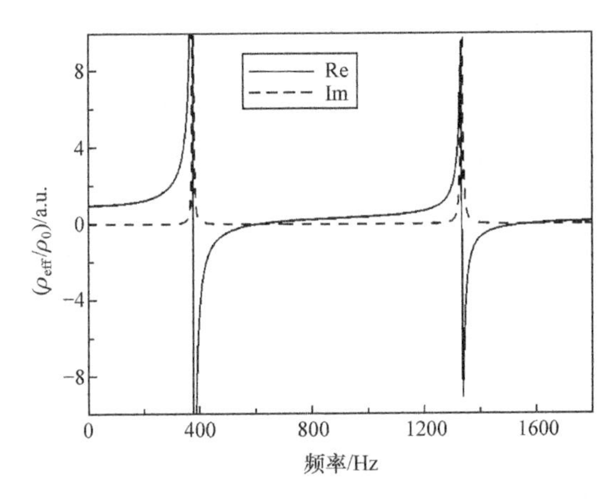

图 2.16　三组元局域共振超材料等效质量密度随频率的变化

除上述方法外，研究者还发展了相干势近似等多种反演方法[16~18]。散射体对外部入射波产生散射，可以归结为散射体与基体的阻抗参数不匹配。将散射体置于一个材料参数可调的假想基体中，当入射到散射体上的散射波为零时，说明散射体置于一个与之等效材料参数一致的基体中，入射波不会感受到其中散射体的存在，就可以把这个基体的材料参数看作散射体的等效材料参数。总体来说，这些方法都基于将声学超材料介质替换为均匀介质的思想来实现等效，能够对不同结构形式、不同边界条件下的声学超材料实现等效参数提取。

2.4.2　能带结构分析

由图 2.14(a)可以看出，在低频长波条件下，周期结构的声能带曲线近似为直线，这时周期结构的色散很小，相速度与群速度相等，且可由式(2.160)得到：

$$c_{\text{eff}} = \lim_{\omega, k \to 0} \left(\frac{\omega}{k} \right) \tag{2.160}$$

一般来说，计算周期结构声能带的本征方程是包含变量 ω、k 的函数，对于本征方程取长波极限，即可由式(2.160)得到周期结构的等效材料参数[19~23]。如对图 2.14(a)所示的固/液混合周期结构，令沿圆柱体轴线方向为 z 轴。这时在基体介质中只存在纵波，该结构的本征方程可由多散射模型结合 Bloch 定理得到：

$$\det \left| \delta_{n,n'} - \sum_{n''} t_{n'',n'}(\omega) G_{n'',n}(\omega, k) \right| = 0 \tag{2.161}$$

式中，k 为液体中波矢的模；$t_{n'',n'}(\omega)$ 为不同位置圆柱散射体的散射系数；$G_{n'',n}(\omega, k)$ 为周期结构的几何结构因子，即

$$\begin{aligned} G_{n'',n}(\omega, k) &= \sum_R G_{n'',n}(R) \exp(\mathrm{i}k \cdot R) \\ &= \sum_R H_{n''-n}(kR) \exp(-\mathrm{i}(n' - n)\phi) \exp(\mathrm{i}k \cdot R) \end{aligned} \tag{2.162}$$

$\sum\limits_{R}$ 取遍整个周期结构的所有格点。

虽然理论上结合式(2.160)和式(2.161)可以得到等效材料参数，但式(2.161)中 $t_{n'',n'}(\omega)$ 和 $G_{n'',n}(\omega,k)$ 都包含一系列的 Bessel 函数和 Hankel 函数。一般而言，ω 与 k 的关系是非常复杂的，不能直接由式(2.160)得到 c_{eff} 的解析表达式或对 c_{eff} 进行解析分析。但在长波近似下，Bessel 函数和 Hankel 函数可近似为[24]

$$\lim_{x\to 0} J_n(x)=\left(\frac{1}{\Gamma(n+1)}\right)\left(\frac{x}{2}\right)^n,\quad n\in\mathbf{Z} \tag{2.163}$$

$$\lim_{x\to 0} Y_n(x)=\begin{cases}\left(\dfrac{2}{\pi}\right)\ln\left(\dfrac{x}{2}\right), & n=0\\[2ex] \left(\dfrac{-\Gamma(n)}{\pi}\right)\left(\dfrac{x}{2}\right)^{-n}, & n=\pm 1,\pm 2,\cdots\end{cases} \tag{2.164}$$

此时，$t_{n'',n'}(\omega)$ 和 $G_{n'',n}(\omega,k)$ 都可以表示为简单的多项式形式。同时，长波近似下式(2.161)可以简化为只包括柱面波低阶分量(零阶、一阶分量)的矩阵方程。这时矩阵方程可以得到有效的简化，式中，ω、k 的关系可以变得相对简单。

当 $n=1$ 时，多散射方程简化为

$$\det\begin{vmatrix}1-t_{0,0}G_{0,0} & -2t_{0,0}G_{0,1}\\ -t_{1,1}G_{1,0} & 1-t_{1,1}G_{1,1}+t_{1,1}G_{1,-1}\end{vmatrix}=0 \tag{2.165}$$

对于 Mie 散射系数 $t_{0,0}$ 和 $t_{1,1}$，有声散射矩阵 $[b_n]=t_{n,n}[a_n]$，其中 $[a_n]$ 和 $[b_n]$ 分别为圆柱的入射声波和散射声波的各阶柱面波分量系数。由散射体边界位移和应力连续性条件

$$u_{\text{in}}(\boldsymbol{r})\big|_{r=a}=u_{\text{out}}(\boldsymbol{r})\big|_{r=a} \tag{2.166}$$

$$\tau_{\text{in}}(r_r)\big|_{r=a}=\tau_{\text{out}}(r_r)\big|_{r=a} \tag{2.167}$$

$$\tau_{\text{in}}(r_\theta)\big|_{r=a}=0 \tag{2.168}$$

得到 $t_{0,0}$ 和 $t_{1,1}$ 的解析表达式。

晶格结构因子 $G_{0,0}$、$G_{1,0}$、$G_{0,1}$ 和 $G_{1,1}$ 直接求和难以收敛。Chin 等[25]利用二维周期结构正晶格格林函数与倒晶格格林函数之间的关系将该求和变换为倒空间中的数列求和，极大地改善了计算的收敛性。取归一化晶格常数 $L=1$，倒空间基矢定义为 $\boldsymbol{K}_h=2\pi(ni+mj)$，$n,m\in z$，$b_i$，$b_j$ 为倒空间基矢，则长波条件下 $G_{n',n}$ 可以化简为

$$\mathop{G_{n',n,1}}_{k\to 0}=\frac{-4\mathrm{i}^{|n'-n|}k^{|n'-n|}}{\alpha_1^{|n'-n|}(k^2-\alpha_1^2)}-8\sum_{h\neq 0}\frac{J_{|n'-n|+1}(\boldsymbol{K}_h)}{(\boldsymbol{K}_h)^3}\mathrm{e}^{\mathrm{i}|n'-n|\theta_h} \tag{2.169}$$

分析表明，式(2.169)后一项在长波条件下为前一项的高阶无穷小量，结合式(2.160)~式(2.163)、式(2.164)、式(2.169)及圆柱的 Mie 散射分析，最终可得等效速度的简析表达式为

$$\underset{\omega,k\to 0}{c_{\mathrm{eff}}}=c_{\mathrm{ml}}\sqrt{\frac{\left(1-F\dfrac{\rho_{\mathrm{s}}-\rho_{\mathrm{m}}}{\rho_{\mathrm{s}}+\rho_{\mathrm{m}}}\right)}{\left[1-F\left(1-\dfrac{\rho_{\mathrm{m}}c_{\mathrm{ml}}^{2}}{\rho_{\mathrm{s}}(c_{\mathrm{sl}}^{2}-c_{\mathrm{st}}^{2})}\right)\right]\left(1+F\dfrac{\rho_{\mathrm{s}}-\rho_{\mathrm{m}}}{\rho_{\mathrm{s}}+\rho_{\mathrm{m}}}\right)}} \tag{2.170}$$

式中，F 为填充率；ρ_s、ρ_m 分别为散射体和基体密度；c_{ml} 为基体中的纵波波速；c_{sl} 和 c_{st} 为散射体中的纵波和横波波速。可以清楚地看到，有效速度与填充率以及基体和散射体的材料参数都相关。

对于空气中由排列钢柱构成的声子晶体，$\rho_{\mathrm{s}}\gg\rho_{\mathrm{l}}$，式(2.170)可简化为 $c_{\mathrm{eff}}=c_{\mathrm{ml}}/\sqrt{1+F}$，这是 Krokhin[19] 提出的近似模型结果，即该近似模型是考虑多散射零阶、一阶分量的耦合模式的结果，而基体与散射体之间的大密度差异是该公式成立的前提。同时注意到上述结果中都不包括波矢的幅角 θ_{h}，等效速度始终是各向同性的。

图 2.17 为钢圆柱周期排列于空气介质中构成的周期系统的等效速度随填充率的变化情况。可以看到，能带结构分析结果与反演分析结果一致。

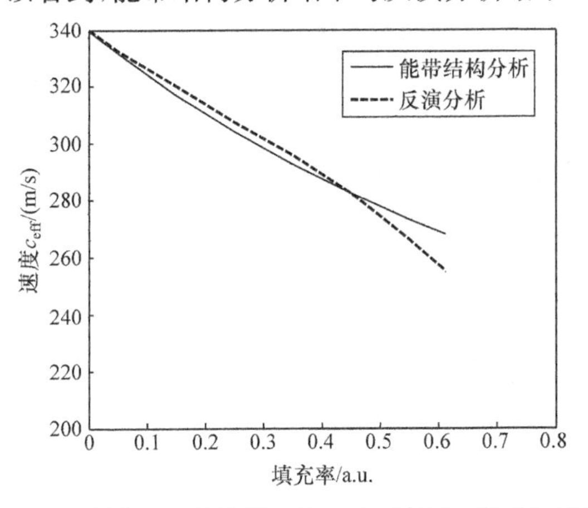

图 2.17　钢圆柱置于空气中构成的周期结构在长波条件下等效速度随填充率的变化

对比材料参数的本构关系 $c_{\mathrm{eff}}=\sqrt{B_{\mathrm{eff}}/\rho_{\mathrm{eff}}}$ 和式(2.170)，可以得到等效质量密度和弹性模量的表达式为

$$\frac{\rho_{\mathrm{eff}}-\rho_{\mathrm{m}}}{\rho_{\mathrm{eff}}+\rho_{\mathrm{m}}}=F\frac{\rho_{\mathrm{s}}-\rho_{\mathrm{m}}}{\rho_{\mathrm{s}}+\rho_{\mathrm{m}}} \tag{2.171}$$

$$\frac{1}{B_{\mathrm{eff}}}=\frac{1-F}{B_{\mathrm{m}}}+\frac{F}{B_{\mathrm{s}}} \tag{2.172}$$

式中，B_{s}、B_{m} 分别为散射体和基体的压缩模量。式(2.171)正是 Berryman[16] 采用平均矩阵法推导出的复合材料动态质量密度表达式。

2.5 弹性波能流传输分析

弹性波在介质中传播的过程中，介质的微体积元在平衡位置附近振动，具有动能，波传播引起微体积元的形变产生弹性势能，波的传播实质上是能量的传播过程。声学超材料设计实质上就是设计亚波长结构实现对弹性波能量传播的控制。

2.5.1 弹性波能流密度矢量

单位体积内的动能称为动能密度，若以 w_k 表示，则有

$$w_k=\frac{1}{2}\rho\left(\frac{\partial \boldsymbol{u}}{\partial t}\right)^2 \tag{2.173}$$

单位体积内的势能称为弹性势能密度，若以 w_m 表示，则有

$$w_m=\frac{1}{2}\sigma_{ij}e_{ij} \tag{2.174}$$

单位体积内的总机械能为两者之和，即 $w=w_k+w_m$。对于弹性介质中任一微体积元，波传播时既有能量流入也有能量流出，弹性波能流传播可由能量密度随时间的变化来描述。

由式(2.173)可知，动能密度随时间的变化率为

$$\frac{\partial w_k}{\partial t}=\rho\frac{\partial \boldsymbol{u}}{\partial t}\cdot\frac{\partial^2 \boldsymbol{u}}{\partial t^2} \tag{2.175}$$

将式(2.175)代入式(2.31)并令 $\boldsymbol{f}$ 为零，有

$$\begin{aligned}\frac{\partial w_k}{\partial t}=&\left(\frac{\partial u_1}{\partial t}i_1+\frac{\partial u_2}{\partial t}i_2+\frac{\partial u_3}{\partial t}i_3\right)\left[\left(\frac{\partial \sigma_{11}}{\partial x_1}+\frac{\partial \sigma_{12}}{\partial x_2}+\frac{\partial \sigma_{13}}{\partial x_3}\right)i_1\right.\\&\left.+\left(\frac{\partial \sigma_{21}}{\partial x_1}+\frac{\partial \sigma_{22}}{\partial x_2}+\frac{\partial \sigma_{23}}{\partial x_3}\right)i_2+\left(\frac{\partial \sigma_{31}}{\partial x_1}+\frac{\partial \sigma_{32}}{\partial x_2}+\frac{\partial \sigma_{33}}{\partial x_3}\right)i_3\right]\end{aligned} \tag{2.176}$$

由式(2.174)和式(2.154)可知，弹性势能密度随时间的变化率为

$$\begin{aligned}\frac{\partial w_m}{\partial t}=&(\lambda\theta+2\mu e_{11})\frac{\partial e_{11}}{\partial t}+(\lambda\theta+2\mu e_{22})\frac{\partial e_{22}}{\partial t}+(\lambda\theta+2\mu e_{33})\frac{\partial e_{33}}{\partial t}\\&+4\mu e_{23}\frac{\partial e_{23}}{\partial t}+4\mu e_{13}\frac{\partial e_{13}}{\partial t}\end{aligned} \tag{2.177}$$

两者之和为总机械能随时间的变化率，即

$$\begin{aligned}\frac{\partial w}{\partial t}=&\frac{\partial w_k}{\partial t}+\frac{\partial w_m}{\partial t}\\=&\frac{\partial}{\partial x_1}\left(\sigma_{11}\frac{\partial u_1}{\partial t}+\sigma_{12}\frac{\partial u_2}{\partial t}+\sigma_{13}\frac{\partial u_3}{\partial t}\right)+\frac{\partial}{\partial x_2}\left(\sigma_{21}\frac{\partial u_1}{\partial t}+\sigma_{22}\frac{\partial u_2}{\partial t}+\sigma_{23}\frac{\partial u_3}{\partial t}\right)\end{aligned}$$

$$+\frac{\partial}{\partial x_3}\left(\sigma_{31}\frac{\partial u_1}{\partial t}+\sigma_{32}\frac{\partial u_2}{\partial t}+\sigma_{33}\frac{\partial u_3}{\partial t}\right) \tag{2.178}$$

定义能流密度矢量 $\boldsymbol{I}$ 各方向分量为

$$I_j=-\sigma_{ji}\frac{\partial u_i}{\partial t} \tag{2.179}$$

弹性介质内任一点的能量密度随时间的变化率为该点能流密度的负散度，即

$$\frac{\partial w}{\partial t}=-\nabla\cdot\boldsymbol{I} \tag{2.180}$$

设想在弹性介质中有一闭合曲面 S，它所包围的体积是 V，式(2.180)对 V 取积分并利用高斯定理，有

$$\frac{\partial w}{\partial t}\int_V w\mathrm{d}V=-\oint_s\boldsymbol{I}\cdot\mathrm{d}S \tag{2.181}$$

即空间某点的能量密度矢量 $\boldsymbol{I}$ 为单位时间内通过波的传播方向上单位垂直截面的能量，其方向表示该点机械能的传输方向，即波的传播方向。

2.5.2　弹性波的群速度、相速度与等频率面

色散特性是诸多非均匀电磁、声学介质所具有的重要物理性质。作为一种典型的非均匀复合材料或结构，声学超材料具有明显的色散特性，弹性波在其中传播时，传播的相速度随频率的变化而变化。不同频率的声波序列经过一定时间的传播后将相互散开，因此声波能量的传播往往以波群的形式存在，波群中包含诸多频率相近的谐波成分，波形上呈现包络调制的波包脉冲。色散特性使波包的传播速度，即群速度与相速度不同。波传播时，波阵面的推移由相速度来描述，而声能流的传播则是沿群速度的方向进行[24]。

波动方程(2.51)中，波数 k 为某一频率的弹性波传播时单位距离的相位变化，它与位置矢量的乘积反映了弹性波在空间传播过程中的相位延迟。对于平面波 $p=p_0\exp[\mathrm{i}(\omega t-kx)]$，其相位为

$$\varphi=\omega t-kx=\omega\left[t-\frac{x}{\frac{\omega}{k}}\right] \tag{2.182}$$

设 $t=t_1$ 时刻、$x=x_1$ 处的相位 φ 取某值(如 $\varphi=\pi$)。经过一段时间到 $t=t_2$ 时刻，此相位移动到 $x=x_2$ 处，即

$$\varphi=\omega\left[t_1-\frac{x_1}{\frac{\omega}{k}}\right]=\omega\left[t_2-\frac{x_2}{\frac{\omega}{k}}\right] \tag{2.183}$$

相位的移动速度为

$$\frac{x_2-x_1}{t_2-t_1}=\frac{\omega}{k}=c_{\mathrm{p}} \tag{2.184}$$

c_{p} 反映的是弹性波波阵面的传播，或者说波阵面相位推移的速度，称为相速度。

当介质的传播速度为常数、不随频率变化时，声能流也以同样的速度传播。但是当介质中存在色散时，在同一介质中传播的不同频率的弹性波具有不同的相速度，即不同频率成分的波在介质中不能同步传播。这时在空间某点接收到由一个波源发出的弹性波，在同一时刻接收到的不同频率的波分量实际是波源在不同时刻发出的。例如，对于一个沿 x 轴方向传播的声波，设其由两种频率成分 ω_1 和 ω_2 的声波组成，两种频率的声波的振幅和振动方向完全相同。设振动沿 z 方向，在空间任一点 x 的声压分别表示为

$$\begin{aligned} p_+ &= A\cos[(\omega_0+\Delta\omega)t-(k_0+\Delta k)x] \\ p_- &= A\cos[(\omega_0-\Delta\omega)t-(k_0-\Delta k)x] \end{aligned} \tag{2.185}$$

式中，$\omega_0=(\omega_1+\omega_2)/2$ 为平均频率；$\Delta\omega=(\omega_1-\omega_2)/2$；$k_0=(k_1+k_2)/2$；$\Delta k=(k_1-k_2)/2$，$\omega_0$、$k_0$ 称为平均频率和平均波数。

因此，叠加而成的合成声场的声压为

$$p_{\mathrm{total}}=p_+ + p_- = 2A\cos(\omega_0 t-k_0 x)\cos(\Delta\omega\cdot t-\Delta k\cdot x) \tag{2.186}$$

由此可见，合振动为一个声压被调制的平面波，其相速度为

$$c_{\mathrm{p}}=\frac{\omega_0}{k_0} \tag{2.187}$$

其声压的幅值为

$$|p|=|2A|\cos(\Delta\omega\cdot t-\Delta k\cdot x) \tag{2.188}$$

例如，同一个以频率 $\Delta\omega$ 传播的波，波速为 $\Delta\omega/\Delta k$，如图 2.18 所示。该速度反映了不同频率的波合成振动的包络线的传播，即波包或波群的传播速度，称为群速度，标记为 c_{g}，即

$$c_{\mathrm{g}}=\frac{\Delta\omega_0}{\Delta k_0} \tag{2.189}$$

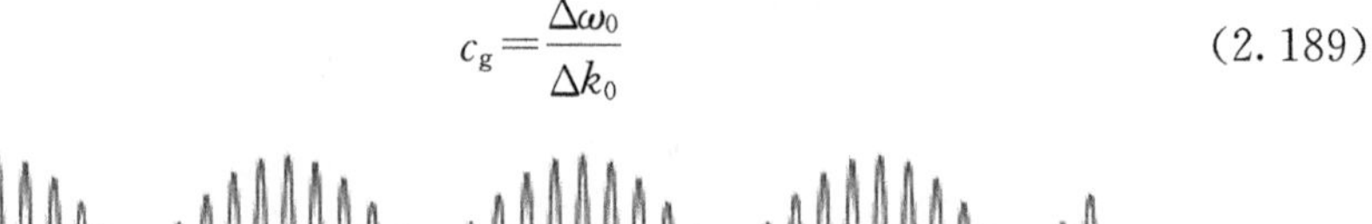
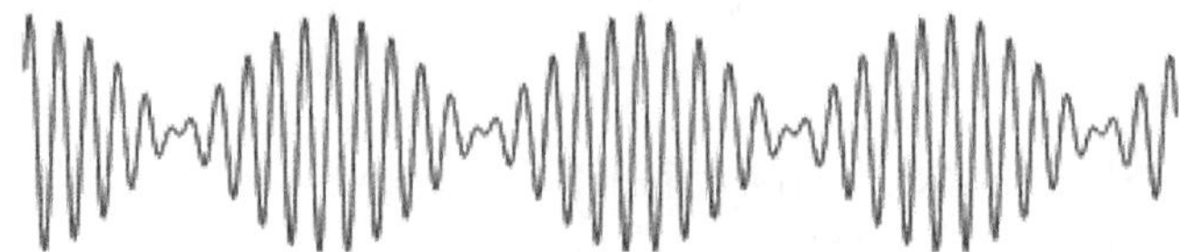

图 2.18 两个频率波数相近但相速度不等的声压合成的总声压波形

图 2.18 中所示的群速度 $c_{\mathrm{g}} \ll c_{\mathrm{p}}$，故波包几乎静止。对比式(2.189)和式(2.187)，有

$$c_g=\frac{d\omega}{dk}=\left(\frac{d}{d\omega}k(\omega)\right)^{-1}=c_p\left(1-\frac{\omega}{c_p}\frac{dc_p}{d\omega}\right)^{-1} \tag{2.190}$$

可以看到，当且仅当 $dc_p/d\omega=0$ 时，群速度与相速度相等。群速度既可小于相速度，也可大于相速度，甚至可能是负的。尽管声波的相平面是前向传播的，波包却反向传播。

对于大多数声传播模型，可以证明群速度恰好等于声能流的传播速度。例如，对于波导中传播的声波，其不同阶传播模式(m,n)的群速度为

$$c_g=c_0\sqrt{1-\left(\frac{k_{m,n}}{k_0}\right)^2} \tag{2.191}$$

设坐标(x,y)位于横截面上，而 z 轴沿波导轴线方向。在波导中，(m,n)简正模式 $\Phi_{m,n}$满足二维拉普拉斯方程：

$$\Delta\Phi_{m,n}+k_{m,n}^2\Phi_{m,n}=0,\quad \Delta=\partial_x^2+\partial_y^2 \tag{2.192}$$

式中，$k_{m,n}$为对应简正模式的简正波数。

不同简正模式 $\Phi_{m,n}$的声压和质点速度分别为

$$p_{m,n}=A_{m,n}\Phi_{m,n}e^{-ik_{m,n}z} \tag{2.193}$$

$$\rho_0c_0\boldsymbol{v}_{m,n}=-\frac{1}{ik}\nabla p=A_{m,n}\left(-\frac{1}{ik}\nabla_\perp\Phi_{m,n}+\frac{k_{zm,n}}{k_0}\Phi_{m,n}\right)e^{-ik_{zm,n}z} \tag{2.194}$$

式中，$A_{m,n}$为对应简正模式的幅值；$k_{zm,n}$为波数 $k_{m,n}$沿轴线方向的分量：

$$k_{zm,n}=\sqrt{k^2-k_{m,n}^2} \tag{2.195}$$

轴向声能密度（即单位长度的声能）$W_{m,n}$是体声能密度对横截面 S 的积分，即

$$\begin{aligned}W_{m,n}&=\iint_S\varepsilon_{m,n}dS=\iint_S\frac{1}{4}\rho_0\left(v_{mn}^*v_{mn}+\left|\frac{p_{mn}}{\rho_0c_0}\right|^2\right)dS\\&=\frac{|A_{mn}|^2}{2\rho_0c_0^2}\iint_S|\Phi_{mn}|^2dxdy\end{aligned} \tag{2.196}$$

任意横截面上的声功率 $I_{m,n}$为声强沿横截面的积分，类似推导有

$$\begin{aligned}I_{m,n}&=\frac{1}{2}\mathrm{Re}\left(\iint_S p_{mn}^*v_{mn}\cdot dS\right)\\&=\frac{|A_{mn}|^2}{2\rho_0c_0^2}\frac{k_{zm,n}}{k_0}\iint_S|\Phi_{mn}|^2dxdy\end{aligned} \tag{2.197}$$

比较式(2.196)和式(2.197)有

$$W_{m,n}=I_{m,n}c_g \tag{2.198}$$

说明群速度就是能量传输速度。

周期结构作为一类典型的非均匀系统，其中的弹性波传播表现出明显的色散特征，群速度和相速度往往表现出不同的特性。图 2.19 为由式(2.80)得到的一维双质量链系统的色散曲线，由式(2.184)和式(2.189)可知，对于曲线上任意一点

M,其到原点的连线 $0M$ 的斜率为对应频率的相速度,而该点的切线 PM 的斜率为该频率下的群速度。当波矢趋于零时,两者趋于相等,无明显的色散现象。当波矢趋于布里渊区边界 $\pm\pi/a$ 时,色散曲线趋于平直化,这时相速度 c_p 保持为一个大于零的有限值,而群速度 c_g 趋于零,出现奇异值。

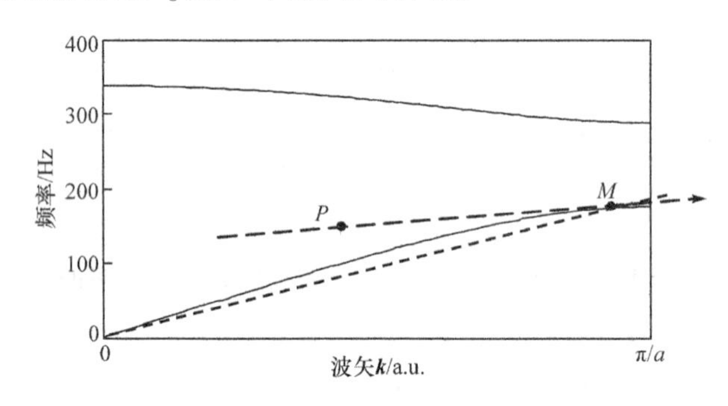

图 2.19 一维双质量链系统的色散曲线

二维、三维周期结构中通过对群速度、相速度的分析能研究弹性波传播的更多特性。图 2.20(a)为二维周期结构由能带结构计算得到的相位常数面图[25],该结构由正方晶格排列的钢柱置于水中构成,材料参数如下:钢的密度 $\rho=7.67\times10^3\text{kg/m}^3$,横波波速 $C^{\mathrm{T}}=3.23\times10^3\text{m/s}$,纵波波速 $C^{\mathrm{L}}=6.01\times10^3\text{m/s}$,水的密度 $\rho=1.0\times10^3\text{kg/m}^3$,纵波波速 $C^{\mathrm{L}}=1.50\times10^3\text{m/s}$,晶格常数为 14mm,填充率为 0.4。对于二维结构,在某一频率下任一方向的相速度可由相位常数面图上对应点与原点的连线确定。而对于群速度有

$$c_{gx}=a_x\frac{\partial\omega}{\partial k_x},\quad c_{gy}=a_y\frac{\partial\omega}{\partial k_y}\tag{2.199}$$

式中,a_x和 a_y为 x 和 y 方向的晶格常数。

可以看到,群速度由色散曲线上频率随 Bloch 波矢变化的梯度决定。图 2.20(b)和(c)分别为第一、二弹性波能带内的相位常数面投影图,某一频率下的群速度方向即为图中该频率对应等相位面的法线方向,而相速度方向为坐标原点到等相位面上对应点的连线方向。可以看到,在第一带隙边缘,等一、二能带的等相位面趋于四方形,其法线方向只指向 0°、90°、180°、270°或 45°、135°、225°、315°等有限的方向,表明在这些频率处周期结构中弹性波的群速度只能沿这几个方向。

图 2.21 为在该周期系统中心放置一点声源激励时在第一带隙边缘频率处的波场分布,弹性只沿相应等相位面的法线方向传播,说明在周期结构中弹性波是沿其群速度方向传播的。

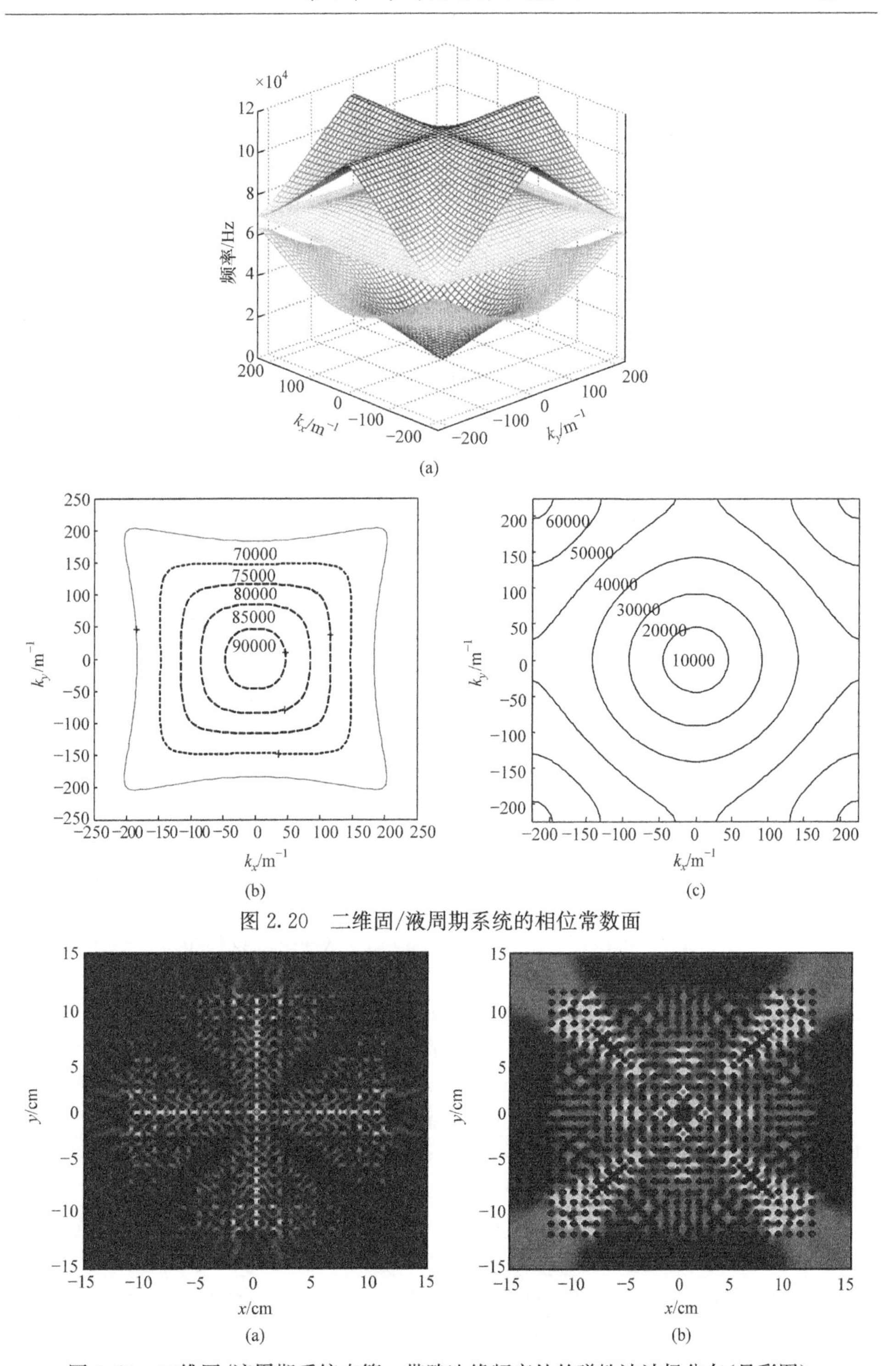

图 2.20　二维固/液周期系统的相位常数面

图 2.21　二维固/液周期系统中第一带隙边缘频率处的弹性波波场分布(见彩图)

参考文献

[1] Gurtin M E. An Introduction to Continuum Mechanics[M]. New York: Academic Press, 1981.

[2] Eringen A C. Mechanics of Continua[M]. New York: Krieger Publishing Company, 1980.

[3] 蔡峨. 弹性力学基础[M]. 北京:北京航空航天大学出版社,1989.

[4] 鲍亦兴,毛昭宙. 弹性波的衍射与动应力集中[M]. 北京:科学出版社,1993.

[5] Huang H H, Sun C T, Huang G L. On the negative effective mass density in acoustic metamaterials[J]. International Journal of Engineering Science, 2009, 47(4): 610-617.

[6] Huang G L, Sun C T. Band gaps in a multiresonator acoustic metamaterial[J]. Journal of Vibration and Acoustics, 2010, 132: 031003.

[7] 吴福根,刘正猷,刘友延. 二维周期性复合介质中弹性波的能带结构[J]. 声学学报,2001,26(4):319-323.

[8] Goffaux C, Vigneron J P. Theoretical study of a tunable phononic band gap system[J]. Physics Review B, 2001, 64(7): 075118.

[9] Cao Y, Hou Z L, Liu Y Y. Convergence problem of plane-wave expansion method for phononic crystals[J]. Physics Letters A, 2004, 327: 247-253.

[10] Wang Y F, Wang Y S, Su X X. Large bandgaps of two-dimensional phononic crystals with cross-like holes[J]. Journal of Applied Physics, 2011, 110: 113520.

[11] Liu Y, Sun X Z, Chen S T. Band gap structures in two-dimensional super porous phononic crystals[J]. Ultrasonics, 2013, 53: 518-524.

[12] Huang Y, Lu X G, Liang G Y, et al. Pentamodal property and acoustic band gaps of pentamode metamaterials with different cross-section shapes[J]. Physics Letters A, 2016, 380(13): 1334-1338.

[13] Hou Z L, Fu X J, Liu Y Y. Calculational method to study the transmission properties of phononic crystals[J]. Physical Review B, 2004, 70(1): 014304.

[14] Hou Z L, Kuang W M, Liu Y Y. Transmission property analysis of a two-dimensional phononic crystals[J]. Physical Letters A, 2004, 333(1-2): 172-180.

[15] Hou Z L, Wu F G, Fu X J, et al. Effective elastic parameters of the two-dimensional phononic crystal[J]. Physical Review E, 2005, 71(3): 037604.

[16] Berryman J G. Long-wavelength propagation in composite elastic media I. Sphercal inclusions[J]. The Journal of the Acoustic Society of America, 1980, 68(6): 1809-1819.

[17] Torrent D, Sánchez-Dehesa J. Effective parameters of clusters of cylinders embeded in a nonviscous fluid or gas[J]. Physical Review B, 2006, 74(22): 224305.

[18] Wu Y, Lai Y, Zhang Z Q. Effective medium theory for elastic metamaterials in two dimensions[J]. Physical Review B, 2007, 76(20): 205313.

[19] Krokhin A A, Arriaga J, Gumen L N. Speed of sound in periodic elastic composite[J]. Physical Review Letters, 2003, 91(26): 264302.

[20] Ni Q, Cheng J C. Anisotropy of effective velocity for elastic wave propagation in two-dimen-

sional phononic crystals at low frequencies[J]. Physical Review B,2005,72(1):014305.

[21] 蔡力,韩小云,温熙森. 长波条件下二维声子晶体中的弹性波传播及各向异性[J]. 物理学报,2008,57(03):1885-1891.

[22] Yang W Z,Huang J P. Effective mass density of liquid composites:Experiment and theory[J]. Journal of Applied Physics,2007,101(6):064903.

[23] Caleap M,Drinkwater B W,Wilcox P D. Effective dynamic constitutive parameters of acoustic metamaterials with random microstructure[J]. New Journal of Physics,2012,14(3):033014.

[24] 奚定平. 贝塞尔函数[M]. 北京:高等教育出版社,1998.

[25] Chin S K,Nicorovici N A,Mcphedran R C. Green's function and lattice sums for electromagnetic scattering by a square array of cylinders [J]. Physical Review E, 1994, 49(5):459013.

[26] Achenbach. Wave Propagation in Elastic Solids[M]. London: North-Holland Publishing Company,1973.

[27] Wen J H,Yu D L,Cai L,et al. Acoustic directional radiation operating at the pass band frequency in two-dimensional phononic crystals[J]. Journal of Physics D: Applied Physics, 2009,42:115417.

第3章　声学超材料的主要特性

3.1 引　言

20世纪90年代以来，声子晶体领域的研究表明，通过周期性调制弹性模量、质量密度等弹性参数设计人工周期结构，弹性波在其中传播时，在波长与结构单元尺度相当的频段内能够产生弹性波带隙、负折射等多种特殊的物理效应。这些物理效应具有重要的理论研究价值和工程应用前景，因此弹性波在人工周期结构材料中传播的研究得到了越来越多的重视。进一步的研究表明，特殊设计的结构单元能够在尺度远小于弹性波波长时，利用局域共振等动态响应实现多种特殊的物理效应。这样的人工结构在宏观上可以视为均匀介质，即具有自然界中的材料所不具备的超常物理性质的声学超材料。声学超材料颠覆了处理弹性波传播问题时的诸多传统技术理念的局域性，可对弹性波的传播提供前所未有、更加灵活自如的操控。

本章对声学超材料基于亚波长结构设计产生的物理效应，包括低频带隙、超常吸声、负折射及表面反常效应等进行系统的讨论。首先介绍各物理效应的基本特征，随后对其形成机理进行分析，在此基础上对各物理效应的影响因素及影响规律进行讨论。

3.2 声学超材料的低频带隙效应

以局域共振声子晶体为代表的声学超材料能在远低于Bragg频率的频段产生弹性波带隙，具有小尺寸控制大波长的典型特征。本节首先通过两个典型的例子来说明声学超材料弹性波能带结构的基本特征。

图3.1是一种三维局域共振型声子晶体的结构示意图。图3.1(a)是单个元胞的结构，它由直径为0.01m的铅球外面均匀包覆0.0025m的橡胶组成散射单元（散射体），再将其嵌入环氧树脂立方体中构成。该元胞按简单立方的周期性排列形成三维声子晶体，如图3.1(b)所示。用多散射法计算该声子晶体的能带结构，结果如图3.1(c)所示。

与局域共振型声子晶体类似，局域共振型板结构（简称局域共振板）一般是通过在一块基体板结构上周期性地附加局域共振子结构而构成[1~4]。图3.2所示就

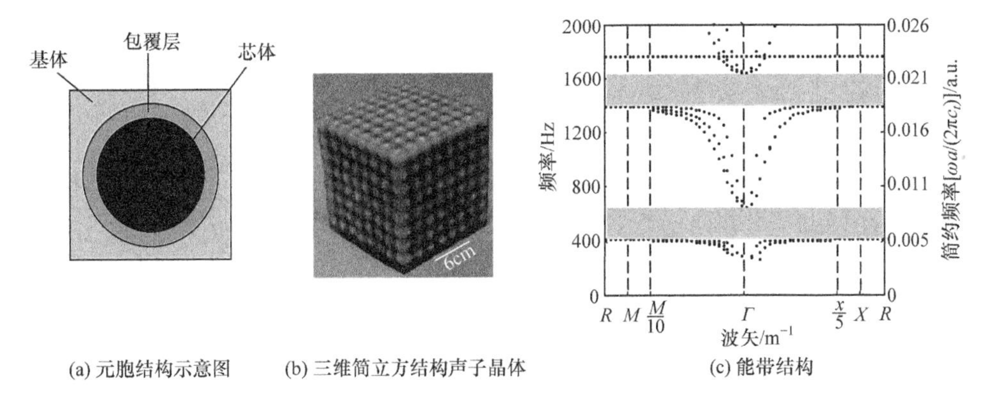

(a) 元胞结构示意图　(b) 三维简立方结构声子晶体　(c) 能带结构

图 3.1　三维局域共振型声子晶体结构及其能带

是一种典型的局域共振型板结构，其中，由弹簧(k_1)和集中质量(m_1)构成的子系统即局域共振子结构。为不失一般性，在图 3.2 所示结构中，在每个局域共振子结构与基体梁结构连接处还引入了一个集中质量(m_0)。不过，当 m_0 远小于 m_1 时，在对局域共振板结构的建模和分析中也可以忽略 m_0，以使问题更加简化。图 3.2 中的 a 指的是相邻局域共振子结构的间距，即晶格常数。

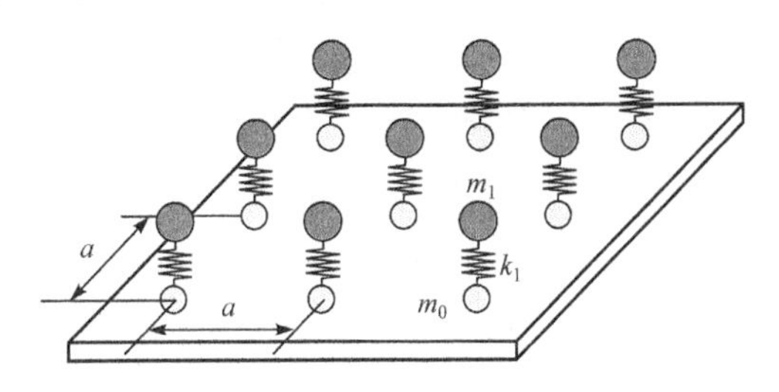

图 3.2　局域共振型人工周期板结构示意图

图 3.3 所示为计算得到的局域共振板的复数 Bloch 波矢能带结构图。图 3.3(b)是由 $\omega(\boldsymbol{k})$形式的 PWE 法计算得到的实 Bloch 波矢能带结构。这种实能带结构图是以往研究二维声子晶体带隙特性时普遍采用的描述方法。由图 3.3(b)可以清晰地看出，该局域共振板存在一个完全带隙，其频率范围是 270.3～354.4Hz。

3.2.1　声学超材料带隙的基本特征

1. 带隙频率远低于相同晶格尺寸的 Bragg 带隙，实现了小尺寸控制大波长

图 3.1(c)右边纵坐标标出的是简约频率(根据晶格常数与基体横波波速进行约化)，可以看到该声学超材料第一带隙的中心频率为 0.0065，与 Bragg 带隙相比，中心频率降低了两个数量级。换言之，声学超材料的晶格常数比匀质的基体材

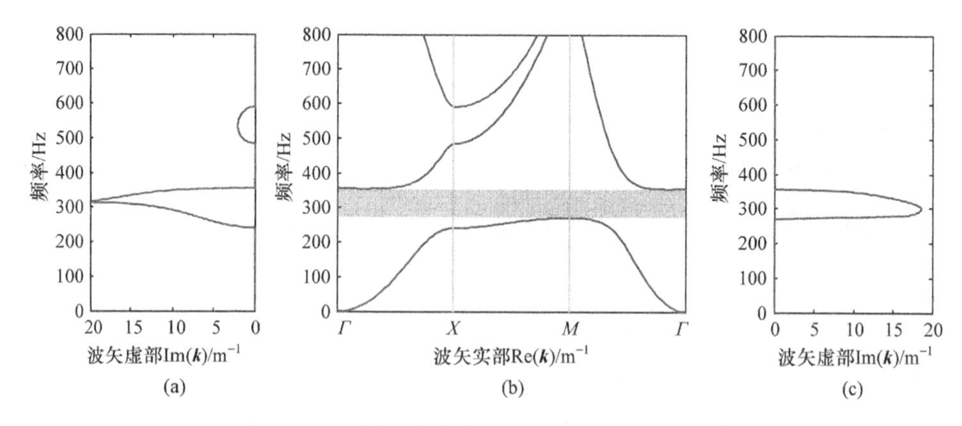

图 3.3　局域共振板的复数 Bloch 波矢能带结构图

料中带隙频率所对应的波长小两个数量级，实现了小尺寸控制大波长。带隙频率远低于 Bragg 频率是声学超材料带隙最重要的特征之一。

通常，工程中板结构的材料参数都比较大，因此低频波长更长，利用超材料小尺寸控制大波长的带隙特点，可以利用厘米量级的晶格常数控制几百赫兹以下的低频弹性波传播。因此，声学超材料为低频声波和振动控制提供了新的技术途径。

2. 带结构中存在平直带，内部波场存在局域化共振现象

观察图 3.1(c)和图 3.3 可以发现，声学超材料带隙的边沿都存在一个平直带。在绝大部分波矢方向上，不同的波矢对应着相同的特征频率。也就是说，不同方向、不同大小的波场对应着相同的振动模式。下面对这些平直带对应的振动模式进行更深入的分析。

图 3.4 是图 3.1 中三维局域共振型声子晶体带隙边沿平直带对应的振动模式，图中的箭头方向为波场入射方向。图 3.4(a)对应第一个带隙下边界的平直带，球的振动幅度远大于包覆层材料和基体材料，振动主要集中在金属球上，该平直带对应着金属球的局域化共振模式。此时，任意入射波场都会激励起金属球发生这种模式的共振。

图 3.4(b)中，包覆层材料的振动幅值远大于金属球芯体和基体，振动集中在包覆层材料里。由此可见，带隙边沿的这些平直带对应的振动模式都是一种局域化的共振模式。另外，由图 3.4 可以明显看出，第一带隙对应的共振模式和第二带隙对应的共振模式是完全不同的。

3. 带隙由单个散射体的局域共振特性决定，与它们的排列方式无关

对于声学超材料，其带隙的位置和宽度主要是由散射体的局域共振特性决定

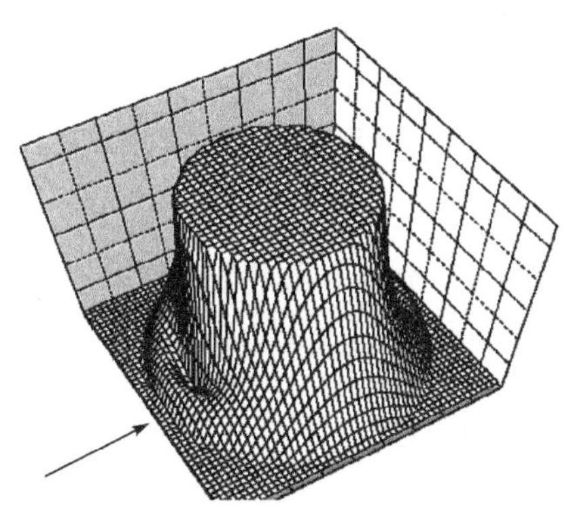

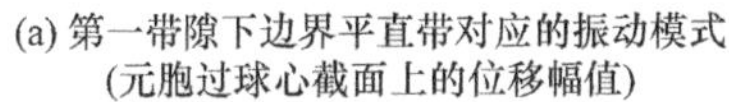

(a) 第一带隙下边界平直带对应的振动模式
(元胞过球心截面上的位移幅值)

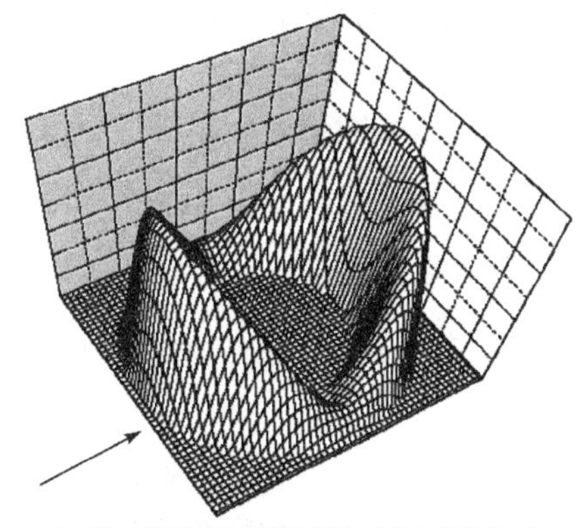

(b) 第二带隙下边界平直带对应的振动模式
(元胞过球心截面上的位移幅值)

图 3.4　图 3.1 中三维局域共振型声子晶体带隙边沿平直带对应的振动模式

的,与它们的晶格形式无关。在相同的填充率下,用相同的散射体分别采用简单立方(sc)、面心立方(fcc)、体心立方(bcc)、六方密堆(hcp)和金刚石结构(dia)晶格形式得到的三维声学超材料的第一带隙几乎完全相同,如图 3.5 所示。图中虚线所示是面心立方结构三维局域声学超材料第一带隙随填充率变化的情况,竖线表示相同散射体在相应填充率下按其他点阵形式周期排列时的带隙,竖线的高度表示带宽,中间的黑色方块表示带隙中心频率。图中分别展示了不同填充率和不同晶格形式的几种情况,其带隙和面心立方时的带隙几乎完全相同,没有因为周期排列形式的变化而引起带隙的变化。

观察图 3.5 还可以发现,当声学超材料的填充率变化时,带隙起始频率并不随填充率的变化而发生变化,在不同的填充率下基本保持为一个常数。改变填充率或晶格形式时,声学超材料的晶格常数和各个散射体的相对位置都发生了变化,但

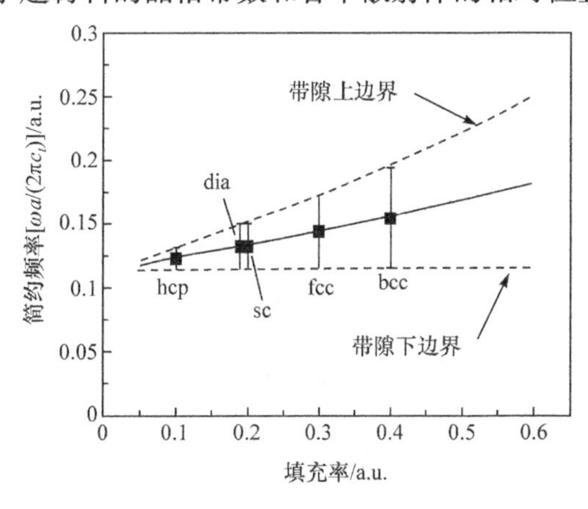

图 3.5　局域共振带隙随填充率的变化

局域共振散射体的结构并没有变化，可见声学超材料带隙的下边界是由单个散射体的局域共振特性决定的。

综上所述，带隙位置由单个散射体的局域共振特性决定，与它们的晶格形式无关，这是声学超材料的另一个重要特征。

4. 带隙起始频率与振子特性密切相关，基体密度和填充率等影响带隙宽度

声学超材料第一带隙的频率范围可表示为

$$\sqrt{\frac{k}{m}}<\omega<\sqrt{\frac{k}{m}\left(1+\frac{m}{M}\right)} \tag{3.1}$$

式中，k 和 m 为振子的刚度和质量；M 为基体的质量。

可见，带隙的起始频率由振子特性决定，而截止频率与基体质量相关。

此外，从图 3.5 中还可以看出，声学超材料带隙宽度随填充率的增加是单调增加的，填充率越大，带隙越宽。

5. 传输特性的非对称性

图 3.6 为图 3.1 所示局域共振单元构成的声学超材料在填充率(晶格常数)不同时能量传输系数随频率的变化。可以看到，其带隙频率范围内的传输特性具有非对称性，即在共振频率处衰减最大，然后迅速减小，这与 Bragg 声子晶体的带隙频率范围内传输曲线具有中心频率衰减最大，然后向两侧对称衰减的特性不同。在电磁学领域，由连续态和离散态相互干涉产生的 Fano 共振具有类似的非对称特征及局部能量增强效应，因此局域共振超材料的非对称传输特性又称为类Fano-Like 效应[5]。

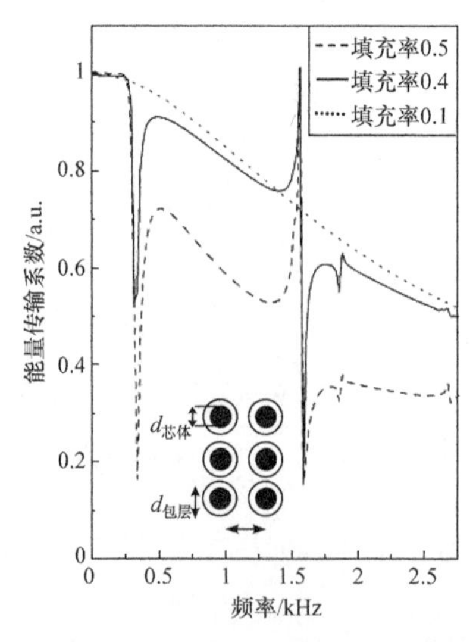

图 3.6　不同填充率局域共振声学超材料的能量传输系数

3.2.2　声学超材料带隙的形成机理

1. 基体中长波行波与局域振子的谐振特性相互耦合作用

图 3.7 所示即采用三维集中质量法计算得到的图 3.1 所示三维三组元声学超材料的局域共振声能带结构图。图中横坐标为波矢，左侧纵坐标为频率 f，右侧纵坐标为归一化频率 $fa/c_{t,\mathrm{epo}}$，其中，$c_{t,\mathrm{epo}}$ 为树脂中的横波波速，阴影区域为第一带隙。

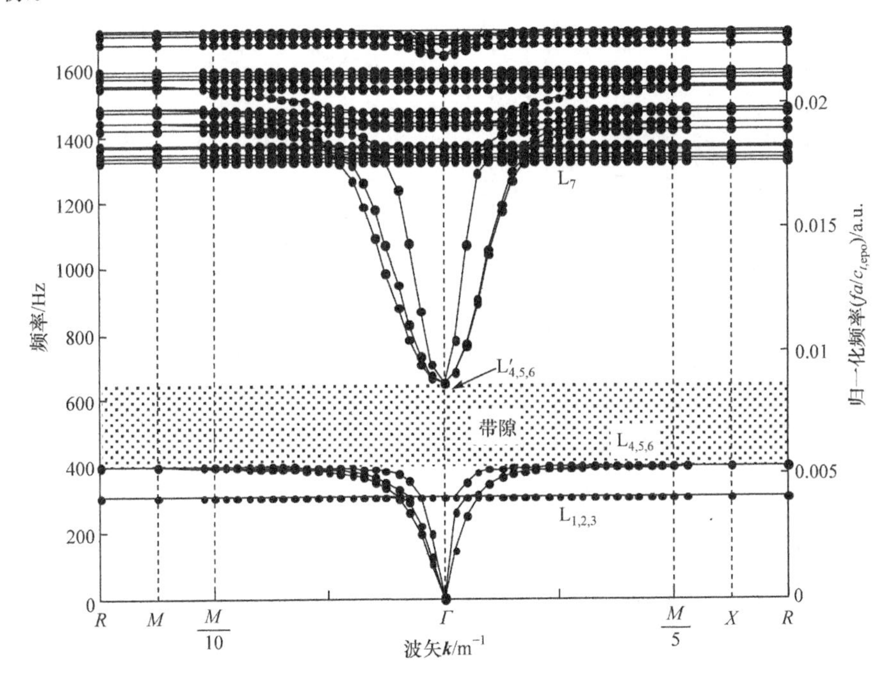

图 3.7　典型三维三组元简单立方晶格声学超材料的能带结构图

图 3.7 中明显可见贯穿整个或者大部分 Brillouin 区的平直色散曲线，具有局域共振带隙的声学超材料都会出现类似的现象。对弹性波模式的分析表明，这些平直色散曲线均收敛且具有合理的物理意义。图 3.7 中最低一条平直声散曲线描述的是三种类似的局域共振模式 L_1、L_2 和 L_3，L_1 模式的振动位移图如图 3.8 所示。其中，3 个子图分别为元胞在 3 个相互垂直的剖面上的介质振动位移图，每个箭头的方向和长度分别表示箭头起点处介质的位移方向和大小(各图中位移大小的显示比例相同)，图中环形阴影区域为软橡胶包覆层，其内部区域为铅，外部区域为树脂基体。

可以看到，该平直声散曲线描述的共振模式为铅球芯体在橡胶包覆层剪切模量作用下绕 x 轴、y 轴和 z 轴的旋转共振模式。这些共振模式仅对基体产生扭矩

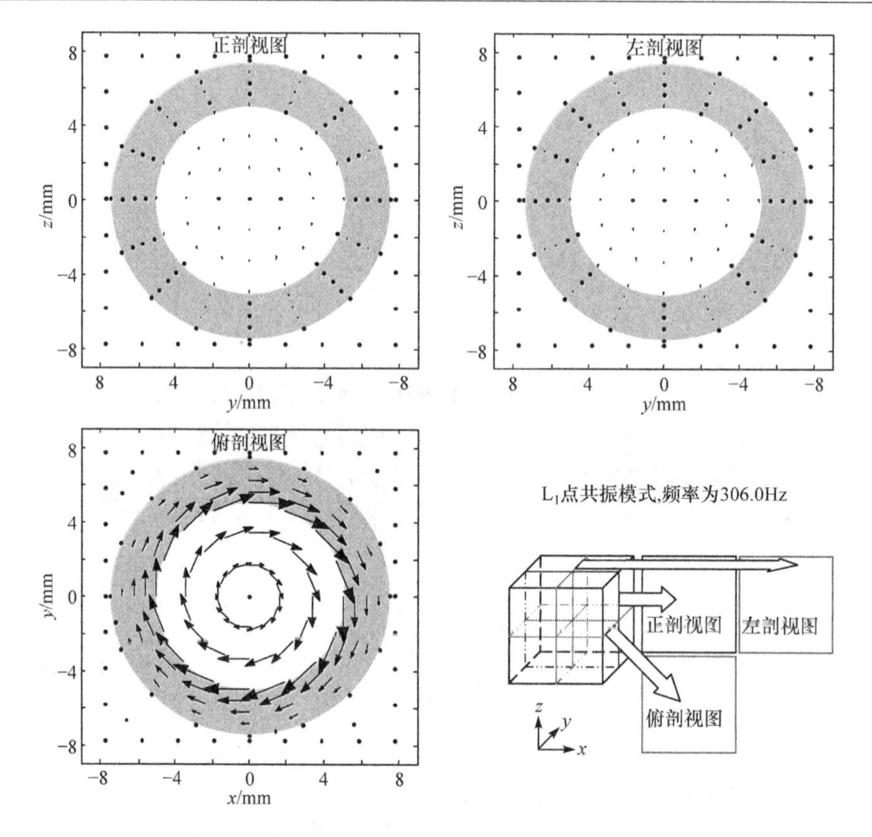

图 3.8　典型三维三组元声学超材料的 L_1 共振模式

作用,而没有 x、y 或 z 方向的合力作用。基体中的低频长波行波难以与这些共振模式发生相互耦合作用,因此其相应的色散曲线穿越其他色散曲线,对局域共振带隙的产生及其特性没有影响。

相反,带隙边缘平直色散曲线描述的共振模式 L_4(图 3.9)、L_5 和 L_6 则体现为铅球芯体整体沿某方向的平直振动,橡胶包覆层主要受拉压变形,这些共振模式将分别产生对基体 x、y 或 z 方向的合力作用,与基体中低频长波行波有很强的相互耦合作用,从而导致低频带隙的产生。同时,在该带隙的截止频率处,存在 3 个分别与共振模式 L_4、L_5 和 L_6 相对应的共振模式 L_4'、L_5'和 L_6',它们体现为基体与相应局域振子(铅球芯体)的相对(反相)振动。

综上所述可以发现,声学超材料中低频带隙是基体中长波行波与周期局域振子的谐振特性相互耦合作用的结果,该耦合作用是否存在,是决定带隙能否产生的关键因素。

2. 负质量密度

弹性介质的力学、声学特性主要由质量密度和弹性模量两个材料参数来描述。

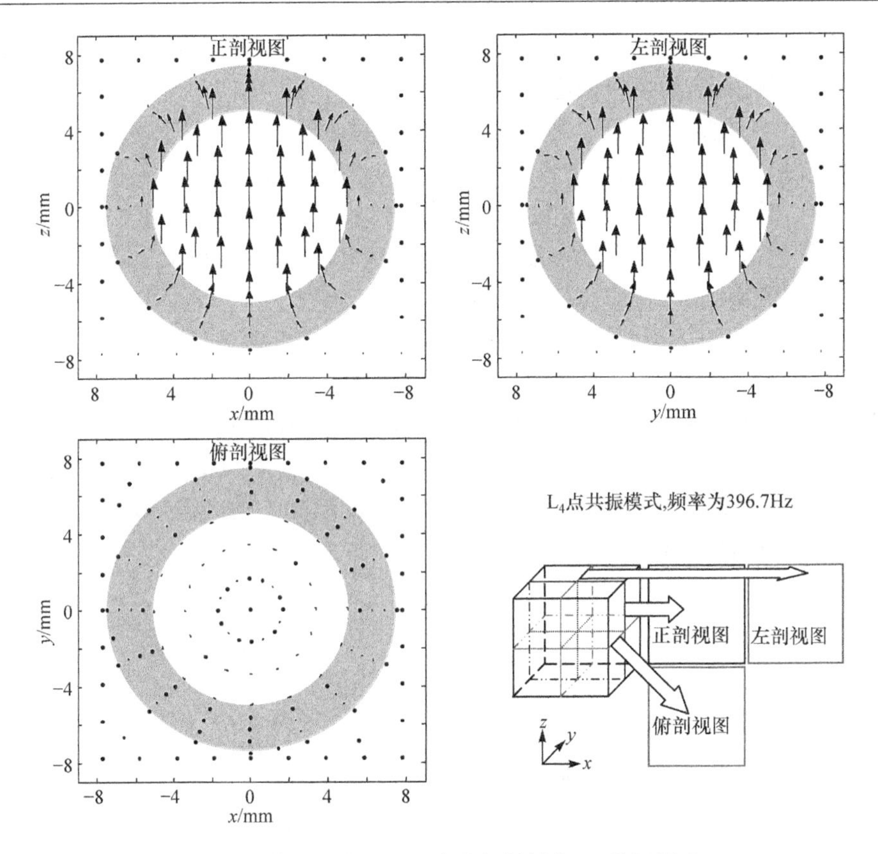

图 3.9　典型三维三组元声学超材料的 L_4 共振模式

对于由两种或多种材料构成的复合介质，静态时质量密度通常可以等效为组成它的各种成分的质量密度的体积平均值。例如，对于含有两种不同材料的周期性复合介质，质量密度可等效为 $\rho_{\mathrm{eff}}=(1-f)\rho_1+f\rho_2$。其中，$\rho_1$ 和 ρ_2 分别为基体介质和散射体的密度，f 为散射体的体积填充比。但在分析复合介质中的弹性波传播行为时，通过严格的动力学分析可以证明，长波条件下介质的等效质量密度可由 Berryman[6] 推导的等效质量密度 $\rho_{\mathrm{eff}}=[(\rho_2+\rho_1)-(\rho_2-\rho_1)f]/[(\rho_2+\rho_1)+(\rho_2-\rho_1)f]$ 来描述。当弹性波在复合介质中传播时，各组分区域之间产生相对运动，弹性波波场分布存在不均匀性，而静态质量密度假设弹性波在介质中是均匀分布的，因此动态质量密度与静态质量密度不同。这是复合介质不同于均匀介质的显著特点。

局域共振超材料传输特性的 Fano-Like 特征意味着明显的局部能量增强效应，即弹性波场的分布是不均匀的，基体中弹性波在与局域振子相互耦合时，复合介质中各成分之间存在相对运动。对于图 3.1 所示三维三组元声学超材料，基于声散射理论及长波近似条件建立动力学模型，得到其动态等效质量密度随频率的变化关系如图 3.10(a)所示。可以看到，在远离共振频率时，动态等效质量密度与静态差别不大，但在共振频率附近，动态质量密度会发生剧烈变化，特别是在低频带隙对应的频段，等效质量密度变为负值。

在动力学分析中，质量或质量密度是描述物质在外力作用下产生运动响应特性的物理量。负的质量密度意味着该频段内声学超材料对外部弹性波的激励产生负的响应。其中每一个局域共振单元视为低频共振微结构，高密度芯体充当振子的质量，软包覆层充当振子的弹簧。由于共振响应函数随 $1/(\omega_0^2-\omega^2)$ 变化，因此在局域共振频率附近，响应会变为负，即振动单元整体相对于基体介质中传播的弹性波而言是反相的运动。图 3.10(b)为共振单元高密度芯体质心位移随频率的变化。可以看到，在共振频率之后，质心位移与基体介质中弹性波位移反相。当超材料中局域共振单元的填充率足够高时，材料整体的响应特性则与局域共振单元的响应特性一致，也产生负的响应，即材料整体的运动与激励弹性波反相，从而导致负的动态质量密度。该负质量密度意味着波速 c、波矢 $\boldsymbol{k}$ 出现虚部，弹性波以指数形式衰减，因此产生低频弹性波带隙。

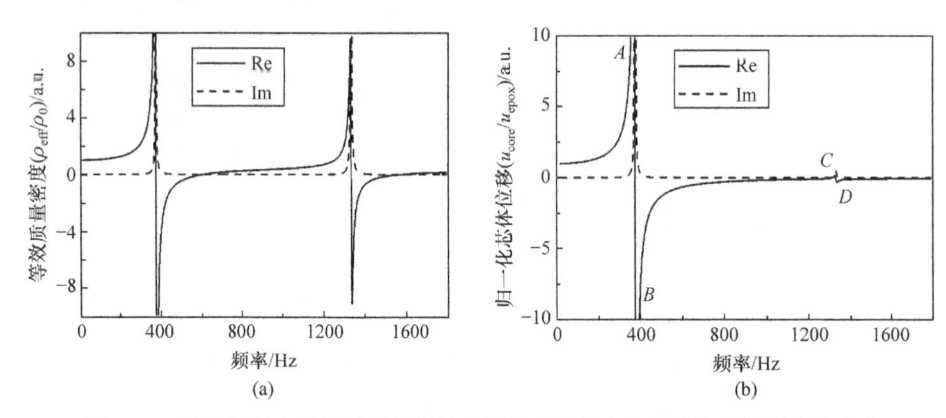

图 3.10　局域共振声学超材料的等效质量密度及高密度芯体位移随频率的变化

对于周期性排列 Helmholtz 共振腔或水中排列空气泡等共振单元构成的声学超材料，在共振频率之后，共振单元的弹性形变与基体介质中弹性波必然反相，产生负的响应。但共振单元的低频共振模式与局域共振结构不同，后者为质心在平衡位置附近往复运动的一阶共振模式；前者共振时单元的质心不发生变化，而是产生体积膨胀-压缩的零阶共振模式。这种负响应不归于负的质量密度，而归于负的等效弹性模量，但它同样产生低频弹性波带隙。

3.2.3　声学超材料带隙的主要影响因素

1. 带隙频率影响因素

通过前面的分析可以发现，声学超材料带隙的起止频率均可用简单的弹簧振子原理模型来描述。通过分析其具体作用机理，可以按照类似的方法给出原理模型中的等效参数，以较为精确地描述其理论带隙频率。

声学超材料带隙起始频率由“振子等效质量—振子等效刚度—固定端”模型的谐振频率决定；而带隙的截止频率由“振子等效质量—振子等效刚度—基体等效质量”模型的谐振频率决定，该模型中两质量将在刚度的作用下做反相位相对振动。

由此可知，能够导致局域振子等效质量或等效刚度变化的任何材料和结构参数均对局域共振带隙的起始频率有影响；同时，能够导致局域振子等效质量、等效刚度或基体等效质量变化的任何材料和结构参数均对局域共振带隙的截止频率有影响。

2. 带隙衰减特性影响因素

声学超材料带隙的理论频率范围与基体和振子等效质量、振子等效刚度等因素相关，并且可以通过合理的设计达到较宽的频率范围。然而由相关文献可知，有限结构声学超材料带隙的实际衰减呈现出很强的非对称现象，往往表现为振子谐振频率处的很尖锐的衰减峰，而理论带隙频率范围内的大部分频率所对应的衰减则很小。因此，需要深入研究其带隙有效衰减特性的影响规律，找出其关键影响因素，以便有针对性地改善其带隙特性。

图 3.11 为典型一维超材料杆结构的带隙能带结构与传输特性[7~9]。从图中可以发现，带隙对应的归一化频率为 0.0173～0.0807。传输特性具有典型的非对称性。

在无限周期假设下，计算得到的衰减系数 ε 反映的是带隙频率内的弹性波在该声子晶体中传播时，经过每个周期后的衰减幅度。式(3.2)给出了声学超材料带隙内衰减系数 μ 的解析表达式，从理论上揭示声子晶体局域共振带隙衰减的影响因素。

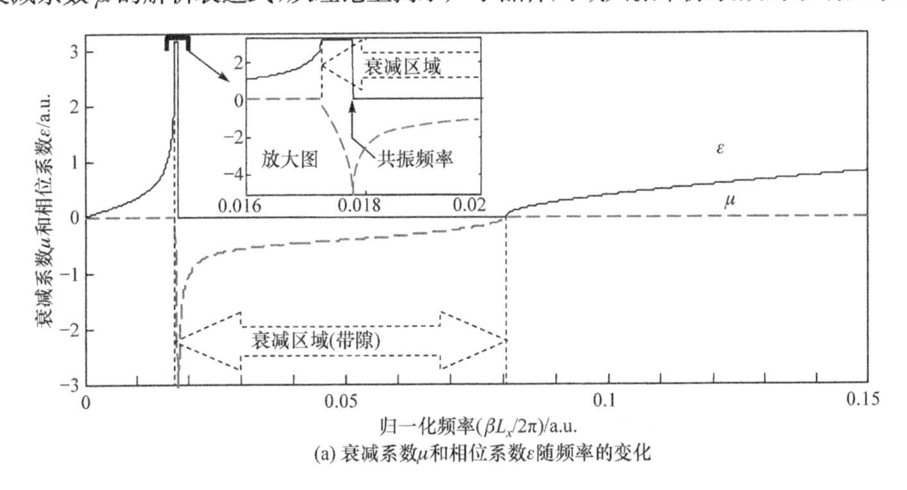

(a) 衰减系数μ和相位系数ε随频率的变化

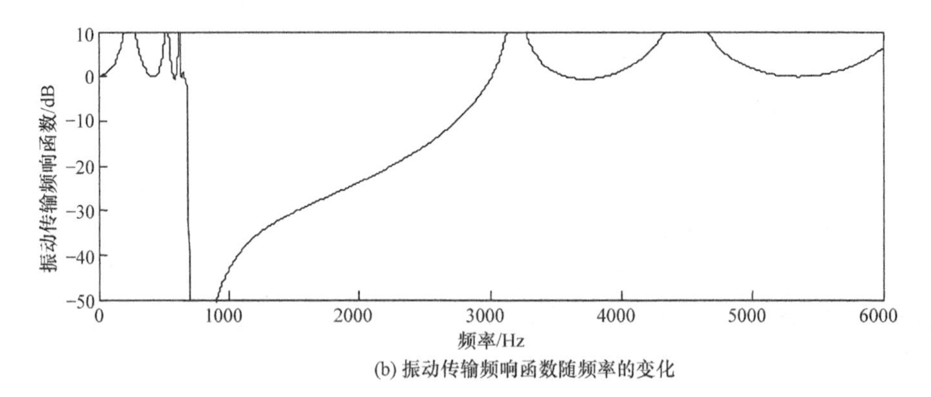

(b) 振动传输频响函数随频率的变化

图 3.11　一维超材料杆结构的带隙特性计算结果

$$\cosh(\mu)=1+2\frac{k}{K}\left\{1-\frac{1}{[1+(p-1)\alpha]^2}\right\}^{-1} \tag{3.2}$$

式中，$p=\sqrt{1+m/M}$；k 为弹簧刚度；K 为单个周期内基体的等效刚度；α 为频率 ω 在带隙中的线性归一化位置，带隙起始位置对应 $\alpha=0$，带隙截止位置对应 $\alpha=1$。

由式(3.2)可见，对于带隙内某归一化位置 α，带隙衰减和刚度比(振子等效刚度和基体等效刚度的比值)成正比，同时与质量比(振子等效质量和基体等效质量的比值)成反比。图 3.12 为在不同质量比或不同刚度比时，$\cosh(\mu_{\mathrm{mid}})$对刚度比 $k:K$ 以及质量比 $m:M$ 的偏微分值，其中不同的质量比和刚度比参数均以图 3.11 所用参数倍数的形式给出。

图 3.12 反映了质量比和刚度比对带隙衰减系数 μ 的影响大小。由图明显可见，除质量比很小的情况以外，质量比对带隙衰减系数 μ 的影响均很小，在大多数情况下可以忽略。

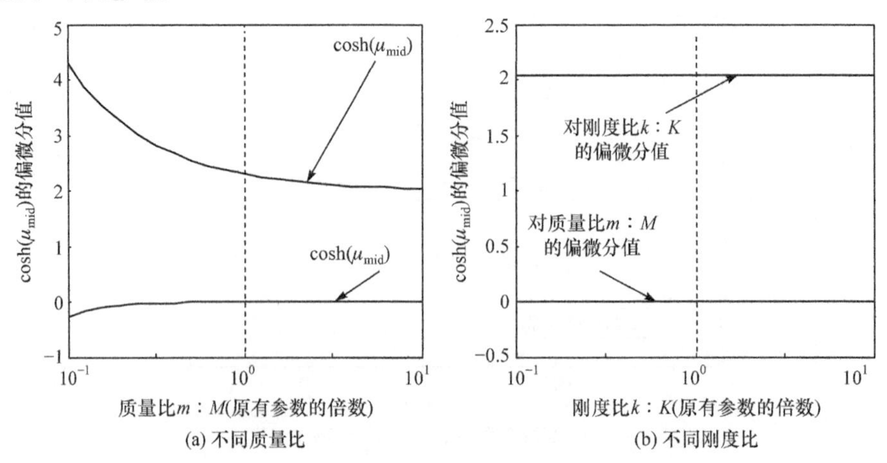

图 3.12　质量比和刚度比对带隙衰减系数 μ 的影响

因此，声学超材料中的振子与基体的等效刚度比是影响带隙衰减的关键因素。

3.3　声学超材料的超常吸声效应

局域共振声学超材料的超常吸声效应的研究源于局域共振声子晶体。2000年，Liu 等[10]提出了局域共振声子晶体：在弹性介质中周期性排列局域共振单元，在共振频率附近利用声波局域共振效应成功实现低频带隙，带隙频率处声波波长大于散射体尺寸两个数量级，这为小尺寸结构控制大波长声波开辟了新的技术途径。

作者团队分析了介质阻尼条件下局域共振声学超材料的声耗散吸收特性[11]，采用多重散射法分析了散射和黏弹阻尼特性引起的吸声特性。结果表明，在低频局域共振频率附近，纵波向横波发生转化，利用横波高效耗散的优势，可增强局域共振声学超材料的吸声性能。这一利用局域共振产生的低频吸声现象称为超常吸声效应。随后，他们讨论了基体、包覆层等不同参数对声学性能的影响。受局域共振吸声机理的启发，作者团队逐步将局域共振思想引入水声吸声材料的设计中，即采用与水特性阻抗相匹配的橡胶为基体，将局域共振结构引入其中。这一设计有效提高了橡胶的低频吸声性能。他们深入分析了局域共振结构的能量耗散机理，系统讨论了各参数对局域共振结构(图 3.13)吸声的影响，掌握了各参数对局域共振吸声的影响规律，并进行了实验验证。

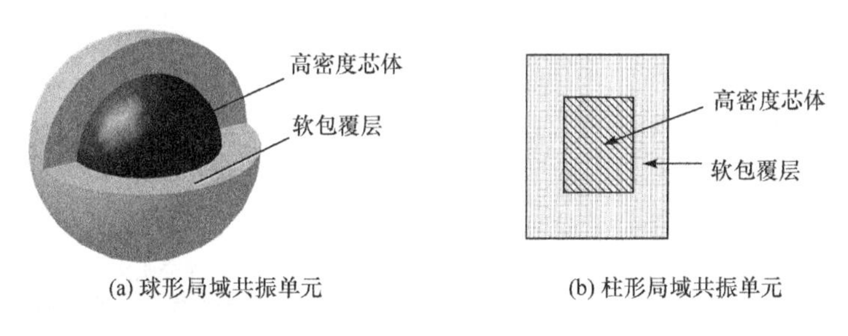

(a) 球形局域共振单元　　(b) 柱形局域共振单元

图 3.13　水声超材料设计的局域共振单元

与单一空腔的吸声频带较窄相类似，单一局域共振结构的吸声频段也较窄(通过单一局域共振结构的非对称设计虽能改善吸声带宽，但效果有限)，通过不同局域共振结构集成可有效增加吸声带宽。作者团队采用遗传算法初步对不同尺寸局域共振结构的吸声特性进行了优化，拓宽了局域共振吸声频段。Ivansson[12]采用差分进化算法分别优化了不同尺寸球形与柱形局域共振结构的吸声性能。结果表明，不同尺寸局域共振结构可获得 8～20kHz 频段上的宽频吸声性能，而柱形局域共振结构可进一步使材料变薄。Jiang[13]提出木堆形、网络化局域共振吸声结构设计，通过不同模式耦合，在 5kHz 以上频段上取得了较好的宽频吸声效果。在这些研究工作的基础上，Chen 等[14]提出了声子玻璃的概念，其是指引入互穿网络结构的局域共振声子晶体，并对其吸声机理和吸声影响因素进行了分析，指出多模式耦合是其宽频吸声的机理。在背衬对局域共振结构吸声性能的影响方面，作者团队分析了钢背衬声散射对局域共振结构低频吸声的影响，结果表明钢背衬和局域共振声耦合，可增强其亚波长低频吸声性能。

3.3.1 球形局域共振结构的吸声特性

1. 吸声机理

在笛卡儿坐标系下，图 3.14(a)给出了包含局域共振声学超材料的吸声结构模型。整个结构可看作垂直于 z 轴的分层结构，一列平面纵波从左侧半无限水中入射。为简化分析，假设覆盖层沿 xy 平面无限延伸。局域共振声子晶层含单层散射单元(也可是多层结构)，散射单元呈正方晶格周期排列(图中剖面线部分)，两基矢分别为 $\boldsymbol{a}_1$ 和 $\boldsymbol{a}_2$，其横截面如图 3.14 (b)所示。局域共振元胞如图 3.14(c)所示，芯球半径为 r，包覆橡胶层(阴影部分)后的半径为 R。元胞边长 a 与相邻球腔间的最短距离即晶格常数相等。

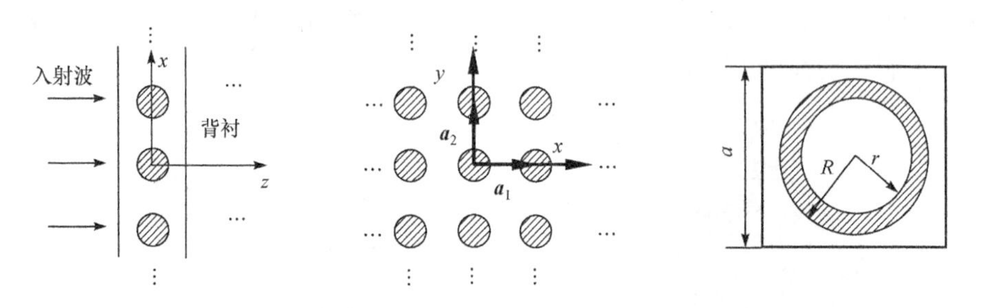

(a) 含声子晶体覆盖层和背衬的消声结构

(b) 声子晶体单层结构中，散射体正方形排列，两基矢分别为 $\boldsymbol{a}_1$、$\boldsymbol{a}_2$

(c) 单元胞结构，其中芯球半径为 r，包覆橡胶层(阴影部分)后半径为 R

图 3.14　含局域共振声学超材料的吸声结构模型

1) Mie 散射与波形转化

图 3.15 描述了橡胶材料中单个局域共振单元的零阶谐波 Mie 散射特性。分析中，在半径为 5mm 的钢球外包覆厚度为 2.5mm 的软硅橡胶，构成局域共振单元。分析采用的材料声学参数见表 3.1。

表 3.1　材料声学参数

材料	密度/(kg/m³)	纵波速度/(m/s)	横波速度/(m/s)
橡胶	1100	1480	100
硅橡胶	1300	23	6
钢	7890	5780	3220
铝	2730	6450	3220
水	1000	1480	—
空气	1.29	340	—

为避免全弹性条件下共振导致计算发散，分析中剪切模量损耗因子取 0.05。从图 3.15 中可以看出，零阶谐波 Mie 散射在分析频段上未出现共振，且低频散射幅值较小，例如，在频率低于 1000Hz 的频段上，散射系数幅值仅为 10^{-8}量级，这意味着零阶谐波对局域共振单元的低频声散射贡献较小。

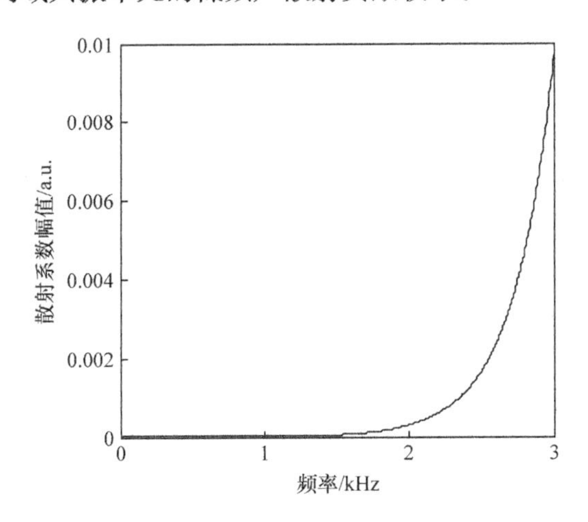

图 3.15　橡胶材料中局域共振单元的零阶谐波 Mie 散射特性

图 3.16 描述了橡胶材料中单个局域共振单元的一阶($l=1$)谐波 Mie 散射特性。从图 3.16 中可以明显看出，该散射体分别在频率 460Hz 和 1390Hz 处出现共振。其中，低频 460Hz 为芯体刚体共振模式，即在局域共振过程中芯球呈刚体共振，即芯球以平动方式运动，包覆硅橡胶跟随芯球做相应运动。局域共振的物理含义可采用质量弹簧模型解释，其中等效质量主要由芯球提供，而等效弹簧主要由包覆层提供。对于频率为 1390Hz 处的共振，硅橡胶包覆层产生较大位移，而钢球芯体基本不动。从图 3.16 中还可以看出，纵波入射条件下，纵波向横波的散射系数 LN 要高于纵波向纵波的散射系数 LL；对于横波入射，横波向横波的散射系数 NN 要高于横波向纵波的散射系数 NL(图 3.17)。比较图 3.16(a)和(b)可以看出，由

于横波波长较短，横波入射时各散射系数幅值高于同频率下纵波入射时各散射系数幅值约 3 个数量级，相应地，横波向横波的散射效率最高。这意味着在水声环境中，入射纵波经过局域共振单元散射后，逐渐转化成横波的效率较高。由于横波在阻尼材料中的耗散效率高，声波散射中仅有少部分横波转化回纵波，因此复合橡胶材料有望形成共振吸声。

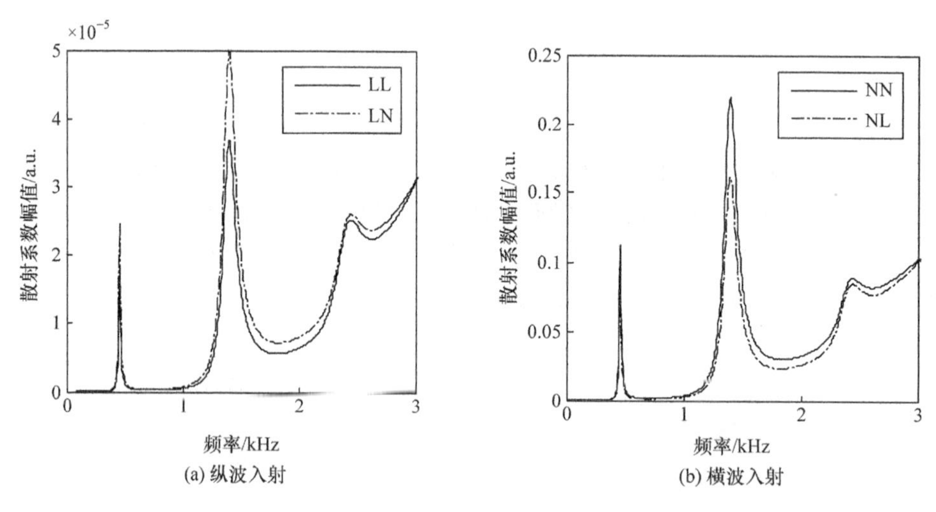

(a) 纵波入射　　(b) 横波入射

图 3.16　橡胶材料中局域共振单元的一阶谐波 Mie 散射特性

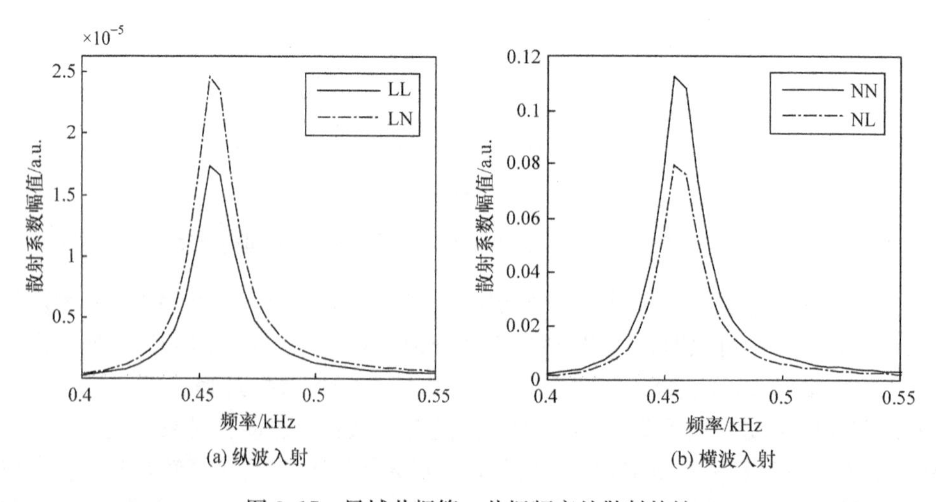

(a) 纵波入射　　(b) 横波入射

图 3.17　局域共振第一共振频率处散射特性

进一步研究表明，局域共振单元的高阶($l \geqslant 2$)谐波 Mie 散射，散射幅值会随着谐波阶数的增大而减弱，若出现共振，则共振频率一般随谐波阶数的增大而向高频移动。以二阶($l=2$)谐波为例，橡胶材料中单个局域共振单元的 Mie 散射特性如

图3.18所示。从图中可以看出，局域共振单元的二阶谐波Mie散射共振频率为1715Hz，高于局域共振前两阶的共振频率；无论纵波入射还是横波入射，各散射系数幅值均比一阶谐波各散射系数的幅值小一个数量级。同时，二阶谐波Mie散射中各散射系数的幅值频谱特征与一阶谐波Mie散射类似：对于纵波入射，纵波向横波的散射系数要高于纵波向纵波的散射系数；而对于横波入射，横波向横波的散射系数要高于横波向纵波的散射系数。在相同频率下，横波入射时各散射系数幅值均大于纵波入射时各散射系数幅值4～5个数量级。对于高阶谐波散射，这一散射特征基本类似，此处不再赘述。

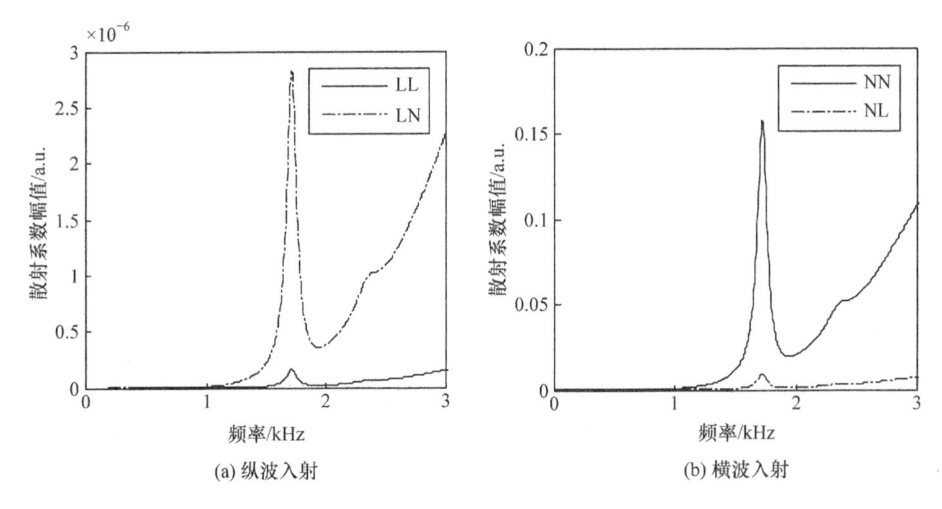

(a) 纵波入射　(b) 横波入射

图3.18　橡胶材料中局域共振单元的二阶谐波Mie散射特性

比较图3.15～图3.18可以看出，在低频段，局域共振单元的一阶谐波Mie散射幅值最大，且存在明显的共振现象。可以预见，局域共振复合橡胶材料的低频吸声性能将主要由散射体的一阶谐波散射决定。

2）多重散射与阻尼吸声

以含单层局域共振单元(结构与前面相同)的复合橡胶材料板为对象，板厚度为16mm，局域共振单元呈正方晶格排列。为了分析复合橡胶材料板内各局域共振单元间产生的多重散射效应，将复合橡胶材料板悬浮在水中，即以水为背衬。由于钢球阻尼远小于橡胶基体材料和硅橡胶包覆层，因此分析中忽略钢球阻尼，仅考虑包覆层和橡胶基体材料阻尼。

首先，假设橡胶基体材料完全弹性，仅考虑硅橡胶包覆层的阻尼。图3.19～图3.21比较了包覆层阻尼对复合橡胶材料板声学性能的影响。分析中不考虑包覆层体模量损耗因子。从图3.19中可以看出，当包覆层剪切模量损耗因子为0.05时，在局域共振频率附近出现了4个吸声峰，各吸声峰频率分别为460Hz、1410Hz、

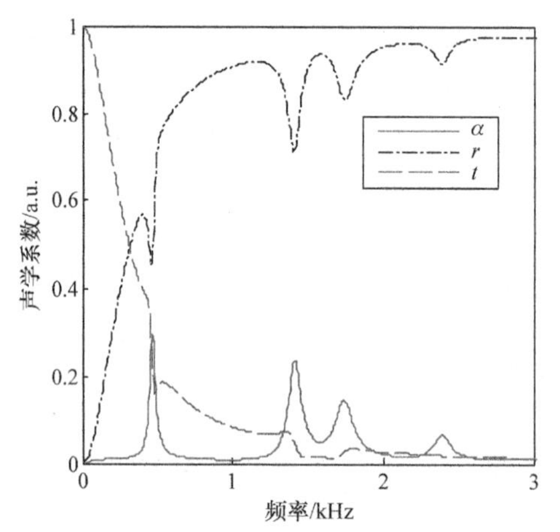

图 3.19　包覆层剪切模量损耗因子为 0.05 时局域共振复合橡胶材料板的声学性能

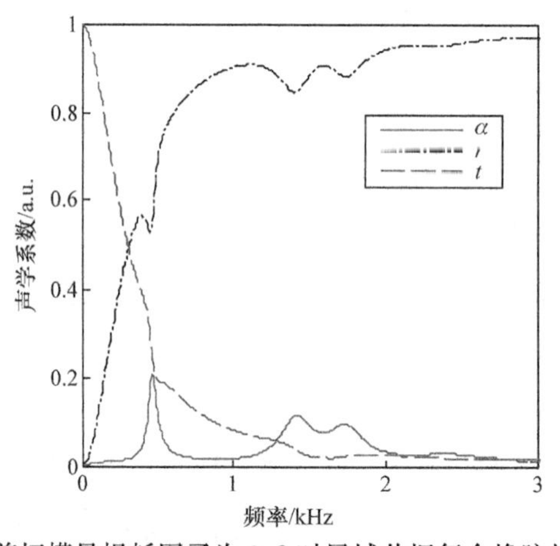

图 3.20　包覆层剪切模量损耗因子为 0.2 时局域共振复合橡胶材料板的声学性能

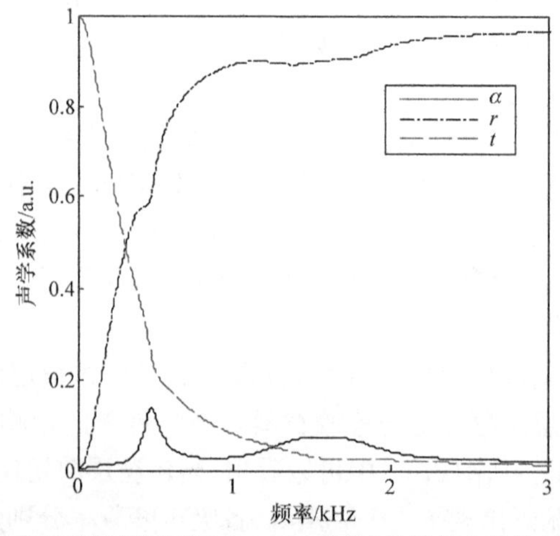

图 3.21　包覆层剪切模量损耗因子为 0.5 时局域共振复合橡胶材料板的声学性能

1740Hz、2392Hz。各吸声峰分别与单个局域共振单元的各阶 Mie 散射共振频率基本对应。复合橡胶材料板的反射谷则主要由声波吸收引起。这是由于局域共振使入射纵波向横波转化，横波在阻尼介质中被高效耗散，有少部分横波转化回纵波，同时，阻尼耗散使背向散射减弱，因而橡胶层在局域共振频率附近形成吸声峰。

比较图 3.19～图 3.21 还可以看出，当包覆层阻尼增大时，复合橡胶材料的吸声带宽逐步增加(这一规律与空腔共振吸声类似)：当包覆层阻尼较小时，第一共振频率(460Hz)吸声系数峰值较大(完全弹性条件下吸声系数为零)，带宽较窄；当包覆层剪切模量损耗因子分别为 0.2 和 0.5 时，吸声系数分别为 0.21 和 0.14。对于第二个(频率为 1390Hz)吸声峰，幅值和带宽随阻尼的变化规律与第一吸声峰类似。产生这一吸声规律的原因是：虽然增加阻尼有助于材料声波吸收，但阻尼增大将使局域共振散射减弱。如图 3.22 和图 3.23 所示，局域共振散射幅值随阻尼的增大而减小，这意味着纵波向横波的转化随阻尼的增大而减弱，这导致材料的吸声性能减弱。

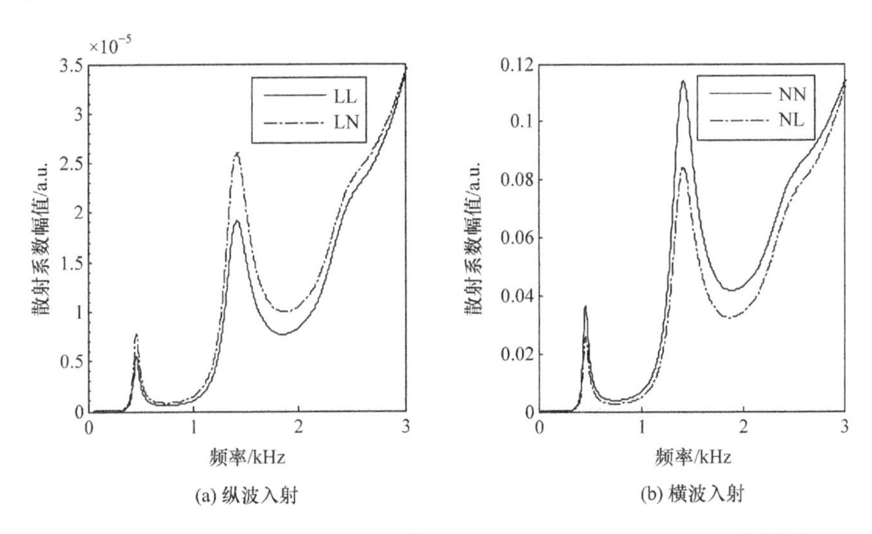

图 3.22　包覆层剪切模量损耗因子为 0.2 时局域共振单元的一阶谐波散射

橡胶基体材料是局域共振单元间多重散射声波传播的载体。下面通过分析基体阻尼对复合橡胶材料吸声性能的影响，分析散射体间的声波多重散射效应以及基体阻尼吸声特性。以图 3.20 中复合橡胶材料板为对象，取基体横波损耗因子分别为 0、0.2 和 0.5，基体阻尼对其吸声性能的影响如图 3.24 所示。分析中保持不变的参数包括：基体 Lamé 常数 λ 的损耗因子为 0.1，包覆层 Lamé 常数 λ 的损耗因子为 0.1，包覆层剪切模量损耗因子为 0.2。从图中可看出，当基体阻尼增大时，复合橡胶材料板在共振区的吸声系数逐步增大。这是由于包覆层阻尼保持不变时，局域共振散射产生的波形转化基本不变。当基体阻尼增大时，局域共振单元间的多重散射导致复合橡胶材料声波耗散增强，因而吸声系数增大。从图 3.24 中还可以看出，复合橡胶材料在非共振区的吸声系数随阻尼的增大而增大，这一方面得益于散射体对声波的散射，另一方面源于声波在基体中的阻尼损耗。

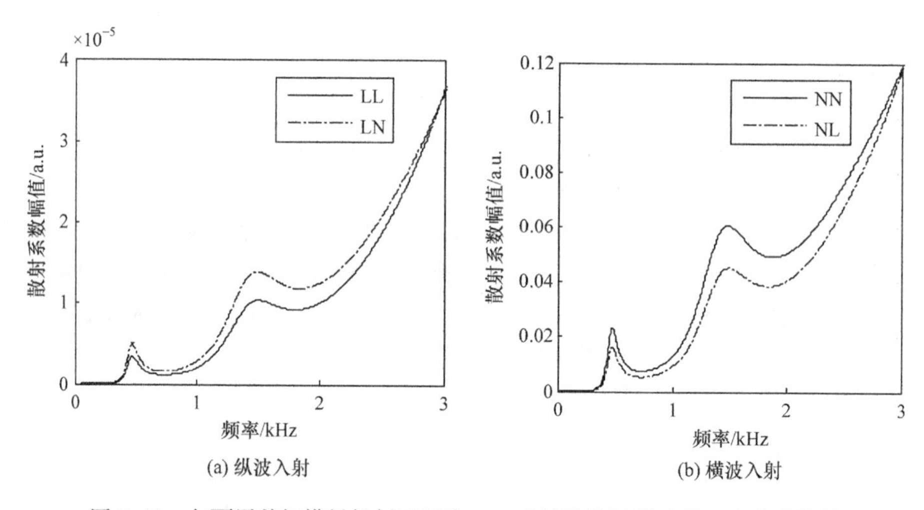

(a) 纵波入射　　(b) 横波入射

图 3.23　包覆层剪切模量损耗因子为 0.5 时局域共振单元的一阶谐波散射

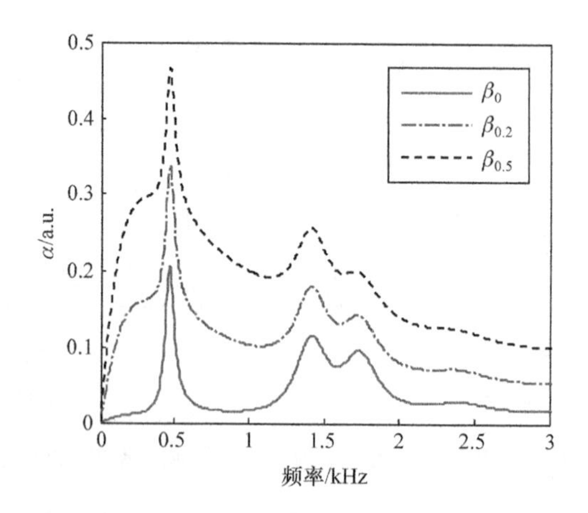

图 3.24　基体阻尼对局域共振复合橡胶材料吸声性能的影响

由以上讨论可看出，由于含单层局域共振单元的复合橡胶材料板较薄，因此吸声系数较小。图 3.25 描述了含双层局域共振单元的复合橡胶材料板的声学性能。分析中，复合橡胶材料板厚度为 32mm，局域共振散射体在每层中均按正方排列，晶格常数为 16mm，包覆层和基体的 Lamé 常数 λ 的损耗因子均为 0.1，包覆层和基体的剪切模量的损耗因子均为 0.2，且不计钢球阻尼。从图 3.25 中可以看出，复合橡胶材料板在共振区的吸声系数超过 0.5。在高频非共振频段，复合橡胶材料板对声波的反射较明显，这是散射体填充率较高，复合橡胶材料与水的特性阻抗失配所致，这一声反射可通过减小局域共振散射体的填充率以及增加阻抗匹配层加以解决。

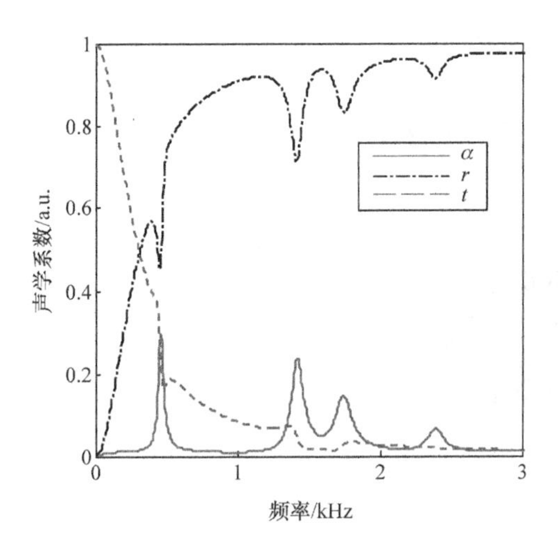

图 3.25　含双层局域共振单元的复合橡胶材料板的声学性能

通过以上对单个局域共振单元的 Mie 散射特性、各局域共振单元间的多重散射以及组元材料的阻尼特性进行的分析，可得出局域共振吸声机制为：在水声环境下，入射纵波进入复合材料后，局域共振产生纵波向横波的转化；同时，复合材料内部各局域共振单元间产生的多重散射效应，使声波沿不同于入射波的方向传播，显著增加了声波的传播路径，并增加了入射纵波向横波的转化；在黏弹性阻尼橡胶材料中，横波耗散效率高，使能量转化成热能，因此复合橡胶材料内声波的耗散大大增强。

为了直观表达球形局域共振吸声机理，下面进一步在水背衬条件下揭示局域共振结构位移场图和能量耗散密度，以便避免背衬对材料吸声性能的影响。图 3.26 给出球形局域共振复合橡胶材料在第一吸声峰值频率处（460Hz）的位移场和能量耗散密度。从图 3.26(a)可以看出，在第一峰值频率处复合橡胶材料的位移以局域共振芯球的平动位移为主，包覆层及基体材料跟随芯球产生一定的位移，这说明芯体的纵向振动能够引起软包覆层及基体材料的剪切形变，实现入射纵波向横波的转化。相应地，由图 3.26(b)所示的能量耗散密度分布图可知包覆层中纵横波转化效应的存在，引起了包覆层中较显著的能量耗散，且最大能量耗散密度产生在包覆层和芯体边界面上。这说明复合橡胶材料的第一吸声峰是由局域共振单元的芯体共振引起的。

图 3.27 给出球形局域共振复合橡胶材料在第二吸声峰值频率处（1390Hz）的位移场和能量耗散密度。由图 3.27(a)可以看出，在第二峰值频率处包覆层及基

体材料的位移较显著，局域共振芯球基本不动，这说明在该频率处复合橡胶材料的耗散主要由包覆层及相应基体材料中的变形引起。与此对应，从图 3.27(b)所示的能量耗散密度分布图中可以看出包覆层及部分基体中存在较显著的能量耗散。这说明复合橡胶材料的第二吸声峰是由包覆层共振引起的。

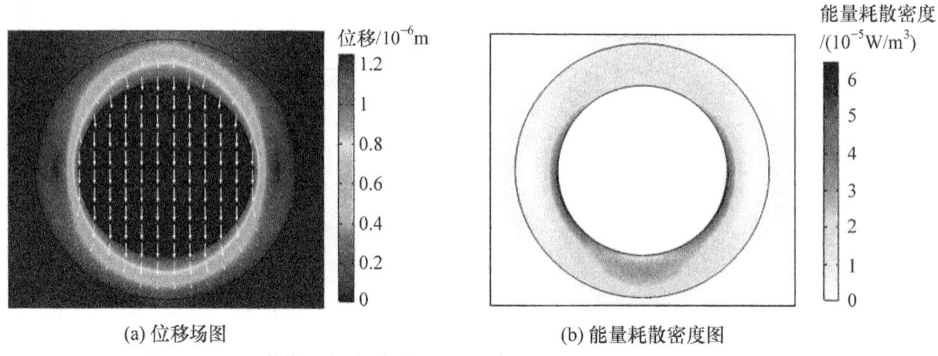

图 3.26 局域共振复合橡胶材料在第一吸声峰值频率处(460Hz)的位移场和能量耗散密度(见彩图)

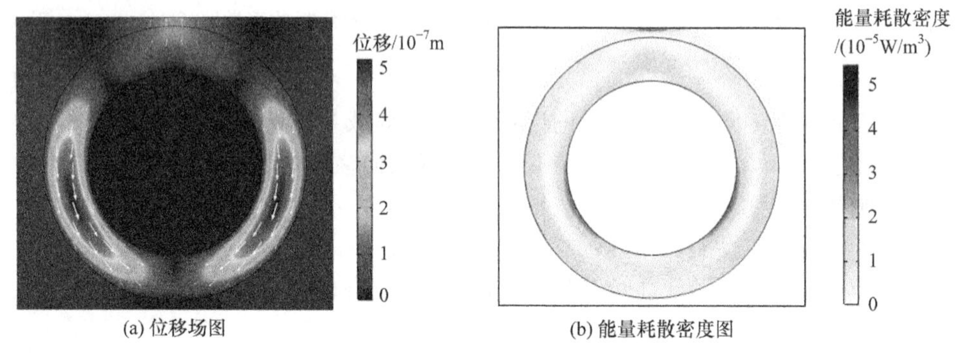

图 3.27 局域共振复合橡胶材料在第二吸声峰值频率处(1390Hz)的位移场和能量耗散密度(见彩图)

2. 吸声影响规律

以含双层局域共振单元的复合橡胶板为对象，首先分析背衬对局域共振复合橡胶材料吸声性能的影响；然后在钢背衬条件下，讨论结构和材料参数对复合橡胶材料吸声性能的影响。若无特殊说明，局域共振结构与前面相同，并以厚度为 32mm 的复合橡胶层为对象，局域共振散射体在每层中均按正方晶格排列，晶格常数为 16mm，包覆层和基体的 Lamé 常数 λ 的损耗因子均为 0.1，包覆层剪切模量损耗因子为 0.2，基体剪切模量损耗因子为 0.5，不计钢芯阻尼。

1) 背衬对吸声性能的影响

以图 3.25 分析的复合橡胶材料为对象，其在不同背衬条件下的吸声性能如

图 3.28 所示。从图中可以看出，对于第一吸声峰，与水背衬相比，空气背衬（半无限空气）、钢背衬（钢板后半无限空气）条件下复合橡胶材料的吸声性能提高，同时吸声带宽增加，吸声峰频率逐步降低。这是由于后两种背衬中空气介质产生严重的阻抗失配，使入射声波在背衬中完全被反射，进而引起复合橡胶材料对声波进行二次甚至多次耗散，导致吸声系数增大。由图 3.28 还可以看出，不同背衬对第二吸声峰的影响不存在明显的规律。

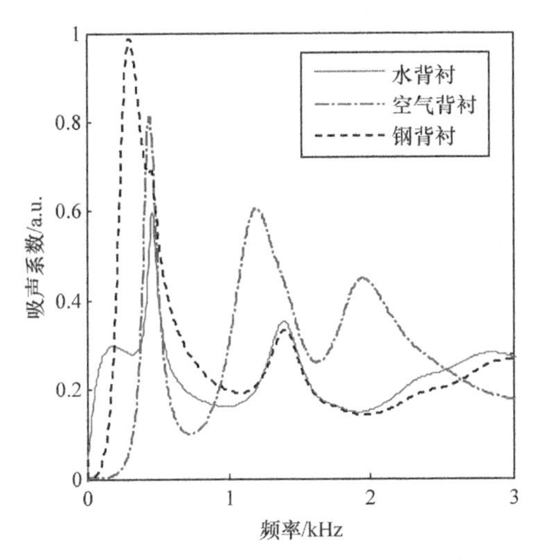

图 3.28　背衬对复合橡胶材料吸声性能的影响

为了更深入地分析钢背衬条件下复合橡胶板的吸声变化，下面分析钢背衬的输入阻抗。由于空气的特性阻抗远小于钢的特性阻抗，因此钢背衬的输入阻抗可表示为

$$Z_{\text{in}}=\text{j}Z_{\text{s}}\tan(k_{\text{s}}d) \tag{3.3}$$

式中，d 为钢板的厚度；Z_{s} 是钢的特性阻抗，定义为 $Z_{\text{s}}=\rho_{\text{s}}c_{\text{ls}}$，$\rho_{\text{s}}$ 和 c_{ls} 为钢的密度和纵波速度；k_{s} 是波数，定义为 $k_{\text{s}}=\omega/c_{\text{ls}}$。值得注意的是，在低频段以及钢板厚度较小（小于 10mm）时，相应的 $k_{\text{s}}d$ 数值较小，因此其正切值可近似为一个线性表达式，则

$$Z_{\text{in}}=\text{j}Z_{\text{s}}k_{\text{s}}d=\text{j}\rho_{\text{s}}\omega d \tag{3.4}$$

式(3.4)证明了在 $k_{\text{s}}d$ 数值较小时，钢背衬的输入阻抗不依赖于钢的声波速度，而正比于钢背衬的质量 $\rho_{\text{s}}d$。由图 3.28 中吸声峰随钢背衬的变化规律可知，在钢背衬条件下，橡胶层吸声峰向低频移动。吸声峰源于钢背衬引起的驻波共振，而驻波共振由钢背衬的整体共振引起。钢背衬条件下共振的物理机制可类比为质量弹簧模型，其中，复合介质类比为弹簧，钢背衬类比为质量。当通过厚度增加钢背衬的质量时，共振频率向低频移动，相应的复合板的吸声峰也向低频移动。

以上只是钢背衬条件下橡胶材料吸声变化的一般性分析。其实，不同背衬对材料吸声性能的影响比较复杂。这是因为，背衬声反射引起声波在复合材料内部形成多重散射，其与复合材料的内部结构密切相关，局域共振结构的变化将引起复合材料吸声性能发生变化。因此，局域共振复合橡胶材料的吸声性能应与实际背衬一起进行综合分析。

2）结构参数的影响

结构参数主要包括包覆层厚度、散射体填充率及其排列方式。由于局域共振单元的排列方式对复合橡胶材料的吸声性能影响较小，因此本节主要讨论包覆层厚度和散射体填充率对复合材料吸声性能的影响。

（1）包覆层厚度。

固定包覆层外径为 7.5mm，通过改变芯体半径的方法来改变包覆层厚度 δ，其对局域共振复合橡胶材料吸声性能的影响如图 3.29 所示。从图中可以看出，在钢背衬条件下，不同包覆层厚度时材料低频第一吸声峰位置基本相同，不同之处在于，当包覆层较薄时，主吸声峰旁产生了次峰。对于高频吸声峰，由于包覆层厚度发生变化，而该吸声峰主要是由包覆层的共振产生的，因此当包覆层变薄时，吸声峰向高频移动，反之向低频移动。

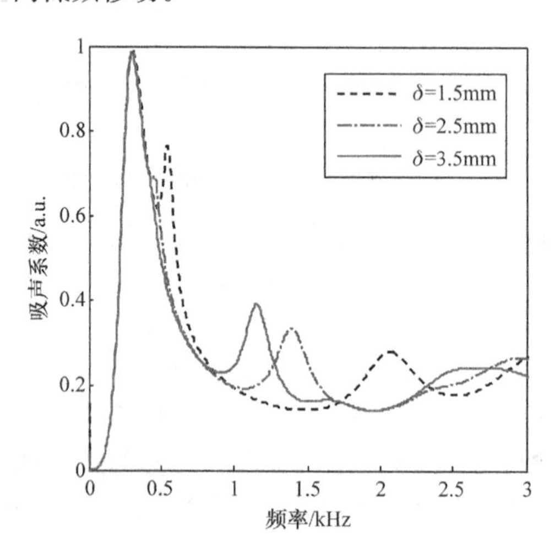

图 3.29　钢条件下包覆层厚度对复合橡胶材料吸声性能的影响

（2）散射体填充率。

改变局域共振散射体填充率的途径有两种，分别是改变散射体间距或增加散射体大小。增加散射体大小将导致复合橡胶层的厚度（或体积）增加，这对吸声材料的应用不利，因此这里主要通过改变散射体的间距来改变填充率，讨论散射体填充率对复合橡胶材料吸声性能的影响，结果如图 3.30 所示。分析中取局域共振单元间距分别为 16mm、19mm 和 22mm。从图中可以看出，散射体间距对复合橡胶材料的吸声峰频率影响较小，这是因为复合橡胶材料的吸声性能主要由单个散射体的局域共振决定。当散射体间距减小时,基体的等效模量降低,钢背衬引起的低频吸声峰向低频移动,与此同时,复合橡胶材料的反共振吸声谷较明显,这是散射体填充率较大时复合橡胶材料与水阻抗失配导致的。此外,第二吸声峰频率位置基本不变,这是由于散射体结构不变,相应的包覆层共振频率不发生变化,因此其共振吸声峰位置基本不发生变化。

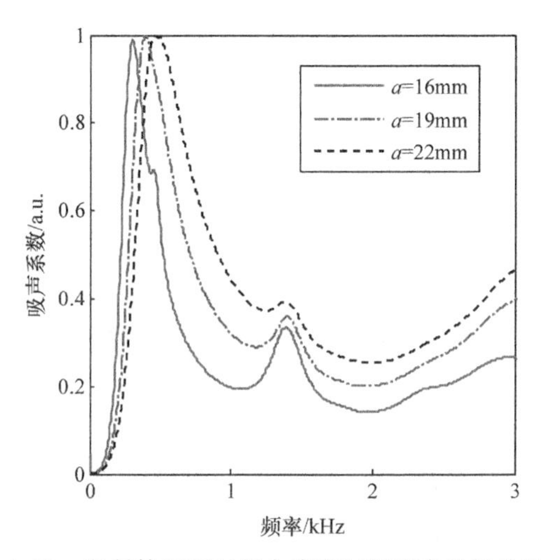

图 3.30　散射体间距对复合橡胶材料吸声性能的影响

3）材料参数的影响

影响局域共振复合橡胶材料声学性能的材料参数主要有芯体密度、包覆层声波速度(模量)以及基体声波速度(模量)。由于芯体密度的变化受吸声层密度的限制,因此不能太大,这约束了其变化范围。下面仅对包覆层声波速度(模量)以及基体声波速度(模量)对材料吸声性能的影响进行讨论。

(1) 包覆层声波速度。

首先,保持横波速度为 6m/s 不变,图 3.31 给出包覆层纵波速度对复合橡胶材料吸声性能的影响。从图中可以看出,对于低频第一吸声峰,当包覆层纵波速度增大时,复合橡胶材料局域共振吸声峰逐步降低,吸声峰频率略有增大。这主要是由于包覆层纵波速度增大时,散射体局域共振频率升高,因此复合橡胶材料的吸声峰频率增加。对于低频第二吸声峰,包覆层纵波速度增大时,吸声峰幅值和峰值频率升高,其原因是该吸声峰由包覆层的共振导致,当包覆层的纵波声速/模量增加时,材料吸声峰频率升高。

其次,保持包覆层纵波速度为 80m/s,图 3.32 给出包覆层横波速度对复合橡胶材料吸声性能的影响。从图中可以看出,包覆层横波速度对低频第一吸声峰的影响不大。当包覆层横波速度降低时,材料第二吸声峰频率先减小后增大。在具体材料设计中,可通过包覆层材料横波速度对其吸声峰进行调节。

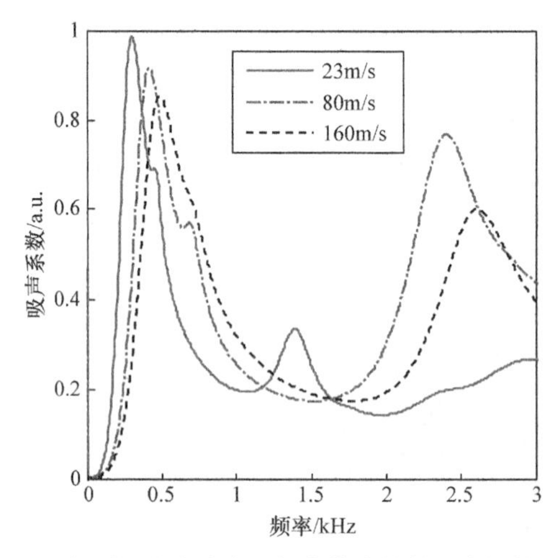

图 3.31　包覆层纵波速度对复合橡胶材料吸声性能的影响

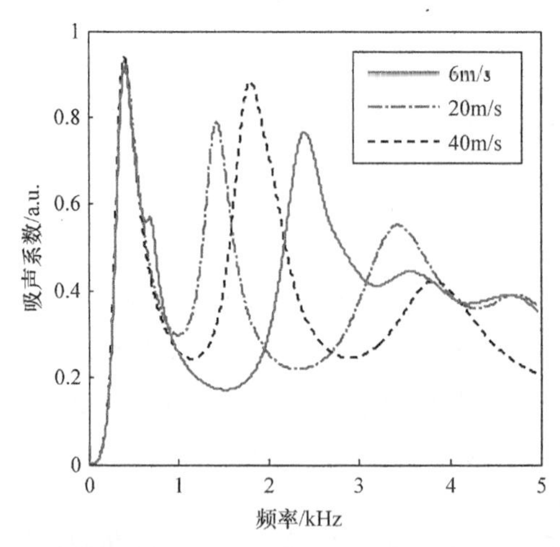

图 3.32　包覆层横波速度对复合橡胶材料吸声性能的影响

(2) 基体声波速度。

在橡胶层设计中,由于橡胶基体材料的阻抗需要与海水的阻抗相匹配,因此基体纵波速度变化范围不大。下面仅考虑基体横波速度对复合橡胶材料吸声性能的影响,结果如图 3.33 所示。分析中取包覆层纵波速度和横波速度分别为 23m/s 和 5.7m/s。从图中可以看出,当基体横波速度增大时,复合橡胶材料的局域共振吸声峰略向高频移动。基体横波速度减小导致复合橡胶材料内声波的多重散射效应减弱,因此复合橡胶材料的吸声带宽减小。

总之,通过本节的讨论可以看出,降低包覆层纵波速度和基体横波速度均可降低局域共振复合材料的有效吸声频率。综合利用 Mie 散射及钢声背衬反射形成

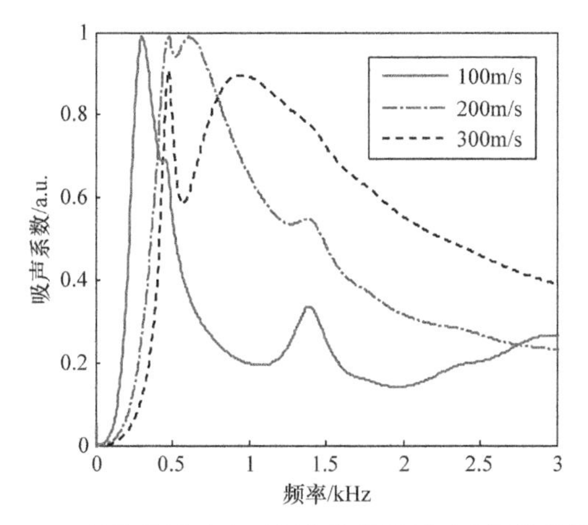

图 3.33　基体横波速度对复合橡胶材料吸声性能的影响

的多重散射效应，可增加局域共振复合橡胶材料的低频吸声性能和吸声带宽。

3.3.2　柱形局域共振结构的吸声特性

1. 吸声机理

局域共振结构最初设计成球形，然而在实际应用中，球形局域共振结构存在密度大、加工工艺复杂的问题，为此设计了柱形局域共振结构，采用柱形局域共振单元的优点在于：芯体制备工艺简单、易于加工，包覆软包覆层的工艺更易实现；相同体积时圆柱芯体的高度可小于球体直径，保证样品有较小的厚度，提高基体厚度方向的利用率，可兼顾轻质要求。单个柱形局域共振结构剖面如图 3.34 所示。其中，芯体和包覆层均呈圆柱形，橡胶层整体厚度为 h。柱形局域共振结构位于基体中心。在橡胶基体内填充单层正方排列的柱形局域共振结构，形成水声吸声超材料。

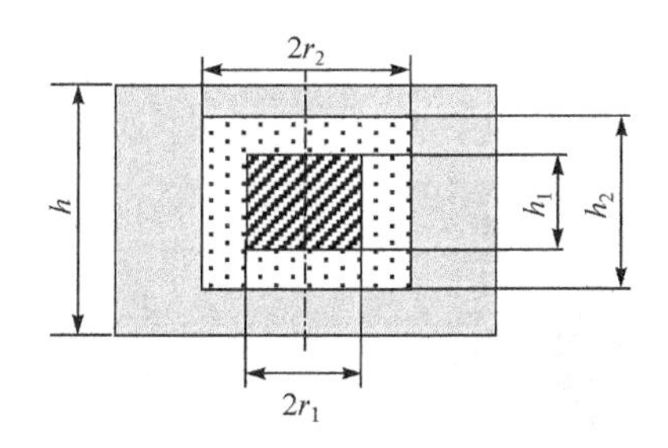

图 3.34　柱形局域共振结构剖面

图 3.35 给出含柱形局域共振结构橡胶层在水背衬条件下的吸声系数曲线。分析中取包覆层直径 d_2 为 11mm、高度 h_2 为 11mm，圆柱形芯体的直径 d_1 为 6mm、高度 h_1 为 6mm，板厚 h 为 16mm，正方晶格常数 a 为 17mm，背衬为 30mm 的钢板。计算采用的材料参数见表 3.1，其中，基体纵波模量损耗因子为 0.1，剪切

模量损耗因子为 0.5,包覆层纵波模量损耗因子为 0.1,剪切模量损耗因子为 0.3。不考虑钢和铝的材料损耗。从图中可以看出,柱形结构分别在 550Hz、1470Hz 和 2030Hz 频率处存在 3 个吸声峰。

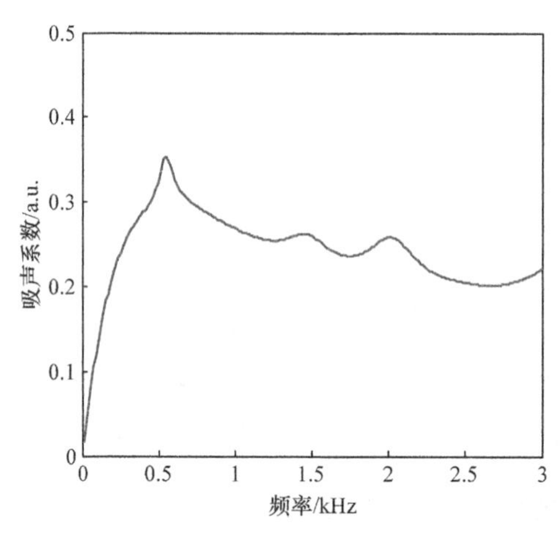

图 3.35　柱形局域共振结构橡胶层在水背衬条件下的吸声系数曲线

为了进一步解释柱形局域共振结构在各峰值频率处的吸声机理,图 3.36～图 3.38 分别给出了局域共振结构在各峰值频率处的位移场图和能量耗散密度图。由图 3.36(a)可知,在第一峰值频率处(550Hz)局域共振芯体的平动位移较显著,包覆层及周围基体材料中也存在一定程度的纵、横向位移分量。这说明局域共振芯体的平动共振在整个单元的振动模式中占主导地位,芯体的振动必然会引起软包覆层及基体材料的剪切形变,实现入射纵波向横波的转化,从而增加材料对声波的耗散。与此对应,图 3.36(b)给出局域共振结构在该频率处的能量耗散密度分布,可以看出,结构的能量耗散主要集中在包覆层中,尤其是在声波入射端的包覆层,周围基体也相应产生一定的耗散。这些特征说明第一吸声峰是由局域共振结构的芯体共振引起的。

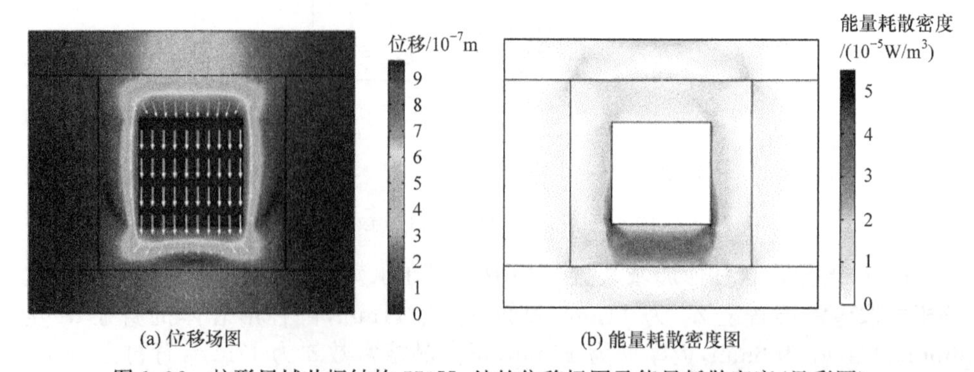

(a) 位移场图　　(b) 能量耗散密度图

图 3.36　柱形局域共振结构 550Hz 处的位移场图及能量耗散密度(见彩图)

图 3.37(a)和图 3.38(a)分别给出局域共振结构在第二和第三吸声峰值频率处(1470Hz 和 2030Hz)的位移场。由图可知,在两频率处包覆层的振动均占主导地位,芯体的位移相对较弱,主要的差别在于包覆层随振动频率的不同表现为不同的振动模态。与位移场图相对应,包覆层的剧烈振动(散射体的声散射引起)也必然会引起周围基体的形变,这将在一定程度上增强橡胶层的声波耗散能力。从图 3.37(b)和图 3.38(b)中可以看出,包覆层及周围基体中存在较显著的能量耗散。这些特征说明橡胶层第二和第三吸声峰主要由包覆层的局域振动模式引起。

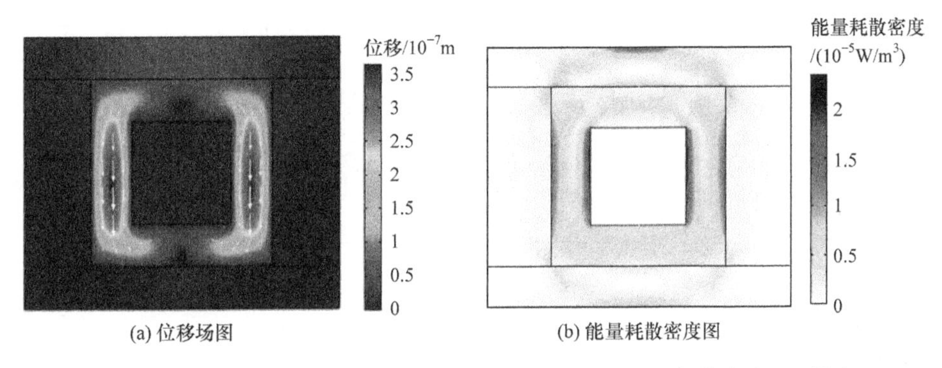

图 3.37　柱形局域共振结构 1470Hz 处的位移场图及能量耗散密度(见彩图)

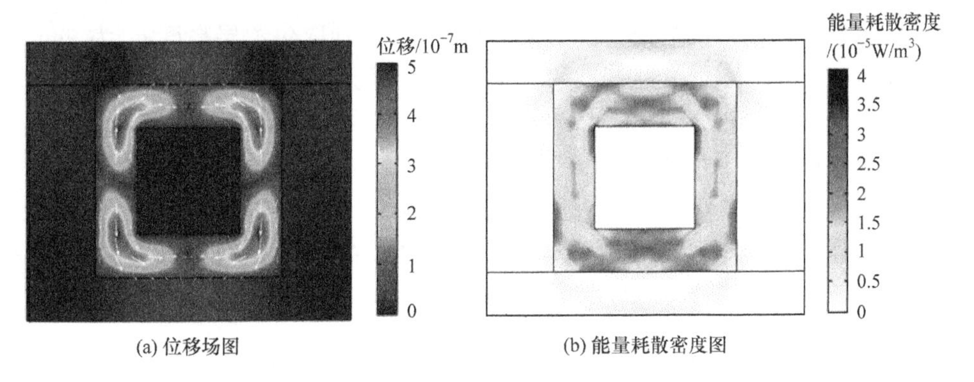

图 3.38　柱形局域共振结构 2030Hz 处的位移场图及能量耗散密度(见彩图)

2. 吸声影响规律

进一步在钢背衬条件下,以含单层柱形局域共振结构的橡胶层(参数同前)为对象,讨论不同参数对其吸声性能的影响,以加深对柱形局域共振结构吸声机理的认识[15,16]。

1) 结构参数的影响

(1) 包覆层厚度的影响。

保持柱形局域共振结构中的芯体结构不变,分别取包覆层直径 d_2 为 9mm、

11mm 和 13mm。包覆层厚度对材料吸声系数的影响如图 3.39 所示。从图中可以看出，当包覆层直径为 9mm 时，材料的吸声峰频率最高；包覆层直径 d_2 逐渐增大，即厚度逐步增大时，局域共振吸声峰向低频移动；包覆层厚度减小，局域共振中包覆层弹性模量增大，背衬-基体组成的弹簧-质量系统的等效刚度变大，因此低频吸声峰向高频移动，高频吸声性能得到改善。

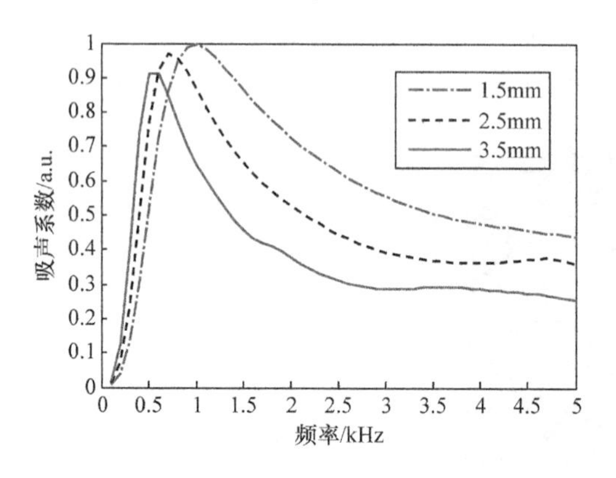

图 3.39　包覆层厚度对吸声系数的影响

(2) 包覆层高度的影响。

保持柱形局域共振结构中的芯体结构不变，分别取包覆层高度 h_1 为 9mm、11mm 和 13mm。无铝壳的橡胶层吸声系数随包覆层高度的变化如图 3.40 所示。从图中可以看出，当包覆层高度为 9mm 时，局域共振橡胶层的吸声峰频率最高；当包覆层高度逐渐增大时，局域共振吸声频率降低。包覆层上、下端基体厚度对其弯曲振动频率有重要影响，包覆层高度增大，覆盖在包覆层两端的基体层变薄，基体的弯曲振动频率降低，吸声峰向低频移动；包覆层高度减小导致材料整体的等效刚度增大，材料与水的特性阻抗匹配程度提高，橡胶层高频吸声性能得到改善。

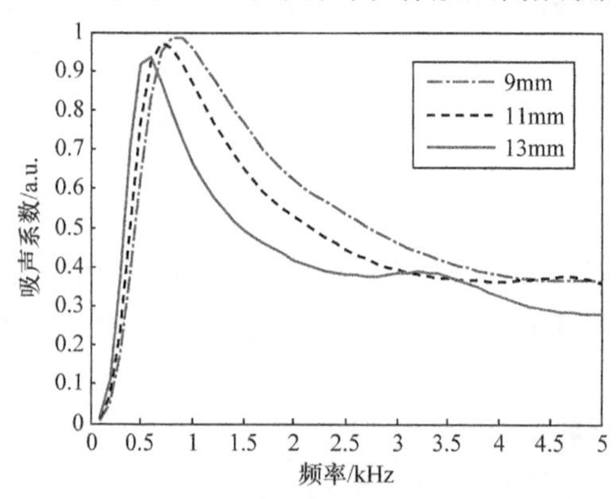

图 3.40　包覆层高度对吸声系数的影响

(3) 晶格常数的影响。

保持柱形局域共振结构中的芯体和包覆层结构不变，在无铝壳条件下，分别取晶格常数为 14mm、17mm 和 20mm，橡胶层吸声系数曲线如图 3.41 所示。从图中可以看出，当晶格常数为 20mm 时，局域共振橡胶层的吸声峰频率最高；当晶格常数逐渐减少时，局域共振吸声频率降低，但吸声峰值和高频的吸声性能也随之降低。当有铝壳时，晶格常数对橡胶层的吸声影响规律与无铝壳时相同，此外不再赘述。

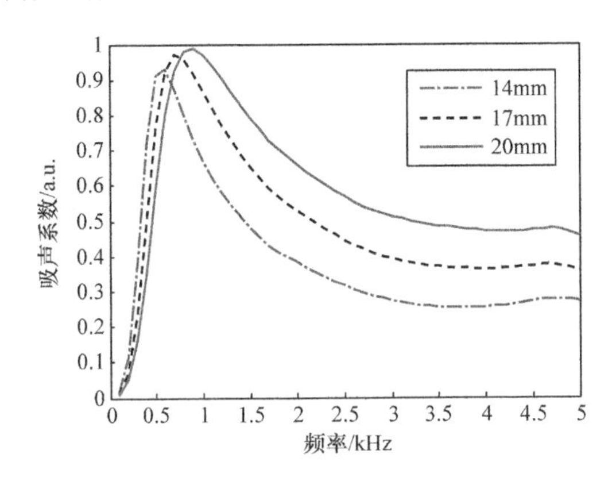

图 3.41　晶格常数对吸声系数的影响

(4) 芯体位置的影响。

保持柱形局域共振结构的包覆层结构不变，在无铝壳条件下，将刚性芯体沿 z 轴正方向分别移动 −2mm、0mm 和 2mm，橡胶层吸声系数曲线的变化如图 3.42 所示。从图中可以看出，芯体位置的变化对橡胶层的吸声峰频率和吸声系数影响不大。这说明若芯体位置在制备中的工艺不能严格保证位置对中，则样品声学性能基本不受影响。当有铝壳时，芯体位置对橡胶层的吸声影响规律与无铝壳时相同，此处不再赘述。

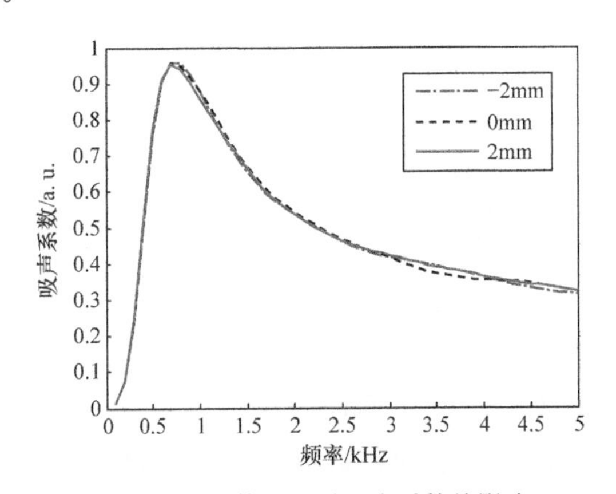

图 3.42　芯体位置对吸声系数的影响

2) 材料参数的影响

(1) 基体纵波声速的影响。

考虑基体材料纵波速度对复合橡胶吸声性能的影响，图 3.43 给出基体纵波速度变化对橡胶层吸声性能的影响。分析中取基体材料纵波速度和横波速度分别为 1500m/s 和 100m/s。保持横波速度不变，基体材料纵波速度分别取 1200m/s、1500m/s 和 1800m/s。从图中可以看出，基体纵波速度对橡胶层的吸声峰频率和吸声系数影响较小。

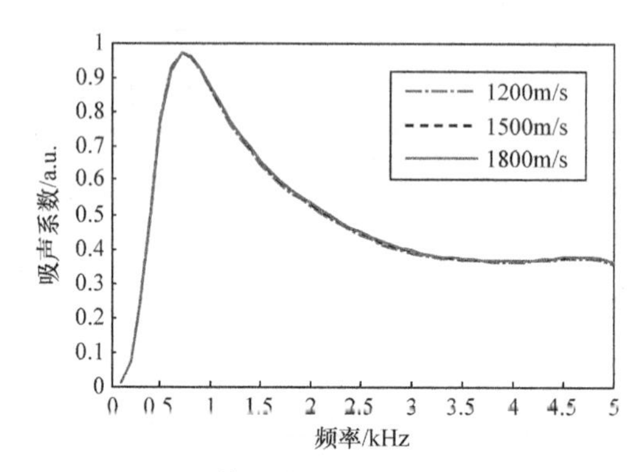

图 3.43　基体纵波声速对吸声系数的影响

(2) 基体横波声速的影响。

保持基体材料纵波速度(1500m/s)不变，取材料横波速度分别为 40.9m/s、100m/s 和 197m/s。图 3.44 给出基体横波速度对橡胶层吸声性能的影响。从图中可以看出，当基体横波速度减小时，橡胶层的局域共振吸声峰向低频移动，高频吸声性能降低，吸声带宽变窄。即基体横波速度减小，吸声峰向低频移动；同时，橡胶层与水的特性阻抗匹配变差，因此高频吸声性能降低。

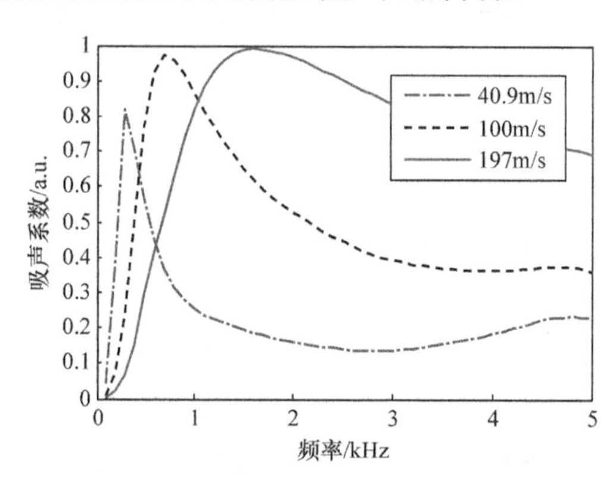

图 3.44　基体横波声速对吸声系数的影响

由于实际工程应用对橡胶层的轻质要求，各组元材料密度的变化空间非常有限，因此不再考虑密度对吸声性能的影响。从前面的分析可以看出，基体横波速度对吸声性能有重要的影响。在保持基体材料纵波速度不变的条件下，改变基体横波速度，可有效调整和优化材料吸声系数及吸声峰频率。

(3) 包覆层纵波速度的影响。

包覆层纵波速度对橡胶层吸声性能的影响如图 3.45 所示。分析中保持包覆层横波速度(5.5m/s)不变，包覆层纵波速度分别取 13m/s、23m/s 和 50m/s，对应的(杨氏模量，泊松比)分别为(0.1175MPa，0.4939)、(0.1156MPa，0.4697)、(0.1094MPa，0.391)。从图中可以看出，当包覆层纵波速度减小时，橡胶层的局域共振吸声峰向低频移动，高频吸声性能降低，吸声带宽变窄。即包覆层纵波速度减小，系统等效刚度变小，吸声峰向低频移动；同时，材料特性阻抗失配加剧，高频吸声性能降低。

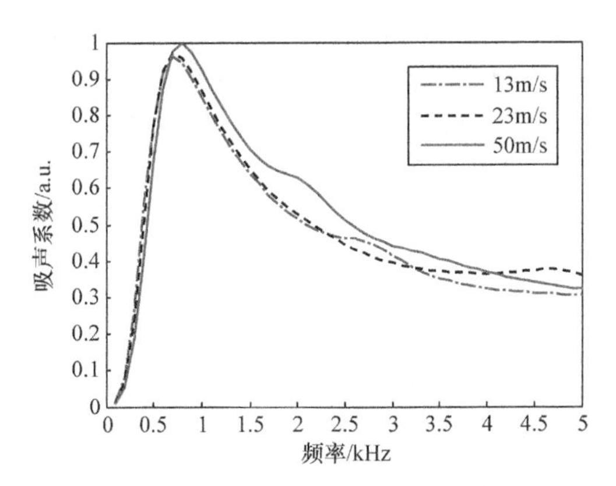

图 3.45　包覆层纵波声速对吸声系数的影响

(4) 包覆层横波速度的影响。

保持包覆层材料纵波速度(23m/s)不变，取材料横波速度分别为 3m/s、6m/s 和 15m/s，对应的(杨氏模量，泊松比)分别为(0.0349MPa，0.4913)、(0.137MPa，0.4635)和(0.661MPa、0.1299)。图 3.46 给出包覆层横波速度对橡胶层吸声性能

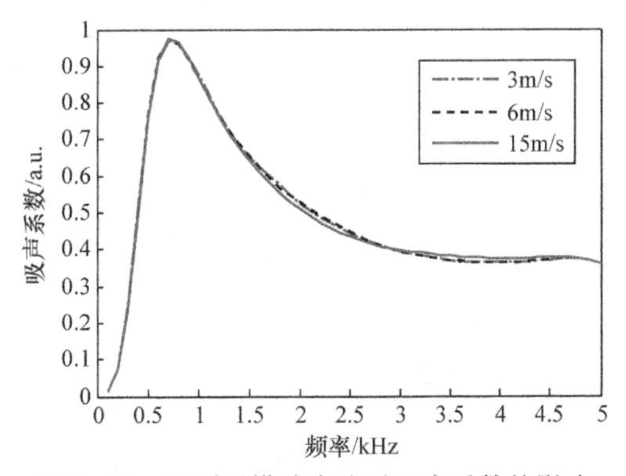

图 3.46　包覆层横波声速对吸声系数的影响

的影响。从图中可以看出,包覆层横波速度对橡胶层的吸声峰频率和吸声系数影响不大。由于包覆层纵波速度保持不变,系统的等效刚度不变,因此吸声峰频率基本不变,吸声系数变化较小。

通过上述讨论可以看出,柱形局域共振结构与球形局域共振结构的吸声机理和吸声规律类似,通过调节材料参数和结构参数,可有效调节橡胶层的吸声性能,有望实现按需设计。

3.4　声学超材料的负折射效应

折射是波由一种介质入射到另一种介质时在两种介质交界面发生的物理行为。在通常的均匀介质中,电磁波和声波的折射现象都可由基本的电动力学或弹性动力学方程直接决定。例如,对于两种半无限大流体介质构成的系统,假定一平面声波在 xOz 平面上以入射角 θ_i 从一种介质入射到另一种介质,折射角为 θ_t,反射角为 θ_r。入射波声压为 $p_i = A_1 e^{-i(k_{1x}x\sin\theta_i + k_{1z}z\sin\theta_i - \omega t)}$,反射波声压为 $p_r = B_1 e^{-i(k_{1x}x\sin\theta_r + k_{1z}z\sin\theta_r - \omega t)}$,折射波声压为 $p_t = A_2 e^{-i(k_{2x}x\sin\theta_t + k_{2z}z\sin\theta_t - \omega t)}$。由声压和法向振速在界面上的连续性条件 $p_t = p_i + p_r$ 和 $u_{tz} = u_{iz} + u_{rz}$,最终得到声波由一种介质入射到另一种介质时在交界面遵循的 Snell 定律:

$$n_1 \sin\theta_i = n_2 \sin\theta_r \tag{3.5}$$

式中,n_1、n_2 分别代表两种介质的折射率。

Snell 定律中的折射率 n 为介质的特性参数,对于声波,$n = \sqrt{\rho/E}$,ρ 和 E 为相应均匀介质的密度和体积弹性模量;对于电磁波,$n = \sqrt{\varepsilon\mu}$,$\varepsilon$ 和 μ 为相应均匀介质的介电常数和磁导率;对于通常的材料,n 为正值,入射波和折射波位于法线的两侧,且随折射率的变化改变传播方向,如图 3.47 所示。然而,1968 年理论物理学家 Veselago 针对通常介质中 $\varepsilon>0$、$\mu>0$ 这一前提反向提出,当介质的 $\varepsilon<0$、$\mu<0$ 时,介质的折射率 n 将成为负值,即成为负折射率材料。这时,入射波和折射波位

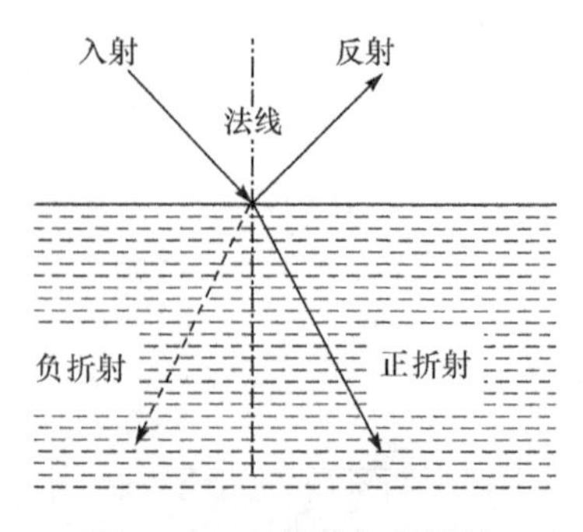

图 3.47　正折射与负折射

于法线的同侧。2000年，Smith等[17]实现了具有双负特性的电磁超材料，实验验证了这一设想，使负折射的研究引起了众多关注并很快拓展到弹性波研究领域。研究表明，声子晶体及声学超材料在一定条件下也会表现出负的折射率特性，声波在这样介质中的传播表现出与常规材料（正折射率介质）完全不同的奇异特性。

3.4.1　声学超材料负折射的基本特征

1. 左手特性

右手定则是麦克斯韦方程组分析电磁波传播得到的基本规律。由

$$\begin{aligned} \nabla\times\boldsymbol{E}&=-\frac{\partial \boldsymbol{B}}{\partial t}-\boldsymbol{M} \\ \nabla\times\boldsymbol{H}&=-\frac{\partial \boldsymbol{D}}{\partial t}+\boldsymbol{J} \end{aligned} \tag{3.6}$$

和线性电介质材料的本构关系

$$\begin{aligned} \boldsymbol{D}&=\varepsilon\boldsymbol{E} \\ \boldsymbol{B}&=\mu\boldsymbol{H} \end{aligned} \tag{3.7}$$

在ε、$\mu>0$的前提下，得到

$$\begin{aligned} \boldsymbol{k}\times\boldsymbol{E}&=+\omega\mu\boldsymbol{H} \\ \boldsymbol{k}\times\boldsymbol{H}&=+\omega\varepsilon\boldsymbol{E} \end{aligned} \tag{3.8}$$

式中，$\boldsymbol{E}$为电场强度，V/m；$\boldsymbol{H}$为磁场强度，A/m；$\boldsymbol{D}$为电位移矢量，C/m^2；$\boldsymbol{B}$为磁感应强度，W/m^2；$\boldsymbol{J}$为自由电流密度，A/m^2；$\boldsymbol{M}$为磁流密度，V/m^2；$\boldsymbol{k}$为波矢。通常情况下，ε、$\mu>0$都是大于零的。从矢量分析的角度，式(3.8)说明$\boldsymbol{E}$、$\boldsymbol{H}$、$\boldsymbol{k}$之间满足右手关系，如图3.48(a)所示。

描述电磁波能量传播的能流密度矢量，即坡印廷矢量$\boldsymbol{S}$为

$$\boldsymbol{S}=\boldsymbol{E}\times\boldsymbol{H} \tag{3.9}$$

$\boldsymbol{E}$、$\boldsymbol{H}$、$\boldsymbol{S}$之间也满足右手关系，因此$\boldsymbol{k}$与$\boldsymbol{S}$在同一方向。由相速度的定义$v_{\mathrm{p}}=\omega/\boldsymbol{k}$，可知频率始终是一个正数，$\boldsymbol{k}$代表相速度的方向，说明相速度与能量速度（群速度）在同一方向。

但是当ε、$\mu<0$时，由式(3.6)和式(3.7)得到

$$\begin{aligned} \boldsymbol{k}\times\boldsymbol{E}&=-\omega|\mu|\boldsymbol{H} \\ \boldsymbol{k}\times\boldsymbol{H}&=+\omega|\varepsilon|\boldsymbol{E} \end{aligned} \tag{3.10}$$

这时$\boldsymbol{E}$、$\boldsymbol{H}$、$\boldsymbol{k}$之间满足的是左手关系，如图3.48(b)所示，因此这类介电常数和磁导率同时为负的材料称为左手材料。同时$\boldsymbol{E}$、$\boldsymbol{H}$、$\boldsymbol{S}$之间仍然满足式(3.9)，即能量传播方向与$\boldsymbol{E}$、$\boldsymbol{H}$之间仍然保持右手关系。这时$\boldsymbol{k}$与$\boldsymbol{S}$在相反的方向，即相速度与群速度反向。

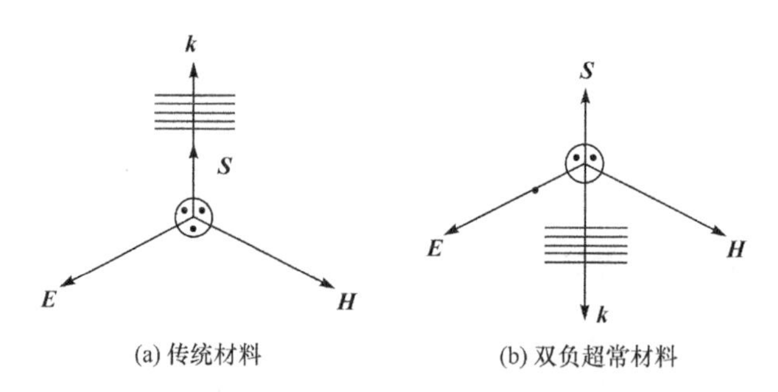

图 3.48 电场、磁场和波矢($\boldsymbol{E},\boldsymbol{H},\boldsymbol{k}$)及相应坡印廷矢量 $\boldsymbol{S}$ 满足的关系

可以看到,无论左手材料还是右手材料,群速度方向始终与 $\boldsymbol{E}$、$\boldsymbol{H}$ 保持同一关系。以群速度方向为正,由相速度的定义 $v_p=\omega/\boldsymbol{k}$ 可知,频率始终是一个正数,相速度在双负左手材料与双正右手材料中的方向相反。在双正材料中,波数始终为正(远离波源传播),然而在双负材料中,波数 $\boldsymbol{k}$ 为负数(向着波源传播),所以左手材料也称为后向波材料。

由声波方程与麦克斯韦方程的相似性,对式(3.6)中的各参量进行相应替换:$\boldsymbol{B}\Leftrightarrow\rho v,\boldsymbol{E}\Leftrightarrow pj,\boldsymbol{D}\Leftrightarrow\lambda^{-1}pj,\boldsymbol{H}\Leftrightarrow v\times j$,其中 j 指向波传播方向,即可得到声波方程:

$$\begin{aligned}\rho\frac{\partial v}{\partial t}&=-\nabla p\\ \frac{\partial p}{\partial t}&=-\lambda\,\nabla\cdot v\end{aligned}\tag{3.11}$$

对应的声波坡印廷矢量 $\boldsymbol{S}$ 为 $\boldsymbol{S}=(pj)\times(v\times j)=pv$。因此,当声学超材料的质量密度和弹性模量同时为负时,声波在其中传播同样呈现出左手特性,该介质称为左手声学介质。

2. 负折射特性

由 Snell 定律[式(3.5)]可知,当波入射的界面两边材料的折射率都为正值时,入射角 θ_i 与折射角 θ_t 都为正值(通常定义逆时针方向为正),波发生折射时入射波和折射波分列法线两侧,如图 3.49(a)所示。然而,当波从正折射率材料入射到负折射率材料时,要使等式成立,需要折射角 θ_t 为负值,这时入射角和折射角位于法线同侧,这样的折射现象称为负折射[18~20],如图 3.49(b)所示。

发生负折射时,介质中波矢 $\boldsymbol{k}$ 为负值,其与能量传输矢量 $\boldsymbol{S}$ 的方向反向平行。由于 $\boldsymbol{S}$ 的方向始终保持为前向传播,因此折射波的等相位面将沿反方向,即后向传播。可以看到,发生负折射时在界面上折射波波矢的切向分量与入射波波矢能够保持连续,即同向平行,同样满足发生折射的基本条件。而波矢的法向分量则为反向平行,为负折射率特性的直接体现。

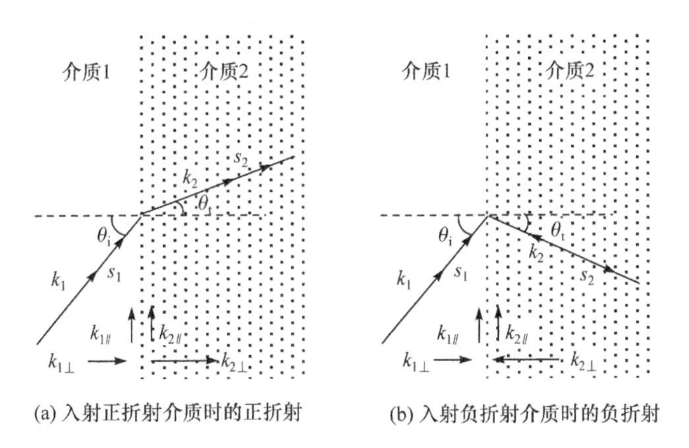

(a) 入射正折射介质时的正折射　　(b) 入射负折射介质时的负折射

图 3.49　声波入射不同介质时的折射现象

3. 平板成像特性

将负折射材料制成的平板置于普通材料中，在界面上两次应用 Snell 定律，由图 3.50 可以看到，当平板的厚度足够时，由左侧入射的点声源激励在板中第一次聚焦成点实像后继续传播，经过第二个界面出射后再次聚焦。通过两次汇聚，在平板的右侧实现类似凸透镜的聚焦成像效果。

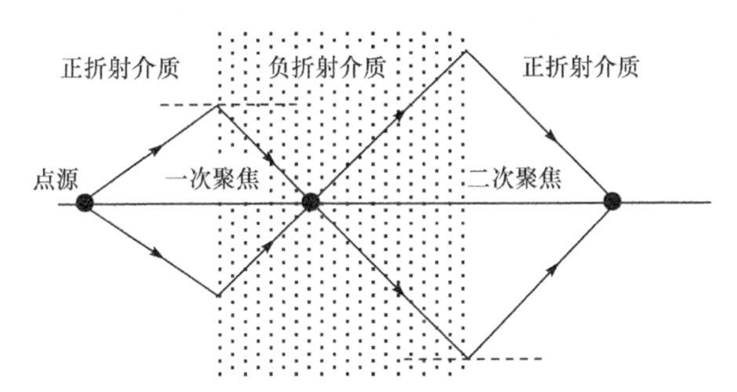

图 3.50　声波入射负折射率材料平板的声聚焦示意图

受波衍射效应的限制，通常透镜成像系统存在由成像波长决定的分辨率衍射极限，可以用如下公式描述：

$$\Delta \approx \lambda_{\rho,\min} = \frac{2\pi}{k_{\rho,\max}} = \frac{2\pi c}{\omega} = \lambda_0 \tag{3.12}$$

当一个激励源放在透镜前时，设透镜法线方向为 z 方向，它产生的声场可以 Fourier 展开为

$$p(\boldsymbol{r},t) = p(\boldsymbol{r})\mathrm{e}^{\mathrm{i}\omega t} = \sum_{m}\sum_{k_x,k_y} p_m(k_x,k_y)\mathrm{e}^{-\mathrm{i}(k_x x + k_y y + k_z z - \omega t)} \tag{3.13}$$

透镜所成像的所有信息均包含在各阶由 k_x 和 k_y 描述的分量中。在这些不同

频率的分量中，较低频率的分量对应于像的大致形态，而较高频率的分量对应于像的细节。对于任意第 i 阶分量，其沿 z 方向的波矢为

$$k_{iz}=\begin{cases}\sqrt{k_i^2-(k_x^2+k_y^2)}, & k_x^2+k_y^2=k_\rho^2<k_i^2\\ -\mathrm{i}\sqrt{(k_x^2+k_y^2)-k_i^2}, & k_x^2+k_y^2=k_\rho^2>k_i^2\end{cases} \tag{3.14}$$

当 k_z 为实数时，该分量沿着 z 方向为行波传播，经过透镜聚焦成像，如图 3.51(a)所示。当 k_z 是虚数时，波沿着 z 方向指数衰减，如图 3.51(b)所示，该分量的成像信息到达像点时已经很弱了。对于通常由正折射率材料制成的透镜，入射源中携带低频信息的行波分量可以传播，从而得到像的大致形态；然而更多的细节包含在隐失波分量中，它会在传播的过程中丢失，因此存在与频率相关的分辨率极限。然而，当声波入射负折射率平板时，将在其前后两个表面激发类似电磁波等离激元的声表面波模式。这时隐失波分量与声表面波模式相耦合，激励源信息中的亚波长细节信息能够顺利经由平板透镜聚焦并得到增强，如图 3.51(d)所示。因此，负折射率材料平板作为透镜能够克服传统透镜成像的分辨率极限问题，实现亚波长成像，理论上分辨率可以无限提高。

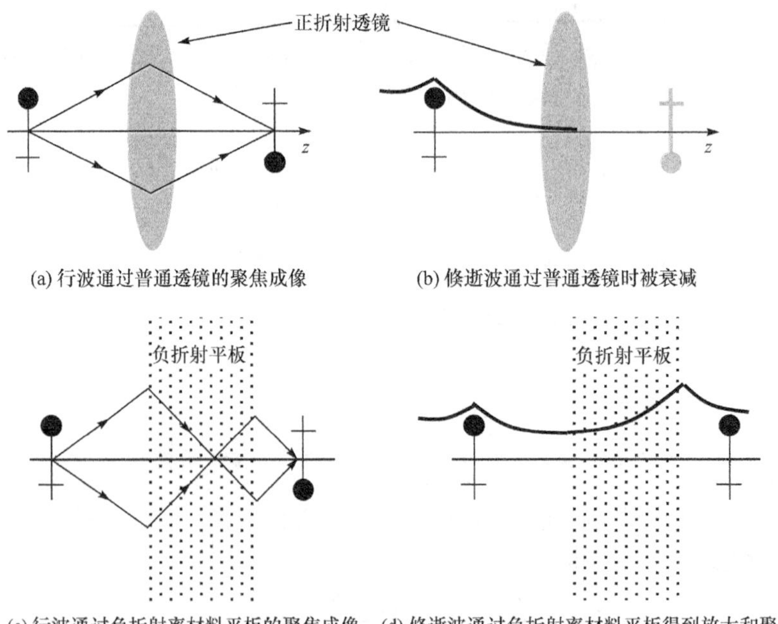

(a) 行波通过普通透镜的聚焦成像　(b) 倏逝波通过普通透镜时被衰减

(c) 行波通过负折射率材料平板的聚焦成像　(d) 倏逝波通过负折射率材料平板得到放大和聚焦

图 3.51　普通透镜成像与负折射率材料平板成像对比

4. 反常多普勒效应

对于频率为 f_0 的声源，当其与声探测器间具有相对运动时，探测器接收到的

信号频率 f' 满足：

$$f' = f_0 \frac{v_0 \pm v_p}{v_0 \mp v_s} \tag{3.15}$$

式中，v_s 为声源相对介质的速度；v_p 为探测器相对介质的速度；v_0 为声波在静止介质中的传播速度。当探测器朝向波源运动时，v_p 前取加号，背向波源运动时取减号，v_s 则相反。即介质为正折射率材料时，探测器朝向信号源运动时，接收到的信号频率将升高[图 3.52(a)、(b)]，反之则降低。但是在负折射率材料中，波数 $\boldsymbol{k}$ 为负数，波阵面向着波源传播[图 3.52(c)、(d)]，这时观测到的频率变化与通常材料中的规律相反，探测器向波源靠近时，观测到的频率降低，反之则升高。

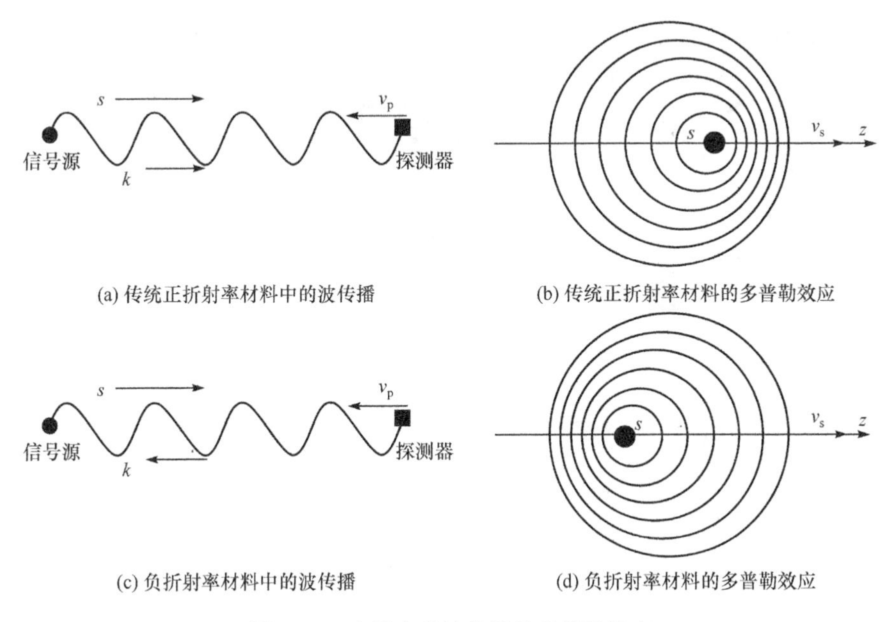

(a) 传统正折射率材料中的波传播　(b) 传统正折射率材料的多普勒效应

(c) 负折射率材料中的波传播　(d) 负折射率材料的多普勒效应

图 3.52　介质中的波传播及多普勒效应

3.4.2　声学超材料负折射的形成机理

2000 年，Smith 等[17]在电介质基体中引入经过特别设计的电和磁的局域共振单元（金属线和开口金属谐振环），调节两种共振单元在相同的频率区域产生电和磁的负响应，实现了负折射率电磁超材料的设计，证实了将两种分别实现负介电常数和磁导率的共振单元组合在一起，即可实现双负参数的负折射超材料的思路。对于声学超材料，同样可以考虑将形成负质量密度的偶极共振和形成负弹性模量的单极共振两种结构单元并入同一结构中，通过结构设计使两种单元产生共振的频率一致，从而实现有效质量密度和有效体模量同时为负的负折射声学超材料。

考虑图 3.53 所示的两种材料构成球形共振单元嵌在弹性基体中构成的三组

元声学超材料。当共振单元由高密度芯体球包裹软橡胶构成时，为典型的局域共振声学超材料。图 3.54(a)、(b)为其弹性波能带结构图和等效质量密度随频率的变化关系。在归一化频率范围 0.4～0.5 内出现低频带隙，这时带隙内产生负的质量密度。计算中材料参数如下：高密度芯体的密度为 19500kg/m^3，压缩弹性模量为 2.2×10^{11}N/m^2，剪切弹性模量为 2.99×10^{10}N/m^2；软橡胶密度为 1300kg/m^3，压缩弹性模量为 2.213×10^9N/m^2，剪切弹性模量为 9.98×10^6N/m^2；基体介质为环氧树脂，密度为 1180kg/m^3，压缩弹性模量为 7.61×10^9N/m^2，剪切弹性模量为 1.59×10^9N/m^2。单元以面心立方晶格排列，填充率为 9.77%，橡胶包层的内半径和外半径之比为 15∶18。

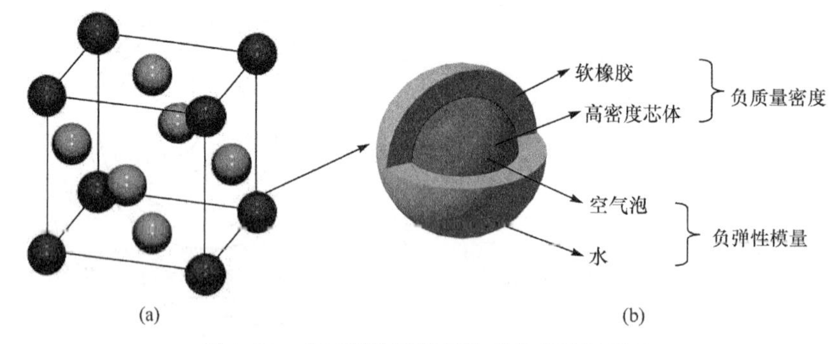

图 3.53　由不同共振单元构成的声学超材料

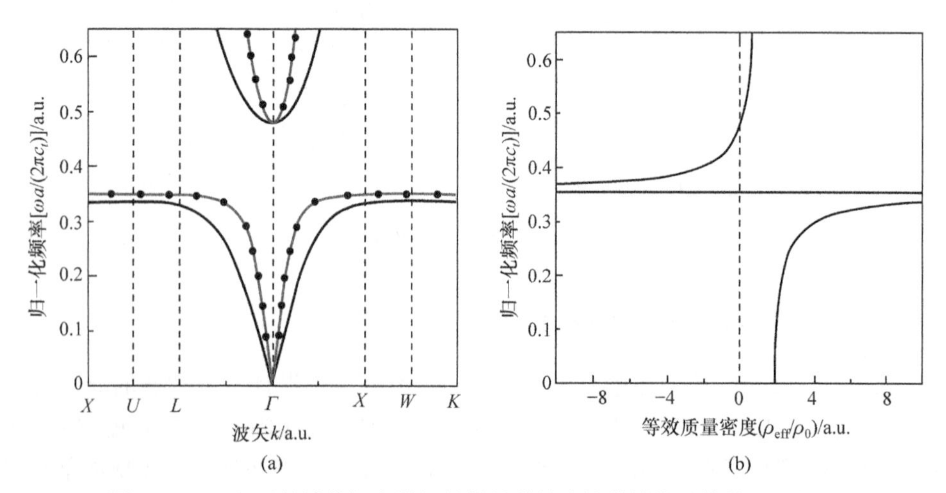

图 3.54　三组元局域共振声学超材料的弹性波能带结构及等效质量密度

实线和点线分别表示横波与纵波能带

当共振单元的材料为包裹空气泡的水球时，空气泡也能产生低频共振，这时低频共振是以膨胀-收缩的方式运动，表现为单极共振。在共振频率后，注入空气泡的水球体积膨胀与收缩的趋势与外部激励反相，对应的负响应为负的等效弹性模量。同样选取面心立方排列，在填充率为26.2%、空气泡的半径与水球半径之比为2∶23时，得到弹性波能带结构及等效压缩弹性模量如图3.55所示。在归一化频率0.4附近，纵波出现了一个低频带隙，而横波的传播在此频率段不受影响。计算中水密度为1000kg/m^3，纵波模量为2.22×10^9N/m^2；空气密度为1.29kg/m^3，纵波模量为1.42×10^5N/m^2。

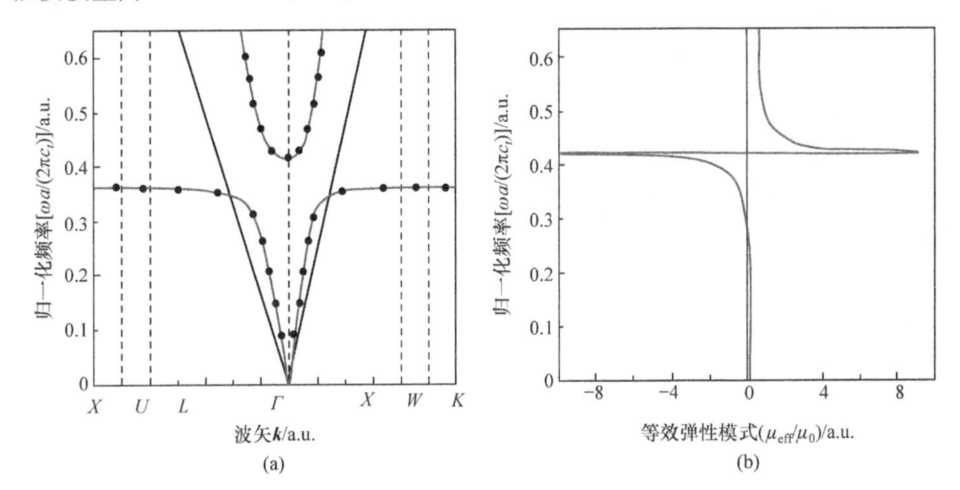

图3.55　三组元单极共振声学超材料的弹性波能带结构及等效压缩弹性模量

实线和点线分别表示横波与纵波能带

上述两种共振单元在相同频率段分别得到负等效质量密度和负等效弹性模量。将面心立方排列的两种共振单元沿体对角线方向错开25%的体对角线长度，得到两种单元复合的尖晶石结构的声学超材料，如图3.56(a)所示。图3.56(b)为

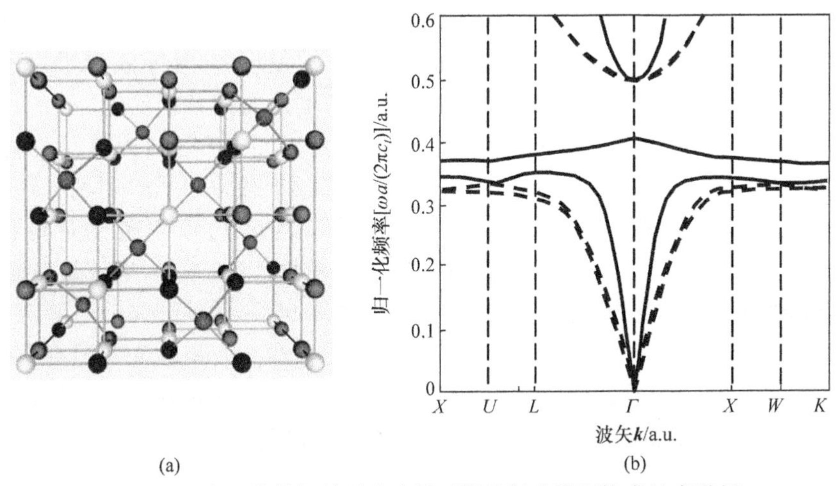

图3.56　由两类共振单元以尖晶石晶格复式排列构成的声学超材料结构示意图及弹性波能带结构

该声学超材料的弹性波能带结构。由图可以看到，在归一化频率 0.4 附近，即原来质量密度和弹性模量分别为负的频段出现了一条新的纵波能带，此时超材料中两类共振单元都对外部激励产生负响应，说明等效质量密度和弹性模量同时为负时，纵波能够在超材料中传播，这是负折射率材料的典型表现。

3.4.3 声学超材料负折射的主要影响因素

图 3.57 为图 3.54～图 3.56 中三类声学超材料在纵波沿体对角线方向入射时声压透射系数的仿真结果[21]。可以看到，负质量密度和负弹性模量均对应于声波带隙，将两种结构复合时在带隙的交叠区域，即等效弹性模量和等效质量密度同时为负的频段，出现透射的峰值，此时负的折射率产生由负波矢引起的声传播。

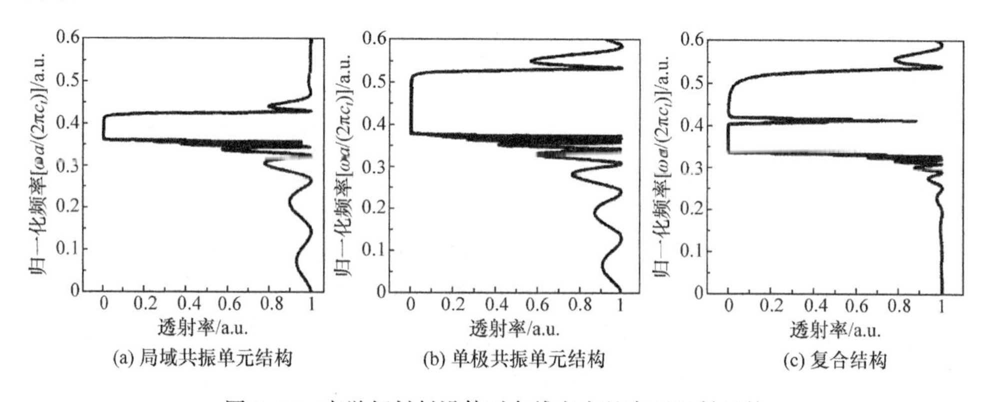

图 3.57 声学超材料沿体对角线方向的声压透射系数

为了进一步分析负折射率与两种共振单元的关系，考虑固定一种单元(局域共振单元)不变，改变单极共振单元的结构来分析复合结构等效参数的变化。图 3.58～图 3.60(a)都为局域共振声学超材料在单元的内外径比例为 15∶18 时的传输系数，出现负等效质量密度的频率范围一定。图 3.60(b)为单极共振超材料在单元弹性参数不变、内外径比例依次为 2∶15、2∶20 和 2∶30 时的传输系数。随着外径即水球体积的增加，出现负等效质量密度的频率范围逐渐降低。图 3.60(c)为两种单元复合时声学超材料的传输系数，可以看到，当等效负质量密度和负弹性模量频率区域没有交叠区间时，如图 3.58(c)和图 3.60(c)所示，复合体系的声波带隙只是将两种单元形成的带隙简单叠加。而当频率范围有交叠时，如图 3.59(c)所示，交叠区域出现新的声波透射峰，且交叠的频率区间越宽，相应的透射峰越宽，即负折射率的产生只与两种单元的共振特性相关。

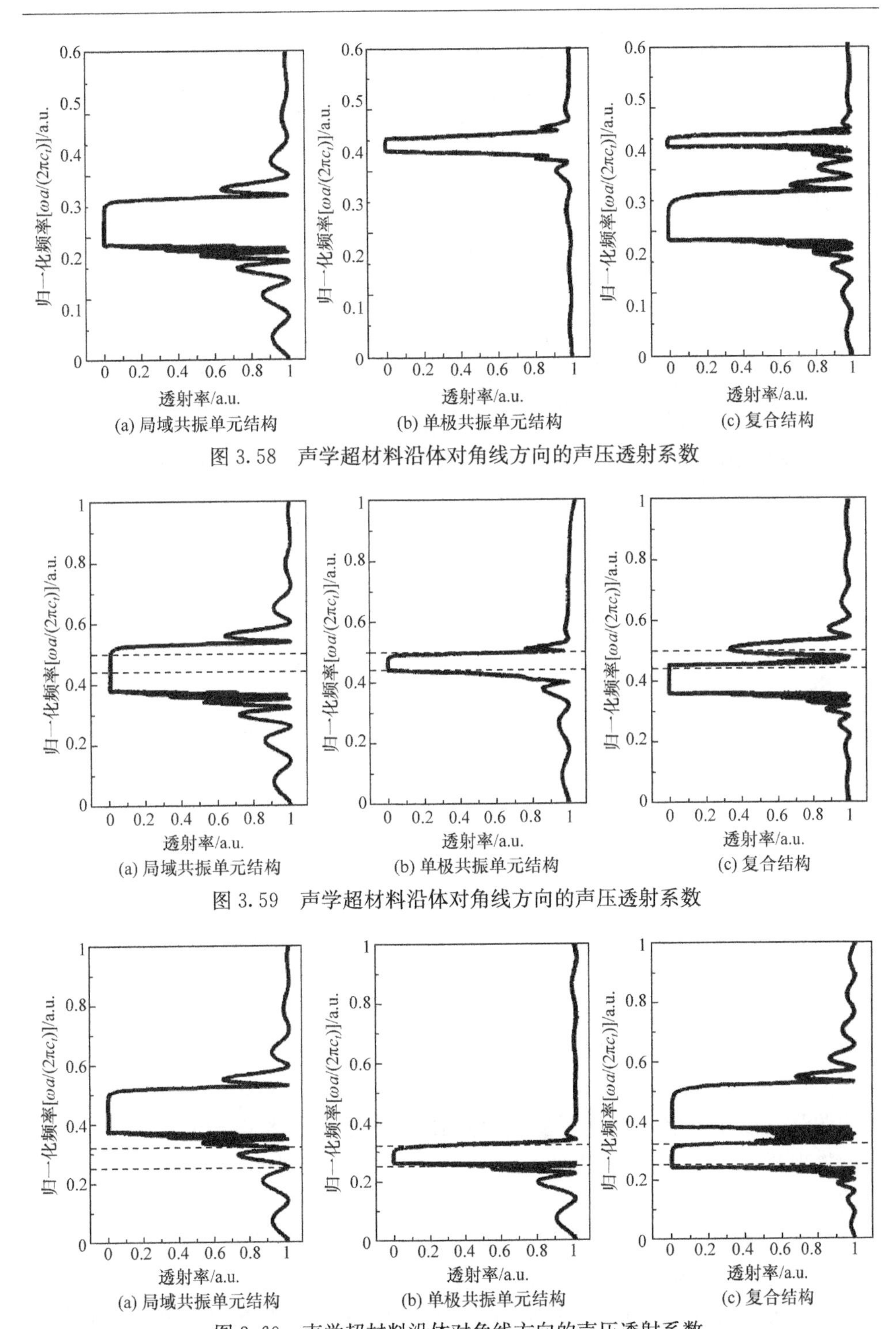

(a) 局域共振单元结构　(b) 单极共振单元结构　(c) 复合结构

图 3.58　声学超材料沿体对角线方向的声压透射系数

(a) 局域共振单元结构　(b) 单极共振单元结构　(c) 复合结构

图 3.59　声学超材料沿体对角线方向的声压透射系数

(a) 局域共振单元结构　(b) 单极共振单元结构　(c) 复合结构

图 3.60　声学超材料沿体对角线方向的声压透射系数

由于散射体的共振特性是单体行为，因此周期排列方式对其不产生明显的影响。将两种散射体分别以简立方排列，相对位置沿体对角线方向移动 1/2 个体对角线长度构成 C_sC_l 晶格的复合结构超材料。图 3.61 为声学超材料结构示意图及弹性波能带结构计算结果。可以看到，与尖晶石形式的复式结构一样，在两种散射体的共振交叠频率区域产生了一条新的纵波模式能带，说明散射体的排列结构和相对位置并不会影响负折射率的产生。

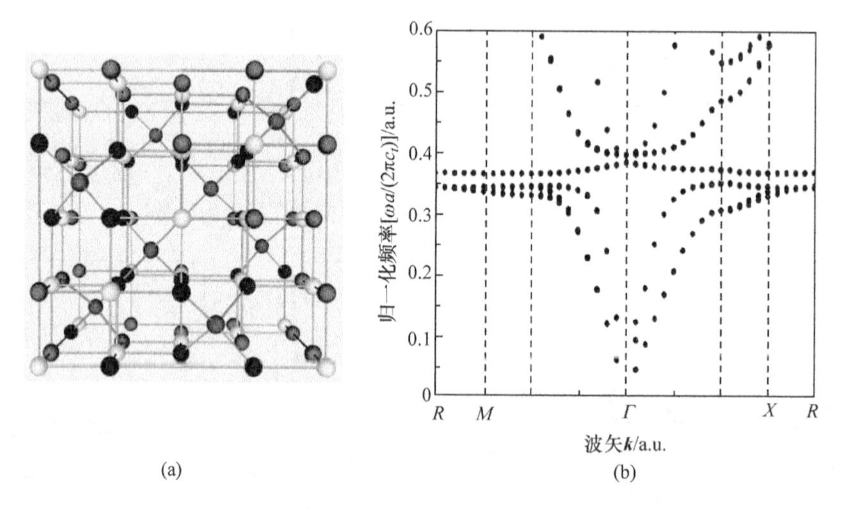

图 3.61 由两类共振单元以 C_sC_l 晶格排列构成的声学超材料结构示意图及弹性波能带结构

3.5 声学超材料的表面反常效应

Ebbesen 等[22]于 1998 年在研究银膜亚微米孔阵列的光学特性时，在亚波长频段得到了由表面特性引起的，与传统光学透射理论不符的光波异常透射增强现象。随后又陆续发现了与超材料表面相关的隧穿、超透镜及慢波效应等奇异物理效应，这些效应统称为超材料的表面反常效应。与前述几种物理效应主要基于超材料内部结构对波进行调控不同，这些效应是通过对超材料表面亚波长微结构参数的调节，在外部电磁波入射时激发表面 Bloch 模式来调控电磁波。这一现象蕴藏的物理机制及其在光学器件小型化方面的应用前景引起了广大研究者的兴趣[23]。

声学超材料是否有相似效应呢？取厚度 $w=22\text{mm}$ 的铜板置于空气中，在平板上开宽度 q 为 5mm 的狭缝。取空气密度为 1.21kg/m^3，声速为 340m/s。由于空气和金属之间声阻抗的巨大差异，流固界面可以视为理想的刚性界面。由声传输系数分析可知，这时在声波波长远大于狭缝宽度时，声波不能通过该平板，如图 3.62(b)中虚线所示。考虑在平板表面设计微结构，如周期凹槽，如图 3.62(a)所示，凹槽结构与周围空气流体即构成了一种固液混合的声学超材料。取结构参数为 $a=5\text{mm}$、$d=60\text{mm}$、$h=9\text{mm}$，由声传输系数分析可以看到，在频率为 5510Hz，对应入射波长为 62mm，远大于狭缝宽度时，平板产生一个明显的透射峰，这说明声学超材料同样可以产生亚波长反常增透等表面反常效应。

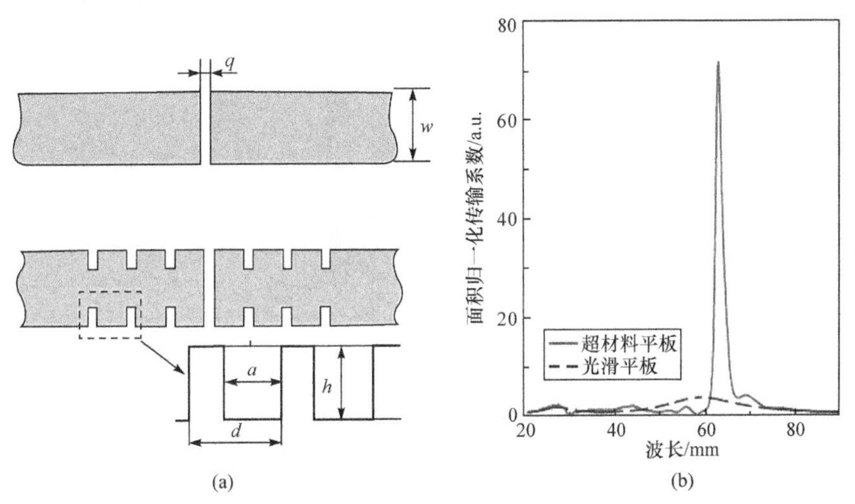

图 3.62　含狭缝光滑平板和声学超材料平板结构及面积归一化传输系数随入射波波长的变化

电磁超材料的表面反常效应通常认为与表面等离子激元(surface plasmon polariton，SPP)等表面隐失波模式相关。在声学中不存在直接与 SPP 对应的声学表面波模式，但声波在流固耦合界面也存在 Stoneley 波等特有的表面波模式[24,25]，表面波模式在沿表面方向能够产生较大的传播波矢量和较慢的传播速度，有利于用更小的结构尺寸实现对波的控制。探索声学超材料表面微结构对声学表面波模式的控制机理，研究基于声学超材料表面模式的特殊物理效应，发展基于表面效应的超材料声波控制技术，同样具有重要的理论意义和应用价值。

3.5.1　声学超材料表面反常效应的基本特征

1. 低频声透射增强

声波透过周期栅状狭缝的特性已经得到长期的研究。在亚波长区域，声传输系数通常可由如下解析关系描述：

$$t_{\text{p}}=\left(\frac{2\pi a}{\lambda}\right)^{2} \tag{3.16}$$

式中，a 为狭缝宽度；λ 为入射声波波长。

可以看到，声传输系数随声波波长的增加而降低。图 3.63(a)为透射率随声波波长的变化曲线，当狭缝远小于波长时，声波不能透过结构。

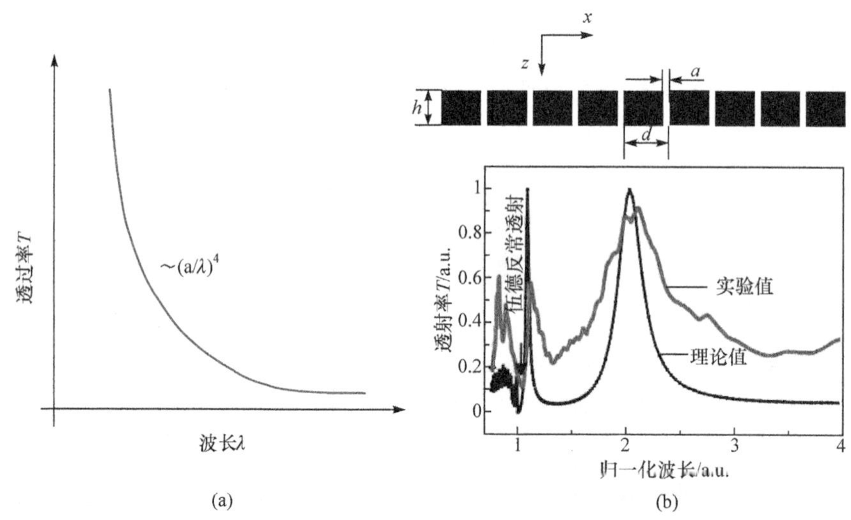

图 3.63　经典理论预测薄板上狭缝的声波透射率随入射波波长的变化及周期格栅结构的声波亚波长增透现象(d=4.5mm、a=0.5mm、h=4mm)

然而，对图 3.63(b)所示的流体中周期钢性格栅结构的分析表明，平面波入射时，在亚波长频段的特定频率能够出现远远超出经典理论预测的透射峰，平板不仅没有阻挡声波的透过，反而对透射增强起到了积极的作用[26]。

2. 出现隐失波模式，形成表面局域声场

当声波从一半无限大均匀流体介质入射另一半无限大均匀流体时，设入射方向为 z 方向，两种介质的密度为 ρ^{I} 和 ρ^{II}，由边界处的力平衡方程和质量连续性方程得到界面两侧波矢法向分量之间需满足

$$\rho^{\mathrm{II}} k_z^{\mathrm{I}} = -\rho^{\mathrm{I}} k_z^{\mathrm{II}} \tag{3.17}$$

当两种介质的密度 ρ^{I} 和 ρ^{II} 都大于零时，界面两边的波矢都为实数，声学系统中只存在行波分量。当其中一种介质Ⅱ的密度 $\rho^{\mathrm{II}}<0$ 时，界面两边的波矢法向分量将产生虚部，这时入射声波将在界面处激发一种声压在界面最大且沿界面的法向指数衰减的声表面隐失波模式。也即声学超材料平板在等效质量为负时，将在其与周围流体的界面处激发表面隐失波模式，表面反常效应与这样的表面波模式密切相关。

图 3.64 为局域共振声学超材料平板置于流体中，界面处表面波模式的色散曲线。其等效质量密度为 $1/(\omega_0^2-\omega^2)$ 的线性函数，是随频率变化的动态参数，因此

表面波波矢 k_y 也随频率变化。可以看到，当等效质量密度 ρ^{II} 趋于与流体的密度大小相等而符号相反，即趋于 $-\rho^{\mathrm{I}}$ 时，$k_y \to 0$，色散曲线趋于平直化，形成局域的声表面波带隙。这说明声学超材料的声表面波模式存在局域化现象。

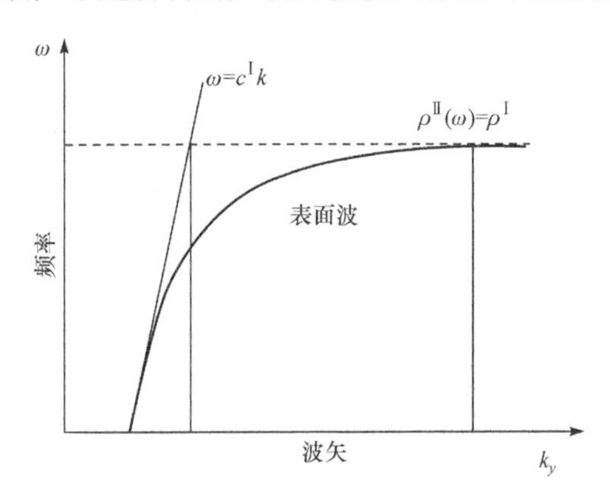

图 3.64　质量密度异号的两半无限大介质界面的表面态色散

3.5.2　声学超材料表面反常效应的形成机理

图 3.65 为图 3.63(b)中周期格栅结构在两个声透射峰处的声压场分布。可以看到，狭缝中产生了明显的一阶和二阶的波导 Fabry-Perot 共振模式[27,28]，这表明声波能透过钢性平板是与狭缝的 Fabry-Perot 共振模式分不开的。对于狭缝中

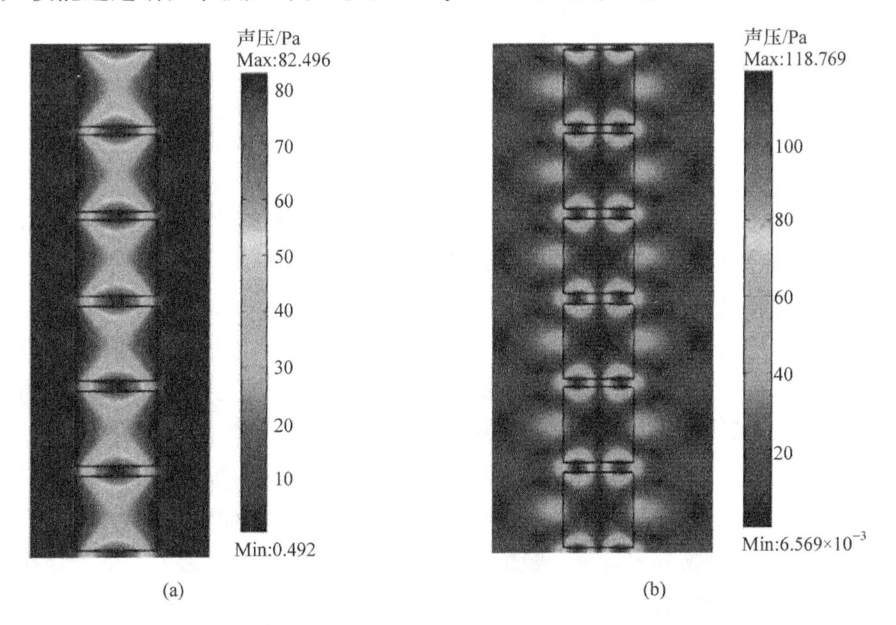

图 3.65　平面波入射周期格栅结构在透射峰处的波场分布(见彩图)

的低阶共振模式,基于单峰近似,平面波入射该格栅平板时狭缝中的声波场近似为矩形波导模式,可解析地表示为

$$P_w = \cos(k_x x)[A\exp(-\mathrm{i}k_z z) + B\exp(\mathrm{i}k_z z)], \quad -a/2 \leqslant x \leqslant a/2 \tag{3.18}$$

式中,A、B 为格栅结构狭缝中前向波、后向波的振幅待定系数。

结合声波在平板前后表面的连续性条件,求解得到平面波入射时整个系统的声场分布,最终可得格栅平板的零阶传输系数解析表达式为

$$t_0 = \left| f(a,d,k_z,k_x)\frac{1}{1-\gamma^2} \right|^2 \tag{3.19}$$

式中,γ 为与格栅结构尺寸相关的参变量,称为共振因子。

图 3.66 为 γ 和 t_0 随入射波归一化波长的变化。可以看到,当 γ 为 0 时,零阶传输系数 t_0 对应于传输峰值。这时 $\arg(\gamma)=m\pi$,格栅狭缝的 Fabry-Perot 共振条件得以满足,证明这样的亚波长透射峰是与狭缝的 Fabry-Perot 共振模式紧密相关的。

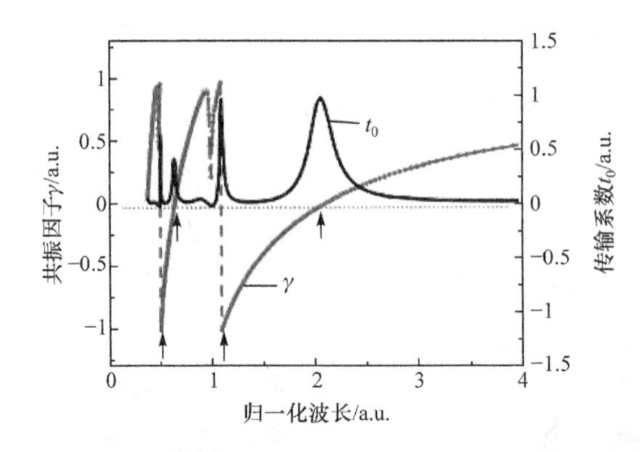

图 3.66 周期格栅结构共振因子随入射波归一化波长的变化

但从图 3.62 所示的结果可以看到,对于光滑平板上的单个狭缝,入射声波并不能明显透过狭缝,说明这时该模式没有被激发,即需要入射平面声波与平板狭缝的 Fabry-Perot 共振模式耦合才能使声波透过狭缝。

在什么情况下狭缝的 Fabry-Perot 共振模式能够被激发呢? 目前针对电磁超材料的表面反常效应,提出了表面等离激元共振、腔共振以及动态衍射等多种产生机制,这些机制都可以归结于一定的表面隐失波模式与平板共振模式的耦合。在声学系统中没有类似金属中等离子体的电荷密度振荡机制,但从图 3.65 中可以看到,当透射增强时,平板表面的流体中声波场有明显的从表面沿法线方向快速衰减的声表面隐失波波场分布特征,表明这时入射声波在平板表面激发了表面波模式。这说明声波反常透射的实现,同样需要声表面隐失波的参与。

对于周期格栅或矩形凹槽刚性结构平板置于流体中构成的亚波长系统,由界

面声压、速度连续性条件分析可以得到系统中各部分的声场分布。结果表明：当沿平板方向的波矢 k_x 大于自由空间中流体的波矢 k_0 时，k_x 及平板法向 k_z 两个方向的波矢分别表示为

$$
\begin{aligned}
k_x &= k_0\sqrt{1+\frac{a^2}{d^2}\tan^2 k_0\left(h-\frac{a(\lg 2)}{\pi}\right)} \\
k_z &= \frac{\mathrm{i}k_0 a}{d}\tan\left(h-\frac{a(\lg 2)}{\pi}\right)
\end{aligned}
\tag{3.20}
$$

式中，a 为凹槽宽度；d 为周期长度；h 为凹槽厚度。

法线方向上的波矢 k_z 产生了虚部，形成了声表面隐失波。对负质量密度声学超材料的分析表明，两个弹性参数异号的流体介质界面能够产生声表面隐失波。显然，当 $k_x>k_0$ 时，该系统成为一个等效质量密度呈现负值的声学超材料平板，该声学超材料平板能够实现有效的声阻抗匹配，使声表面隐失波与狭缝 Fabry-Perot 共振模式产生强烈耦合，出现声波的反常透射。

上述分析表明，声学超材料表面反常效应与电磁超材料表面反常效应有相似之处，电磁超材料表面的横向电荷密度振荡形成极化，导致表面等离激元形成表面隐失波，与平板电磁模式相耦合引起透射增强；声学超材料表面的横向质量密度变化同样可以形成表面隐失波，与平板 Fabry-Perot 共振模式相耦合形成透射增强。当然，两者也有明显的区别。在声学系统中，狭缝零阶传播模式始终存在，但在光学亚波长系统中，金属缝隙则存在截止倏逝模。

3.5.3　声学超材料表面反常效应的主要影响因素

上述机理分析表明，声学超材料平板狭缝的 Fabry-Perot 共振模式或其他平板导波模式，以及表面隐失波模式是产生表面反常效应的基本要素，因此影响两者的因素都会对表面反常效应产生影响。狭缝的 Fabry-Perot 共振模式与狭缝的几何结构及入射波方向相关，表面隐失波则与表面的周期结构相关。

图 3.67 为图 3.63(b)中周期格栅结构平板的零阶声透射系数随入射平面声波入射角度的变化，图 3.67(a)为解析模型理论分析结果，图 3.67(b)为实验结果。可以看到，当入射声波由垂直变为倾斜时，随着入射角度的增加，第一个透射峰向低频移动，第二个透射峰则几乎不变。由式(3.19)可知，透射峰对应的共振因子 $\gamma=0$，这时共振因子的复角为

$$
\arg(\gamma)=k_x h-\arg\left(\frac{\Gamma_2}{\Gamma_1}\right)=m\pi \tag{3.21}
$$

式中，$k_x h$ 只与狭缝相关而与入射声波角度无关；Γ_2 和 Γ_1 为与表面隐失波分量相关的物理量，它代表表面隐失波分量引入的相位变化。分析表明，当声波波长 $\lambda\ll d$ 时，等号右边第二项随入射角的变化而明显变化，因此第一个透射峰随入射角变

化。但当 $\lambda \approx d$ 时，等号右边第二项随入射角的变化不明显，因此第二个透射峰几乎不随入射角的变化而变化。

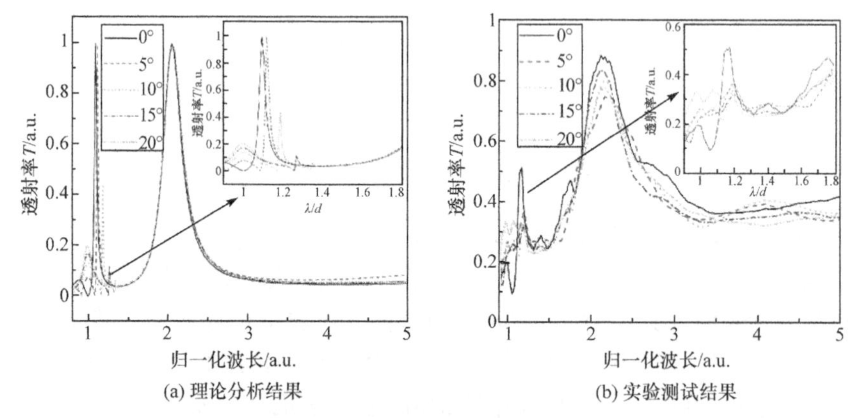

(a) 理论分析结果　　(b) 实验测试结果

图 3.67　平面声波沿不同角度入射周期格栅平板的声波增透特性(见彩图)

图 3.68 为图 3.63(b)中周期格栅结构平板在厚度变化时的声透射系数。实线为解析模型分析结构，点线为实验结果。可以看到，随着厚度的增加，低阶的透射峰向低频移动，同时出现更多的透射峰。这时，平板狭缝的几何结构发生变化，使 Fabry-Perot 共振模式发生了变化，在式(3.21)中表现为 h 增大，需要 k_x 变小来满足等式。

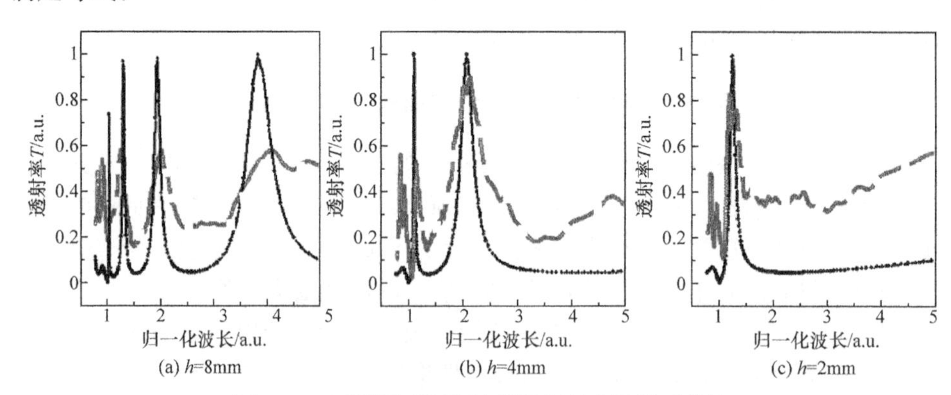

(a) h=8mm　　(b) h=4mm　　(c) h=2mm

图 3.68　不同厚度周期格栅平板的声波增透特性

为了分析声表面隐失波对声波增透的影响，考虑如图 3.69(a)所示的声学超材料平板模型，其由两侧刻有周期性凹槽并且中间有缝的钢板置于空气流体中构成。板的厚度与凹槽的周期分别是 H=4mm 和 d=5mm，中间狭缝与两侧凹槽的宽度 w，以及凹槽的深度 h 都是 0.5mm。图 3.69(b)为其声透射系数的理论及实验结果，可以看到，在波长 $\lambda=1.9d$ 及 $\lambda=1.035d$ 时，观察到明显的声波反常透射效应。

由上述分析可知，产生声波反常透射时，超材料平板的出射声场中包含两种声波的动力学过程，一种是束缚在周期性凹槽结构表面的声表面隐失波的传播，另一

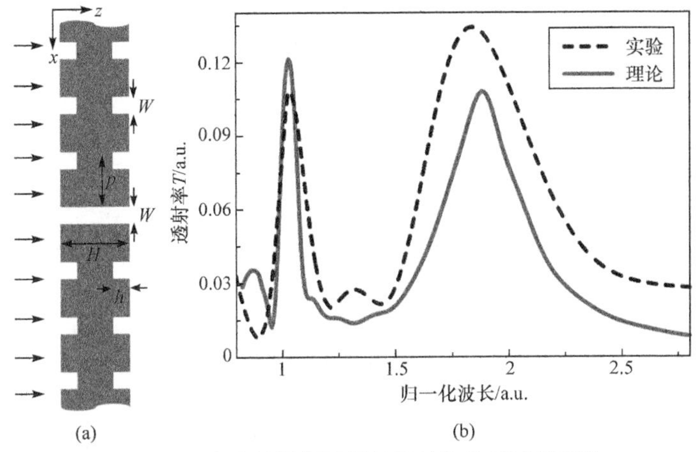

图 3.69　含狭缝周期凹槽平板结构及其透射系数

种是能够向远场辐射的声波行波。在长波近似下，由声场的声压、速度场分析得到平板远处的透射声压场为

$$P(x,z)=P_f A_{\mathrm{CW}}\sqrt{x^2+z^2}+\sum_{n=-9}^{9}P'_n A_{\mathrm{CW}}\sqrt{(x-nd)^2+z^2} \tag{3.22}$$

式中，P'_n为平板输出端面上狭缝左右第 n 个凹槽的贡献；P_f 为狭缝中的声压；A_{CW} 为声表面隐失波的辐值。

反常透射意味着这时平板对入射声波满足相位匹配条件并且有声表面隐失波的激发。与平板 Fabry-Perot 等导波模式的耦合意味着面上平板表面的周期结构所形成的表面隐失波不会对透射峰的频率位置产生明显的影响，但由式(3.22)可以看到，它对透射波的辐值有明显的影响。图 3.70 为图 3.69 中第一个透射峰附近的声透射系数的解析分析、数值仿真结果，以及与同样厚度的含狭缝光滑平板的透射系数的对比，由该图可以看到有表面周期凹槽时声波的透射率有明显的增强。

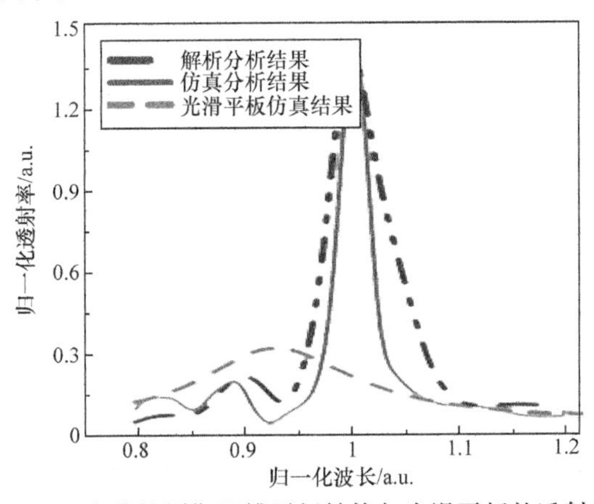

图 3.70　含狭缝周期凹槽平板结构与光滑平板的透射系数

参 考 文 献

[1] Xiao Y, Wen J H, Wen X S. Flexural wave band gaps in locally resonant thin plates with periodically attached spring-mass resonators[J]. Journal of Physics D: Applied Physics, 2012, 45(19):195401.

[2] Xiao Y, Wen J H, Wen X S. Sound transmission loss of metamaterial-based thin plates with multiple subwavelength arrays of attached resonators[J]. Journal of Sound and Vibration, 2012, 331(25):5408-5423.

[3] Xiao Y, Wen J H, Huang L Z, et al. Analysis and experimental realization of locally resonant phononic plates carrying a periodic array of Beam-Like resonators[J]. Journal of Physics D: Applied Physics, 2014, 47(4):045307.

[4] 肖勇. 局域共振型结构的带隙调控及振动控制[D]. 长沙:国防科学技术大学, 2012.

[5] Goffaux C, Sanchez-Dehesa J, Yeyati A L, et al. Evdence of Fano-Like interference phenomena in locally resonant materials[J]. Physics Review Letters, 2002, 88(22):225502.

[6] Mei J, Liu Z Y, Wen W J, et al. Effective mass density of fluid-solid composites[J]. Physical Review Letter, 2006, 96(2):024301.

[7] 温激鸿, 王刚, 刘耀宗, 等. 基于集中质量法的一维声子晶体弹性波带隙计算[J]. 物理学报, 2004, 53(10):3384-3388.

[8] Wang G, Wen X S, Wen J H, et al. Quasi one-dimensional periodic structure with locally resonant band gap[J]. ASME Journal of Applied Mechanics, 2006, 73(1):167-169.

[9] 王刚. 声子晶体局域共振带隙机理及减振特性研究[D]. 长沙:国防科学技术大学, 2006.

[10] Liu Z Y, Zhang X, Mao Y, et al. Locally resonant sonic materials[J]. Science. 2000, 289(5485):1734-1736.

[11] Liu Y Z, Yu D L, Zhao H G, et al. Theoretical study of two-dimensional phononic crystals with viscoelasticity based on fractional derivative models[J]. Journal of Physics. D: Applied Physics, 2008, 41:065503.

[12] Ivansson S M. Anechoic coatings obtained from two-and three-dimensional monopole resonance diffraction grating[J]. The Journal of the Acoustical Society of America. 2012, 131:2622.

[13] Jiang H, Wang Y R, Zhang M L, et al. Locally resonant phononic woodpile: A wide band anomalous underwater acoustic absorbing material[J]. Applied Physics Letters. 2009, 95(10):104101.

[14] Chen M, Meng D, Zhang H, et al. Resonance-coupling effect on broad band gap formation in locally resonant sonic metamaterials[J]. Wave Motion, 2016, 63:111-119.

[15] 赵宏刚. 基于声子晶体理论的水声吸声材料吸声特性研究[D]. 长沙:国防科学技术大学, 2008.

[16] 吕林梅, 温激鸿, 赵宏刚, 等. 内嵌不同形状散射子的局域共振型黏弹性覆盖层低频吸声性能研究[J]. 物理学报, 2012, 61(21):214302.

[17] Smith D R, Padilla W J, Vier D C, et al. Composite medium with simultaneously negative permeability and permittivity[J]. Physical Review Letters. 2000, 84(18): 4184-4187.

[18] Lagarkov A N, Kissel V N. Near-perfect imaging in a focusing system based on a left-handed- material plate[J]. Physics Review Letters, 2004, 92: 7.

[19] Grbic A, Eleftheriades G V. Overcoming the diffraction limit with a planar left-handed transmission-line lens[J]. Physics Review Letters, 2004, 92: 11.

[20] Deng K, Ding Y Q, He Z J, et al. Theoretical study of subwavelength imaging by acoustic metamaterial slabs. Journal of Applied Physics, 2009, 105: 124909.

[21] 邓科. 声子晶体及声超常材料的特性调控与功能设计[D]. 武汉：武汉大学，2010.

[22] Ebbesen T W, Lezec H J, Ghaemil H F, et al. Extraordinary optical transmission through sub-wavelength hole arrays[J]. Nature, 1998, 391(6668): 667-669.

[23] 张斗国，王沛，焦小瑾，等. 表面等离子体亚波长光学前沿进展[J]. 物理，2005, 34(7): 231-235.

[24] Mei J, Hou B, Ke M Z, et al. Acoustic wave transmission through a bull's eye structure[J]. Applied Physics Letters, 2008, 92(12): 124106.

[25] Christensen J, Martin-Moreno L, Garcia-Vidal F J. Theory of resonant acoustic transmission through subwavelength apertures[J]. Physics Review Letters, 2008, 101(1): 014301.

[26] Zhou Y, Lu M H, Feng L, et al. Acoustic surface evanescent wave and its dominant contribution to extraordinary acoustic transmission and collimation of sound[J]. Physics Review Letters, 2010, 104(16): 164301.

[27] Christensen J, Martin-Moreno L, Garcia-Vidal F J. Enhanced acoustical transmission and beaming effect through a single aperture[J]. Physics Review B, 2010, 81(17): 074104.

[28] Hou B, Mei J, Ke M Z, et al. Tuning Fabry-Perot resonances via diffraction evanescent waves[J]. Physics Review B, 2007, 76(5): 054303.

下篇　应用探索

第4章 声学超材料的声隐身应用

4.1 引　　言

由于海水对电磁波的强烈吸收效应，现有的雷达、红外、激光等侦察手段难以实现水下50m深度以下目标的探测感知，声呐是主要的水下远程探测感知手段。随着现代声呐技术的发展，以潜艇为代表的水下装备的生存、突防能力受到极大的威胁。声隐身技术通过一系列声振控制技术削弱或改变了装备的声目标特性，降低了被对方发现的距离和概率，是提高水下装备战斗力和威慑作用的有效手段。

声学超材料基于亚波长结构的声波调控，能够实现负的等效质量密度及负的弹性模量，表明能够通过人工设计结构单元在大范围内调节材料的宏观等效参数，这为声隐身技术的发展提供了新的理论支撑。将声学超材料引入声隐身技术领域，探索基于声学超材料的隐身新机理、新途径，可以为当前和未来声隐身技术的跨越式发展提供不可多得的良机。目前，研究者已经提出了多种声学隐身超材料的设计新原理或方案，其中，基于坐标变换理论的声隐身斗篷技术最引人注目，其革命性的设计思想及“完美”的隐身效果，吸引了众多研究者的关注。

本章首先介绍声隐身超材料的坐标变换设计原理及设计变换声学介质实现声波任意弯曲引导的基本方法；随后针对惯性超材料和五模超材料两种声隐身超材料的实现途径，介绍其设计理论及优化问题，初步探讨声学超材料声隐身应用的新思路、新途径。

4.2 声学坐标变换设计理论

声隐身超材料的隐身斗篷设计基本理念并不复杂：利用特殊的介质构造壳体覆盖需要隐身的区域，控制入射该区域的电磁波或弹性波全部从壳体中穿行而过，绕开壳体内区域(图4.1)。只要在绕过该区域后波场恢复入射前的传播状态，该区域中放入任何物体都不会对探测波产生任何扰动，即在外部的观察者看来，波是以直线传播方式通过该区域的，该区域是完全透明的。

实现波的弯曲并不困难，波经过两种介质时折射效应使传播方向发生改变。当波经过多层材料参数连续变化的介质时，将发生多次折射，传播方向连续变化形成波的弯曲。但要达到上述隐身斗篷原理中对波弯曲的要求则极为困难。从

图 4.1 可以看到，它要求入射波在接近物体时被弯曲，在不与物体接触的情况下从其表面绕过，并在绕过后恢复入射前的直线传播状态。多层介质的材料参数如何设计才能使波的弯曲传播路径符合斗篷隐身“绕射-恢复”的要求是首要解决的问题。虽然数十年来研究者提出了多种方案，但都难以实现该设想，因此长期以来，这样的隐身只存在于科幻小说中。

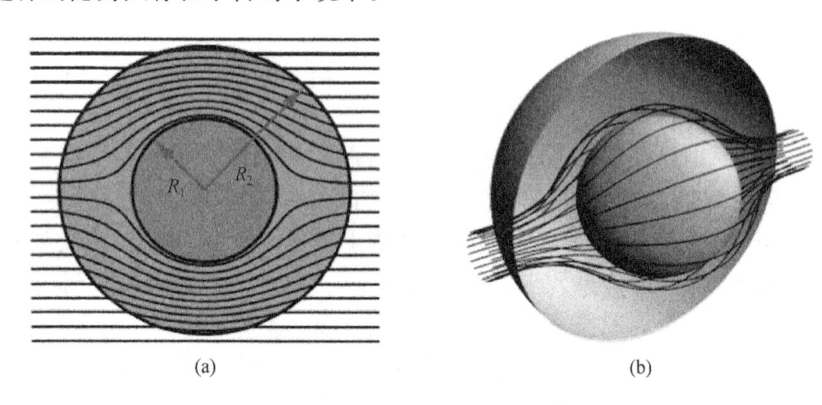

图 4.1 二维、三维隐身斗篷示意图

2006 年，Leonhardt[1]在 *Science* 上提出了上述隐身斗篷的设计理论。该理论源于动力学方程的协变性：若在不同的坐标空间中，动力学方程的形式能够保持不变，则动力学方程中本构参数用坐标变换后的矢量形式描述了变换后空间中的实际介质分布。由 Maxwell 方程的协变性得到了电磁隐身衣的设计方案：将对波在一定区域内的弯曲引导路径视为该区域内直线传播路径经过一定的空间坐标变换的结果，变换后 Maxwell 方程本构参数的矢量形式就为实现该弯曲引导控制的材料参数设计方案。

从理论上说，该声学坐标变换设计理论提供了一种通用的解析反设计思路，只要波的动力学方程具有协变性，就可以实现波传播的任意弯曲控制，因此坐标变换理论很快由电磁波拓展到弹性波传播，并进一步拓展到热传导的控制。

4.2.1 声波方程的坐标变换

在一无限大均匀各向同性弹性介质中，声波沿直线传播，将该介质空间定义为原空间 Ω。在介质中选取一有界的区域，如图 4.2(a)所示。在区域中取一点(点 O)，考虑通过一定的坐标变换将该点向外扩张为一封闭曲面，如图 4.2(b)中的曲线 Γ 所示，同时在坐标变换前后，区域的外表面 ω 保持不变。这样，整个区域通过坐标变换压缩成一个封闭的壳体结构。经过这一压缩，原直角坐标系下的直线变得弯曲，原坐标系中均匀平直网格变得扭曲。

设想该区域内原本均匀的各向同性介质也进行同样的压缩，压缩使介质的力

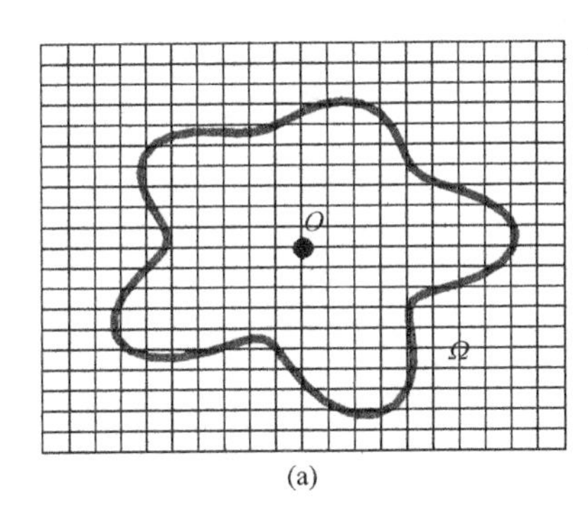

(a)

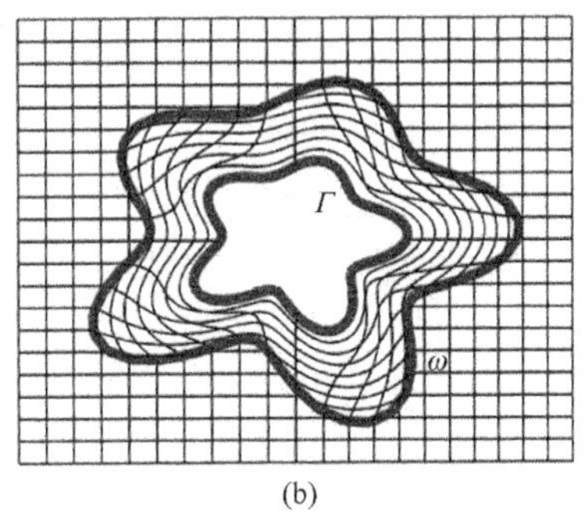

(b)

图 4.2　坐标变换的空间压缩

学、声学特性发生变化。由于各个网格的压缩并不均匀，同一网格不同方向的压缩也不均匀，因此压缩后介质成为非均匀的各向异性介质。同时，该区域中原本沿直线传播的波，其传播轨迹也被压缩到坐标变换后的壳中，且变为了曲线。由于压缩后在内界面以内不再有波的传播轨迹，表明这时声波不会进入壳体内区域，因此该区域内放置任何物体都不对外界产生扰动。

为了研究在变换后介质中声波的传播，将坐标变换引入声波方程[2~6]。不失一般性，令原坐标系为笛卡儿坐标系，任意坐标为 $C(x,y,z)$，用一般曲线坐标系描述新坐标系，任意坐标表示为 $S'(x',y',z')$。设它们之间的坐标变换为

$$\begin{cases} x'=q_1(x,y,z) \\ y'=q_2(x,y,z) \\ z'=q_3(x,y,z) \end{cases} \tag{4.1}$$

直角坐标系下的声波波动方程为

$$\frac{\partial^2 p}{\partial t^2}-\kappa_0 \nabla\cdot(\rho_0^{-1}\nabla p)=0 \tag{4.2}$$

式中，p 为声压。改写成一般的 Helmholtz 方程形式为

$$\mathrm{div}(\rho_0^{-1}\nabla p)+\frac{\omega^2}{\kappa_0}p=0 \tag{4.3}$$

定义坐标变换后的散度、梯度算子为 div' 和 ∇'，可通过 Jacobian 矩阵与变换前的算子 div 和 ∇ 相互转换。

坐标变换式(4.1)的 Jacobian 矩阵为

$$\mathbf{A}=\frac{\partial(x,y,z)}{\partial(x',y',z')}=\begin{bmatrix} \dfrac{\partial x}{\partial x'} & \dfrac{\partial x}{\partial y'} & \dfrac{\partial x}{\partial z'} \\ \dfrac{\partial y}{\partial x'} & \dfrac{\partial y}{\partial y'} & \dfrac{\partial y}{\partial z'} \\ \dfrac{\partial z}{\partial x'} & \dfrac{\partial z}{\partial y'} & \dfrac{\partial z}{\partial z'} \end{bmatrix} \tag{4.4}$$

令 $\det(\boldsymbol{A})=a$，则有 $\boldsymbol{A}^{-1}=\dfrac{\partial(x',y',z')}{\partial(x,y,z)}$，$\det(\boldsymbol{A}^{-1})=\dfrac{1}{a}$，所以

$$\boldsymbol{A}=(\boldsymbol{A}^{-1})^{-1}=\begin{bmatrix}\dfrac{\partial x}{\partial x'} & \dfrac{\partial x}{\partial y'} & \dfrac{\partial x}{\partial z'}\\[2ex] \dfrac{\partial y}{\partial x'} & \dfrac{\partial y}{\partial y'} & \dfrac{\partial y}{\partial z'}\\[2ex] \dfrac{\partial z}{\partial x'} & \dfrac{\partial z}{\partial y'} & \dfrac{\partial z}{\partial z'}\end{bmatrix}^{-1}$$

$$=a\begin{bmatrix}\dfrac{\partial y'}{\partial y}\dfrac{\partial z'}{\partial z}-\dfrac{\partial y'}{\partial z}\dfrac{\partial z'}{\partial y} & -\left(\dfrac{\partial x'}{\partial y}\dfrac{\partial z'}{\partial y}-\dfrac{\partial x'}{\partial z}\dfrac{\partial z'}{\partial y}\right) & \dfrac{\partial x'}{\partial y}\dfrac{\partial y'}{\partial z}-\dfrac{\partial x'}{\partial z}\dfrac{\partial y'}{\partial y}\\[2ex] -\left(\dfrac{\partial y'}{\partial x}\dfrac{\partial z'}{\partial y}-\dfrac{\partial y'}{\partial y}\dfrac{\partial z'}{\partial x}\right) & \dfrac{\partial x'}{\partial x}\dfrac{\partial z'}{\partial y}-\dfrac{\partial x'}{\partial z}\dfrac{\partial z'}{\partial x} & -\left(\dfrac{\partial x'}{\partial x}\dfrac{\partial y'}{\partial z}-\dfrac{\partial x'}{\partial z}\dfrac{\partial y'}{\partial x}\right)\\[2ex] \dfrac{\partial y'}{\partial x}\dfrac{\partial z'}{\partial y}-\dfrac{\partial y'}{\partial y}\dfrac{\partial z'}{\partial x} & -\left(\dfrac{\partial x'}{\partial x}\dfrac{\partial z'}{\partial y}-\dfrac{\partial x'}{\partial y}\dfrac{\partial z'}{\partial x}\right) & \dfrac{\partial x'}{\partial x}\dfrac{\partial y'}{\partial y}-\dfrac{\partial x'}{\partial y}\dfrac{\partial y'}{\partial x}\end{bmatrix}^{-1} \tag{4.5}$$

联立式(4.4)和式(4.5)得到

$$\begin{bmatrix}\dfrac{\partial x}{\partial x'} & \dfrac{\partial x}{\partial y'} & \dfrac{\partial x}{\partial z'}\\[2ex] \dfrac{\partial y}{\partial x'} & \dfrac{\partial y}{\partial y'} & \dfrac{\partial y}{\partial z'}\\[2ex] \dfrac{\partial z}{\partial x'} & \dfrac{\partial z}{\partial y'} & \dfrac{\partial z}{\partial z'}\end{bmatrix}$$

$$=a\begin{bmatrix}\dfrac{\partial y'}{\partial y}\dfrac{\partial z'}{\partial z}-\dfrac{\partial y'}{\partial z}\dfrac{\partial z'}{\partial y} & -\left(\dfrac{\partial x'}{\partial y}\dfrac{\partial z'}{\partial y}-\dfrac{\partial x'}{\partial z}\dfrac{\partial z'}{\partial y}\right) & \dfrac{\partial x'}{\partial y}\dfrac{\partial y'}{\partial z}-\dfrac{\partial x'}{\partial z}\dfrac{\partial y'}{\partial y}\\[2ex] -\left(\dfrac{\partial y'}{\partial x}\dfrac{\partial z'}{\partial y}-\dfrac{\partial y'}{\partial y}\dfrac{\partial z'}{\partial x}\right) & \dfrac{\partial x'}{\partial x}\dfrac{\partial z'}{\partial y}-\dfrac{\partial x'}{\partial z}\dfrac{\partial z'}{\partial x} & -\left(\dfrac{\partial x'}{\partial x}\dfrac{\partial y'}{\partial z}-\dfrac{\partial x'}{\partial z}\dfrac{\partial y'}{\partial x}\right)\\[2ex] \dfrac{\partial y'}{\partial x}\dfrac{\partial z'}{\partial y}-\dfrac{\partial y'}{\partial y}\dfrac{\partial z'}{\partial x} & -\left(\dfrac{\partial x'}{\partial x}\dfrac{\partial z'}{\partial y}-\dfrac{\partial x'}{\partial y}\dfrac{\partial z'}{\partial x}\right) & \dfrac{\partial x'}{\partial x}\dfrac{\partial y'}{\partial y}-\dfrac{\partial x'}{\partial y}\dfrac{\partial y'}{\partial x}\end{bmatrix} \tag{4.6}$$

进一步得到

$$\begin{cases}\dfrac{\partial}{\partial x}\left(a^{-1}\dfrac{\partial x}{\partial x'}\right)+\dfrac{\partial}{\partial y}\left(a^{-1}\dfrac{\partial y}{\partial x'}\right)+\dfrac{\partial}{\partial z}\left(a^{-1}\dfrac{\partial z}{\partial x'}\right)=0\\[2ex] \dfrac{\partial}{\partial x}\left(a^{-1}\dfrac{\partial x}{\partial y'}\right)+\dfrac{\partial}{\partial y}\left(a^{-1}\dfrac{\partial y}{\partial y'}\right)+\dfrac{\partial}{\partial z}\left(a^{-1}\dfrac{\partial z}{\partial y'}\right)=0\\[2ex] \dfrac{\partial}{\partial x}\left(a^{-1}\dfrac{\partial x}{\partial z'}\right)+\dfrac{\partial}{\partial y}\left(a^{-1}\dfrac{\partial y}{\partial z'}\right)+\dfrac{\partial}{\partial z}\left(a^{-1}\dfrac{\partial z}{\partial z'}\right)=0\end{cases} \tag{4.7}$$

变换空间与原空间中梯度算子的关系可表示为

$$\nabla'\varphi=\begin{bmatrix}\dfrac{\partial\varphi}{\partial x'}\\ \dfrac{\partial\varphi}{\partial y'}\\ \dfrac{\partial\varphi}{\partial z'}\end{bmatrix}\begin{bmatrix}\dfrac{\partial\varphi}{\partial x}\dfrac{\partial x}{\partial x'}+\dfrac{\partial\varphi}{\partial y}\dfrac{\partial y}{\partial x'}+\dfrac{\partial\varphi}{\partial z}\dfrac{\partial z}{\partial x'}\\ \dfrac{\partial\varphi}{\partial x}\dfrac{\partial x}{\partial y'}+\dfrac{\partial\varphi}{\partial y}\dfrac{\partial y}{\partial y'}+\dfrac{\partial\varphi}{\partial z}\dfrac{\partial z}{\partial y'}\\ \dfrac{\partial\varphi}{\partial x}\dfrac{\partial x}{\partial z'}+\dfrac{\partial\varphi}{\partial y}\dfrac{\partial y}{\partial z'}+\dfrac{\partial\varphi}{\partial z}\dfrac{\partial z}{\partial z'}\end{bmatrix}=\begin{bmatrix}\dfrac{\partial x}{\partial x'} & \dfrac{\partial y}{\partial x'} & \dfrac{\partial z}{\partial x'}\\ \dfrac{\partial x}{\partial y'} & \dfrac{\partial y}{\partial y'} & \dfrac{\partial z}{\partial y'}\\ \dfrac{\partial x}{\partial z'} & \dfrac{\partial y}{\partial z'} & \dfrac{\partial z}{\partial z'}\end{bmatrix}\nabla\varphi=\boldsymbol{A}^{\mathrm{T}}\nabla\varphi \tag{4.8}$$

式中，φ 是一个任意标量。由式(4.8)可见

$$\nabla'=\boldsymbol{A}^{\mathrm{T}} \tag{4.9}$$

将式(4.3)写为

$$\frac{\partial}{\partial x_i}\left(a^{-1}\frac{\partial x_i}{\partial x_j}\right)=\frac{\partial}{\partial x_i}(a^{-1}A_{ij})=0 \tag{4.10}$$

进一步可得到

$$\begin{aligned}\mathrm{div}'\boldsymbol{\psi}&=\frac{\partial\psi_j}{\partial x_j'}=\frac{\partial\psi_j}{\partial x_i}\frac{\partial x_i}{\partial x_j'}=A_{ij}\frac{\partial\psi_j}{\partial x_i}\\&=a\left[\frac{A_{ij}}{a}\frac{\partial\psi_j}{\partial x_i}+\psi_j\frac{\partial}{\partial x_i}\left(\frac{A_{ij}}{a}\right)\right]=a\frac{\partial}{\partial x_i}\left(\frac{A_{ij}\psi_j}{a}\right)=a\,\mathrm{div}\left(\frac{\boldsymbol{A}\boldsymbol{\psi}}{a}\right)\end{aligned} \tag{4.11}$$

式中，$\boldsymbol{\psi}$ 为一任意矢量。

由变换后的散度、梯度算子∇'和 div'得到

$$\mathrm{div}\left[\frac{\boldsymbol{A}\rho^{-1}\boldsymbol{A}^{\mathrm{T}}}{\det(\boldsymbol{A})}\nabla p'\right]+\frac{\omega^2}{\det(\boldsymbol{A})\boldsymbol{\kappa}}p'=0 \tag{4.12}$$

式(4.12)进一步写为

$$\mathrm{div}'(\hat{\rho}'^{-1}\nabla'p')+\frac{\omega^2}{\hat{\kappa}'}p'=0 \tag{4.13}$$

对比式(4.3)和式(4.13)可见，声波方程在三维空间中满足坐标变换不变性，式(4.13)中的介质材料参数为

$$\begin{aligned}\hat{\rho}'&=\rho_0\frac{\boldsymbol{A}\rho\boldsymbol{A}^{\mathrm{T}}}{\det(\boldsymbol{A})}\\ \hat{\kappa}'&=\boldsymbol{A}_0\det(\boldsymbol{A})\boldsymbol{\kappa}\end{aligned} \tag{4.14}$$

式(4.14)为坐标变换后材料参数$\hat{\rho}'$与$\hat{\kappa}'$与变换前参数ρ_0 与 κ_0 的关系，变换后的材料参数为曲线坐标系下的一般张量形式，且为与位置相关的函数，表明原空间中均匀的各向同性介质在变换后的空间中为非均匀的各向异性介质，这样的介质分布控制声波沿变换后的弯曲路径传播。

坐标变换与物质材料参数空间映射理论是坐标变换设计的核心。通过不同的坐标变化，可以得到控制波沿不同路径弯曲传播的材料参数空间分析设计方案。这样，对于任意的声波传播，折射的、反射的、弯曲的控制，都可以给出一种万能的设计方法。首先，以均匀材料空间中均匀的直线传播路径为模板，折射的、反射的、

弯曲的波传播路径都可以看成坐标变换后新空间中的传播路径形式，将这一坐标变换引入声波方程，得到新坐标空间中的声波方程表达式和材料参数的张量形式，从而得到要实现相应波传播控制效果的材料及其在空间的分布。

变换矩阵的 Jacobian 矩阵是坐标变换设计的核心问题，除直角坐标系外，坐标变换设计中常用到圆柱坐标系和球坐标系这样高对称性的坐标系。在柱坐标系中，令原空间和变换后空间中任一点的坐标分别为 (r,θ,z) 和 (r',θ',z')。Jacobian 矩阵 $\mathbf{A}$ 可写为

$$\mathbf{A}=\begin{bmatrix}\frac{h_{r'}}{h_r}\frac{\partial r'}{\partial r} & \frac{h_{r'}}{h_r}\frac{\partial r'}{\partial \theta} & \frac{h_{r'}}{h_z}\frac{\partial r'}{\partial z}\\ \frac{h_{\theta'}}{h_r}\frac{\partial \theta'}{\partial r} & \frac{h_{\theta'}}{h_\theta}\frac{\partial \theta'}{\partial \theta} & \frac{h_{\theta'}}{h_z}\frac{\partial \theta'}{\partial z}\\ \frac{h_{z'}}{h_r}\frac{\partial z'}{\partial r} & \frac{h_{z'}}{h_\theta}\frac{\partial z'}{\partial \theta} & \frac{h_{z'}}{h_z}\frac{\partial z'}{\partial z}\end{bmatrix} \tag{4.15}$$

式中，$h_r=h_z=1$、$h_\theta=r$ 和 $h_{r'}=h_{z'}=1$、$h_{\theta'}=r'$ 为柱坐标系下的标量因子。

假设声波只在平面 (r,θ) 内传播，与 z 轴无关，则矩阵 $\mathbf{A}$ 可写为

$$\mathbf{A}=\begin{bmatrix}\frac{\partial r'}{\partial r} & \frac{1}{r}\frac{\partial r'}{\partial \theta} & 0\\ r'\frac{\partial \theta'}{\partial r} & \frac{r'}{r}\frac{\partial \theta'}{\partial \theta} & 0\\ 0 & 0 & 1\end{bmatrix} \tag{4.16}$$

在球坐标系中，令原空间和变换后空间中任一点的坐标分别为 (r,θ,φ) 和 (r',θ',φ')。Jacobian 矩阵 $\mathbf{A}$ 可写为

$$\mathbf{A}=\begin{bmatrix}\frac{h_{r'}}{h_r}\frac{\partial r'}{\partial r} & \frac{h_{r'}}{h_\theta}\frac{\partial r'}{\partial \theta} & \frac{h_{r'}}{h_\varphi}\frac{\partial r'}{\partial \varphi}\\ \frac{h_{\theta'}}{h_r}\frac{\partial \theta'}{\partial r} & \frac{h_{\theta'}}{h_\theta}\frac{\partial \theta'}{\partial \theta} & \frac{h_{\theta'}}{h_\varphi}\frac{\partial \theta'}{\partial \varphi}\\ \frac{h_{\varphi'}}{h_r}\frac{\partial \varphi'}{\partial r} & \frac{h_{\varphi'}}{h_\theta}\frac{\partial \varphi'}{\partial \theta} & \frac{h_{\varphi'}}{h_\varphi}\frac{\partial \varphi'}{\partial \varphi}\end{bmatrix} \tag{4.17}$$

式中，$h_r=1$、$h_\theta=r$、$h_\varphi=r\sin\theta$ 和 $h_{r'}=1$、$h_{\theta'}=r'$、$h_{\varphi'}=r'\sin\theta'$ 为球坐标系下的标量因子。

大多数应用情况下，虚空间中充满了各向同性均匀的介质，设其密度和体积弹性模量分别为 ρ_0 和 κ_0。考虑坐标变换只发生在径向的高对称性压缩上。设原空间 (r,θ,φ) 和变换后空间 (r',θ',φ') 之间的坐标变换关系为

$$r=f(r'),\quad \theta=\theta',\quad \varphi=\varphi' \tag{4.18}$$

则式(4.17)中非对角元素均为 0，变换矩阵 $\mathbf{A}$ 可写为

$$\mathbf{A}=\begin{bmatrix}\dfrac{\partial r'}{\partial r} & 0 & 0\\ 0 & \dfrac{r'}{r} & 0\\ 0 & 0 & \dfrac{r}{r'}\end{bmatrix}\tag{4.19}$$

4.2.2　圆柱形声隐身超材料设计

二维圆柱形结构是一种既特殊，又有代表性的基本结构。它具有高度对称性，在声隐身的理论研究中关注较多，同时，又是现实中最常见的一种几何形状，在工程中有着广泛应用。考虑将图 4.3(a)中 $r\leqslant b$ 的圆柱形区域压缩到图 4.3(b)中 $a\leqslant r\leqslant b$ 的圆环柱壳中，可以采用如下坐标变换：

$$r'=\frac{b-a}{b}r+a,\quad \theta'=\theta,\quad z'=z\tag{4.20}$$

式中，r、θ 和 r'、θ' 分别表示原空间和变换空间中的半径和角度；a 和 b 分别表示隐身结构的内、外半径。

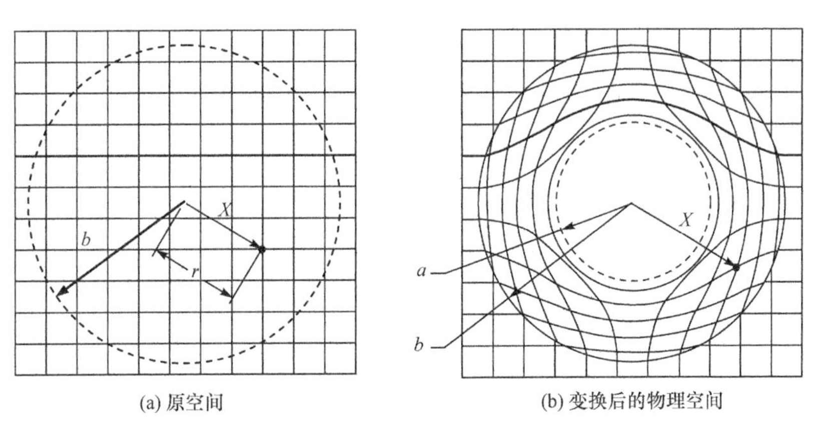

(a) 原空间　　(b) 变换后的物理空间

图 4.3　圆柱形隐身超材料的坐标变换示意图

该坐标变换使原空间中的原点扩展为 $r=a$ 的圆周，将整个圆形区域向外压缩成圆环。在图 4.3(a)中 $r\leqslant b$ 的区域内，均匀分布的坐标网格压缩后产生非均匀畸变，在中心处，网格被压缩得最厉害，外壳处则不被压缩，与外部自然吻合，显然，这不是一个等比例压缩，是非均匀的坐标变换。

该坐标变换的 Jacobian 矩阵可写为

$$\mathbf{A}=\frac{\partial(r',\theta')}{\partial(r,\theta)}=\begin{bmatrix}\dfrac{b-a}{b} & 0\\ 0 & \dfrac{r'}{r'-a}\dfrac{b-a}{b}\end{bmatrix} \tag{4.21}$$

将式(4.21)代入式(4.14)可得二维圆柱形声隐身超材料的材料参数分布为

$$\hat{\rho}'=\begin{bmatrix}\rho_r' & 0\\ 0 & \rho_\theta'\end{bmatrix}=\rho_0\begin{bmatrix}\dfrac{r'}{r'-a} & 0\\ 0 & \dfrac{r'-a}{r'}\end{bmatrix}$$
$$\hat{\kappa}'=\kappa_0\frac{r'}{r'-a}\left(\frac{b-a}{b}\right)^2 \tag{4.22}$$

图 4.4 绘制了式(4.22)中径向、周向密度和体积模量在 $a\leqslant r\leqslant b$ 区域内随位置的变化情况。计算中取 $b=2a$，图中横坐标已采用内边界半径 a 的归一化，而纵坐标值均为各分量对背景介质参数的归一化结果。可见，在圆柱形声隐身超材料内部，径向密度和体积模量随着半径的增大而减小，而切向密度随着隐身超材料半径的增大而增大，密度的各向异性由外边界向内边界逐渐增大。在隐身超材料的内边界处(即 $r/a\rightarrow 1$ 时)，径向密度和体积模量趋于无穷大，即 $\kappa/\kappa_0\rightarrow\infty$，同时切向密度趋于 0，即 $\rho_\theta/\rho_0\rightarrow 0$，材料参数趋于奇异值。

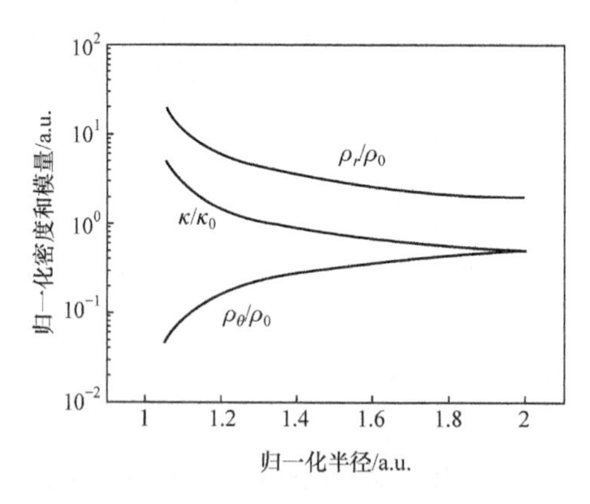

图 4.4　圆柱形声隐身超材料密度和体积模量随半径的变化

二维圆柱形声隐身超材料的坐标变换是柱坐标系下只沿径向进行坐标变换的高对称情况，这时描述原空间(r,θ,z)与变换后空间(r',θ',z')之间的坐标变换关系式(4.15)中，波矢没有 z 轴分量，因此也不需考虑本构参数的 z 轴分量，有$\dfrac{\partial\theta'}{\partial r}=\dfrac{\partial r}{\partial\theta'}=0$，变换矩阵 $\mathbf{A}$ 可写为

$$\mathbf{A}=\begin{bmatrix}\dfrac{\partial r'}{\partial r} & 0 & 0\\ 0 & \dfrac{r'}{r} & 0\\ 0 & 0 & 1\end{bmatrix}\tag{4.23}$$

将式(4.23)代入式(4.14)可得对应的材料参数分布为

$$\begin{aligned}\rho_r'&=\rho_0\,\frac{Q_rQ_\theta Q_z}{Q_\theta^2}\\ \rho_\theta'&=\rho_0\,\frac{Q_rQ_\theta Q_z}{Q_r^2}\\ \kappa'&=\kappa_0\,\frac{Q_rQ_\theta Q_z}{Q_z^2}\end{aligned}\tag{4.24}$$

式中，$Q_r=\dfrac{\partial r}{\partial r'}\dfrac{\partial r}{\partial r'}$；$Q_\theta=Q_z=1$。

二维圆柱形声隐身超材料的坐标变换要满足的条件可以概括为 $r=0\Rightarrow r'=a$ 和 $r=b\Rightarrow r'=b$。满足这一条件的坐标变换可以有无穷多种，因此从理论上讲，确定尺寸要求后，可以有无穷多种设计方案。例如，引入含参变量的坐标变换 $r'=(b-a/b^m)r^m+a$，随着参变量 m 的变化可以得到不同的坐标变换方式。对于一般性的坐标变换[7,8]：

$$r=f(r'),\quad \theta'=\theta,\quad z'=z\tag{4.25}$$

有

$$\begin{aligned}\rho_r'&=\frac{r}{r'}\frac{\partial f(r)}{\partial r}\rho_0\\ \rho_\theta'&=\frac{1}{\rho_r'}\\ \kappa'&=\frac{r}{r'}\left(\frac{\partial f(r)}{\partial r}\right)^{-1}\kappa_0\end{aligned}\tag{4.26}$$

4.2.3　椭圆柱形声隐身超材料设计

圆柱形、球形等强对称结构的隐身超材料设计对分析坐标变换设计的声波控制机理及特性有重要意义。但对于工程应用探索，其他形状的隐身设计也具有重要意义。椭圆柱形是一种常见的对称性减弱的基本图形，对其进行研究可以得到设计其他复杂形状的隐身结构的思路。由于其对称性比圆柱形结构弱，因此设计方法比圆柱形复杂。

与圆柱形声隐身超材料的设计思路类似，为了实现将声隐身超材料内边界以内空间的波场引导到该区域之外，需要将隐身结构外边界以内的空间压缩到内/外边界间的环形区域中，如图 4.5 所示。椭圆截面区域的长轴落在 x 轴上，短轴落在 y 轴上，设内、外椭圆的轴比分别为 k_1 和 k_2，短轴长分别为 a 和 b。为使问题简化，选用椭圆坐标系。由线性代数的知识可知，二维椭圆坐标系坐标(ξ,η)与笛卡儿坐标系坐标(x,y)之间存在如下关系[9~12]：

$$\xi=\frac{r_B+r_A}{2c}$$
$$\eta=\frac{r_B-r_A}{2c} \tag{4.27}$$

式中，$r_A=\sqrt{(x-c)^2+y^2}$；$r_B=\sqrt{(x+c)^2+y^2}$；c 表示椭圆焦距。式(4.27)可写成逆形式为

$$x=c\xi\eta$$
$$y=c\sqrt{(\xi^2-1)(1-\eta^2)} \tag{4.28}$$

由坐标变换关系确定声隐身超材料参数的空间分布，对于上述椭圆空间，可采用如下线性变换关系进行隐身超材料的设计：

$$\xi'=\xi_1+(\xi-1)\frac{\xi_2-\xi_1}{\xi_2-1}$$
$$\eta'=\eta \tag{4.29}$$

式中，ξ_1 和 ξ_2 为椭圆环内外层坐标参数。

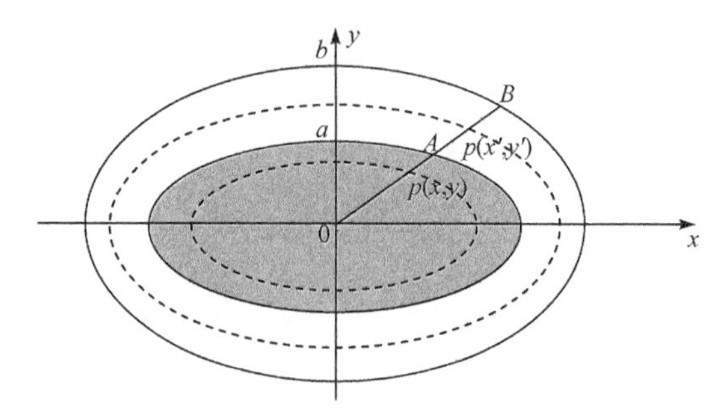

图 4.5　椭圆柱隐身超材料的空间坐标变换示意图

变形发生在$[1,\xi_2]$与$[\xi_1,\xi_2]$之间，即 $\xi_1\leqslant\xi\leqslant\xi_2$。由此可得到变换矩阵为

$$A=\begin{bmatrix}\sqrt{\dfrac{a^2-1}{\xi^2-1}}\sqrt{\dfrac{\xi^2-\eta^2}{a^2-\eta^2}}\dfrac{\xi_2-\xi_1}{\xi_2-1} & 0\\ 0 & \sqrt{\dfrac{\xi^2-\eta^2}{a^2-\eta^2}}\end{bmatrix} \tag{4.30}$$

$$a=(\xi-\xi_1)\frac{\xi_2-1}{\xi_2-\xi_1}+1$$

将式(4.30)代入式(4.14)得到二维椭圆柱形声隐身超材料的材料参数空间分布规

律为

$$\frac{1}{\rho_\xi}=\frac{1}{\rho_0}\sqrt{\frac{a^2-1}{\xi^2-1}\frac{\xi_2-\xi_1}{\xi_2-1}}$$
$$\frac{1}{\rho_\eta}=\frac{1}{\rho_0}\sqrt{\frac{\xi^2-1}{a^2-1}\frac{\xi_2-1}{\xi_2-\xi_1}} \tag{4.31}$$
$$\kappa=\kappa_0\sqrt{\frac{\xi^2-1}{a^2-1}\frac{a^2-\eta^2}{\xi^2-\eta^2}\frac{\xi_2-1}{\xi_2-\xi_1}}$$

式中，$\rho'=\mathrm{diag}[\rho_\xi,\rho_\eta]$。此处为表达方便，已省去参数的上标，均表示变换空间中的参数。

由式(4.31)可见，实现椭圆柱形声隐身超材料所需材料也具有非均匀各向异性的特点，并且参数取值为 0～∞，变化范围非常大。而且，圆柱形声隐身超材料的参数在圆柱坐标系下，只随一个坐标 r 变化，而椭圆坐标系下超材料的参数需要随 ξ 和 η 两个参数发生变化，这使其设计更为复杂。

4.2.4　任意形状的闭合声隐身超材料设计

设计具有任意形状的声隐身结构从工程应用方面来说无疑具有重要意义。利用坐标变换对任意形状的区域进行空间压缩时，由于不能保证边界有解析的表达式，因此很难获得合适的解析表达式来刻画坐标变换关系，从而无法解析地获得坐标变换的 Jacobian 矩阵，而这是隐身超材料参数设计的关键。

从连续介质力学的角度来看，Jacobian 矩阵中的变换张量 $A_{ij}=\partial x_i'/\partial x_j$ 对应于弹性介质的弹性变形梯度，可以考虑用连续介质力学的张量分析理论来研究坐标变换的几何性质，从而实现 Jacobian 矩阵的推导。根据张量的极分解理论，非奇异的变形梯度张量 $\boldsymbol{A}$ 可以进行唯一的极分解 $\boldsymbol{A}=\boldsymbol{VR}$，其中，$\boldsymbol{R}$ 是正交张量，描述的是微元的刚体转动，$\boldsymbol{V}$ 是正定的对称张量，描述微元的纯拉伸变形。

考虑左柯西-格林变形张量 $\boldsymbol{B}=\boldsymbol{V}^2=\boldsymbol{AA}^{\mathrm{T}}$，可得

$$\rho'^{-1}=\frac{\boldsymbol{A}\rho^{-1}\boldsymbol{A}^{\mathrm{T}}}{\det\boldsymbol{A}} \tag{4.32}$$

主轴坐标系下，张量 $\boldsymbol{B}$ 可以表示为主分量 $\boldsymbol{B}=\mathrm{diag}[\lambda_1^2,\lambda_2^2,\lambda_3^2]$，其中，$\lambda_i(i=1,2,3)$是张量 $\boldsymbol{V}$ 的主分量，利用 $\det\boldsymbol{A}=\lambda_1\lambda_2\lambda_3$，可得如下材料参数的表达式：

$$\rho'^{-1}=\mathrm{diag}\left[\frac{\lambda_2\lambda_3}{\lambda_1},\frac{\lambda_3\lambda_1}{\lambda_2},\frac{\lambda_1\lambda_2}{\lambda_3}\right],\quad k'=\lambda_1\lambda_2\lambda_3 \tag{4.33}$$

由式(4.33)可以看到，坐标变换后空间的材料参数可以用变形的主拉伸来计算，同时注意到转动张量 $\boldsymbol{R}$ 对于最终的材料参数没有任何的贡献，因此计算材料参数分布的问题转化为如何计算一个给定坐标变换的变形场的力学问题。

这一问题可以从多个角度来求解，如谐和位移场的解能保证连续变形，这与变

形场要保证连续的要求相一致，考虑附加 Dirichlet 边界条件的 Laplace 方程：

$$\frac{\partial^2 x_i}{\partial x_1'^2}+\frac{\partial^2 x_i}{\partial x_2'^2}+\frac{\partial^2 x_i}{\partial x_3'^2}=0,\quad i=1,2,3;\partial x_1',\partial x_2',\partial x_3'\in\Omega' \tag{4.34}$$

对应的边界条件是

$$x(\partial\Omega')=0,\quad x(\partial\Omega')=x'(\partial\Omega')$$

通过式(4.34)可以计算出变形的位移场 $x=x(x')$，并进而确定隐身超材料的参数分布。因此，寻找坐标变换的 Jacobian 矩阵问题可以转化为一个在给定区域上、一定边界条件下求解 Laplace 方程的问题。

通常，一个任意形状的声隐身区域的坐标变换压缩可在笛卡儿坐标系下绘制为图 4.6 所示的形式。由于没有解析的边界表达式，只能采用数值方法求解。降低数值计算的复杂度对提高结果的准确性具有重要意义。数值离散过程本质上是将非均匀变形参数去非均匀的过程。针对隐身超材料只要求各向异性的密度矩阵或模量矩阵的特点，可以在数值离散过程中进行简化处理。只需要在参数非均匀方向上进行离散。因此，在离散过程中若能找到一个正交坐标系，使隐身超材料的各向异性密度矩阵或模量矩阵可以在此坐标系下转化为横向各向同性(transverse isotropic)形式，即材料参数只沿一个主轴方向变化，则可以明显降低离散化及材料参数设计的复杂性[13]。

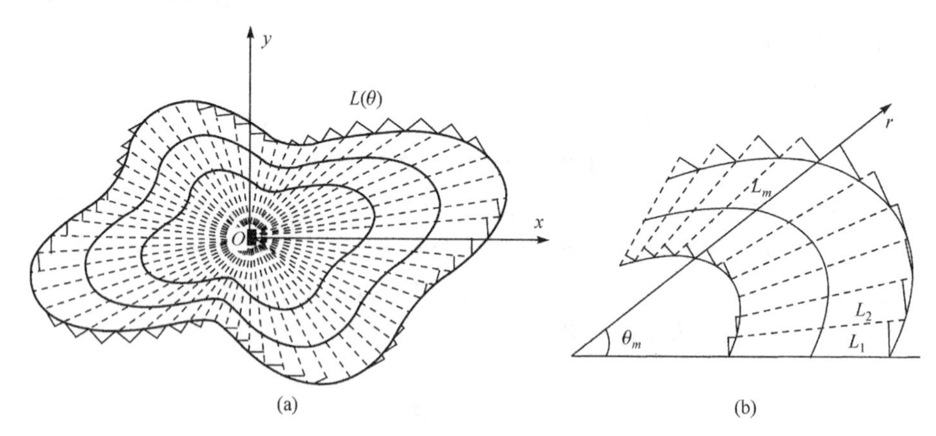

图 4.6　任意形状声隐身超材料离散空间压缩示意图

对于任意的形状，这样的正交坐标系随位置及边界形状而变化，对于图 4.6 所示的二维模型，可以考虑对外边界进行离散，在柱坐标系下，以离散单元为参照来确定不同位置的正交坐标系。将 Fourier 变换引入外边界，将隐身区域的外边界轮廓写为如下 Fourier 级数形式：

$$L(\theta)=\sum_n A_n\cos(n\theta)+\sum_n B_n\sin(n\theta) \tag{4.35}$$

式中，$\theta=\arctan(y/x)$，$0<\theta<2\pi$；$L(\theta)$为各离散单元的径向长度。

将图 4.6(a)中坐标变换前的区域在周向划分为 M 块子区域，标记为 $L_m(0<m<M)$。然后，每一块都用一个小的扇形区域替代，扇形的半径等于外边界点与原点的距离。这样，这一任意形状的区域被一系列不同半径的小的扇形子区域近似。

在初始空间离散化的基础上进行隐身超材料的坐标变换空间压缩。如图 4.6(b)所示，将每一个扇形子区域视为一个圆柱形空间的一部分，在圆柱坐标系下进行坐标变换，空间压缩可以采用如下线性变换条件：

$$r'_m = L_m^a + \frac{L_m^b - L_m^a}{L_m^b} r_m$$
$$\theta'_m = \theta_m \tag{4.36}$$

式中，r'_m 和 r_m 为变换空间和初始空间的坐标系；$L_m^a(L_m^b)$ 为第 m 个扇形隐身超材料的内(外)边界。

基于圆柱形声隐身超材料的坐标变换理论，可得第 m 块扇形的材料参数为

$$\rho_m = \begin{bmatrix} \rho_m^r & \\ & \rho_m^\theta \end{bmatrix} = \rho_0 \begin{bmatrix} \dfrac{r_m}{r_m - L_m^a} & 0 \\ 0 & \dfrac{r_m - L_m^a}{r_m} \end{bmatrix}$$
$$\kappa_m = \kappa_0 \frac{r_m}{r_m - L_m^a} \frac{L_m^b - L_m^a}{L_m^a} \tag{4.37}$$

式中，ρ_0 和 κ_0 表示背景介质的质量密度和体积模量。

4.2.5　声幻象及地毯声隐身超材料设计

上述隐身超材料的设计中，都存在内表面材料参数趋于无穷大或零的奇异值问题。该问题源于上述坐标变换中，都是将原空间中的一点通过坐标变换映射为变换空间中的内边界区域，使该区域内的声波场全被压缩到区域之外，放置其中的物体不被感知。对于声隐身超材料的内边界，为了使声波通过原空间中一点的时间与声波绕过物理空间(变换后空间)中一个有体积的区域的时间相同，要求声波在物理空间中以无限大的声速传播，这会导致材料参数出现趋于无穷大或无穷小的奇异现象。考虑变换 $r'=R_1+r(R_2-R_1)/R_2$，$\theta'=\theta$，$z'=z$ 得到的二维圆柱形隐身结构，主拉伸变形为

$$\lambda_r = \frac{\mathrm{d}r'}{\mathrm{d}r} = \frac{(R_2 - R_2)}{R_2}$$
$$\lambda_\theta = \frac{r'}{r} = \frac{r'(R_2 - R_1)}{[(r' - R_1)R_2]} \tag{4.38}$$
$$\lambda_z = 1$$

将式(4.38)代入式(4.24),得到声隐身超材料的材料参数分布为

$$
\begin{aligned}
&\rho_r'=\frac{\lambda_\theta}{\lambda_r\lambda_z}=\frac{r'}{r'-R_1},\quad \rho_\theta'=\frac{\lambda_r}{\lambda_\theta\lambda_z}=\frac{r'-R_1}{r'}\\
&\kappa'=\lambda_r\lambda_\theta\lambda_z=\left(\frac{R_2-R_1}{R_2}\right)^2\frac{r'}{r'-R_1}
\end{aligned}
\tag{4.39}
$$

当r'趋近R_1时,ρ_r'和κ'会趋于无穷大,出现奇异值。实际设计分析时均需要采用一定的截断进行近似处理。

若将原空间中的映射点变为一条直线或一定的平面区域,则可以避免变换空间中内表面材料参数的奇异问题。这时,被隐身的区域对外界呈现为直线或其他形状物体的声信号特征,不能实现完全的透明化隐身,但它被变化为其他形状物体的声特征同样难以辨识。为了区别于上述点映射的坐标变换,这样的隐身技术称为声幻象技术[14]。

地毯隐身超材料是声幻象技术中的典型例子。设被隐藏目标的区域为自由空间中沿z轴方向无限延伸、截面为三角形的直三棱柱区域,图4.7(a)中三角形区域$-b$-0-b-c为其在$x0y$平面上的截面。将x轴上$-b$-0-b的线段通过坐标变换映射到折线$-b$-a-b,则整个三角形区域被压缩到$-b$-a-b-c的隐身超材料区域中,如图4.7(b)所示。该坐标变换沿y轴对称,因此只需要考虑在第一象限中的坐标变换关系,该坐标变换可写为[15~17]

$$
\begin{aligned}
u&=x\\
v&=\frac{c}{c-a}\left(-a+\frac{a}{b}x+y\right)\\
w&=w_z z
\end{aligned}
\tag{4.40}
$$

式中,a、b和w是描述隐身区域和隐身超材料横截面尺寸的几何参数;映射线段的长度和真实三角棱柱隐身结构的截面的长对角线均为b。

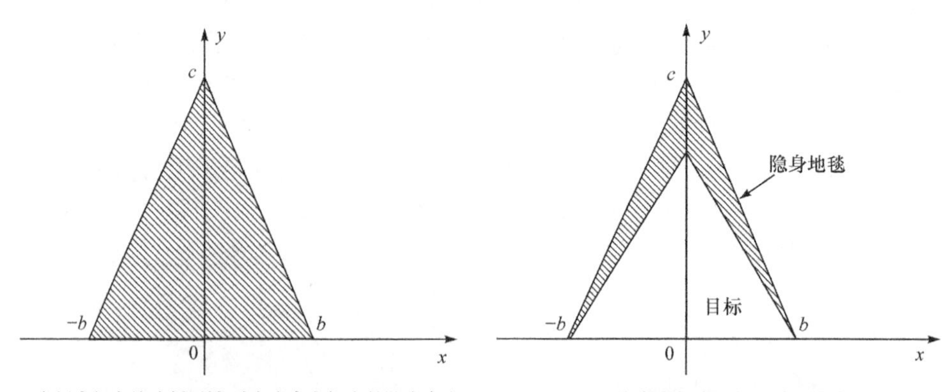

(a) 虚拟空间中的映射区域,对应真实空间中的隐身衣和目标区域,介质参数与环境流体相同

(b) 真实空间中目标区域和隐身超材料及周边环境流体

图4.7 地毯隐身超材料坐标变换示意图

设周围环境流体的质量密度和体积模量分别为 ρ_0 和 κ_0，将式(4.40)代入式(4.14)，由坐标变换分析解得该隐身超材料主轴方向的密度分量 ρ_x 和 ρ_y，以及体积模量 κ 为

$$
\begin{aligned}
\rho_{x'} &= w_z^{-1}\left(F+\sqrt{F^2-1}\right)\rho_0 \\
\rho_{y'} &= w_z^{-1}\left(F-\sqrt{F^2-1}\right)\rho_0 \\
\kappa &= w_z^{-1}\frac{c-a}{c}\kappa_0
\end{aligned}
\tag{4.41}
$$

式中，$F=1+a^2(b^2+c^2)/[2b^2c(c-a)]$。绕轴旋转的角度为

$$
\beta=\arcsin\left(\frac{G}{\sqrt{1+G^2}}\right) \tag{4.42}
$$

式中，$G=(b/c)\left[1-(c/a-1)\left(F-1-\sqrt{F^2-1}\right)\right]$。

由上述公式可进一步得到隐身超材料中的声速为

$$
c_{x'}=\sqrt{\frac{\kappa}{\rho_{x'}}}=\sqrt{\frac{c-a}{c}\frac{1}{F+\sqrt{F^2-1}}}c_0 \tag{4.43}
$$

$$
c_{y'}=\sqrt{\frac{\kappa}{\rho_{y'}}}=\sqrt{\frac{c-a}{c}\frac{1}{F-\sqrt{F^2-1}}}c_0 \tag{4.44}
$$

式中，c_0 为周围流体的声波波速。

由式(4.41)和式(4.43)、式(4.44)可以看到，这时声隐身超材料的材料参数仍然是各向异性的，但与位置无关，不仅避免了材料参数的奇异值问题，而且隐身结构由均匀材料构成。这可以极大地降低隐身超材料的设计和实现难度。同时，实数 w_z 可以用来调整声隐身超材料的阻抗匹配特性，且 $0<w_z\leqslant 1$。当 $w_z=1$ 时，隐身超材料的特性阻抗与周围介质完全匹配，声波入射到隐身超材料外表面时不会在界面处发生反射，全部通过隐身超材料后恢复自由空间传播状态，隐身效果达到最佳。当 $w_z\leqslant 1$ 时，隐身超材料外表面阻抗将大于外部流体介质的特性阻抗，这时外部入射波在入射时会在外界面产生反射，使隐身的效果减弱，可以实现部分的隐身效果。

4.3　声隐身超材料的声学特性分析

4.3.1　声隐身超材料的多层介质模型

上述坐标变换得到的声隐身超材料，除实现声幻象的声学超材料外，均要求材料具有非均匀及各向异性的质量密度和非均匀的体积弹性模量，从外表面到内表面，材料参数连续变化并且在内边界处具有奇异值。为了实现这样的材料参数设

计，首先需要在参数非均匀变化方向上对连续变化的材料参数进行离散，使声隐身超材料近似为阶跃变化的多层均匀介质结构，在波长远大于介质层厚度的长波条件下，这样的离散结构与连续变化的理想结构具有相似的特性。

式(4.22)所描述的圆柱形声隐身超材料的参数均随且只随半径的变化而变化。因此，可在径向上对各参数进行离散化处理。将圆柱形声隐身超材料离散为 N 层，如图 4.8(a)所示。

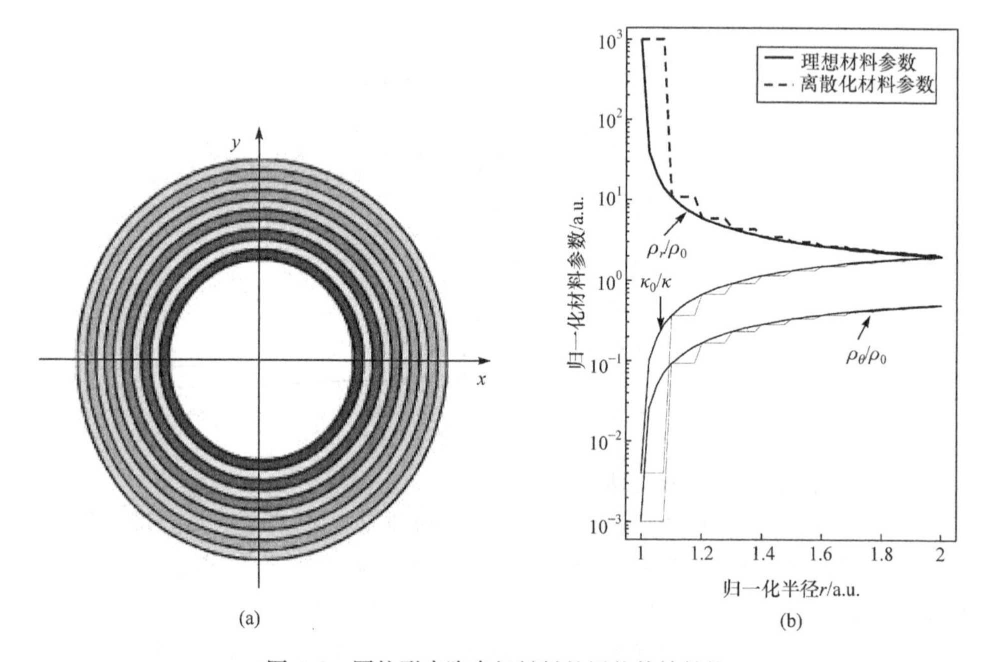

图 4.8 圆柱形声隐身超材料的层状等效结构

其中，第 $n(n=1,2,\cdots,N)$层的材料参数为

$$
\begin{aligned}
\rho_{rn} &= \rho_0 \frac{r_n}{r_n - a} \\
\rho_{\theta n} &= \rho_0 \frac{r_n - a}{r_n} \\
\kappa_n &= \kappa_0 \frac{r_n}{r_n - a}\left(\frac{b-a}{b}\right)^2
\end{aligned}
\tag{4.45}
$$

由式(4.45)可见，此时每一层材料的材料参数都是均匀的，同时保持密度各向异性，如图 4.8(b)所示。

对于离散的各个各向异性均匀层，目前研究者致力于基于 Helmholtz 共振腔或五模结构的各向异性声学超材料设计来实现。但对于数值仿真分析，利用多层各向同性周期性复合层状介质构造各向异性声学超材料的方法可以较为简便地解决这一问题，其思想是每一层各向异性声学超材料由两种不同材料参数的各向同性声学介质层交替排列组成，这样，多层复合材料的等效材料参数具有各向异性的特点，能够用于逼近声隐身超材料设计所需的各向异性材料参数。Schoenberg 等[18]的研究发现，由两种材料交替排列构成的多层状流体介质，在长波条件下，即入射波波长远大于分层的厚度时，可以等效为具有宏观各向异性密度的均匀流体材料[18~20]。

图 4.9 为两种各向同性均匀层状介质 A、B 交替排列构成的周期性复合材料，设其质量密度和体积弹性模量分别为 ρ_A、ρ_B 和 κ_A、κ_B，由周期性层状介质中的平面声波传播特性及声能带结构分析最终得到长波条件下该复合介质的等效质量密度和等效弹性模量分别为

$$
\begin{aligned}
\rho_x &= \frac{\rho_A + \eta\rho_B}{1+\eta} \\
\frac{1}{\rho_y} &= \frac{1}{1+\eta}\left(\frac{1}{\rho_A} + \frac{\eta}{\rho_B}\right) \\
\frac{1}{k} &= \frac{1}{1+\eta}\left(\frac{1}{\kappa_A} + \frac{\eta}{\kappa_B}\right)
\end{aligned}
\tag{4.46}
$$

式中，$\eta = d_A/d_B$。

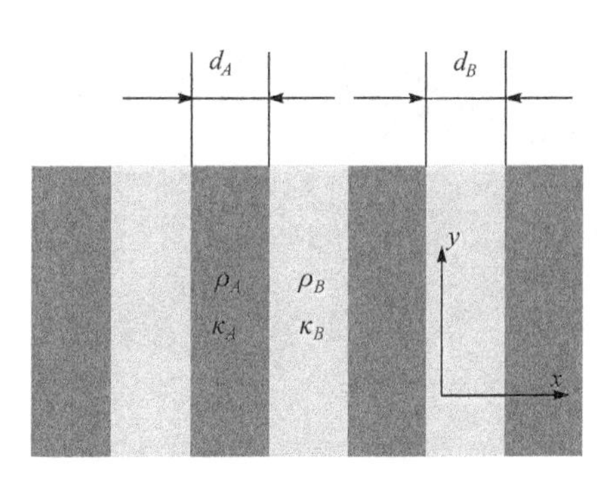

图 4.9　层状介质的各向异性示意图

可以看到，沿平行和垂直于周期方向的等效密度表现出明显的各向异性。从理论上说，通过调节两种介质的参数，能够实现任意参数可调的各向异性介质设计。

对于图 4.8 中离散为 N 层各向异性均匀介质的隐身超材料，将每层介质由 M 层各向同性均匀介质 A 和 M 层各向同性均匀介质 B 交替排列替代，最终得到 $2\times M\times N$ 层多层介质声隐身超材料，如图 4.10 所示。

对于内、外半径为 a 和 b 的圆柱形区域，则可由式(4.46)和式(4.45)求得替代各向异性介质层的各向同性介质 A、B 的参数。令两种材料等比填充，即 $\eta=1$，同时满足 $\rho_A > \rho_B$，则可得第 n 层中 A、B 两种介质的材料参数为

$$\rho_{An}=\rho_m+\sqrt{\rho_m^2-\rho_0^2}$$
$$\rho_{Bn}=\rho_m-\sqrt{\rho_m^2-\rho_0^2}$$
$$\kappa_{An}=\frac{\kappa_n\rho_m}{\rho_{Bn}} \tag{4.47}$$
$$\kappa_{Bn}=\frac{\kappa_n\rho_m}{\rho_{An}}$$

或

$$\rho_{An}=\left(\frac{r_n}{r_n-a}-\sqrt{\frac{2a}{r_n-a}}\right)\rho_0$$
$$\rho_{Bn}=\frac{r_n-a}{r_n+\sqrt{2a(r_n-a)}}\rho_0 \tag{4.48}$$
$$c_n=\frac{1}{2}\frac{r_n}{r_n-a}c_0$$

经过上述离散-等效过程的处理，原有理想连续参数的圆柱形隐身超材料结构已成为一个由 $2\times M\times N$ 层均匀各向同性介质构成的层状结构。

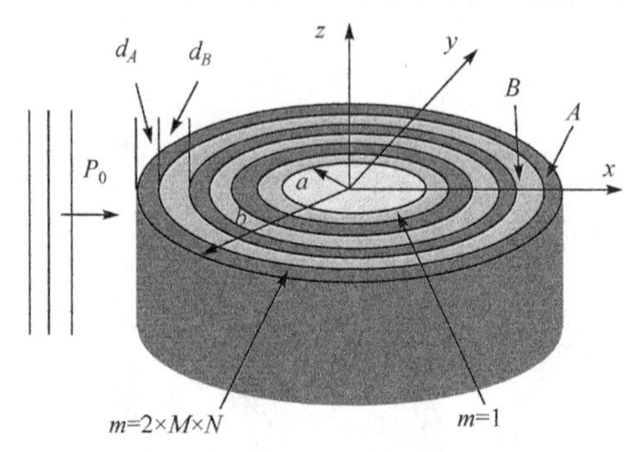

图 4.10　多层介质声隐身超材料示意图

建立多层介质声隐身超材料仿真模型，如图 4.10 所示。声隐身超材料由式(4.45)获得的连续参数离散为 10 层各向异性介质构成，每一层介质又由式(4.46)获得的 4 层各向同性材料交替排列构成。隐身超材料的内、外半径分别为 0.035m 和 0.005m，各层介质厚度相同，其中圆柱散射体半径为 0.004m，材料为钢。计算矩形区域长宽分别为 0.25m 和 0.15m。圆柱壳置于区域中心。平面声波从计算区域的左侧端口入射，入射简谐波声压为 $p=\exp(-\mathrm{i}kx)$。为模拟无限大区域，将上下边界设置为完美匹配层边界，左、右边界设置为辐射边界条件，频率为 10000Hz，背景介质为水($\rho_0=998\mathrm{kg/m}$，$\kappa_0=2.19\mathrm{GPa}$)。

利用 COMSOL Multiphysics 有限元软件对该声隐身超材料进行仿真分析。图 4.11 为平面波入射该声隐身超材料时的声压场分布。对比图 4.11(a)和(b)可以看到，无隐身超材料时，刚性圆柱产生了非常强的散射，尤其是在圆柱体后方，存在明显的影区。在图 4.11(b)中，附加多层介质声隐身超材料明显减小了散射体对声波的扰动，入射平面波基本未受影响，在通过包裹隐身超材料的圆柱体之后依然能够保持原有波阵面性质向前传播，隐身超材料后方声影区已不存在。

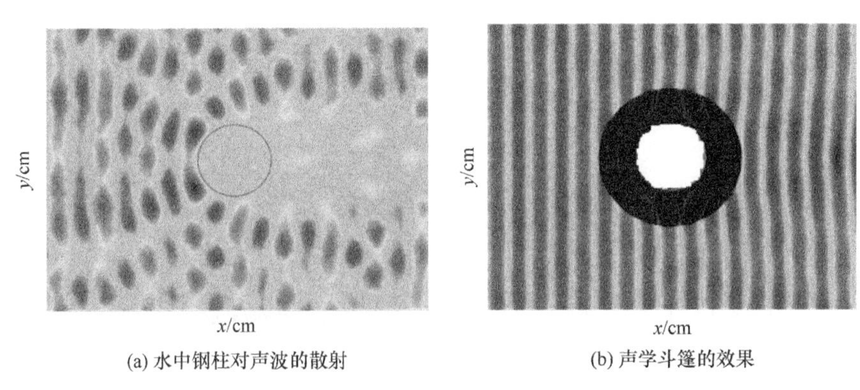

(a) 水中钢柱对声波的散射　(b) 声学斗篷的效果

图 4.11　多层介质声隐身超材料的有限元分析

由式(4.31)可知，椭圆柱形声隐身超材料也是由从外表面到内表面材料参数连续变化的各向异性材料构成，同样可以考虑用交替排列的多层各向同性复合介质来近似。如何将图 4.8 中的等效各向异性密度沿 x 方向和 y 方向的分量与声隐身超材料的各向异性需求相符合是实现多层介质近似的主要问题。圆柱形声隐身超材料的材料参数变化只与一个坐标 r 有关，x 方向和 y 方向的分量只需沿一个方向的分量进行离散化就可实现近似。在椭圆坐标系下，坐标变换得到的材料参数随 ξ 和 η 两个参数发生变化，离散时需要考虑两个方向的材料参数变化。由式(4.31)可知，这时声隐身超材料的密度只随 ξ 变化，与 η 无关，因此可以只对参数在 ξ 方向的连续变化进行离散化处理，从而将椭圆柱形声隐身超材料离散成多层均匀的各向异性结构。

在椭圆柱坐标系下，不同的 ξ 值对应了共焦的椭圆系，这就类似于圆柱坐标系下的 r 轴分量，因此椭圆柱坐标系中的 ξ 轴与圆柱坐标系下的 r 轴具有形式上的一一对应关系；同时 η 值的不同对应了一个椭圆周上的不同点，类似于圆柱坐标系下的 θ 轴分量，则可认为 η 轴与 θ 轴对应。那么在二维椭圆柱坐标系下两个方向上的质量密度分量(ρ_ξ，ρ_η)将分别对应于圆柱坐标系下的径向和周向分量。基于上述对应关系，能够利用多层各向同性复合介质来近似椭圆柱形声隐身超材料。

在椭圆柱坐标系下，由式(4.31)得到连续变化的声隐身超材料参数，将质量密度沿 ξ 方向在$[\xi_1,\xi_2]$范围内离散为 N 层椭圆柱壳，所有椭圆具有相同的焦点，因此每一层介质在 ξ 方向上都是均匀的。这时材料在 ξ 方向上的非均匀性已经消除，每一层材料是均匀的、各向异性的，如图 4.12(a)所示。将各层介质垂直于层

方向的密度分量 ρ_ξ 和平行于层方向的密度分量 ρ_η 与交错排列各向同性层状流体介质沿 x 方向和 y 方向的等效密度相对应,就可将椭圆柱形隐身超材料等效为由 $2N$ 层各向同性材料组成的层状结构,如图 4.12(b)和(c)所示。

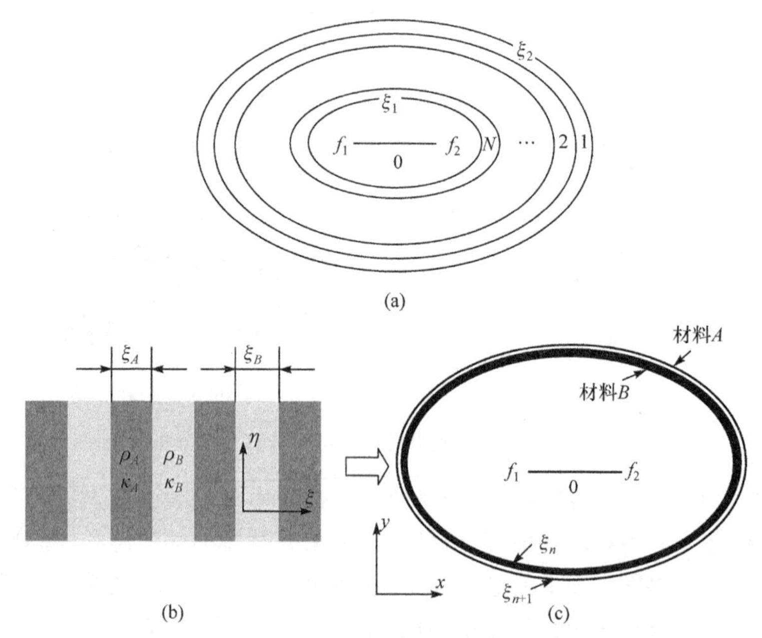

图 4.12　椭圆柱形惯性隐身超材料参数简化过程示意图

由于 ξ 方向为径向分量,η 方向为切向分量,因此层状椭圆柱形声隐身超材料中等效介质关系可表示为

$$
\begin{aligned}
&\rho_\xi=\frac{\rho_A+\xi\rho_B}{1+\xi}\\
&\frac{1}{\rho_\eta}=\frac{1}{1+\xi}\left(\frac{1}{\rho_A}+\frac{\xi}{\rho_B}\right)\\
&\frac{1}{\kappa}=\frac{1}{1+\xi}\left(\frac{1}{\kappa_A}+\frac{\xi}{\kappa_B}\right)
\end{aligned}
\tag{4.49}
$$

式中,$\kappa_A(\kappa_B)$、$\rho_A(\rho_B)$为材料 $A(B)$的体积模量和密度;ξ 为材料 B 对材料 A 的填充比。

为了避免内边界处的参数奇异,可引入连续性条件来实现阻抗匹配,即

$$
\begin{aligned}
&\frac{\rho_{\xi n}}{\rho_0}=\frac{\kappa_n}{\kappa_0}\frac{\xi_n^2-\eta^2}{a_n^2-\eta^2}\\
&\frac{\rho_{\eta n}}{\rho_0}=\frac{\kappa_\eta}{\kappa_0}\frac{\xi_n^2-\eta^2}{a_n^2-\eta^2}\frac{\xi_2-\xi_1}{\xi_2-1}\sqrt{\frac{a_n^2-1}{\xi_n^2-1}}
\end{aligned}
\tag{4.50}
$$

令两种材料等比填充,即 $\xi=1$,可得到任意第 n 层声学超材料的等效参数为

$$
\begin{aligned}
\rho_{An} &= \rho_{\xi n} + \sqrt{\rho_{\xi n}(\rho_{\xi n} - \rho_{\eta n})} \\
\rho_{Bn} &= \rho_{\xi n} - \sqrt{\rho_{\xi n}(\rho_{\xi n} - \rho_{\eta n})} \\
\kappa_{An} &= \frac{\kappa_n \rho_{\xi n}}{\rho_{Bn}} \\
\kappa_{Bn} &= \frac{\kappa_n \rho_{\xi n}}{\rho_{An}}
\end{aligned}
\tag{4.51}
$$

建立与圆柱形声隐身超材料类似的仿真模型，如图 4.13 所示，内、外边界的尺寸参数为 $\xi_2 = 2\xi_1 = 2.31\text{m}$，$c = 0.87\text{m}$；内放置刚性散射体，尺寸如下：长轴 $a = 1\text{m}$，短轴 $b = 0.5\text{m}$；声隐身超材料在 ξ 方向上被等间距地离散为 20 层，每一层由两种各向同性介质组成，入射波数取 $k_0 = 5\pi$。

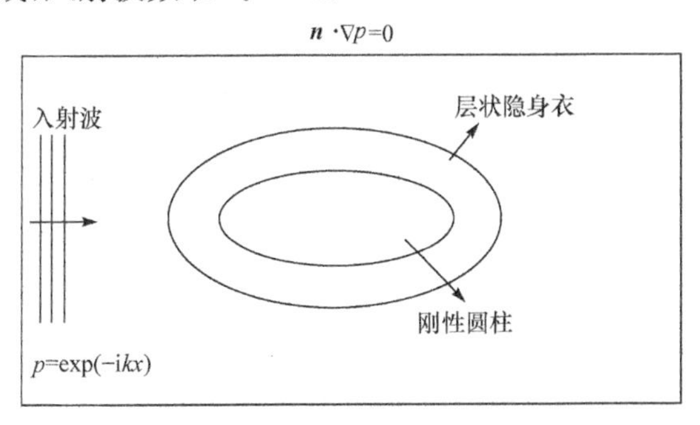

图 4.13 椭圆柱形声隐身超材料计算区域的配置

利用 COMSOL Multiphysics 有限元软件对多层结构椭圆形声隐身结构进行分析，图 4.14 为该声隐身超材料的声波控制特性仿真结果。其中，图 4.14(a) 为平面声波入射刚性椭圆柱散射体的声场分布，图 4.14(b) 为刚性椭圆柱外附加层状声隐身超材料后的声场分布。可以看到，在椭圆柱的后方出现了较大的声影区域，在其他方向上，波阵面则存在明显的断裂和错位移动等现象，说明刚性椭圆柱

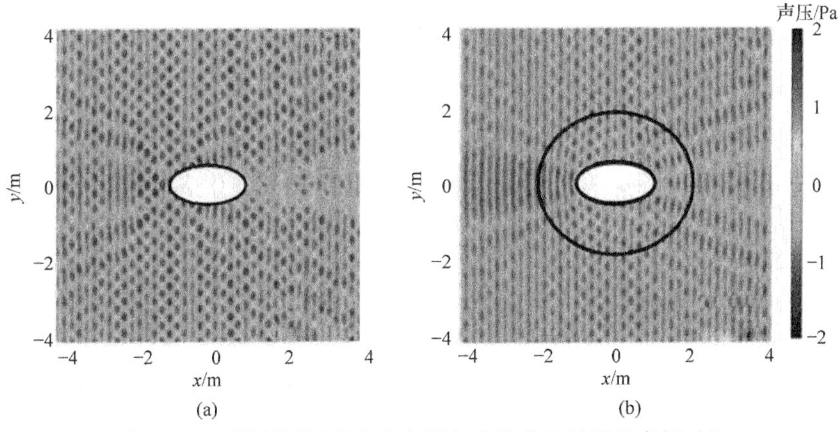

图 4.14 刚性椭圆柱的声场与附加声隐身超材料的声场对比

引起了比较强的声散射，形成了复杂的散射声场。而在图 4.14(b)中，附加声隐身超材料后，散射体后方的声影区域已基本消失，入射的平面波在通过隐身超材料和刚性椭圆柱之后继续保持其平面的波阵面向前传播。在隐身超材料区域($\xi_1<\xi<\xi_2$)可以发现波阵面发生了一定的弯曲，证明该声隐身超材料对入射声波进行了弯曲引导控制。不过，由于进行了离散化处理，声隐身超材料仍然引起了一定的声散射，声波场仍然存在一定的扰动。

上述分析表明，只要能离散为材料参数只沿一个方面变化的多层结构，就可以用多层各向同性复合介质来近似声隐身超材料。对于任意形状的声隐身超材料，由式(4.37)可以看到，每一个扇形区域的材料参数均为从外表面到内表面连续变化，但只在 r_m 方向是非均匀的，说明通过引入 Fourier 变换，离散为扇形子区域的隐身超材料中，每一个子区域中的各向异性密度矩阵可以在选取的坐标系下化为横观各向同性的形式，即材料参数只沿径向一个主轴方向变化。这样，对于图 4.6(b)所示结构，可将每一个扇形区域的非均匀介质离散成 N 层均匀介质来近似，其中第 n 层材料参数可表示为

$$
\begin{aligned}
\rho_{mn}^{r}&=\rho_0\frac{r_{mn}}{r_{mn}-L_m^a}\\
\rho_{mn}^{\theta}&=\rho_0\frac{r_{mn}-L_m^a}{r_{mn}}\\
\kappa_{mn}&=\kappa_0\frac{r_{mn}}{r_{mn}-L_m^a}\frac{L_m^b-L_m^a}{L_m^a}
\end{aligned}
\tag{4.52}
$$

可以看到，虽然离散后每一个扇形区域的质量密度依然是各向异性的，但每一层材料都是均匀的。

同样，可用各向同性多层介质对每一个离散的各向异性层进行近似，其等效关系与式(4.46)相同。为了简便起见而又不失一般性，设 $\xi=1$，$\rho_A>\rho_B$，并且在内边界处应用速度连续条件，即 $c_A=c_B$，可得第 $n(n=1,2,\cdots,N-1,N)$层的等效介质参数为

$$
\begin{aligned}
\rho_{An}&=\rho_{mn}^{r}+\sqrt{\rho_{mn}^{r2}-\rho_0^2}\\
\rho_{Bn}&=\rho_{mn}^{r}-\sqrt{\rho_{mn}^{r2}-\rho_0^2}\\
\kappa_{An}&=\kappa_{mn}\frac{\rho_{mn}^{r}}{\rho_{Bn}}\\
\kappa_{Bn}&=\kappa_{mn}\frac{\rho_{mn}^{r}}{\rho_{An}}
\end{aligned}
\tag{4.53}
$$

令 $\tau_n=r_n/L^a$，即声隐身超材料第 m 个扇形区域内第 n 层半径与扇形区域内径的比。将 τ_n 代入式(4.53)，得到

$$
\begin{aligned}
\frac{\rho_{An}}{\rho_0}&=\frac{\tau_n}{\tau_n-1}+\frac{\sqrt{2\tau_n-1}}{\tau_n-1}\\
\frac{\rho_{Bn}}{\rho_0}&=\frac{\tau_n}{\tau_n-1}-\frac{\sqrt{2\tau_n-1}}{\tau_n-1}\\
\frac{\kappa_{An}}{\kappa_0}&=\frac{\tau_n}{\tau_n-\sqrt{2\tau_n-1}}\\
\frac{\kappa_{Bn}}{\kappa_0}&=\frac{\tau_n}{\tau_n+\sqrt{2\tau_n-1}}
\end{aligned}
\tag{4.54}
$$

可以看到，每一个扇形区域的参数都仅与 τ_n 相关。因为当每个扇形离散为相同的层数时，相应层的 τ_n 是相等的。这时所有扇形区域内对应层的材料参数都是相同的。这说明，任意形状的声隐身超材料可由一系列不同半径的扇形组成，且每个扇形的材料参数是相同的。

图 4.15 为任意形状声隐身超材料的声场分布仿真分析结果情况。其中

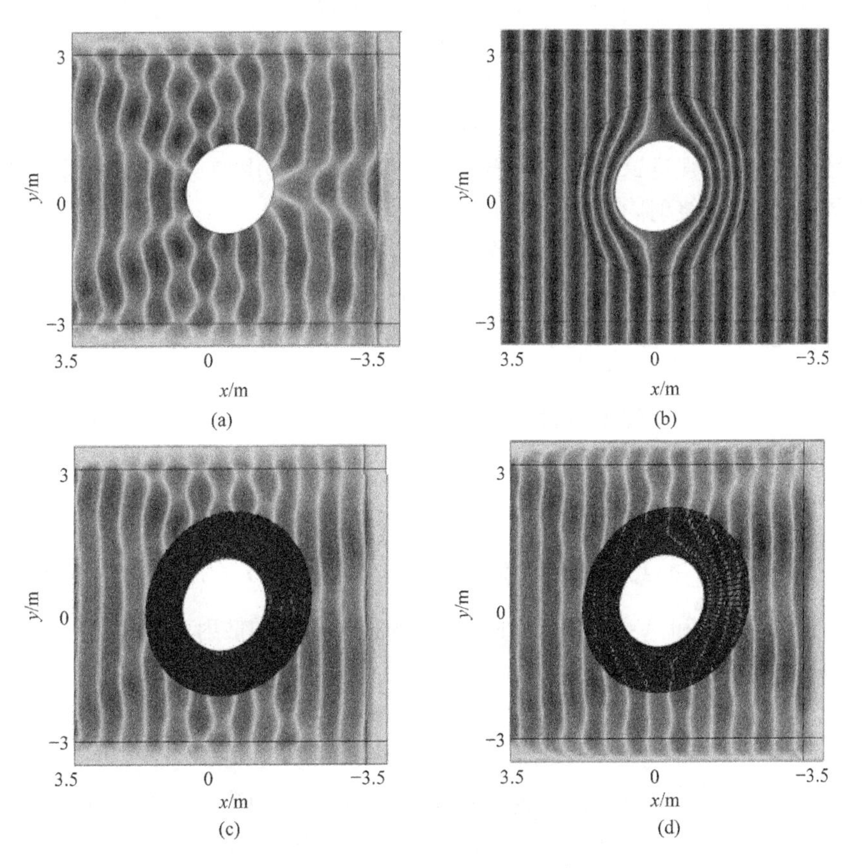

图 4.15　刚性椭圆柱声场与附加声学隐身超材料声场对比

图 4.15(a)为刚性散射体对平面声波的散射,图 4.15(b)为材料参数连续变化的理想声隐身超材料的声波控制效果,图 4.15(c)和图 4.15(d)分别是离散为 40 层和 100 层介质的声隐身超材料的声波控制效果。为了消除边界影响,在边界处设置了完美匹配层。背景介质选为水($\rho_0=998\text{kg/m}^3$,$\kappa_0=2.19\text{GPa}$),波数为 $k_0=2\pi$。

可以看到,对于理想的声隐身超材料,声散射场能够完全消失。进行离散分层后,波阵面产生了一定的弯曲和断裂,有微弱的散射声场出现,但前向的声影和背向的散射波都被明显削弱了,表明任意形状声隐身超材料及多层介质近似设计的有效性。图 4.15(c)和图 4.15(d)的对比表明,细化分层结构能有效地提高隐身超材料的声隐身性能,但同时增加了隐身超材料制备的复杂度。

4.3.2　声隐身超材料的影响因素及规律分析

对比散射体附加声隐身超材料前后的声压场分布,可以明显地观察到目标对声波场的扰动有明显的减小。但对于实际工程应用,如何对声隐身超材料的隐身性能进行定量分析评价更值得关注。通常,对于壳体表面覆盖水声吸声材料的声隐身技术,主要采用回波反射强度来进行分析评价,它通过目标散射波在背向(180°方向)的回波减弱来评价声隐身性能。严格来说,它只是评价隐身装置对一个方向的隐身控制能力。对于声隐身超材料,它可以削弱目标在各个方向的声特征信号,回波反射强度这样的评价指标不能全面反映其声隐身的效果,因此需要建立更科学、合理的绕射隐身性能评价指标体系。

对于圆柱形、圆球形这样高对称性的声隐身超材料,可以利用声散射理论解析地得到散射场分布,进而用声散射截面、散射形函数等指标对声隐身超材料的整体散射特性进行定量描述,由此来定量分析声隐身超材料的声散射缩减隐身效果。

对于图 4.10 所示的圆柱形声隐身超材料,将其视为一个多层均匀介质构成的圆柱形散射体,当平面波入射时,采用柱坐标系,散射体外的弹性波场可以展开为如下 Fouier-Bessel 级数形式:

$$u_{\text{out}}(\boldsymbol{r})=u_{\text{out}}^{\text{in}}(\boldsymbol{r})+u_{\text{out}}^{\text{sc}}(\boldsymbol{r})=\sum_n\left[a_n\boldsymbol{J}_n(\boldsymbol{r})+b_n\boldsymbol{H}_n(\boldsymbol{r})\right]\tag{4.55}$$

式中,$u_{\text{out}}^{\text{in}}(\boldsymbol{r})=\sum\limits_n a_n\boldsymbol{J}_n(kr)$ 为入射场;$u_{\text{out}}^{\text{sc}}(\boldsymbol{r})=\sum\limits_n b_n\boldsymbol{H}_n(k\boldsymbol{r})$ 为散射柱体产生的散射场;$B=\{b_n\}$ 和 $A=\{a_n\}$ 为外部入射场和散射场的散射系数;$\boldsymbol{J}_n(\boldsymbol{r})$ 和 $\boldsymbol{H}_n(\boldsymbol{r})$ 分别为

$$\boldsymbol{J}_n(\boldsymbol{r})=\nabla\left[J_n(\alpha\boldsymbol{r})\mathrm{e}^{\mathrm{i}n\phi}\right]\tag{4.56}$$

$$\boldsymbol{H}_n(\boldsymbol{r})=\nabla\left[H_n(\alpha\boldsymbol{r})\mathrm{e}^{\mathrm{i}n\phi}\right]\tag{4.57}$$

式中,$\alpha=\omega\sqrt{D/(\lambda+2\mu)}$;$J_n(x)$为 Bessel 函数;$H_n(x)$为第一类 Hankel 函数。

在圆柱散射体内部,部分入射波被柱体表面折射并在柱体内形成驻波,该驻波表示为

$$u_{\text{in}}(r) = \sum_n c_n \boldsymbol{J}_n(r) \tag{4.58}$$

对于任意相邻的两层介质，内外波场之间需要满足应力与位移在跨越交界面时的连续性条件，则有

$$u_{\text{in}}(\boldsymbol{r})\,|_{r=a} = u_{\text{out}}(\boldsymbol{r})\,|_{r=a} \tag{4.59}$$

$$\tau_{\text{in}}(\boldsymbol{r}) \cdot \boldsymbol{r}\,|_{r=a} = \tau_{\text{out}}(\boldsymbol{r}) \cdot \boldsymbol{r}\,|_{r=a} \tag{4.60}$$

将式(4.58)～式(4.60)代入式(4.55)，可得到包括系数$[a_n]$、$[b_n]$和$[c_n]$的线性方程组：

$$[\alpha_n][b_n, c_n]^{\text{T}} = [\beta_n][a_n] \tag{4.61}$$

式中，矩阵$[\alpha_n]$和列向量$[\beta_n]$中的各元素是与散射体结构参数和散射体、基体材料参数相关的系数，可分别由基体和散射体材料位移和应力表达式在柱坐标系下的形式得到。根据 Cramer 法则，柱面波散射系数$[b_n]$可由式(4.62)得到：

$$b_n = \frac{\det|\alpha_{An}|}{\det|\alpha_n|} a_n \tag{4.62}$$

求解式(4.62)得到圆柱坐标系下声隐身超材料的各阶柱面散射波分量，进而可以得到整个空间各个介质区域中的声压场和能量场分布，以及散射截面、散射形函数等定量描述整个体系散射特性的物理量。散射截面 Q_l 定义为散射波能量与入射波能量之比，其与$[b_n]$的关系为

$$Q_l = \frac{1}{k_0 r} \sum_{n=-\infty}^{+\infty} |b_n|^2 \tag{4.63}$$

图 4.16 中的实线为声隐身超材料的散射截面随频率的变化曲线。计算参数与图 4.11 所示的模型相同，虚线为裸钢柱的散射截面。可以看到，钢柱在附加声隐身超材料后散射截面明显降低，表明可以利用该指标来评价声隐身超材料的隐身性能。散射截面随频率的变化表明，声隐身超材料对声波的绕射控制能力是随频率变化的，这是复杂非均匀介质中声传播容易出现的特性。

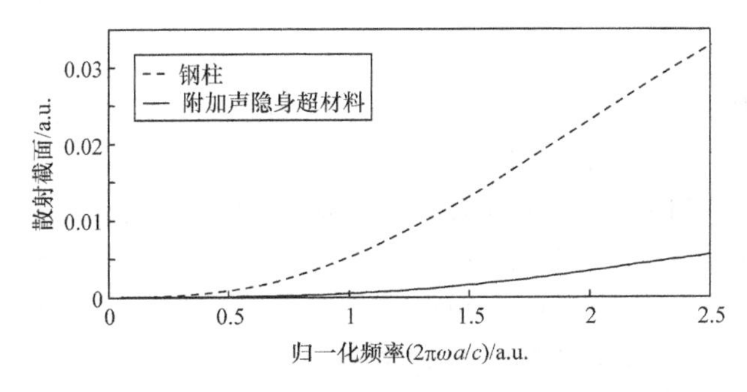

图 4.16　多层介质声隐身超材料散射截面随频率的变化

对于非圆柱形、圆球形的结构，不能解析地得到声散射系数和散射截面等指

标。张舒等[21]提出用平均可视度(averaged visibility)或场均匀度来描述声隐身超材料隐身效果的思路。

如图 4.17 所示，当平面波入射声隐身超材料时，在超材料附近一定区域内划分一系列规则网格，在垂直于入射平面波传播方面的任一平面内，取波场声压分布的最大值 $p_{\max,j}$ 及最小值 $p_{\min,j}$，定义该平面的可视度为

$$\gamma_j=\frac{p_{\max,j}-p_{\min,j}}{p_{\max,j}+p_{\min,j}} \tag{4.64}$$

对于均匀介质中的平面波传播，γ_j 为零，表明空间是完全透明的。当 γ_j 不为零时，表明波场受到扰动，产生散射波信号，或者说可视信号。

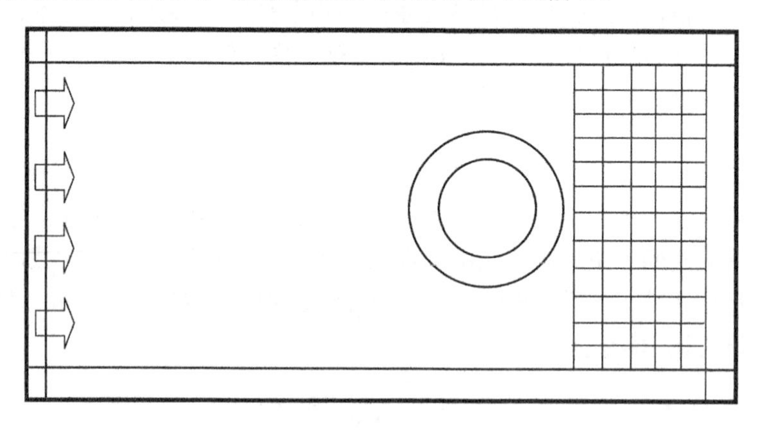

图 4.17 平均可视度分析示意图

沿波传播方向取多个平面，分别计算其可视度，以平均值作为整个波场的平均可视度：

$$\bar{\gamma}=\frac{1}{n}\sum_{j=1}^{n}\gamma_j \tag{4.65}$$

一个区域的平均可视度越小，意味着其中的波场越趋于平面波，对外部声学探测器来说，也就越趋于透明化。

图 4.18 为基于 COMSOL 动力学模型数值仿真的平面声波入射声隐身超材料时可视度随频率的变化，模型与图 4.11 相同。附加声隐身超材料后钢柱的平均可视度明显降低，同样表明隐身超材料对声波的绕射控制降低目标对声波扰动的能力，以及声隐身性能随频率变化的频变特性。同时，对比图 4.18 和图 4.16 可以看到，可视度随频率的变化趋势与散射截面随频率变化的趋势是吻合的，表明这两种声隐身超材料隐身性能的评价方式可以较好地相互印证。

无论从散射截面还是平均可视度随频率的变化都可以看到，多层介质声隐身超材料的声波控制效果随频率的增大而降低。由坐标变换理论得到的理想的、连续变化的超材料参数是与频率无关的，因此声隐身超材料的频变特性与离散化过

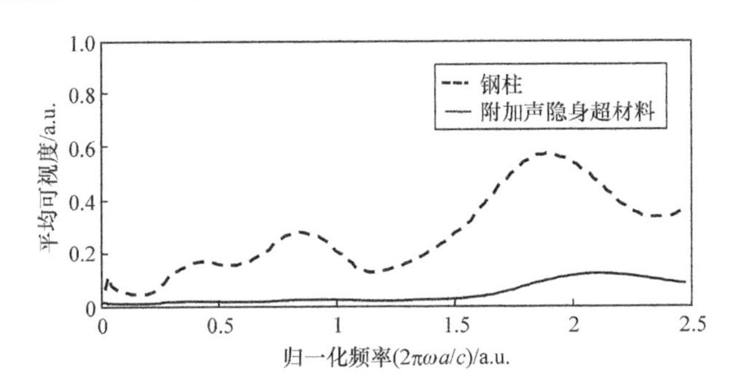

图 4.18　可视度随频率的变化

程有关。为了分析这一问题，在保持隐身区域内外边界不变及坐标变换一定时，分析不同离散化分层对声隐身性能的影响。

对于图 4.11 所示的多层各向同性介质声隐身超材料模型，固定内、外半径和坐标变换函数不变，分析其散射截面随离散化分层数量的变化。取壳体的内、外半径为 b=0.02m 和 a=0.01m，坐标变换函数取式(4.20)，保持各层材料的厚度相同(η=1)，并在其中放置一钢圆柱。图 4.19 是离散为 10、20 及 40 层介质的声隐身超材料散射截面随频率的变化。计算中所有的材料由基体材料的密度 ρ_0 和体积模量 E_0 进行归一化，取基体材料为水，材料参数为 $\rho_0=1000\text{kg/m}^3$、$E_0=2.19\text{GPa}$。不同离散分层的结果表明，对于确定的分层，随着频率的增加，散射截面增大，隐身效果下降；而对于同一频率，分层越细，散射截面越小。细化分层可以使隐身效果更为明显且可在更宽的频带内保持。

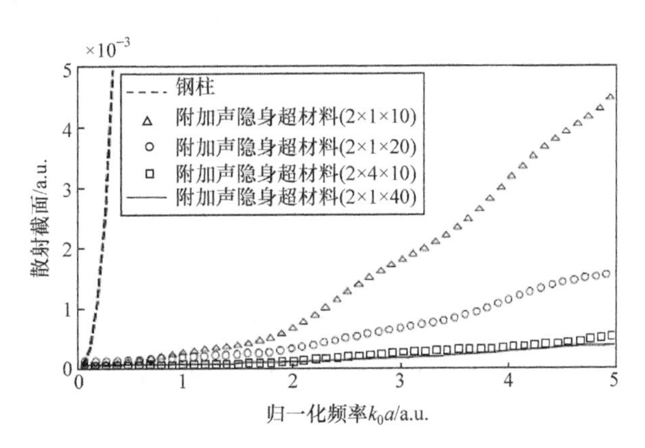

图 4.19　多层介质声隐声超材料

其他形状的声隐身超材料也有相似的规律。图 4.20 为不同离散层数的椭圆形声隐身超材料的声场分布，离散层数分别为 20 层[图 4.20(a)]和 40 层[图 4.20(b)]，入射波频率 $k_0=8\pi$。同样，离散分层的增多使散射声场减弱，尤其是 20 层时存在声场加强和波阵面断裂的区域，在 40 层分层时声场波阵面保持良好。一般来说，离散层数越多越接近材料参数连续变化时的理想隐身超材料，隐身效果也越好。不过，离散层数越多也将为实现带来越大的困难，因此在实现成本和隐身效果之间终将做出适当的取舍才可以。

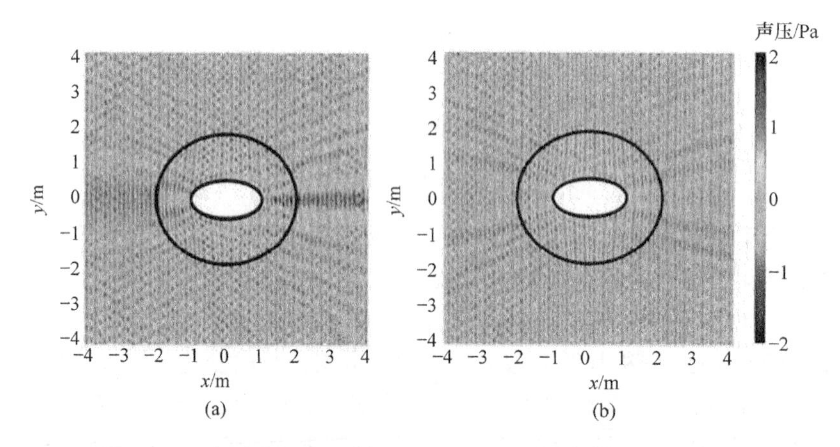

图 4.20　不同离散层数对椭圆柱形声隐身超材料隐身效果的影响

图 4.19 中的实线和方框点线还比较了以下两个模型的散射截面，实线是离散为 40 层的介质，每层介质由单层 A、B 两种各向同性介质交替排列替代，方框点线是离散为 10 层的介质，每层介质由 4 层 A 介质和 4 层 B 介质交替排列替代。从图中可以看到，两者的散射截面在计算频率范围内基本相同。

从多层介质声隐身超材料的设计来看，离散化对其隐身效果的影响有两个可能的原因：一是连续参数的离散化将坐标变换理论得到的连续变化的各向异性参数离散为多层阶跃变化的各向异性参数，这将导致相邻层间阻抗失配引起反射，产生散射波；二是在由交替排列的两层均匀各向同性介质层替代各向异性介质层时，复合介质的等效材料参数设计[式(4.46)]需要满足 $d_A(d_B) \ll \lambda$。上述两个模型的替代介质层的厚度相同，等效参数随频率的变化基本相同而离散化具有较大的区别。这说明离散化的影响远小于介质等效参数随频率变化的影响。

从坐标变换的角度来看，满足特定空间变换的坐标变换可以有无穷多组，不同的坐标变换方式对声隐身超材料的声学特性有何影响值得研究。考虑引入如下含参变量的坐标变换：

$$r' = \begin{cases} \dfrac{b-a}{b^m} r^m + a, & r \leqslant b \\ r, & r > b \end{cases}, \quad \theta' = \theta, \quad z' = z \tag{4.66}$$

由式(4.26)得到该变换方式下的材料参数分布为

$$
\begin{aligned}
&\frac{\rho_r}{\rho_0}=\frac{1}{m}\frac{r}{r-a}\\
&\frac{\rho_\theta}{\rho_0}=m\frac{r-a}{r}\\
&\frac{\kappa_0}{\kappa}=\frac{b^2}{(b-a)^{2/m}}\frac{(r-a)^{2/m-1}}{rm}
\end{aligned}
\tag{4.67}
$$

通过选取不同的变换阶次 m，能够得到多组实现同一空间变换的坐标变换方式，进而得到多组介质参数空间分布的设计参数。

图 4.21 为不同坐标变换方式下声隐身超材料的声散射截面随频率的变化。计算中固定声隐身超材料的内、外半径为 $b=0.02\text{m}$ 和 $a=0.01\text{m}$ 不变，将其离散为 10 层均匀的各向异性介质，每层各向异性介质由 32 层各向同性介质 A 和 32 层各向同性介质 B 交替排列来替代，替代层的厚度使多层结构整体上能够在整个计算频率范围内充分满足长波近似条件，等效介质参数随频率的变化可以忽略不计。

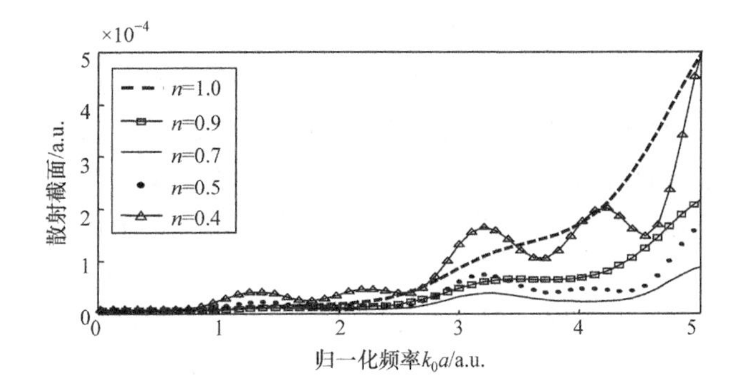

图 4.21　不同阶次坐标变换的声隐身超材料散射截面随频率的变化

由图 4.21 可以看到，当坐标变换的阶次由 1.0 变化到 0.4 时，声隐身超材料的散射截面随坐标变换的不同有明显的变化。随着变换阶次的减小，散射截面先减小再增大，并在 0.7 处得到最小值。对离散为 15 层或 8 层的模型进行同样的分析可以得到相同的规律：一个适当的变换阶次可以使声隐身超材料的散射截面达到最小值，但对于不同的分层，该值有所不同。

在将原均匀介质空间变换到非均匀介质物理空间的过程中，不同坐标变换方式对入射声波的弯曲引导路径有所不同。图 4.22 为坐标变换前（x 轴）和后（y 轴），沿 r 方向的空间对应关系。可以看到，对于变换后内表面附近的一定区域 Δ，不同的变换阶次 m 在原均匀介质空间中对应的区域明显不同，较低的变换阶次对应的区域较小，如 $L_{0.4}$。原空间中波场是均匀分布的，这意味着原空间中被压缩到该区域的声波较少，说明这时对波场的弯曲控制使波趋于离开内表面，向外表面集中，而当变换阶次 m 较大时，更多的波趋于集中在内表面。

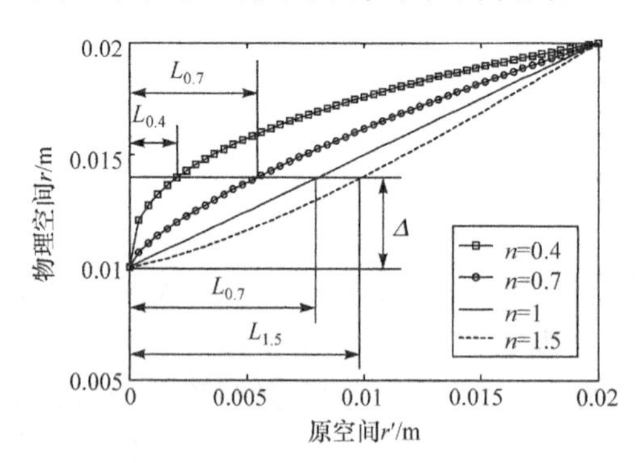

图 4.22　不同阶坐标变换的空间对应关系

在内表面材料参数截断形成较大的阻抗失配，当声波场趋于向内表面集中时，更多的声波与内表面相互作用，使声隐身超材料整体的声散射增加，因此形成较大的散射截面。当减小时，声波的分布由内表面趋于外表面，内表面的影响减小，对于有限分层的结构，在声隐身超材料壳内的各界面的影响趋于增大，这些界面的阻抗失配较小，因此散射截面趋于减小，但其作用面积趋于增大，因此当过多的声波外移时，声散射截面又趋于增大。总体来看，对于一定的分层，适当的坐标变换使多层介质的各个界面对入射波的作用最小，有利于得到较好的隐身效果。

由于声隐身超材料的材料参数从外表面到内表面的变化幅度趋于增大，内层材料参数比较极端，具有更大的色散，因此在内表面附近多层介质的等效参数随频率的变化幅度远大于外表面。综合保持良好的隐身效果和简化结构，可以考虑从外表面到内表面采取不同厚度的介质分层方式。图 4.23 为上述圆柱形隐身超材料模型内外径保持不变，由外向内，各层厚度逐渐变小时的散射截面(各分层厚度以等比数列变化，相邻层间厚度为 1∶1.2)。其中，各层由 2 层 A 材料和 2 层 B 材料交替排列构成。可以看到，非均匀分层的散射截面明显小于均匀分层。当内层

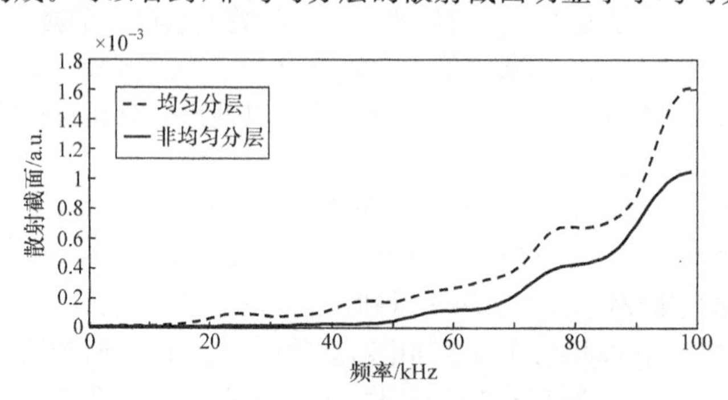

图 4.23　非均匀分层声隐身超材料散射截面随频率的变化

材料较薄时，散射截面减小明显。显然，内层材料的厚度对弯曲引导性能的影响较大，在设计中内层需要比外层更为精细的设计。

对于内表面由原空间中一点映射而来的声隐身超材料，内表面的材料参数趋于奇异值(无穷小或无穷大)，由外表面到内表面的材料参数要在很大的范围内变化，这对结构设计、制备等都提出了极高的要求，因此需要对内表面材料参数进行截断处理。可以考虑以坐标变换范围减缩的方式来实现截断。对于原空间 $0<r'<b$ 的区域，使坐标变换不从 $r'=0$ 点开始空间变换，而是取一个与半径相比为小量的 Δh，将坐标变换的起点从 $r'=0$ 变为 $r'=\Delta h$，通过变换方程将 $\Delta h<r'<b$ 的原空间映射到物理空间 $a<r<b$，而将 $0<r'<\Delta h$ 的空间忽略不计。这时，坐标变换方式变为

$$r=g(r')=\frac{b-a}{b-\Delta h}r'+a-\frac{b-a}{b-\Delta h}\Delta h,\quad \Delta h<r'<b \tag{4.68}$$

给合式(4.24)、式(4.26)和式(4.68)，得到该坐标变换下声隐身超材料的材料参数分布为

$$\begin{cases}\rho_r=\dfrac{(\Delta h-b)r}{ab+r\Delta h-b\Delta h-br}\rho_b\\[2ex] \rho_\varphi=\dfrac{ab+r\Delta h-b\Delta h-br}{(\Delta h-b)r}\rho_b, & a<r<b\\[2ex] \lambda=\dfrac{(a-b)^2r}{(b-\Delta h)(b\Delta h+br-ab-r\Delta h)}\lambda_b\end{cases} \tag{4.69}$$

由式(4.69)可知，当 $r\to a$ 时，$\rho_r\to\dfrac{(b-\Delta h)a}{(b-a)\Delta h}\rho_b$，$\rho_\phi\to\dfrac{(b-a)\Delta h}{(b-\Delta h)a}\rho_b$，$\lambda\to\dfrac{(b-a)a}{(b-\Delta h)\Delta h}\lambda_b$。这就避免了理想变换中声隐身超材料内边界材料参数的奇异问题。

图4.24为理想变换及引入边界截断后坐标变换的声隐身超材料的仿真结果。取内半径 $a=1\text{m}$，外半径 $b=2\text{m}$，由式(4.69)得到的材料参数被离散为25层各向异性介质，每一层又由两种各向同性材料等厚度交替排列组成。取变化量 $\Delta h=0.01\text{m}$，入射平面波幅值为1Pa。斗篷外部环境为空气，密度为 1.25kg/m^3，声速为343m/s，入射平面波频率 $f=200\text{Hz}$。

由图4.24可以看出，两种坐标变换下声隐身超材料周围的声场分布差异极小。具体分析其声场的物理量表明，两者总声压场的幅值在数量上相差不足1%。从绝对声压场来看，原理想坐标变换下声场的绝对压力变化范围为0.93～1.06Pa，新变换下声场绝对压力变化范围为0.90～1.10Pa，两者的绝对压力场幅值最大不超过入射波幅值的4%。两者对入射声波场的扰动微乎其微，这表明引

(a) 原变换下总声压场分布

(b) 新变换下总声压场分布

(c) 原变换下散射声压场分布

(d) 新变换下散射声压场分布

图 4.24　两种坐标变换下声隐身超材料的声散射特性计算结果(见彩图)

入合适的小量截断 Δh 不会明显影响声隐身超材料的隐身效果。当 Δh 较小时,可以在保持声隐身性能的同时,避免超材料内层材料参数的奇异问题。

从原理上说,理想坐标变换中 $r\rightarrow a$ 对应于原坐标系中的 $r'\rightarrow 0$,声隐身超材料内部整个区域($r<a$)中的声场都被压缩到壳($a<r<b$)中。这对外部入射声波场来说,意味着内部区域成为一个点,从而区域中放入任何物体都不会对外部入射波产生散射。采用截断的坐标变换时,是将 $\Delta h<r<a$ 中的声场压缩到壳($a<r<b$)中,这时,对于外部入射波,声隐身超材料内部区域成为一个较小的圆柱,$r'<\Delta h$ 的区域等效地对外部入射波产生散射。截断将在声隐身超材料中引入一定的散射,需要通过调节 Δh 的大小在降低声隐身效果与减小声隐身超材料最内层材料参数的要求之间做取舍,找到最优值。

当声隐身超材料为圆柱或圆球这样的高对称结构时,隐身超材料在各向方向的参数分布是一致的,这时隐身超材料的坐标变换是将点映射为圆周或圆球,各个方向的坐标压缩是完全相同的,因此对各方向的入射波都具有相同的控制效果。但当隐身超材料结构的对称性降低,如为椭圆柱形、棱柱形甚至任意形状时,隐身效果随方向的变化就需要考虑。例如,基于式(4.31)设计的椭圆柱形声隐身超材料,当 $\xi=1$ 时,其在原空间中对应于($y=0,-c\leqslant x\leqslant c$)的一条线段。说明此时声隐身超材料的内边界对应于原空间中的一条刚性线段,该变换为线变换。声隐身超材料的内表面通过坐标变换映射到原空间中时不是一个点,因此该声隐身超材料的声波控制效果会随方向变化。

图 4.25 为椭圆柱形声隐身超材料对不同角度入射声波的控制效果，计算参数与图 4.20 相同。图 4.25(b)、4.25(d)和 4.25(f)为刚性椭圆柱加声隐身超材料的声场分布情况，离散层数 $N=20$；图 4.25(a)、4.25(c)和 4.25(e)给出了长度为 $2c$ 的一条刚性线段在平面声波沿不同方向入射时的声场分布。入射波与 x 轴正方向夹角如下：图 4.25(a)、(b)为 $\pi/2$，图 4.25(c)、(d)为 $\pi/4$，图 4.25(e)、(f)为 π。可以看到，入射波角度对椭圆柱形声隐身超材料的隐身效果有较大的影响。在图 4.25(b)和(d)中，入射波方向分别为 $\pi/2$ 和 $\pi/4$，此时声场中均存在较强的散射波，在隐身超材料前方有明显的声影区，在 $-\pi/2$ 和 $-\pi/4$ 方向存在声场的加强现象，这与图 4.25(a)和(c)中声波入射刚性线段引起的散射声场分布情况基本一致。当然，由于隐身超材料本身对声波具有一定的导向作用，因此两者之间的声场强弱分布还是会有略微差异。在这两种声波入射情况下，声隐身效果变差，隐身的物体反而容易被发现。在图 4.25(e)和(f)中，入射波方向为 π，此时声场分布较均匀，声场基本未受入射波方向影响。由此可见，当入射波角度为 0 或 π 时，即入射波方向平行于椭圆长轴时，隐身效果最佳。

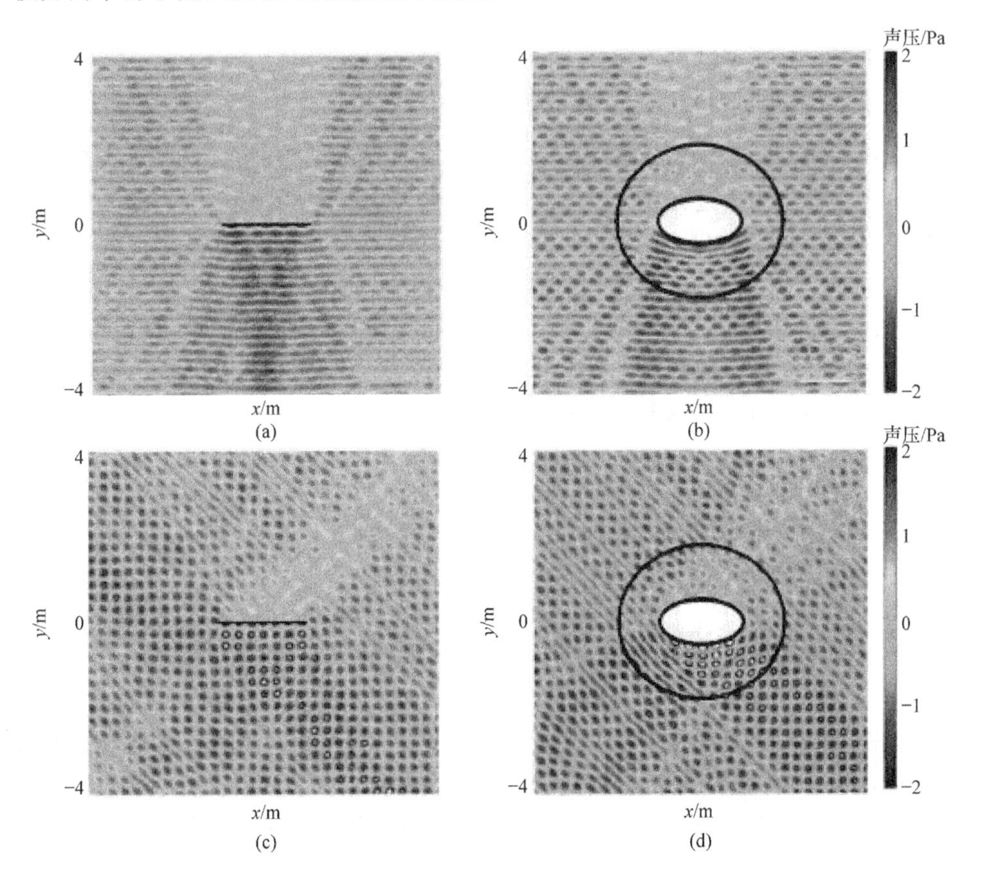

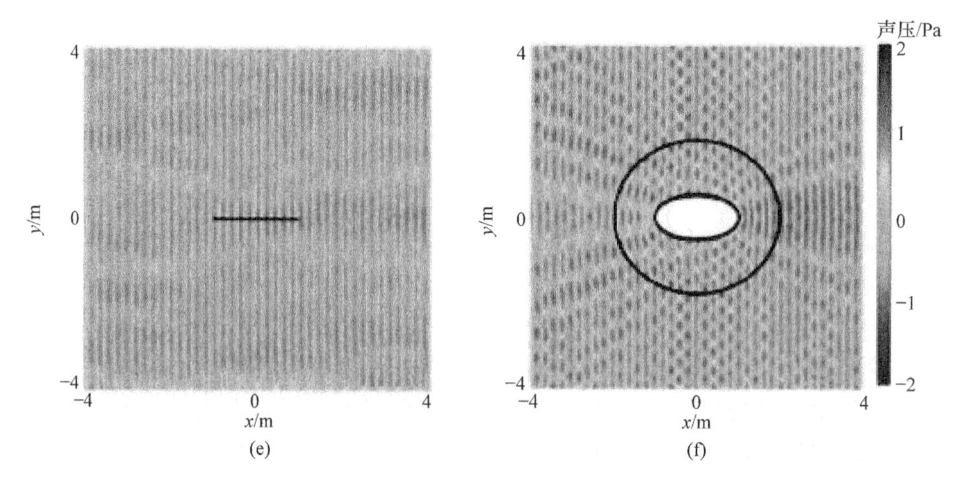

图 4.25　平面声波沿不同角度入射椭圆柱形声隐身超材料的声场分布(见彩图)

4.4　声隐身超材料的结构设计

4.4.1　声隐身超材料的材料参数约束分析

上述声隐身超材料的坐标变换分析都是基于 Helmholtz 形式的声波方程展开的。由于在梯度和散度算子中只含有密度张量,坐标变换的结果中的密度均为各向异性,即声隐身超材料对声波的弯曲引导控制是由密度的空间分布设计来实现的。

声波的传播与密度和弹性模量两个参量相关,可设想将弹性模量的设计引入声隐身超材料中。考虑声波方程的张量形式,一般地,对于各向异性类液体介质,其中的波传播动力学过程由如下方程描述[22~25]:

$$\begin{cases}\dot{\boldsymbol{\sigma}}=-\dot{p}\boldsymbol{S}\\ \boldsymbol{\rho}\cdot\dot{\boldsymbol{v}}=\nabla\cdot\boldsymbol{\sigma}\end{cases}\tag{4.70}$$

其中,$\dot{p}=-\boldsymbol{\kappa}\boldsymbol{S}\cdot\nabla\boldsymbol{v}$;$\nabla\cdot\boldsymbol{S}=0$。

由此得到声波方程 $\ddot{p}=\boldsymbol{\kappa}\,\nabla\cdot(\rho^{-1}p)$更一般的形式:

$$\boldsymbol{\kappa}'\boldsymbol{S}:\nabla'(\boldsymbol{\rho}'^{-1}\boldsymbol{S}\,\nabla'p')-\ddot{p}'=0\tag{4.71}$$

式中,$\boldsymbol{S}$ 为一般的对称矩阵,且 $\mathrm{div}'\boldsymbol{S}=0$;$p$ 为声压。

一般情况下,弹性矩阵 $\boldsymbol{C}=\boldsymbol{\kappa}'\boldsymbol{S}\otimes\boldsymbol{S}$,$p$ 为准声压(pseudo-pressure)。式中,在描述弹性变形的梯度算子中的力学量参数为 $\boldsymbol{\rho}^{-1}\cdot\boldsymbol{S}$,表明对于声波传播的动力过程来说,密度与模量的组合共同对声波的控制起作用。

式(4.71)为 Laplacian 形式的声波方程,由 Laplacian 方程的坐标变换分析得到声波方程在曲线坐标系下一般化的坐标变换关系为

$$\kappa_0 \det \boldsymbol{A}\boldsymbol{P}:\nabla'\left(\rho_0^{-1}\frac{\boldsymbol{P}^{-1}\boldsymbol{A}\boldsymbol{A}^{\mathrm{T}}}{\det \boldsymbol{A}}\nabla' p'\right)-\ddot{p}'=0 \tag{4.72}$$

式中，$\boldsymbol{P}$ 为一般对称矩阵，且 $\mathrm{div}'\boldsymbol{P}=0$。

对比式(4.71)和式(4.72)得到一般曲线坐标变换下声隐身超材料的参数设计公式为

$$\begin{cases}\boldsymbol{\kappa}'\boldsymbol{S}=\kappa_0 \det \boldsymbol{A}\boldsymbol{P} \\ \boldsymbol{\rho}'^{-1}\boldsymbol{S}=\rho_0^{-1}\dfrac{\boldsymbol{P}^{-1}\boldsymbol{A}\boldsymbol{A}^{\mathrm{T}}}{\det \boldsymbol{A}}\end{cases} \tag{4.73}$$

式(4.73)中含有多个未知数，但只有两个约束方程，所以声学隐身超材料的参数设计方案不是唯一的。对于同样的声波弯曲控制效果需求，或者说声隐身效果，单独的密度各向异性、模量各向异性，以及密度各向异性与模量各向异性的组合都有可能实现，在设计时给出不同的约束条件可以得到不同的设计方案。例如：

(1) 当 $\boldsymbol{S}=\boldsymbol{P}=\boldsymbol{I}$ 时，声隐身超材料的密度为非均匀各向异性，而体积弹性模量为非均匀各向同性，设计参数可表示为

$$\begin{cases}\boldsymbol{\kappa}'=\kappa_0 \det \boldsymbol{A} \\ \boldsymbol{\rho}'^{-1}=\rho_0^{-1}\dfrac{\boldsymbol{P}^{-1}\boldsymbol{A}\boldsymbol{A}^{\mathrm{T}}}{\det \boldsymbol{A}}\end{cases} \tag{4.74}$$

(2) 当 $\boldsymbol{S}=\boldsymbol{P}=h\boldsymbol{V}$ 时，体积模量为非均匀各向异性，而密度为非均匀各向同性。令 $\boldsymbol{S}=\boldsymbol{P}=\boldsymbol{A}/\det \boldsymbol{A}$(纯拉伸情况)，可得材料参数为

$$\begin{cases}\boldsymbol{\kappa}'=\kappa_0 \det \boldsymbol{A} \\ \boldsymbol{S}=\dfrac{\boldsymbol{A}}{\det \boldsymbol{A}} \\ \boldsymbol{\rho}'=\dfrac{\rho_0}{\det \boldsymbol{A}}\end{cases} \tag{4.75}$$

要注意式(4.75)只适用于具有旋转对称的声隐身超材料结构，因为始终要求非旋转对称结构中的变换矩阵具有对称性，所以纯拉伸关系不存在，式(4.75)也不成立。

(3) 若 $\boldsymbol{S}\neq h\boldsymbol{V}$，则可由式(4.73)得到一般化的声隐身超材料的材料参数设计方案，此时体积模量与密度均为各向异性。

对于二维圆柱形声隐身超材料，一般的坐标变换形式为

$$r'=\begin{cases}g(r'), & r\leqslant b \\ r, & r>b\end{cases},\quad \theta'=\theta,\quad z'=z \tag{4.76}$$

由式(4.74)有

$$\rho_r=\frac{g'(r)}{g(r)}r\rho_0,\quad \rho_\theta=\frac{g(r)}{g'(r)}\frac{1}{r}\rho_0,\quad \kappa=\frac{1}{g(r)g'(r)}r\kappa_0 \tag{4.77}$$

由式(4.75)则有

$$\rho=g'(r)g(r)\frac{1}{r}\rho_0,\quad \kappa_r=\frac{g(r)}{g'(r)}\frac{1}{r}\kappa_0,\quad \kappa_\theta=\frac{g'(r)}{g(r)}r\kappa_0 \tag{4.78}$$

从原理上来说，基于这两种结构都可设计声隐身超材料实现同样的声波弯曲引导控制。通常将基于密度各向异性的隐身超材料结构称为惯性隐身超材料，基于模量各向异性的称为五模隐身超材料。

4.4.2 惯性隐身超材料

基于式(4.77)设计声隐身超材料的关键是材料参数可调的各向异性质量流体的实现。第2章的分析表明，人工周期结构能够通过结构尺寸调节来实现等效材料参数的调节。从理论上说，在人工周期结构设计中对不同的方向引入不同的结构形式可实现各向异性的设计，如利用长方形晶格或四方晶格的周期结构，或利用长方形等非对称的散射体单元，都可能实现各向异性等效质量密度的声学超材料。但从图4.8(b)中可以看到，在内表面附近，材料参数趋于无限大或零的奇异值，基于非谐振单元设计的声学超材料材料参数的调节范围往往有限，不易达到隐身超材料的要求。需要考虑利用局域共振单元或Helmholtz共振腔单元来实现可大范围调节等效材料参数的各向异性声学超材料。

对于如图4.26(a)所示的Helmholtz共振腔单元，当入射声波波长远大于单元结构尺寸时，中心的空腔可视为单元的声容，四周的4个与周围单元相连接的短管视为声感。这样的声学单元可以类比为由LC回路构成的电路单元，如图4.26(b)所示。

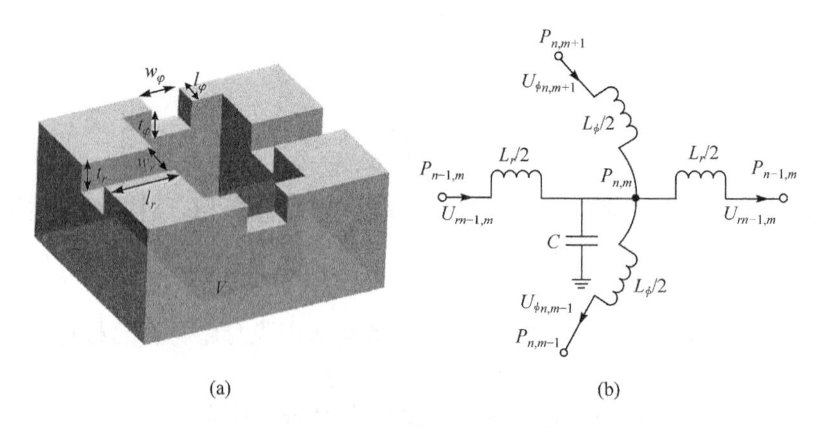

图4.26 Helmholtz共振腔单元及其传输线模型

由这样的Helmholtz共振腔单元构成如图4.27所示的二维圆柱形声学阵列。基于上述电路等效，利用集中参数电路模型，在圆柱坐标系下，在这样的声学阵列任意一个单元中传播的声波动力学方程可为

$$
\begin{aligned}
&\frac{\partial P}{\partial r} \approx \frac{P_{n+1,m}-P_{n-1,m}}{\Delta r}=-\frac{\mathrm{i}\omega L_r S_r v_r}{\Delta r} \\
&\frac{\partial P}{r\partial \phi} \approx \frac{P_{n+1,m}-P_{n-1,m}}{r\Delta \phi}=-\frac{\mathrm{i}\omega L_\phi S_\phi v_\phi}{r\Delta \phi} \\
&\frac{1}{r}\frac{\partial}{\partial r}(rS_r U_r)+\frac{1}{r}\frac{\partial}{\partial \phi}(S_\phi U_\phi) \approx \frac{r_{n+1}S_{m+1,m}U_{m+1,m}-r_n S_{m-1,m}U_{m-1,m}}{r_n \Delta r_n} \\
&\qquad\qquad +\frac{S_{\phi n,m+1}U_{\phi n,m+1}-S_{\phi n,m-1}U_{\phi n,m-1}}{r_n \Delta \phi_m} \\
&\qquad\qquad =-\frac{\mathrm{i}\omega CP}{\Delta r}
\end{aligned}
\tag{4.79}
$$

式中，n 和 m 为沿径向和切向的单元标志；v_r、v_ϕ 为 r 方向和 ϕ 方向的速度分量；$S_r=t_r w_r$ 和 $S_\phi=t_\phi w_\phi$ 为 r 方向和 ϕ 方向的短管截面积；L_r 和 L_ϕ 为两个方向的声感；C 为单元中心空腔的声顺。

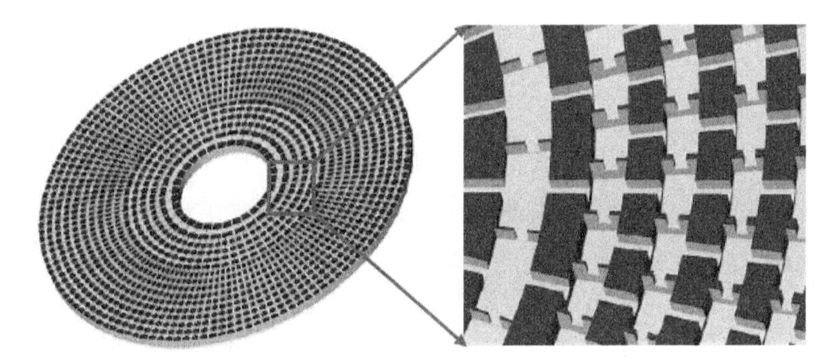

图 4.27　由 Helmholtz 共振腔单元构成的三维圆柱形声学阵列

对于集中电路模型，二维圆柱坐标系下的电报方程为

$$
\begin{aligned}
&\frac{\partial V}{\partial r}=-I_r Z_r \\
&\frac{\partial V}{r\partial \phi}=-I_\phi Z_\phi \\
&\frac{1}{r}\frac{\partial}{\partial r}(rI_r)+\frac{1}{r}\frac{\partial I_\phi}{\partial \phi}=-VY
\end{aligned}
\tag{4.80}
$$

式中，V 为电压；I_r 和 I_ϕ 为 r 方向和 ϕ 方向的电流分量；Z_r 和 $Z_\phi=t_\phi w_\phi$ 为 r 方向和 ϕ 方向的阻抗率。

对比式(4.79)和式(4.80)，声压、振动速度与电压、电流一一对应，得到图 4.27 中分布式声学系统的集中声学参数为

$$
Z_r=\frac{\mathrm{i}\omega L_r S_r}{\Delta r},\quad Z_\phi=\frac{\mathrm{i}\omega L_\phi S_\phi}{r\Delta \phi},\quad Y=\frac{\mathrm{i}\omega C}{\Delta r S_r}
\tag{4.81}
$$

由此可得 Helmholtz 共振腔单元的声容和声顺分别为

$$L_r=\frac{\rho_w l_r}{S_r},\quad L_\phi=\frac{\rho_w l_\phi}{S_\phi},\quad C=\frac{V}{\rho_w C_w^2} \tag{4.82}$$

以及由这样的单元构成的声学超材料在长波下的等效材料参数为

$$\rho_{\text{eff},r}=\frac{\rho_w l_r}{\Delta r},\quad \rho_{\text{eff},\phi}=\frac{\rho_w l_\phi}{r\Delta\phi},\quad \beta_{\text{eff},\phi}=\frac{\beta_w V}{S_r\Delta r} \tag{4.83}$$

由坐标变换方程得到隐身超材料所需的材料参数，再由式(4.83)得到实现这样的材料参数所对应的单元结构的尺寸参数，可以实现图 4.27 所示声隐身超材料的设计。

式(4.77)中的 3 个参数都随位置变化，固定声隐身超材料沿径向的质量密度和弹性模量为常数，只变化切向的质量密度，能在保持隐身效果的同时简化设计。取内、外半径 R_1 和 R_2 分别为 13.5mm 和 54.1mm，对声学参数进行如下简化：

$$\begin{aligned} Z_r&=0.5Z_0\\ Z_\phi&=0.5\left(\frac{r-R_1}{r}\right)^2 Z_0\\ Y&=2\left(\frac{R_2}{R_2-R_1}\right)^2 Y_0 \end{aligned} \tag{4.84}$$

则由式(4.82)得 Helmholtz 共振腔单元的声容、声顺参数需满足：

$$\begin{aligned} L_r&=\rho_w\frac{\Delta r}{2S_r}\\ L_\phi&=\rho_w\frac{r\Delta\phi}{2S_\phi}\left(\frac{r-R_1}{r}\right)^2\\ C&=2\Delta r S_\phi\beta_w\left(\frac{R_2}{R_2-R_1}\right)^2 \end{aligned} \tag{4.85}$$

由式(4.85)可得各层 Helmholtz 共振腔单元的结构参数，实现声隐身超材料的设计。图 4.28 为该惯性声隐身超材料对声波的控制效果，频率为 60kHz，流体介质为水。图 4.28(a)和(b)分别为自由传播的声波场及钢圆柱对入射声波的散射效果。从图 4.28(c)中可以看到，附加声隐身超材料后，散射声影区明显减弱。图 4.28(d)为散射体后 170mm 处在附加声隐身超材料前后的声压峰值变化，附加声隐身超材料后，散射体的声压场得到了有效恢复。

4.4.3 五模隐身超材料

基于式(4.78)设计声隐身超材料的关键是各向异性体积模量的实现。现实中的流体介质都是具有各向同性体积模量的，需要从人工设计周期结构入手探讨这一问题。

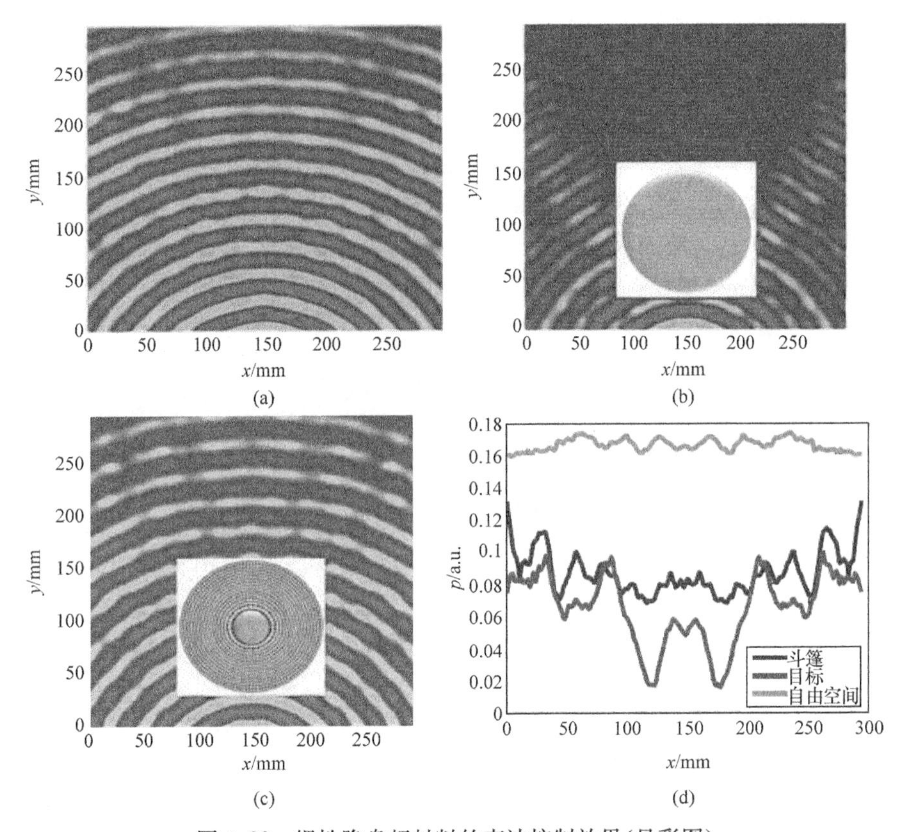

图 4.28　惯性隐身超材料的声波控制效果(见彩图)

对于一般性弹性介质,其弹性性质由四阶弹性张量 $\boldsymbol{C}$ 描述,该张量可表示为 6 阶的弹性矩阵。Milton 等[26]指出,一般情况下,弹性材料的 6 阶弹性矩阵有 6 个不为零的特征值,以及相对应的特征向量,每个特征向量对应一种变形模式。水等通常的流体承受的应力模式仅为压应力,它们的弹性特性若纳入一般的弹性描述框架中,则受力分析表现为剪切模量为零,对于体积压缩外的任何其他应力模式,其变形不受控制而产生流动。在数学上,则表现为弹性张量的 6 个特征值中有 5 个为零。Milton 等[26]提出,对于固体的人工周期结构,通过结构单元设计及周期拓扑设计,能够使其整体的等效弹性特性表现为在六维的应力空间中,只有体积压缩模式的特征值不为零(对应的特征向量称为硬模式),而对应剪切的其他 5 个特征值为零(对应的特征向量称为软模式)。这样的固体结构将在整体上表现为传统流体的力学特性,这样的材料称为五模材料。可以认为,它是一种广义流体。

在二维空间中,一般弹性介质的应力应变本构关系可以用如下矩阵形式表示:

$$\begin{bmatrix}\sigma_{11}\\ \sigma_{22}\\ \sigma_{12}\end{bmatrix}=\boldsymbol{C}\begin{bmatrix}\varepsilon_{11}\\ \varepsilon_{22}\\ 2\varepsilon_{12}\end{bmatrix},\quad \boldsymbol{C}=\begin{bmatrix}c_{11} & c_{12} & c_{16}\\ c_{12} & c_{22} & c_{26}\\ c_{16} & c_{26} & c_{66}\end{bmatrix} \tag{4.86}$$

式中，σ_{ij}、c_{ij}、ε_{ij} 分别是应力、弹性和应变张量的指标形式；$\boldsymbol{C}$ 代表材料的弹性矩阵。由于弹性张量需要保持对称性，因此弹性矩阵是 3×3 的对称矩阵。

图 4.29 为蜂窝结构及其代表性六边形结构单元。在一般性的六边形元胞中，长度为 l 的两根斜梁和长度为 h 的竖直梁在顶点处相交，两根斜梁对称分布且与竖直方向成一定角度 β。设所有梁单元均为壁厚为 t 的细长梁，且由同种基体材料组成，杨氏模量、泊松比和密度分别为 E_s、v_s 和 ρ_s。元胞所占面积为 $V_{cell}=2l^2(\xi+\cos\beta)\sin\beta$，长波条件下该周期结构的等效质量密度可以通过将梁单元总质量在元胞内进行平均得到：

$$\rho_{eff}=\rho_s\frac{V_s}{V_{cell}} \tag{4.87}$$

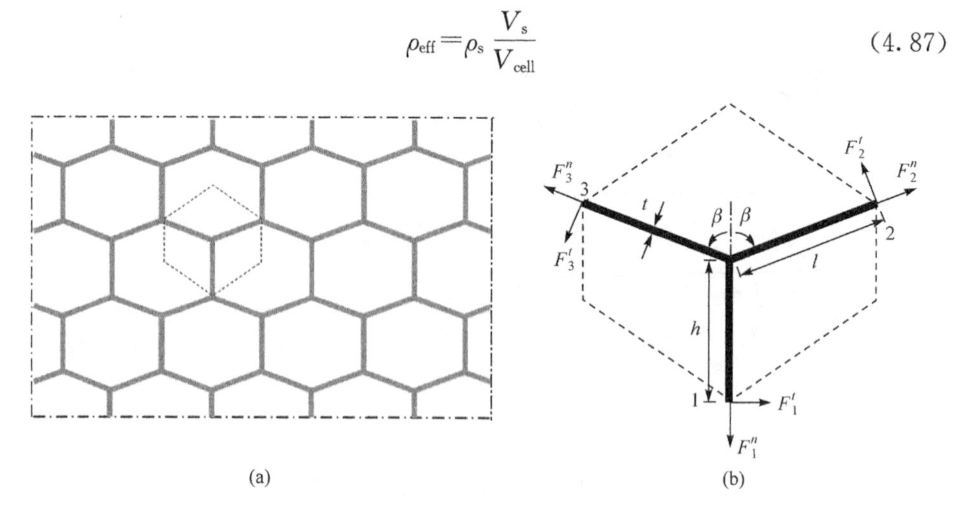

图 4.29 蜂窝结构及其单元结构

在线弹性理论下，基于应变能等效原理进行均质化等效，可得该周期结构系统的等效弹性矩阵为

$$\boldsymbol{C}=\begin{bmatrix} K_x & K_{xy} & 0 \\ K_{xy} & K_y & 0 \\ 0 & 0 & G_{xy} \end{bmatrix} \tag{4.88}$$

式中，各矩阵元分别为

$$K_x=E_s\eta\frac{(4\sin^2\beta+\eta^2\cos^2\beta+2\xi\eta^2)\sin\beta}{2(\xi+\cos\beta)(2+4\xi\cos^2\beta+\xi\eta^2\sin^2\beta)} \tag{4.89}$$

$$K_y=E_s\eta\frac{(\xi+\cos\beta)(4\cos^2\beta+\eta^2\sin^2\beta)}{2(2+4\xi\cos^2\beta+\xi\eta^2\sin^2\beta)\sin\beta} \tag{4.90}$$

$$K_{xy}=E_s\eta\frac{(4-\eta^2)\sin\beta\cos\beta}{2(2+4\xi\cos^2\beta+\xi\eta^2\sin^2\beta)} \tag{4.91}$$

$$G_{xy}=E_s\eta^3\frac{4(\xi+\cos\beta)\sin\beta}{\eta^2+4(1+2\xi)\xi^2\sin^2\beta+(2+\xi\cos\beta)\eta^2\xi s\cos\beta} \tag{4.92}$$

式中，ξ 为梁的长度比 h/l；η 为梁的长细比 t/l。可以看到，等效弹性参数主要与拓扑角度 β、ζ、η 这 3 个无量纲参数相关。矩阵中的 K_x 和 K_y 分别是材料在 x 和 y 主轴方向的弹性模量，K_{xy} 是材料两个主方向之间的耦合弹性模量，G_{xy} 是材料的剪切弹性模量。在这几个弹性参数中，除了剪切弹性模量 G_{xy} 与长细比 η 的 3 次方线性相关外，其余弹性参数都是与梁长细比 η 线性相关。考虑由 η 很小的细直梁单元组成蜂窝结构的模型，通过忽略三阶小量 $O(\eta^3)$，弹性矩阵可以简化为

$$\boldsymbol{C}=E_s\eta\frac{\sin\beta\cos\beta}{1+2\cos^2\beta}\begin{bmatrix}\alpha & 1 & 0\\ 1 & 1/\alpha & 0\\ 0 & 0 & O(\varepsilon)\end{bmatrix}\tag{4.93}$$

式中，$\alpha=\dfrac{l\cos^2\theta}{(h+l\sin\theta)\sin\theta}$。这时梁单元只能承受轴向载荷且顶点处连接为铰链形式。这样的结构在主轴方向不能承受任何剪切力，承受的正应力也必须满足一定的比例。可以看到，当 G_{xy} 和 K_{xy} 趋于零时，五模材料能承载的位移应力状态为压应力模式 $\boldsymbol{\sigma}=-p\boldsymbol{S}$，趋于与流体一致的静承载特征，这样的材料可视为理想五模材料。通过改变结构参数 l、h 和 θ，能够利用固体网格结构实现模量可调的类流体介质。例如，在 $l=h$、$\beta=30^\circ$ 及 $\alpha=1$ 时，其等效参数为

$$\begin{aligned}&\boldsymbol{C}=\begin{bmatrix}2.20 & 2.10 & 0\\ 2.20 & 2.20 & 0\\ 0 & 0 & 0.016\end{bmatrix}\times10^9\,(\mathrm{Pa})\\ &\rho=1000\,(\mathrm{kg/m^3})\end{aligned}\tag{4.94}$$

从理论上来说，由这样的结构单元周期排列构成的声学超材料可以实现与水的完全匹配。这样的材料通常可以用铝、铜、钢等金属材料进行镂空加工后周期排列形成网状结构，力学、声学特性接近水等流体，因此又称为金属水(metafluids)。

在长波条件下，五模超材料的等效质量密度可由单个元胞的总质量进行面积平均得到，$\rho_{\mathrm{eff}}=\rho_s V_s/V_{\mathrm{cell}}$。为了达到设定的等效质量密度要求，往往需要对结构单元进行配重，因此五模材料的单元结构往往由类蜂窝结构的外框和各顶点处的配重结构构成，超材料的等效质量密度可由配重单元调节，等效弹性模量则由外框调节，如图 4.29 所示。因此，通常设计的五模材料元胞构型远比蜂窝结构的几何结构复杂。这时，上述解析的等效参数分析已几乎不可能，需要采用数值方法，利用动态均质化理论描述其动力学行为。

对于具有复杂微结构的元胞，等效材料参数可以通过分析弹性波能带结构的低频色散曲线得到[27,28]。图 4.30(a)为五模超材料的弹性波能带结构计算结果，其单元结构由钛材料构成，材料参数分别为杨氏模量 $E_s=110\mathrm{GPa}$、$v_s=0.34$ 和 $\rho_s=4400\mathrm{kg/m^3}$。图 4.30(a)中从原点出发的黑、红色两条色散曲线，分别代表横波和纵波模式，点划线给出水的色散曲线。可以看到，该结构横波色散曲线比纵波

低得多，说明等效剪切模量远低于体积压缩模量，其纵波色散曲线与水很接近，说明其等效纵波声速及体积压缩模量应和水非常类似。图 4.30(b)为水中放置该五模超材料平板后，平面声波从左向右入射时的声压场分布仿真结果。可以看到，在五模超材料以外的区域，平面波特征得到了很好的保持，且在入射声波一侧无明显反射，表明该五模超材料和水具有很好的匹配。图 4.30(c)为相同平面波在均匀水域中传播时的声压场分布。图 4.30(b)和(c)中声压场分布几乎完全一致，这证实了五模超材料结构设计的有效性。

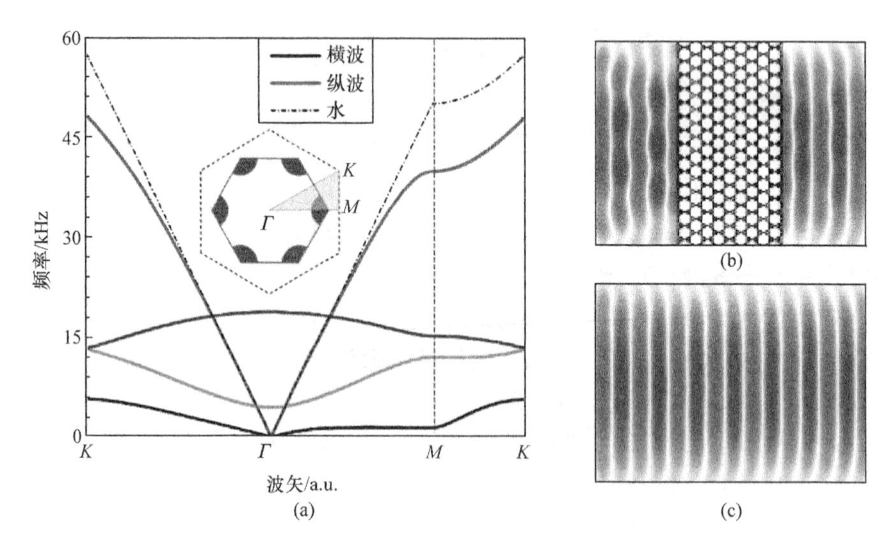

图 4.30 五模材料的弹性波能带结构及“金属水”特性(见彩图)

水、空气等通常的流体都为各向同性介质，但由坐标变换理论可知，隐身超材料的设计需要各向异性的声学介质。由式(4.94)可以看到，调节结构参数使 α 不等于 1 时，x、y 方向的模量不同，这时五模超材料成为各向异性介质，将其与式(4.78)结合，原理上可实现模量各向异性的五模声隐身超材料设计。应该指出，由于该结构的剪切模量为零，因此是不稳定的。在实际设计中，为保持结构的稳定性，应引入小量的剪切模量。

式(4.88)和式(4.89)具有不同的表达形式，这表明通过对五模超材料单元的几何构型、尺寸进行调节，五模超材料原则上能够实现各向异性弹性模量的设计。从表达式来看，这主要通过斜杆与水平方向之间的拓扑夹角 β 来实现调节。

取式(4.76)中的变换函数为

$$g(r')=\sqrt{\frac{r'^2(b^2-\delta^2)-b^2(a^2-\delta^2)}{b^2-a^2}} \tag{4.95}$$

结合式(4.78)、式(4.87)、式(4.89)～式(4.92)以及能带结构分析，得到五模隐身超材料的结构设计尺寸。

图 4.31 为附加配重的二维五模超材料元胞模型，其由 Y 形杆及附着于两倾斜杆上的矩形配重构成，其等效材料参数由 5 个无量纲几何参数决定：Y 形杆夹角 β，竖直杆无量纲长度 $m'=m/l$，梁单元长细比 $t'=t/l$，矩形配重无量纲宽 $w'=w/l$ 和高 $h'=h/l$。其等效质量密度在 $w'\approx 0$、$h'\approx 0$ 时取得极小值，在 $w'\approx \sin\beta$、$h'\approx m'+\cos\beta$ 时取得极大值，具有极大的等效质量密度调节能力。通过非等长的竖直杆和斜杆设计，该构型各向异性程度可由 β 和 m' 同时调节。具体的单元结构设计可按以下步骤进行：首先调节拓扑角度 β、竖斜杆长度比 m' 得到所需的各向异性程度 K_y/K_x；随后调节梁单元长细比 t'、矩形块宽 w' 得到所需的模量 K_x；最后根据所需的密度 ρ 直接计算得到矩形块高 h'。

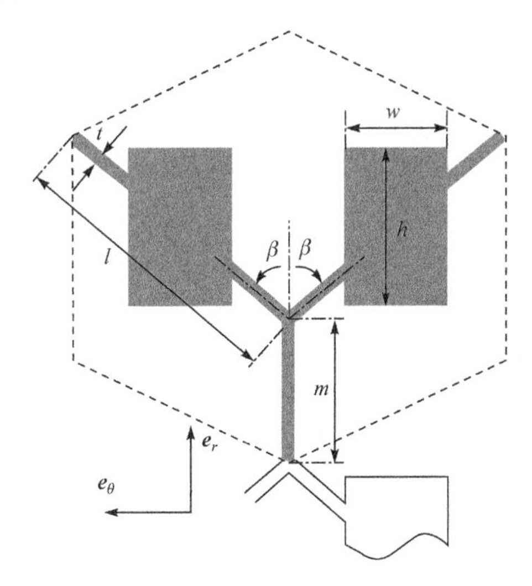

图 4.31　附加配重的五模材料单元结构

取 $b=2a$、$\delta=0.1$，可由式(4.78)和式(4.95)得到五模隐身超材料的理想材料参数。沿径向进行离散分层来逼近变换给出的连续材料分布，得到多层五模隐身超材料的材料参数，如图 4.32(a)所示。基于图 4.31 所示的微结构，最终得到图 4.32(b)所示的多层五模隐身超材料结构。

图 4.33(a)为归一化频率 ka 为 0.52 的平面声波入射五模隐身超材料时的声压场分布仿真结果。可以看到，左侧入射的平面声波进入隐身超材料后绕过中心区域，仍然保持平面波的形式从右方传播而出，隐身超材料外部区域的散射现象很弱，有非常明显的隐身效果。图 4.33(b)是归一化频率 ka 为 0.52 时该五模隐身超材料的远场散射系数随方向的变化。从图中可以看出，前向散射系数即 0°方向的远场散射系数的降低更加明显；而后向散射系数即 180°方向散射系数的削弱能力要低一些，表明该五模隐身超材料在降低前向散射能力上比降低后向散射更加突出。

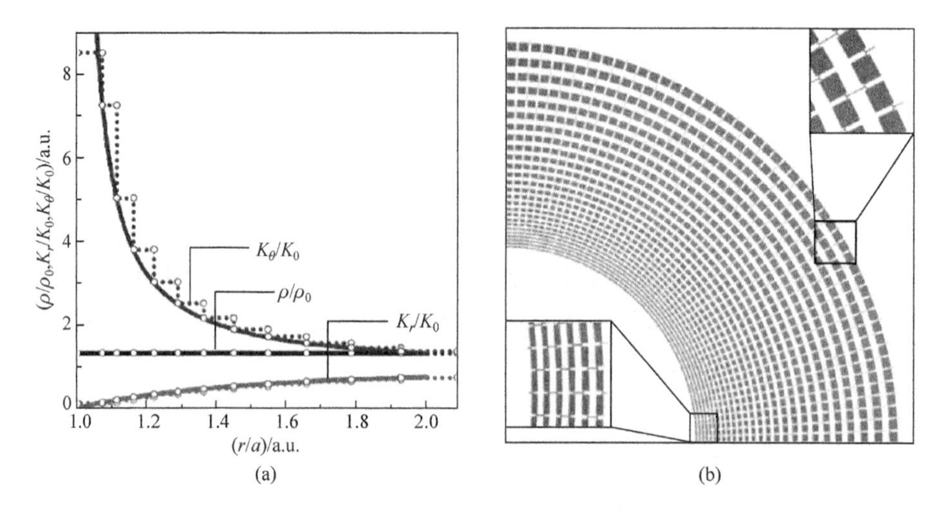

图 4.32　五模隐身超材料的材料参数分布及结构示意图

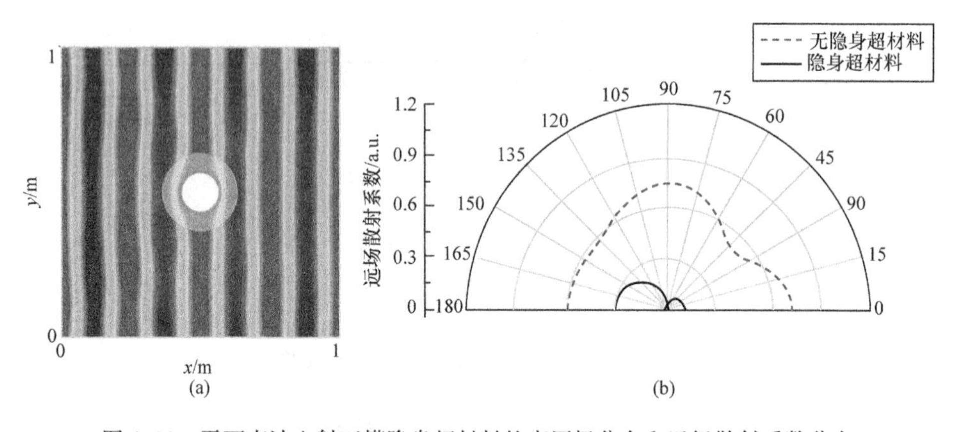

图 4.33　平面声波入射五模隐身超材料的声压场分布和远场散射系数分布

参考文献

[1] Leonhardt U. Optical conformal mapping[J]. Science,2006,312(5781):1777-1780.

[2] Nicolet A,Zolla F. Cloaking with curved spaces[J]. Science,2009,323(5910):46,47.

[3] Schurig D,Pendry J B,Smith D R. Calculation of material properties and ray tracing in transformation media[J]. Optics Express,2006,14(21):9794-9804.

[4] Milton G W,Briane M,Willis J R. On cloaking for elasticity and physical equations with a transformation invariant form[J]. New Journal of Physics,2006,8(10):248.

[5] Norris A N,Shuvalov A L. Elastic cloaking theory[J]. Wave Motion,2011,48:525-538.

[6] 陈毅,刘晓宁,向平,等. 五模材料及其水声调控研究[J]. 力学进展,2016,46:201609.

[7] Cai L,Wen J H,Yu D L,et al. Design of the coordinate transformation function for cylindri-

cal acoustic cloaks with a quantity of discrete layers[J]. Chinese Physics Letters, 2014, 31:094303.
[8] Cheng Y, Liu X J. Resonance effects in broadband acoustic cloak with multilayered homogeneous isotropic materials[J]. Applied Physics Letters, 2008, 93:071903.
[9] 高东宝,曾新吾. 基于各向同性材料的层状椭圆柱形声隐身衣设计[J]. 物理学报,2012, 61(18):184301.
[10] Ma H, Qu S B, Xu Z, et al. Material parameter equation for elliptical cylindrical cloaks[J]. Physical Review A, 2008, 77(1):013825.
[11] Ma H, Qu S B, Xu Z, et al. Material parameter equation for rotating elliptical spherical cloaks[J]. Chinese Physics B, 2009, 18(1):179-182.
[12] 高东宝. 基于声学超材料的新型隔声技术研究[D]. 长沙:国防科学技术大学,2013.
[13] Gao D B, Zeng X W. Approximation approach of realizing an arbitrarily shaped acoustic cloak with homogeneous isotropic materials[J]. Chinese Physics Letters, 2012, 29(11):114302.
[14] 胡文林. 各向异性超常材料的声幻象结构和声透镜研究[D]. 北京:中国科学院声学研究所,2013.
[15] Dupont G, Farhat M, Diatta A, et al. Numerical analysis of three-dimensional acoustic cloaks and carpets[J]. Wave Motion, 2011, 48(6):483-496.
[16] Xi S, Chen H S, Wu B I, et al. One directional perfect cloak created with homogeneous material[J]. IEEE Microwave Wireless Components Letters, 2009, 19(3):131-133.
[17] Popa B I, Zigoneanu L, Cummer S A. Experimental acoustic ground cloak in air[J]. Physics Review Letters, 2011, 106(25):253901.
[18] Schoenberg M, Sen P N. Properties of a periodically stratified acoustic half space and its relation to a biot fluid[J]. Journal of Acoustic Society of America, 1983, 73(1):61-67.
[19] Cheng Y, Yang F, Xu J Y, et al. A multilayer structured acoustic cloak with homogeneous isotropic materials[J]. Applied Physics Letters, 2008, 92(15):151913.
[20] Cheng Y, Liu X. Specific multiple-scattering process in acoustic cloak with multilayered homogeneous isotropic materials[J]. Journal of Applied Physics, 2008, 104(10):104911.
[21] Zhang S, Xia C G, Fang N. Broadband acoustic cloak for ultrasound waves[J]. Physical Review Letters. 2011, 106(2):024301.
[22] Norris A N. Acoustic cloaking theory[J]. Proceedings of the Royal Society A: Mathematical, Physical and Engineering Sciences, 2008, 464:2411-2434.
[23] Kadic M, Bäuckmann T, Stenger N, et al. On the practicability of pentamode mechanical metamaterials[J]. Applied Physics Letters, 2012, 100:191901.
[24] Norris A N, Parnell W J. Hyperelastic cloaking theory: Transformation elasticity with prestressed solids[J]. Proceedings of the Royal Society A: Mathematical, Physical and Engineering Science, 2012, 468:2881-2903.
[25] Norris A N. Mechanics of elastic networks[J]. Proceedings of the Royal Society A: Mathe-

matical,Physical and Engineering Sciences,2014,470:0522.

[26] Milton G W,Cherkaev A V. Which elasticity tensors are realizable? [J]. Journal of Engineering Materials and Technology,1995,117:483-493.

[27] Kadic M,Bäuckmann T,Schittny R,et al. Pentamode metamaterials with independently tailored bulk modulus and mass density[J]. Physical Review Applied,2014,2:54007.

[28] Huang Y,Lu X G,Liang G Y,et al. Pentamodal property and acoustic band gaps of pentamode metamaterials with different cross-section shapes[J]. Physics Letters A,2016,380:1.

第5章　声学超材料的减振降噪应用

5.1 引　　言

机械振动与噪声控制是振动工程领域的重要分支，在人类社会的生产生活中具有重要的作用和意义[1]。生活中过高的环境噪声会影响其舒适性，降低生活品质，甚至危害人的健康。工程中，过强的振动和噪声会严重影响装备的精度、安全性、可靠性和寿命。尤其是在国防领域，潜艇、军舰、战车、战机、导弹等装备都装载大量的精密仪器仪表，过大的振动与噪声会对装备的战术技术性能产生严重影响，同时会影响装备的隐蔽性，降低战场生存能力。因此，抑制振动与噪声带来的危害是十分必要的。传统的减振降噪技术往往存在低频效果不佳，重量、体积代价较大的局限性，虽然在工程应用中的技术水平逐步提高，但受空间、质量等环境条件的影响仍然较大，迫切需要发展振动与噪声控制的新理论与新技术。

声学超材料的特殊物理效应为基于结构的弹性波控制提供了多种新的技术途径，大大提高了减振降噪设计的灵活性，而且其基于亚波长结构控制弹性波的特点有利于突破传统减振降噪技术的局域性，利用更小的质量和体积代价来实现更有效的减振降噪。因此，发展基于声学超材料的声波与振动控制技术对声学超材料的工程应用探索具有特别重要意义。

研究者结合声学超材料的低频带隙、低频反常吸收等特殊物理效应，在轻质结构低频减振、低频空气声、水声隔声及充液管路减振降噪等方面进行了大量的研究工作，提出了多种新型减振降噪方法与结构。本章对它们的物理模型、弹性波调制原理、减振降噪特性及应用前景进行介绍，初步探讨基于声学超材料的新型减振降噪技术发展的新思路、新途径。

5.2　轻质结构低频减振设计

5.2.1　轻质结构减振的概念、意义

大飞机、高速战机、大型火箭、卫星、舰船、高速列车和节能型汽车等工业与国防装备的发展，要求大量使用轻质材料与结构[2~5]，以实现更低的能耗、更远的航程/射程、更高的机动性、更大的有效载荷等。实现轻质化有三种途径：①采用新型

的轻质材料;②采用新型的轻质结构构型;③通过结构/材料的多功能化来实现结构的轻质化。

为了实现材料的轻质化,通常要选用高比强、高比模的合金材料、复合材料等,如钛合金、铝合金、玻璃纤维增强复合材料、碳纤维增强复合材料等。为了实现结构的轻质化,一般要采用加筋、点阵或夹层复合等结构构型。图 5.1 为几种典型的轻质板结构。对于这样的薄壁结构,其结构振动和噪声更加显著,迫切需要有效的减振降噪技术。

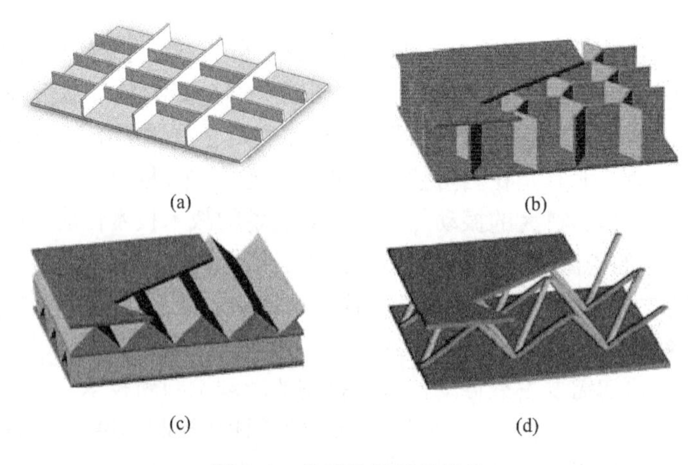

图 5.1　典型的轻质板结构

目前常见措施主要包括结构设计与参数优化、附加动力吸振器、附加阻尼材料、增加阻振质量,以及主动控制等。

在深入了解不同结构设计对系统振动与声学特性影响的基础上,通过调整、优化关键结构参数或者改变结构形式,可以使结构的声振特性在一定情况下得到有效改善。例如,对力激励下具有不同分布加强筋的典型矩形板振动响应研究指出,通过在平板上布筋,提高结构动刚度,可降低结构表面振动速度,使辐射声功率得到有效抑制[6]。研究者利用结构拓扑优化、遗传算法等优化设计方法,对梁、薄板等结构的质量和刚度特性进行优化,可以使结构的固有频率避开外激励频率[7,8]。对于复合夹层结构,以透射声功率最小化为优化目标,可以在不明显改变结构质量的约束下改善结构的隔声性能[9]。随着数值仿真与实验研究水平的提高,近来一些学者在复合结构动力学建模、声振特性分析中,考虑了更为多样的结构形式与边界条件,如弹性腔体的声振耦合、列车壁板/地板声学性能、汽车内部噪声环境等复杂系统[10~14]。这些对板结构设计以及舱室减振降噪研究,也具有重要的借鉴意义。

动力吸振器是一种传统的减振装置,具有结构简单、安装方便、作用频段易于调节等优点，对特定频率范围内的振动可取得显著的控制效果。研究者对附加复式[15]、梁式[16]、可调式[17~20]等不同动力吸振器的薄板结构进行了减振控制机理及优化设计研究，并对比了在不同设计准则下的降噪效果。为了获得更好的吸振效果，研究了多模态动力吸振器的参数优化及多个动力吸振器的结构全局振动抑制问题[21,22]，可使考虑频段内的多个结构响应峰以及全局振动响应得到有效抑制。值得关注的是，近些年，以 Fuller 等为代表的一些学者[23~26]，开展了关于分布式动力吸振器、声毯等的研究，对低频振动、声辐射、声透射抑制问题进行了关注，对动力吸振技术的发展以及振动与噪声的低频、宽带抑制具有重要意义。

阻尼处理可以使结构的振动在较宽的频带内得到有效抑制，在结构减振降噪设计中具有广泛应用[27~29]。阻尼结构可分为自由阻尼和约束层阻尼。相对于自由阻尼，约束层阻尼由于约束层的限制作用，阻尼层剪切变形增大，可以消耗更多的结构振动能量，减振作用更为显著。为了更好地适应系统动态特性及外部环境的变化以及提供更大的阻尼损耗，近年来，主动/半主动阻尼技术受到了越来越多的关注[30~32]，其优点在于可以提供较大的、可随环境变化的阻尼，且附加质量小、响应快、可控频带宽。

弹性波在传递过程中，当传递途径上存在声学条件变化时，即出现结构阻抗不匹配的情况（如材料或结构形式的改变导致质量、刚度等的突变），弹性波在这些不连续处会发生反射，这在一定程度上会对结构声的传递产生阻抑作用[33,34]。阻振质量就是根据这一思路，在结构声传递路径上人为地敷设障碍，以隔离结构声的传递。研究者对无限大平板、四端简支板等不同板对象加平衡、偏心、多级等不同阻振质量的模型进行了分析[35~37]，探讨了阻振质量块结构参数对板振动的影响规律和对振动传递的抑制特性。在舰船振动与噪声抑制的研究与应用中，阻振质量受到了广泛关注，尤其对不允许采用弹性连接来减少振动传递的情况，具有重要意义。

目前，基于电、磁等物理量实现控制的主动控制技术在声振控制中的应用趋于扩大。有源消声技术（又称为主动噪声控制）、结构声主动控制及结构振动主动控制技术在降低管道等封闭空间噪声及结构振动水平方面的有效性已被大量的理论研究与工程实践证明[38~41]。其模态抑制、声振耦合调节、多物理场耦合等控制机理得到了深入的研究。主动控制技术在应用中表现出环境适应性强、附加质量小、对低频和宽带随机振动抑制效果明显等优势，因此受到广泛的关注。

总体来看，基于结构设计、动力吸振、阻尼减振以及主动控制等传统技术手段开展的减振降噪措施，经过多年的发展，其基本理论、作用机理等都有了大量的研究，有效性已被大量的应用实践证明。然而，在应用中也存在一些问题或者遇到一定的瓶颈，尤其是低频段需要在较宽的频带内实现大幅度声振抑制的场合。

例如，传统单自由度动力吸振器作用频段窄，并且对于复杂弹性结构，其并不一定能使结构整体振动有效降低[42,43]；自由阻尼工艺简单、实施方便，但效果较弱，约束阻尼又使结构质量增大[44]；主动控制虽然近些年也具有很大的发展，但其也存在一些问题，包括需要引入外界能源、对复杂系统控制律设计要求高、中高频控制比较困难等，尤其是系统稳定性、安全性、可靠性等尚未很好解决。

针对这些问题，一方面可以通过发展上述技术本身来改善或解决，另一方面需要探索和研究新的振动与噪声抑制方法。声学超材料基于亚波长结构的控制思路为此提供了有效的解决途径。

5.2.2 基于声学超材料的轻质结构设计

对于夹层板结构，可以考虑引入局域共振单元来实现低频振动控制[45,46]。图 5.2 所示的两种声学超材料夹层板结构，基体板均由铝面板与轻质蜂窝芯层构成复合结构，蜂窝芯层可被等效为具有正交各向异性参数的均匀层。图 5.2(a)中的附加结构由较轻的软材料块与较重的硬材料块构成，成为一种有效的局域共振单元。图 5.2(b)中的附加结构由截面积较大的主附加块与截面积较小的支撑块构成，均为硬材料单元。

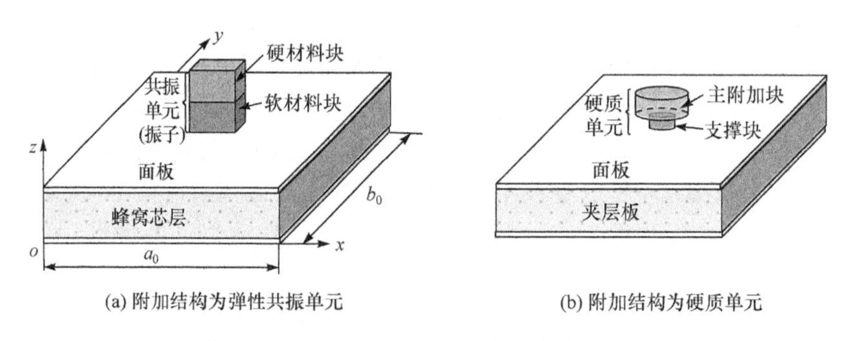

(a) 附加结构为弹性共振单元　　(b) 附加结构为硬质单元

图 5.2　声学超材料夹层板单元结构示意图

图 5.3 为上述声学超材料夹层板结构的色散曲线。为便于对比，图中也给出了无附加结构的基体板的色散曲线，在计算中其被设定为具有与周期板相同的单元尺寸，分析中采用了三维实体建模。表 5.1 给出了夹层板的结构参数，表 5.2、表 5.3 分别给出了附加共振单元与硬质单元的结构参数。表中参数变量的下标 l、c、s、h、u 以及 m 分别表示面板、芯层、软材料块、硬材料块、支撑块以及主附加块。基于表中的结构参数设置，附加结构质量分别约为基体板的 56.5%与 52.3%，振子的共振频率约为 1560Hz。

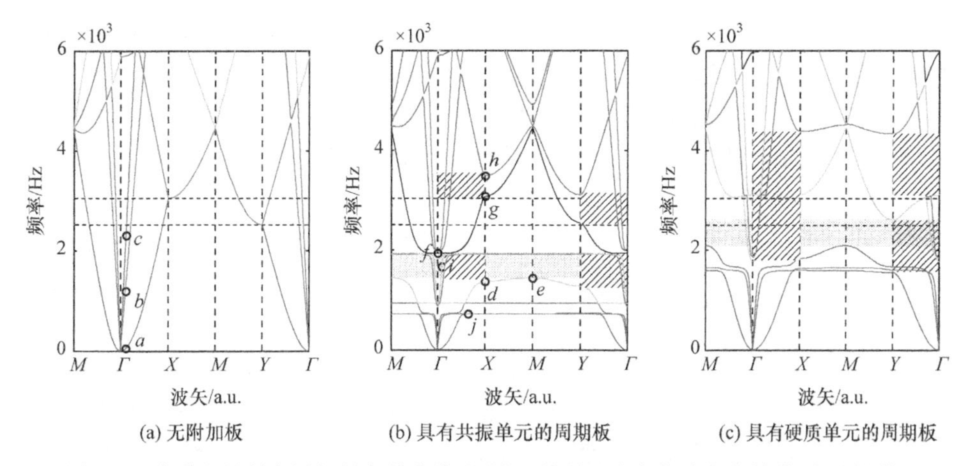

(a) 无附加板　　(b) 具有共振单元的周期板　　(c) 具有硬质单元的周期板

图 5.3　声学超材料夹层板的色散曲线(阴影区域所示为弯曲波完全禁带/方向禁带)

表 5.1　夹层板单元结构参数

组分	长度 a_0 /m	宽度 b_0 /m	厚度 h_1、h_c /m	密度 ρ_1、ρ_c /(kg/m³)	杨氏模量 E_1、E_c /Pa	泊松比
铝面板	0.12	0.12	0.001	2700	7×10^{10}	0.3
等效芯层			0.015	铝蜂窝芯 5.2-1/4-3003 的等效参数		

表 5.2　局域共振单元结构参数

组分	长度 a_s、a_h /m	宽度 b_s、b_h /m	密度 ρ_s、ρ_h /(kg/m³)	杨氏模量 E_s、E_h /Pa	泊松比
轻的软材料块	0.025	0.025	1300	6×10^7	0.33
重的硬材料块			7800	2.1×10^{11}	0.3

表 5.3　硬质单元结构参数

组分	半径 r_u、r_m /m	高度 h_u、h_m /m	密度 ρ_u、ρ_m /(kg/m³)	杨氏模量 E_u、E_m /Pa	泊松比
支撑块	0.00564	0.003	7800	2.1×10^{11}	0.3
主附加块	0.0141	0.0098			

图 5.3 中阴影区域所示分别为弯曲波的完全带隙与方向带隙。可以看出，无附加夹层板没有带隙存在，在整个频段，弹性波均可以在板中自由传播，且板中同时存在纵波、剪切波与弯曲波。通过分析对应于不同色散曲线的本征模态，可以确定对应波的传播模式。图 5.4 给出了色散曲线中一些典型波传播模式的位移场分布，其中，图 5.4(a)～(i)分别对应于图 5.3 中标注为 $a\sim i$ 位置处的本征模态响应，图 5.4 中的实线框为变形前的夹层板单元的边界。图 5.4(a)～(c)中模态分

别对应于弯曲波、剪切波和纵波。实际上，不同色散曲线中的波数随频率变化的特征，在一定程度上也可以对其所对应的波传播模式进行判断。对于纵波和剪切波，由于波速不随频率变化，色散曲线为直线；而对于弯曲波，波速为频率的函数，其色散曲线不为直线。此外，对于无附加结构的对称夹层板，三种波可看成独立传播，基本不存在相互间的耦合。

从图 5.3(b)中可以看到，当引入附加局域振子后，声学超材料夹层板产生了弯曲波、纵波、剪切波的低频完全带隙与方向带隙。图中标出了所关注的弯曲波带隙，其中，无斜线的阴影区域为弯曲波的完全带隙，含斜线的阴影区域为 x 方向、y 方向的方向带隙。图 5.4(d)～(h)分别为对应于图 5.3(b)中相应标记的带边模态。可以看出，各模态均对应于弯曲波模式。还可以注意到，在弯曲波带隙中仍有色散曲线存在，这是因为在这一频段内纵波和剪切波依旧可以传播，图 5.4(i)所示即为纵波模式。

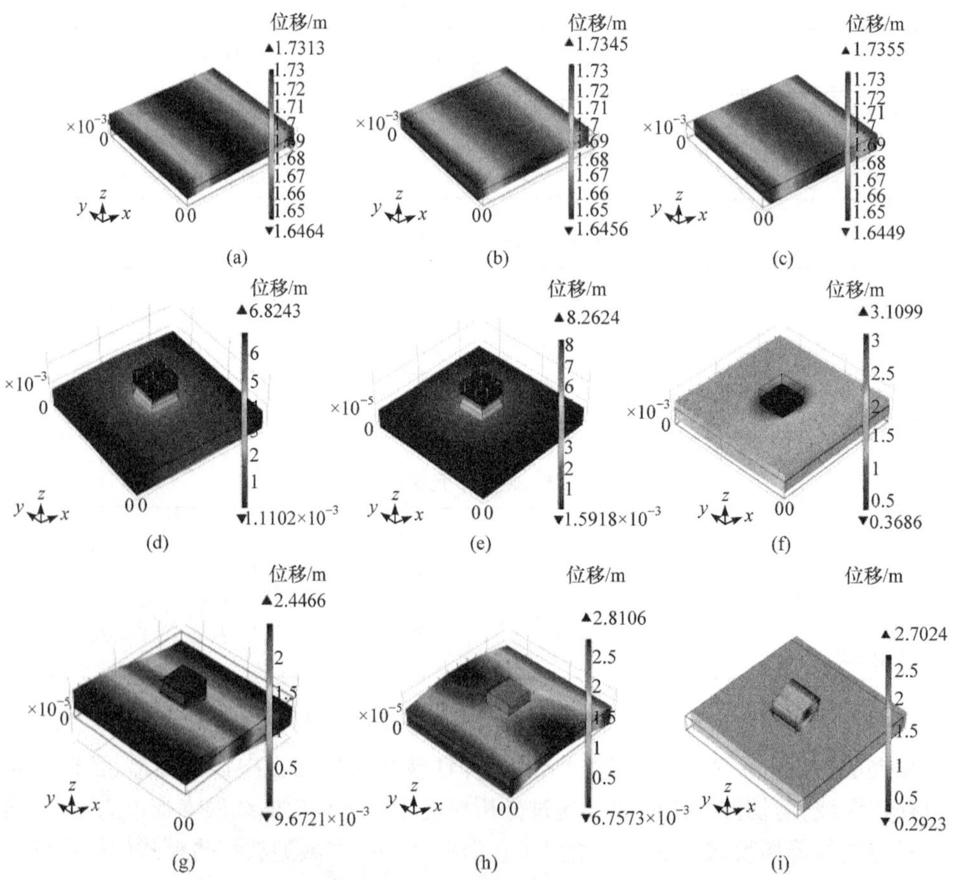

图 5.4　声学超材料夹层板本征模式对应的位移场分布(见彩图)

(a)～(i)分别对应于图 5.3 中标注为 a～i 的位置的本征模式

图 5.3(b)中的弯曲波完全带隙和第一方向带隙主要是由附加振子的局部共振效应引起的，为局域共振带隙，其频段出现在振子固有频率附近；对于第二方向带隙，其为 Bragg 带隙，下边界在一阶 Bragg 频率附近。由于 x、y 方向的芯层材料参数不同，具有不同的弯曲波波数，因此所对应的 Bragg 频率与方向带隙频率也不同。

该局部共振单元尺寸较小、与夹层板接触的材料较软，并且周期板弯曲波波数和纵波、剪切波波数差异很大，因此在通常情况下，这三类波的耦合非常弱。然而，由于共振单元可以产生不同方向/类型的共振，当共振沿着 x 或 y 方向时，周期板中的纵波和剪切波波数将显著增大并接近弯曲波波数。这时，将可能存在较强的纵波/剪切波和弯曲波的耦合或者不同波之间的转换。图 5.4(i)所示即为纵波-弯曲波耦合模式。但由于共振单元在 x、y 方向的一阶共振频率低于在 z 方向的共振频率，并距带隙频段有一定的间隔，因此此处不同类型波的耦合对弯曲波带隙基本未产生影响。

图 5.3(c)所示的弹性波能带结构表明，当引入附加硬质单元后，产生了一个弯曲波的完全带隙与两个方向带隙，如图中阴影部分所示。相对于由局域共振单元产生的带隙，此处由硬质单元产生的带隙更宽并且频率也更高，并且即使在较高的频段，具有硬质单元的周期板的色散曲线也与单一基体板有显著的差异，即硬质单元仍然对基体产生了较强的作用，这不同于附加共振单元的情况。此外，由硬质单元所产生的在 x 方向的两个带隙间的通带非常窄，可认为近似形成了一个在 1828～4376Hz 内的联合方向带隙，这对在一个较宽的频段抑制相应方向的弯曲波传播具有积极的意义。同时，由于硬质单元仅在夹层板的单侧分布，因此这样的偏心设计产生了弯曲波与纵波/剪切波的耦合。较强的耦合可能出现在相对较高的频段，使弯曲波带隙带边频率附近的波传播模式更为丰富，进而对带隙产生影响。一方面，带隙带边频率的确定将变得复杂，通常需要借助对应波传播模式的具体位移场来判断。图 5.3(c)中 y 方向第一带隙的下边界附近有 3 条色散曲线，需要对具体的波传播模式进行识别，才能确定其中的弯曲波模式。另一方面，随着结构参数的变化，由于弯曲波与纵波/剪切波的耦合，可能在原有弯曲波带隙中产生新的可传播的弯曲波。

此外，通过对比图 5.3(a)～(c)可以看出，由于局域共振单元与硬质单元对夹层板接触表面的局部强化以及等效附加质量/惯量的作用，由共振单元产生的 Bragg 方向带隙(即第二方向带隙)的下边界与由硬质单元产生的第一 Bragg 方向带隙的上边界，相对于由无附加夹层板获得的一阶 Bragg 频率均发生了一定的偏离。需要说明的是，即使是附加硬质单元的情况，也有可能产生局域共振带隙，此时，弹性部分主要由夹层板承担。

5.2.3　减振特性分析

1. 结构、材料参数分析

针对图 5.2(a)所示的附加周期局域共振单元的声学超材料夹层板结构，本节主要分析共振单元的软材料杨氏模量 E_s、共振单元正方形截面的横向尺寸 a 以及基体板单元 y 方向尺寸 b_0 3 个参数对带隙的影响规律。图 5.5 所示为 x 方向的方向带隙随参数的变化。图 5.6 为 y 方向的方向带隙随参数的变化。图 5.7 为完全带隙随参数的变化。图中对横坐标进行了归一化处理。通过对杨氏模量取平方根 $\sqrt{E_s/E_{s,0}}$，直接反映了共振单元质量不变时，共振频率变化的影响；而通过对正方形截面的边长进行平方$(a_s/a_{s,0})^2$，反映了共振单元共振频率不变时，质量变化的影响。其中，$E_{s,0}$与 a_0 为表 5.2 中的初始参数。而在图 5.6 对 y 方向尺寸 b_0 的影响规律分析中，x 方向尺寸保持不变，这可以在一定程度上反映各向异性周期板不同方向的几何尺寸差异对带隙的影响。在 b_0 的变化过程中，对附加共振单元的截面积进行了相应的调整，以使附加结构的相对质量保持不变。

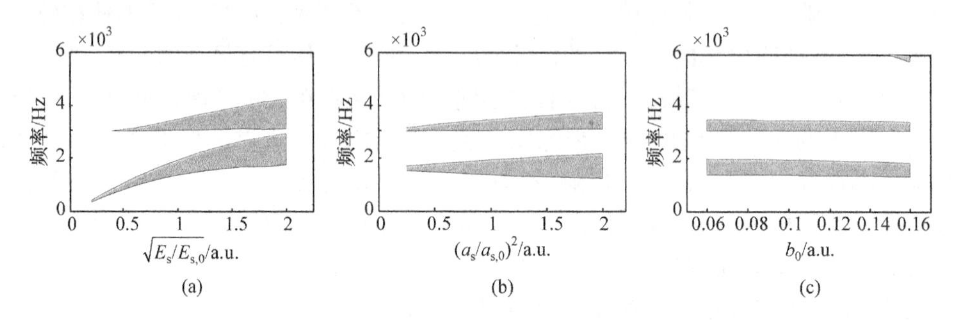

图 5.5　附加共振单元的结构参数对 x 方向的方向带隙的影响

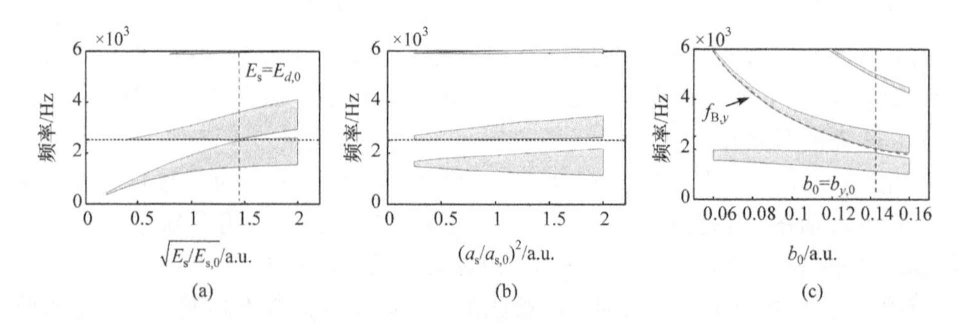

图 5.6　附加共振单元的结构参数对 y 方向的方向带隙的影响

为了便于描述，将夹层板 x 方向 Bragg 频率记为 $f_{B,x}$，y 方向 Bragg 频率记为

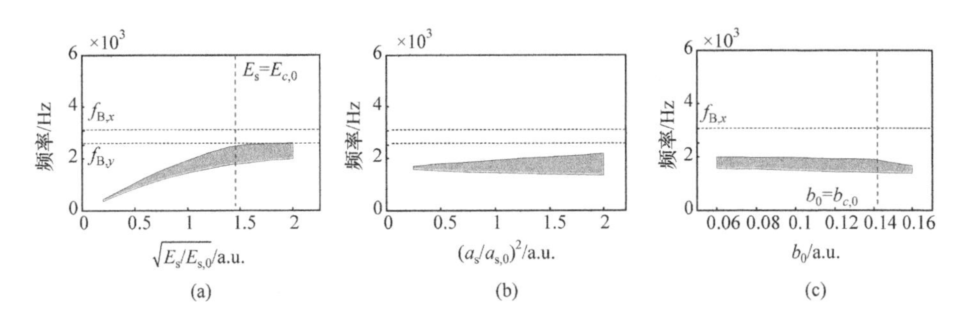

图5.7　附加共振单元的结构参数对完全带隙的影响

$f_{B,y}$，如图5.6中横向虚线所示，同时，记图5.7中竖线位置所对应的杨氏模量与 y 方向尺寸分别为 $E_{y,0}$、$E_{c,0}$、$b_{y,0}$ 与 $b_{c,0}$。由图5.5(a)可见，对于 x 方向的带隙，在所考虑的 E_s 的变化范围内，随着 E_s 的增加，共振单元固有频率增加，第一带隙上、下边界以及第二带隙上边界频率均随之升高，而第二带隙下边界基本不变，稳定在略高于 $f_{B,x}$ 的频率附近，同时，带隙宽度随之增大。进一步分析可知，频率呈上升趋势的3条带隙边界均受附加共振单元与基体板耦合的综合影响，受附加结构参数变化影响明显；而频率基本保持不变的带隙边界主要受Bragg条件控制，受附加结构参数变化的影响较小。

由图5.6(a)可见，对于 y 方向的带隙，当 E_s 小于一定值时，带隙变化规律与图5.5(b)中的 x 方向带隙一致，只是第二带隙的下边界在 $f_{B,y}$ 附近。当 E_s 增加到一定程度后(即 $E_s>E_{y,0}$)，随着 E_s 的增大，第一方向带隙的下边界频率继续增大，但其上边界将稳定在略高于 $f_{B,y}$ 的位置，因此带隙宽度有小幅度的减小；而第二方向带隙的上、下边界均随之增大，其宽度变化不大。当将 E_s 的值设定在 $E_{y,0}$ 附近时，第一带隙与第二带隙将发生近似的联合，使方向带隙显著拓展。

由图5.7(a)可见，对于弯曲波完全带隙，当 $E_s<E_{c,0}$ 时，随着 E_s 的增大，带隙带边频率随之升高，带隙宽度随之增大；此时，上、下边界均由共振单元与基体板的耦合共同决定。但是，当 $E_s>E_{c,0}$ 时，共振单元固有频率接近或高于 $f_{B,y}$，带隙上边界基本不再发生变化，稳定在略高于 $f_{B,y}$ 的频率附近，带隙宽度略有减小；此时，这一边界主要由结构的Bragg条件控制。当 E_s 取值在 $E_{c,0}$ 附近时，带隙上边界频率由增大转为稳定，可以获得最宽的带隙。

由图5.5(b)、图5.6(b)和图5.7(b)可知，随着共振单元截面边长 a 的增大，附加质量增加，x 方向的方向带隙、y 方向的方向带隙及完全带隙的宽度均逐渐增大，即质量增大有利于带隙的拓展。对于带隙带边频率，在所考虑的参数变化范围内，随着 a 的增大，x 方向、y 方向的第一方向带隙与完全带隙的上边界频率增大、下边界频率降低，两者的中心频率基本未发生变化；第二方向带隙的上边界频率增大，但其下边界频率基本保持不变。对于 x 方向与 y 方向的方向带隙，第二方向带隙的下边界分别稳定在各自的一阶 Bragg 频率附近。

需要说明的是，此处在分析 a 的影响时，振子的共振频率小于夹层板的一阶 Bragg 频率；当其共振频率高于一阶 Bragg 频率时，带隙分布将发生变化，但总体上质量增大仍将使带隙变宽。

由图 5.5(c)可以看到，x 方向第一、第二带隙的宽度及带边频率基本上都不受 y 方向尺寸变化的影响。而在图 5.6(c)中，当 $b_0<b_{y,0}$ 时，随着 b_0 的增大，除 y 方向第一带隙上边界基本保持不变外，其他带隙带边频率向低频移动，尤其是第二带隙的上、下边界频率，体现出很明显的降低趋势。其原因是 y 方向尺寸的增加，导致夹层板在 y 方向的 Bragg 频率 $f_{B,y}$ 降低，并且随着 Bragg 频率的降低逐渐接近振子频率，带隙宽度也逐渐增大。当 $b_0>b_{y,0}$ 时，在所考虑范围内，第一、第二带隙间的距离较窄，在一定程度上得到了拓展的联合带隙。

由图 5.7(c)可见，在所考虑的参数下，当 y 方向尺寸相对较小($b_0<b_{c,0}$)时，b_0 对完全带隙的影响很小，带边频率与带隙宽度均基本保持不变。当 $b_0>b_{c,0}$ 时，随着 b_0 的增大，完全带隙的上边界频率发生了一定程度的降低，带隙宽度也相应减小。此外，通过图 5.6(c)和图 5.7(c)的对比可以发现，$b_0>b_{c,0}$ 时完全带隙上边界频率的减小正对应于 y 方向第一带隙上边界频率的降低。

2. 带隙边缘模式分析

为了更好地认识结构参数对带隙的影响规律，可以结合弹性波带隙的带边本征模式分析，建立简化的物理模型，对带隙变化规律的内在机理进行研究。

x 方向的方向带隙、y 方向的方向带隙及完全带隙三者可能具有相同的带边振动模式，因此，这里将三类带隙带边频率随结构参数的变化曲线绘于同一图中，以便于对比分析。图 5.8 给出了附加局域共振单元的平板带隙带边频率随结构参数的变化曲线。其中，图 5.8(a)、(b)、(c)分别对应于图 5.5(a)～(c)、图 5.6(a)～(c)及图 5.7(a)～(c)中带隙的边界。研究表明，对于最低的几个带隙，主要有四类不同的边界模式。为了便于识别与描述，分别用字母 a～d 标记。需要注意的是，随着参数的变化，某一带隙的边界模式可能发生转换，因此同一个带隙的上/下边界可能并不是只由一个字母标注，而是对不同的区间用不同的字母标注。图 5.9 和图 5.10 为附加周期局域共振单元平板的典型带边模式所对应的简化物理模型。

考虑图 5.8(a)～(c)中的第一带隙下边界及完全带隙下边界，虽然对于每一组参数设置，都有对应的本征模式，不同参数下的本征模式所对应的具体响应分布也会有一定的差异，但它们的基本特征具有一定的相似性。因此，在建立其物理分析模型的过程中没有必要逐个考查，只需选定若干参数进行分析。

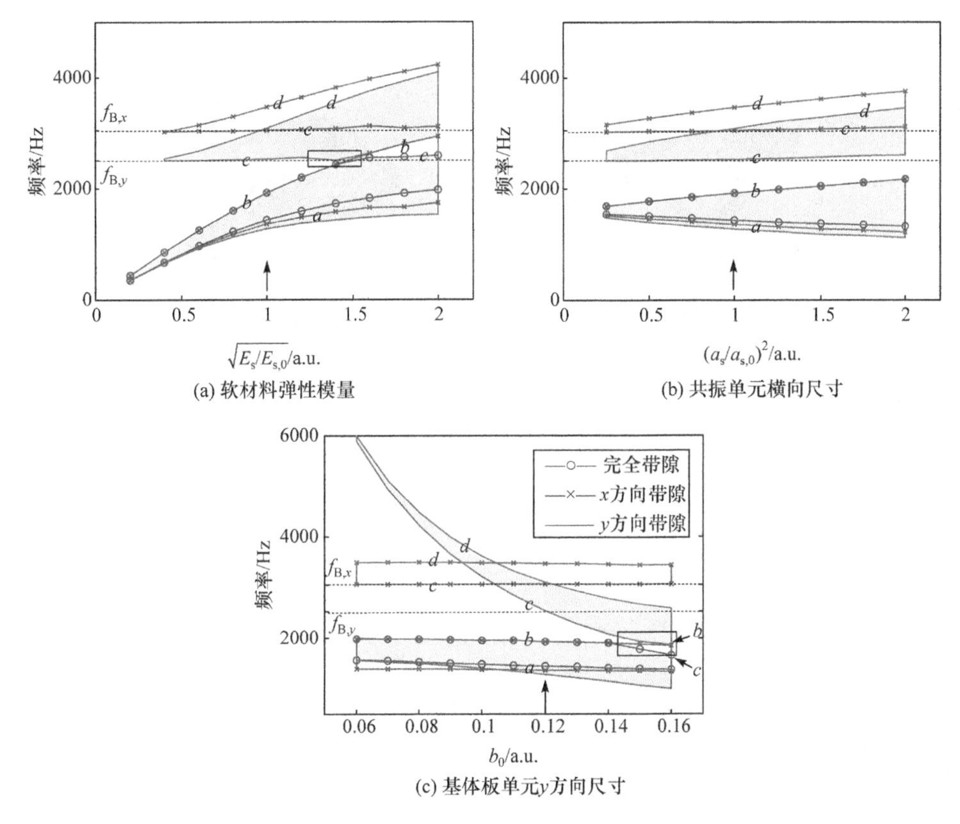

(a) 软材料弹性模量　(b) 共振单元横向尺寸

(c) 基体板单元y方向尺寸

图 5.8　附加共振单元周期夹层板带隙带边频率随结构参数的变化

x 方向第一带隙与完全带隙下边界所对应的运动模式如图 5.9 中的位移响应云图所示。可以看到，板结构在 y 方向不同位置的运动响应基本保持一致，这时板结构中仅存在沿 x 方向传播的波。这时基体板可以认为具有梁的运动特征。并且，对于垂直于波传播方向的两条边界，其线位移近似为零而转动基本未受影响，从而可认为具有简支的边界。对于附加的局域共振单元，位移云图体现出在 z 方向做线性振动的弹簧振子的运动模式。因此，可以将 x 方向第一带隙下边界的带边模式简化为图 5.9(a)所示的形式，即中间位置附加弹簧振子的两端简支梁的共振模态。其中，基体梁具有一阶模态特征，振子与基体梁同相运动。类似地，可以将 y 方向带隙下边界的带边模式简化为图 5.9(b)所示的形式。虽然此处未对 y 方向带隙的带边模式进行分析，但通过对周期结构的对称性分析可知，其与 x 方向具有相同的传播模式，只是波传播方向不同。因此，其等效简化模型与图 5.9(a)是相同的。

通过对比图 5.9(a)与图 5.9(b)可以发现，虽然分别是沿 x 方向(ΓX)的传播模式与同时沿 x 方向与 y 方向(ΓM)的传播模式，但总体上两者的形式是相似的，

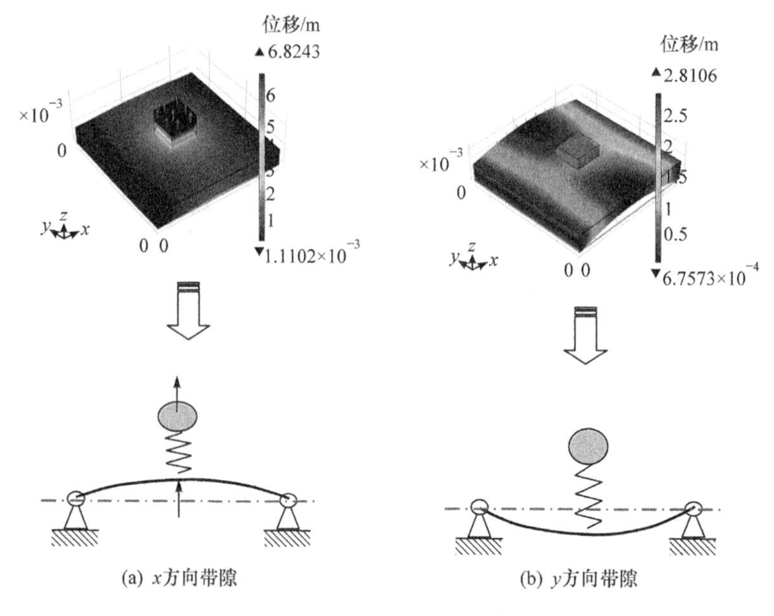

图 5.9　第一带隙带边模式的梁-弹簧振子简化模型

即都是简支梁附加弹簧振子，并且基体梁均为一阶模态。因此，可以通过图 5.9(a)所示的模型同时对 x 方向带隙、y 方向带隙及完全带隙进行分析，只是需要考虑到不同方向的结构等效参数的差异即可。

类似地，由图 5.8 中标记为 $b\sim d$ 的带隙边界所对应的带边模式的运动响应分布也可以获得对应于其主要运动特征的简化模型，分别如图 5.10(a)～(c)所示。

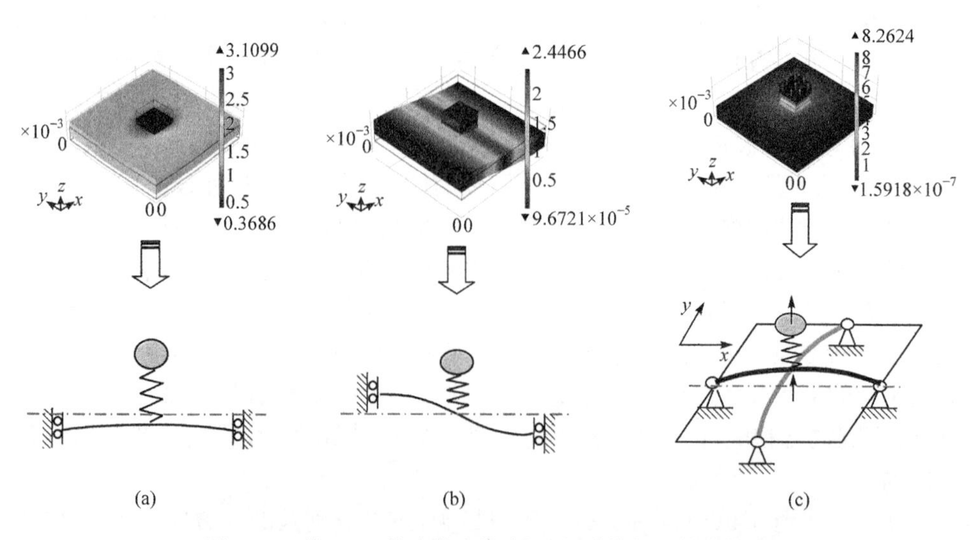

图 5.10　第二、三带隙带边模式的梁-弹簧振子简化模型

其中,图 5.10(a)为中间位置附加弹簧振子的两端滑动梁的共振模态,基体梁具有准零阶模态特征,振子中的质量块与基体梁反相运动;图 5.10(b)为中间位置附加弹簧振子的两端滑动梁的共振模态,基体梁具有一阶模态特征,且主要为梁自身的振动、振子不参与运动;图 5.10(c)为中间位置附加弹簧振子的两端简支梁的共振模态,基体梁也具有一阶模态特征,但振子与基体梁反相运动。

由上述带隙带边模式的等效简化模型,可对附加局域共振单元对带隙的影响规律进行分析,主要考虑局域共振单元的质量与共振频率。共振单元自身的几何参数或者材料参数对带隙的影响可以统一到这两个关键因素上来,即其通过改变这两个关键因素而对带隙产生影响。同时,利用简化模型,可以方便地解释局域共振单元结构参数变化对带边频率的影响。例如,对于由图 5.10(b)控制的带边模式,当 E_s 或者 a_s 变化时,虽然对振子的等效参数产生了影响,但由于振子基本不参与运动,因此对相应的带边频率影响很小;当 y 方向单元尺寸 b_0 发生变化时,等效梁模型中基体梁的长度将发生变化并导致系统固有频率随之变化,因此带隙边界频率也发生了改变;但 x 方向的等效模型不受 y 方向单元尺寸变化的影响,因此带隙边界频率也基本保持不变。其他结构参数对带隙的影响规律,也可通过类似的途径进行分析。

实际上,当附加局域共振单元对基体板的主要作用简化为一个沿 z 方向的弹簧振子进行考虑时,共振单元的软材料杨氏模量 E_s 与横向尺寸 a 对带隙的影响即反映了共振单元的共振频率、结构质量对带隙的影响。相应地,对于共振单元的其他结构参数,当其可以统一到结构共振频率与结构质量上来时,它们的影响规律与 E_s 和 a 的影响规律是相似的。共振单元结构参数与等效弹簧振子参数的关系近似为 $f_{re}=\frac{1}{2\pi}\sqrt{m_{re}/k_{re}}$,$m_{re}=\rho_h a_h b_h h_h$,$k_{re}=E_s a_s b_s/h_s$。

5.2.4　实验测试与验证

为了验证周期性附加局域共振单元对轻质板的振动调节效果,设计了如图 5.11 所示的声学超材料板结构[47~49]。在有限大平板上附加 8×8 个局域共振单元,每个单元由质量块和支撑铜柱组成。基体板单元、质量块、支撑铜柱、螺栓的设计参数分别如下:基体板厚度为 0.0015m、板单元长度为 0.1m、宽度为 0.1m,材料为铝;质量块高度为 0.007m、外径为 0.03m、内孔直径为 0.004m,材料为钢;双通铜柱的规格分别为 $M4\times25$ 与 $M4\times10$;螺栓的规格为 $M3\times50$。为了节约组装时间,实验中选用了与连接螺栓不同规格的双通铜柱。在单元设计中通过六角双通铜柱与圆柱形质量块的组合,能够实现偏心的集中质量设计。这样的设计在利用局域共振单元平动模式的基础上,还可以引入转动模式,有利于进一步拓宽其低频弹性波带隙。

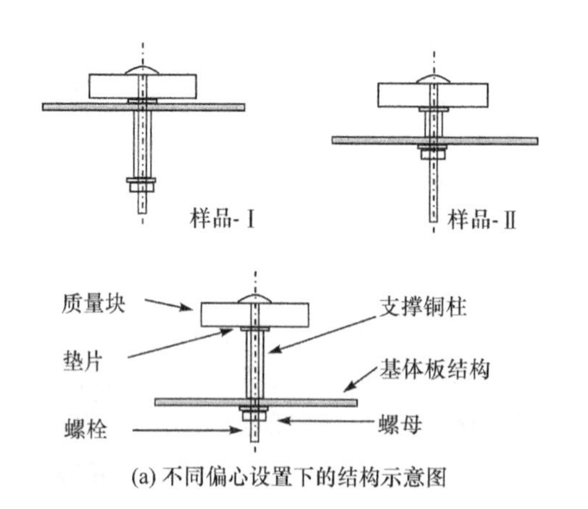

(a) 不同偏心设置下的结构示意图

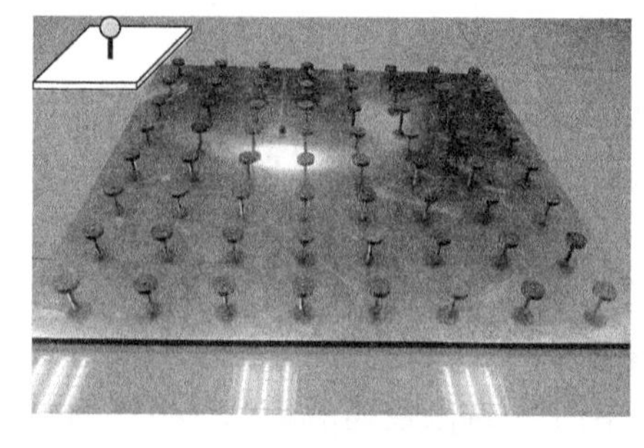
(b) 样品-Ⅲ实物图

图 5.11 附加局域共振单元的声学超材料平板

这里设计了三组样品，三者的主要差异在于局域共振单元中支撑铜柱的高度或位置不同，具体对比如表 5.4 所示。其中，样品-Ⅰ、样品-Ⅱ、样品-Ⅲ的等效偏心(或等效附加转动惯量)依次增大，样品-Ⅰ与样品-Ⅲ的质量相同，样品-Ⅱ的质量略小于样品-Ⅰ和样品-Ⅲ。这样可以利用偏心大小对带隙的影响进行对比分析。图 5.11(b)为样品-Ⅲ的实物图。

表 5.4 三种不同样品的差异性对比

样品编号	支撑铜柱		附加质量/kg	等效偏心（等效附加转动惯量）
	规格	安装位置		
样品-Ⅰ	$M4\times25$	与质量块不同侧	0.046	最小
样品-Ⅱ	$M4\times10$	与质量块不同侧	0.044	中等
样品-Ⅲ	$M4\times25$	与质量块同侧	0.046	最大

图 5.12 为该声学超材料平板的振动测试系统。平板通过两根细绳悬挂于一个钢架上，可认为其具有自由边界条件。实验过程中，由控制系统(PSV-W-400-M4)输出白噪声信号，经功率放大器传递到激振器(B&K4824)，产生振动激励作用于周期板。通过控制系统设定振动响应采集点的位置，利用激光扫描仪(PSV-I-400)测试相应位置的振动响应。在数据处理中，主要获取两类测试结果：一类是激励位置与其他位置的单点振动响应，通过对比可以反映振动响应从激励位置到其他位置的传递情况；另一类是所有采集点的振动响应的平均值，反映了周期板整体振动的强弱。进而，通过振动响应在频域的分布情况，可以了解周期板结构样品的带隙频率范围及带隙对振动的衰减情况。

图 5.13 中细实线所绘制的网格的交叉点即为所设定的采样点位置，共计 7×7 个采集点。其中，“○”所标示的位置为激励施加位置[位置坐标记为(5,3)]，“★”

为单点振动响应计算中所考虑的与激励位置有一定距离的其他响应位置[位置坐标分别记为(2,4)、(2,6)]。

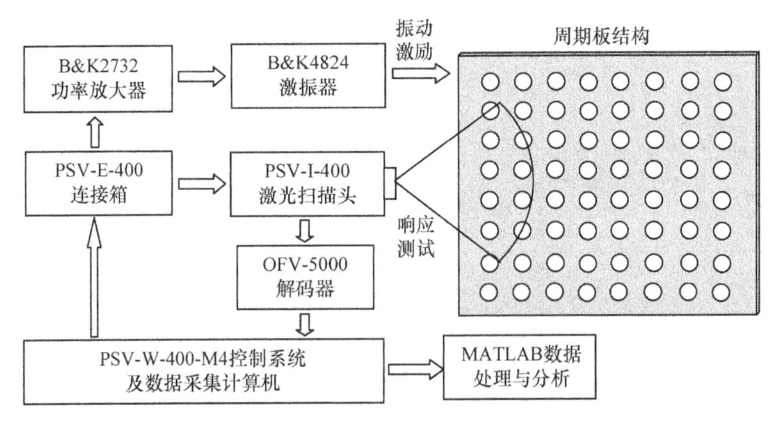

(a) 测试系统示意图

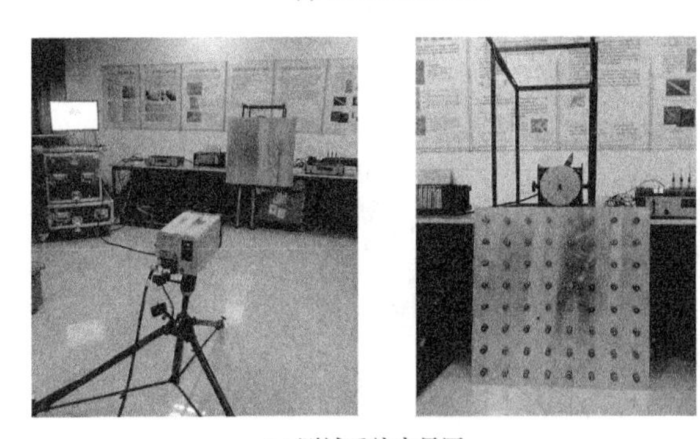

(b) 测试系统实景图

图 5.12　声学超材料平板的振动测试系统

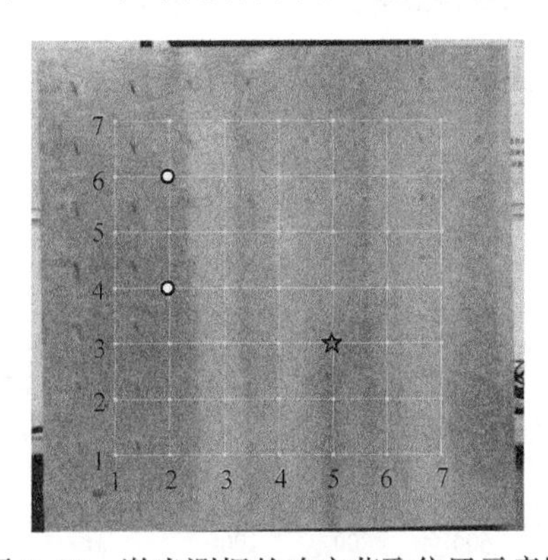

图 5.13　激光测振的响应获取位置示意图

图 5.14(a)、图 5.15(a)、图 5.16(a)分别给出了实验测得的样品-Ⅰ、样品-Ⅱ、样品-Ⅲ在位置(5,2)、(2,4)、(2,6)处的振动响应曲线。图 5.14(b)、图 5.15(b)、

图 5.16(b)分别给出了各样品所对应的无限大周期结构带隙的理论计算结果,以便对比。在带隙计算中,将基体板作为经典板单元考虑。

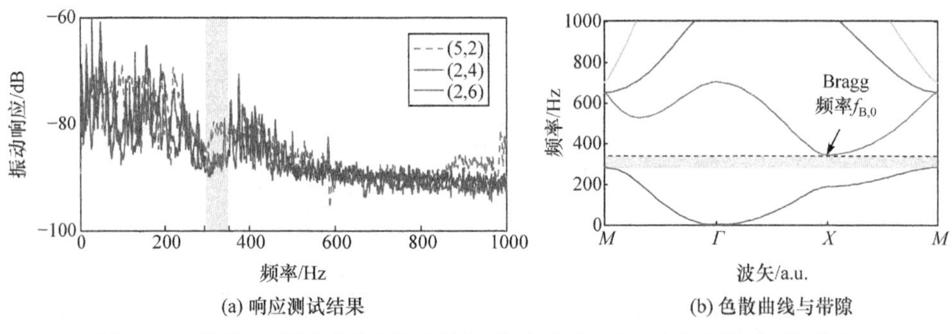

图 5.14　样品-Ⅰ的振动响应测试结果(单点响应)及理论带隙范围(见彩图)

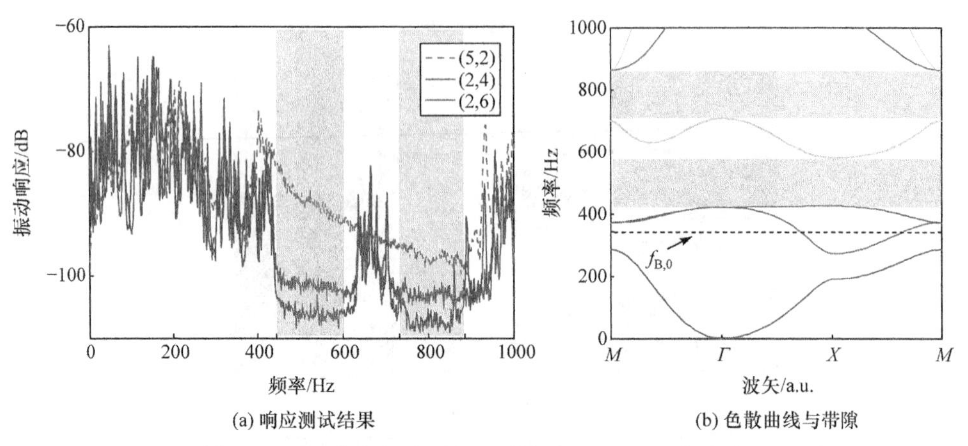

图 5.15　样品-Ⅱ的振动响应测试结果(单点响应)及理论带隙范围(见彩图)

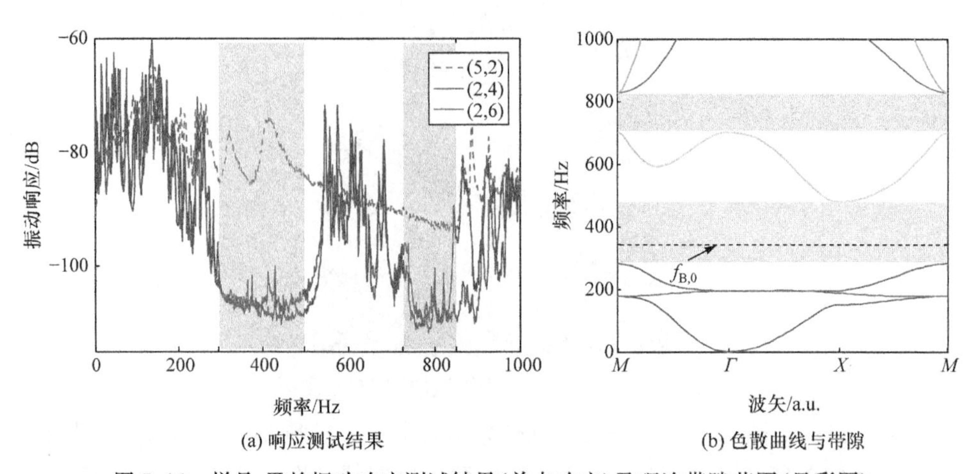

图 5.16　样品-Ⅲ的振动响应测试结果(单点响应)及理论带隙范围(见彩图)

由图 5.14(a)可见,对于样品-Ⅰ,弯曲振动仅在很窄的频段内得到了衰减,并且在相应频段内的衰减幅度也很小。由图 5.15(a)、图 5.16(a)可以看到,对于样品-Ⅱ和样品-Ⅲ,弯曲振动在两个较宽的频段内得到衰减,并且,相应频段内的衰减效果非常明显。这 3 个样品的附加单元质量相同,只是结构设计引起的质量偏心不同。样品-Ⅰ由于支撑铜柱与质量块位于基体板的两侧,支撑铜柱未能起到增大偏心的作用,从而,附加单元的等效偏心很小,其对基体板的作用主要体现在附加质量的影响。由表 5.4 可知,样品-Ⅲ与样品-Ⅰ具有相同的附加质量,而样品-II的附加质量略小。但支撑铜柱与质量块位于板的同侧,这使结构偏心有效增大,附加结构对基体板同时产生了有效的附加质量与附加转动惯量的作用,从而显著改善了对振动的抑制效果。此外,通过图 5.15(a)与图 5.16(a)的对比可以发现,随着偏心大小的变化,振动衰减的频率范围也发生了显著变化。

图 5.17 给出了所有采样点振动响应的平均值并进行了对比,这从一定程度上可以减小有限大结构中测点选择对测试结果的影响。可以看到,相对于样品-I,通

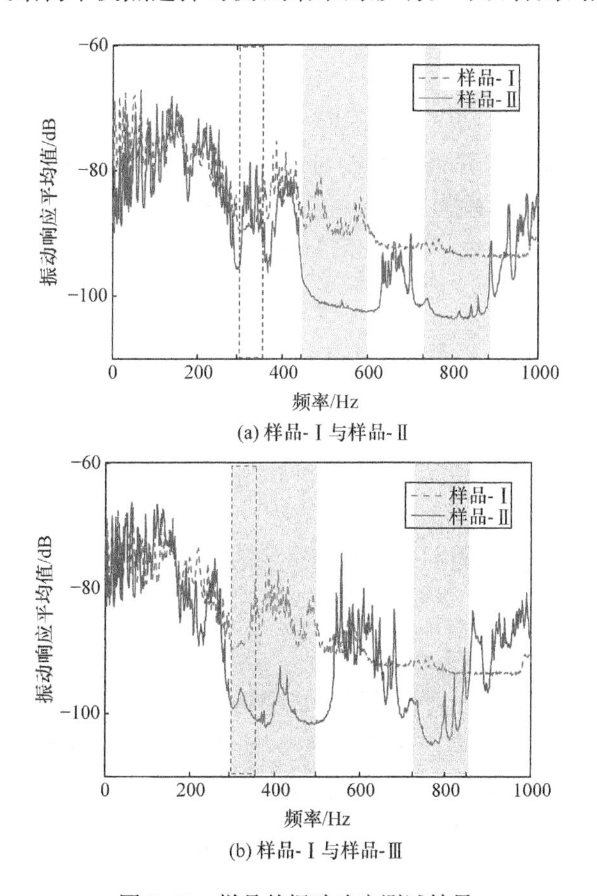

(a) 样品-Ⅰ与样品-Ⅱ

(b) 样品-Ⅰ与样品-Ⅲ

图 5.17　样品的振动响应测试结果

过偏心大小的调节,样品-Ⅱ、样品-Ⅲ的整体振动响应在一定频段内得到了非常有效的抑制。并且,图 5.17 中平均响应的有效抑制频段与图 5.14～图 5.16 中的单点响应衰减频段很好地吻合,与带隙范围总体上也保持了较好的一致。因此,其一方面证实了上述分析的正确性,另一方面也说明了带隙设计对减小结构整体振动能量的有效性。

对比实验测得的振动响应曲线与理论计算所得的带隙范围可以看出,在理论预测的带隙范围内,振动传递均得到了有效的抑制,理论计算的带隙与振动衰减频带总体上也具有较好的一致性,这说明了振动衰减与带隙设计的关联性。同时,上述实验也说明,通过附加质量与转动惯量的结合,可以使完全带隙得到有效的拓展,并且通过调节偏心或者转动惯量的大小,还可以实现带隙位置的有效调节。

5.3 薄膜型声学超材料的低频隔声设计

5.3.1 隔声的基本理论与概念

利用材料(构件、结构或系统)阻碍噪声的传播,使通过材料后噪声能量减小的方法称为隔声。隔声材料的隔声性能与材料、结构和声波的频率有关。隔声材料透声能力的大小,用透射系数 τ 来表示,它等于噪声通过材料前后的声能量比,即

$$\tau=\frac{E_t}{E_i} \tag{5.1}$$

式中,E_i 为入射到隔声材料上的能量;E_t 为透射材料的能量。

一般隔声材料的透射系数 τ 很小,使用很不方便,人们通常采用隔声量(也称传声损失,单位 dB)来评价隔声材料本身固有的隔声能力:

$$\mathrm{TL}=10\lg\frac{1}{\tau} \tag{5.2}$$

空气介质中单层均质材料的低频隔声量通常近似表示为[50]

$$\mathrm{TL}=10\lg\left[1+\left(\frac{\omega\rho D}{2\rho_0 c_0}\right)^2\right] \tag{5.3}$$

式中,ω 为角频率;ρ 和 D 分别为材料的密度和厚度;ρ_0 和 c_0 分别为空气的密度和声速。在常见的工程低频噪声频率范围内,传统隔声材料通常还满足$\omega\rho D\gg 2\rho_0 c_0$这一条件,因此式(5.3)还可以进一步简化为

$$\mathrm{TL}=10\lg\left(\frac{\omega\rho D}{2\rho_0 c_0}\right)^2=20\lg f+20\lg(\rho D)+20\lg\pi-20\lg(\rho_0 c_0) \tag{5.4}$$

式(5.4)就是声学领域常用的隔声质量定律。隔声质量定律表明,在低频段,

薄层均质材料的隔声量通常很小，难以满足工程中对材料隔声性能的要求。提高均质隔声材料的隔声性能往往需要通过增加隔声材料的厚度和密度（质量）来解决，这在很多轻质化应用场合是行不通的。式(5.4)还表明，如果隔声材料的面质量(ρD)增加一倍，其低频隔声量只能提高 6dB(=20lg2dB)。

传统轻质隔声材料以均质板为隔声基体，其低频隔声量遵循质量控制定律。尽管通过在均质板表面敷贴黏弹性阻尼材料、加筋等方式能够适当提高隔声材料的隔声性能，然而这种方式增加了整个隔声材料的质量和厚度，且不能显著提高低频段的隔声性能。

近年来，声学超材料概念的提出为实现低频高效隔声提供了新的思路。由于声学超材料可以实现超常的等效质量特性，因此可以料想，声学超材料也能实现与传统均质材料不同的超常隔声特性。本节就以一种典型的声学超材料——薄膜型声学超材料为例，阐述其超常低频隔声特性、机理及调控规律。

5.3.2　薄膜型声学超材料的低频隔声现象及机理

薄膜型声学超材料的概念由香港科技大学学者于 2008 年首次提出[51]，随后得到了广泛的关注和进一步的发展[52,53]。薄膜型声学超材料的基本设计方案是将附加质量块的张紧弹性薄膜固定在支撑框架上，如图 5.18 所示。理论与实验研究均表明，利用薄膜型声学超材料中结构单元在声波激励下的反共振特性，可以实现远高于质量定律的隔声量。

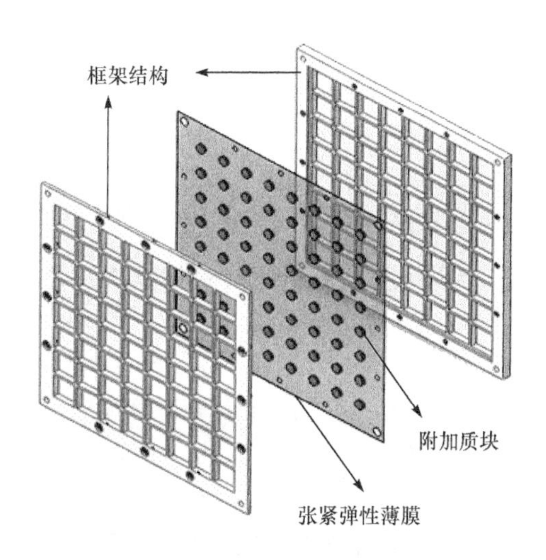

图 5.18　典型薄膜型声学超材料的结构示意图

在对薄膜型声学超材料进行隔声特性理论分析时，为了简化问题，通常对整个结构进行如下两个假设：

(1) 支撑框架固定不动。当薄膜型声学超材料的支撑框架刚度很大或整个结构的尺寸较小时，可以将支撑框架看成是固定不动的，如阻抗管隔声测试中的小样品的边界与阻抗管的侧壁紧密配合时，整个支撑框架在声激励下近似可以认为是不动的。

(2) 忽略附加重物的刚度和形状。由于薄膜的面积远大于附加重物与膜的接触面积，因此为了简化方程，这里认为附加重物与膜的接触部分仍然可以弯曲，重物不阻碍其接触部分的膜结构弯曲变形。

基于以上两个假设，可将整个薄膜型声学超材料中的单个声学结构单元提取出来，其简化模型如图 5.19 所示，矩形薄膜的四周固定在 $x=0$、$x=L_x$、$y=0$、$y=L_y$ 处，附加重物距离坐标原点最近的位置为(x_0, y_0)，重物在 x 方向的尺寸为 l_x，在 y 方向的尺寸为 l_y。针对图 5.19 所示的薄膜型声学超材料结构单元，Zhang 等[54,55]建立了其隔声特性理论计算的解析模型。

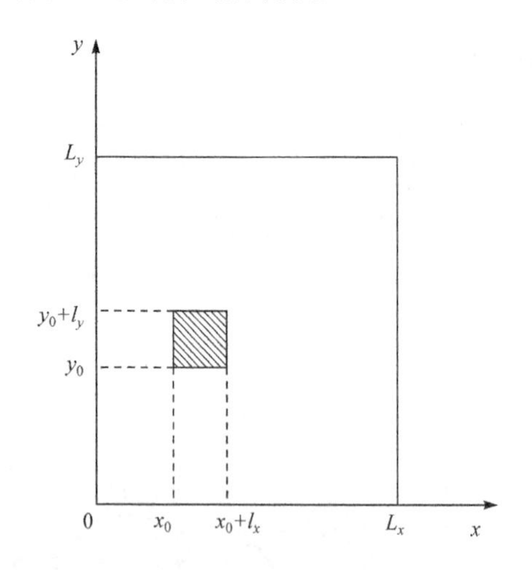

图 5.19 薄膜型声学超材料的单个结构单元

现结合一个算例来介绍薄膜型声学超材料的隔声特性。考虑弹性薄膜边长 $L_x=L_y=20\text{mm}$，方形重物位于薄膜中心处，边长 $l_x=l_y=3.5\text{mm}$，重物距离坐标原点最近的位置(x_0, y_0)的坐标为(8.25，8.25)。计算选用的材料参数如下：薄膜张力 $T=S_0h=112\text{N/m}$，其中 $S_0=0.56\times10^6\text{Pa}$ 为薄膜四周受到的初始应力，$h=0.2\text{mm}$ 为薄膜厚度；薄膜面密度 $\rho_s=\rho_1 h=0.2\text{kg/m}^2$，其中 $\rho_1=1000\text{kg/m}^3$ 为薄膜材料密度；附加重物面密度 $\rho_{\text{mass}}=m/S=14.324\text{kg/m}^2$，其中 $m=0.18\text{g}$ 为重物质量，$S=l_xl_y=12.56\times10^{-6}\text{mm}^2$ 为重物的底面积；空气参数采用的是标准大气压值，密度为 1.29kg/m^3，声速为 340m/s。

图 5.20 为理论计算得到的薄膜型声学超材料隔声曲线(实线)和相位曲线(点划线)，由图中可以看出，在 351Hz 处有一个隔声高峰，在 234Hz 和 1284Hz 处有

两个隔声低谷。相位曲线反映的是透射声压的传播方向。由图 5.20 可以看出，相位曲线在特征频率(隔声曲线隔声峰和隔声谷所对应的频率)处发生翻转，说明透射声压的传播方向发生了改变。由声振耦合关系可知，透射声压是由薄膜透射面的振动引起的，相位的翻转表明薄膜的振动模态发生了改变。薄膜型声学超材料的隔声量与质量定律表达式(5.4)所预测的同质量均质板隔声量相比，低频隔声特性得到了明显的提高，特别是在隔声高峰的频率位置处，整个薄膜型声学超材料的隔声量远大于均质板的隔声量。

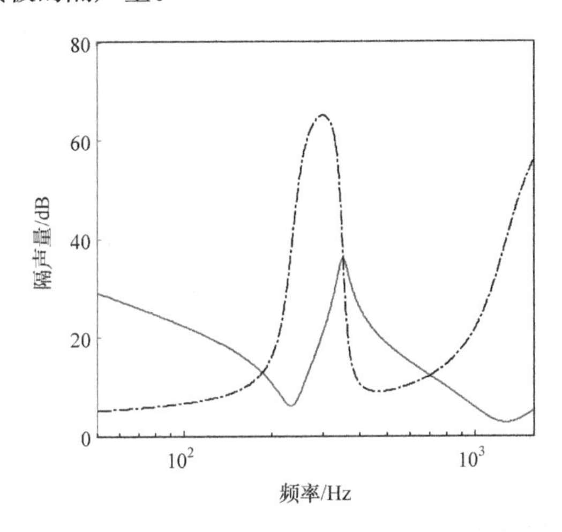

图 5.20　隔声曲线和相位曲线(虚线为质量定律隔声曲线)

为了揭示隔声机理，进一步分析附加重物后弹性薄膜的模态振型如何发生变化。表 5.5 对比了附加重物和无重物张紧膜的固有频率。可以发现，附加重物后，张紧膜的各阶频率向低频移动，特别是第一阶固有频率下降尤为明显。这说明附加重物主要影响的是薄膜型声学超材料的低频声学性能。

表 5.5　固定边界附加重物和无重物张紧膜的固有频率　　(单位:Hz)

阶数	1 阶	2 阶	3 阶	4 阶	5 阶	6 阶	7 阶	8 阶
有重物	234.51	931.30	931.30	1284.8	1606.5	1809.6	1895.5	1895.5
无重物	836.66	1322.9	1322.9	1673.3	1870.8	1870.8	2133.1	2133.1

图 5.21 给出了边界固定张紧膜附加重物和无附加重物情况下的一阶模态振型。从图中可以看出，附加重物后，张紧膜的一阶模态振型的变形更加集中，其变形主要集中在重物附近。附加重物张紧膜的一阶模态可以看成由重物和其周围薄膜组成的弹簧质量系统共振引起的。对于均匀膜结构(无附加重物)，其一阶模态是由自身共振引起的。在一阶共振模态下，薄膜面的变形始终很大，从而引发结构声辐射能量很大，使薄膜结构在一阶共振频率处的隔声性能变差。

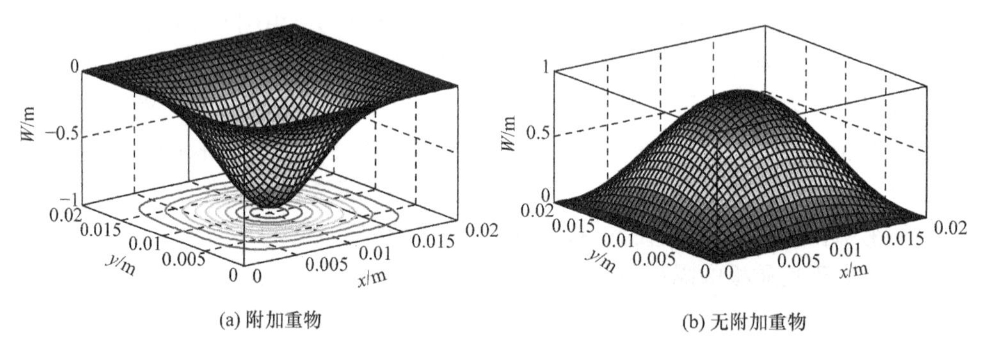

(a) 附加重物　　(b) 无附加重物

图 5.21　一阶模态振型

图 5.22 给出了边界固定张紧膜附加重物和无附加重物情况下的二阶和三阶模态振型。从图中可以看出,二阶和三阶模态为对称模态,分别只有一个节线(位移为零的位置)。其中,附加重物张紧膜的节线位于对角线方向,而无附加重物张紧膜的节线在平行于边长方向。由于薄膜型声学超材料每个单元的尺寸远小于声波波长,这种对称模态在远场处的声辐射为零,因此并不影响薄膜型声学超材料的隔声性能。

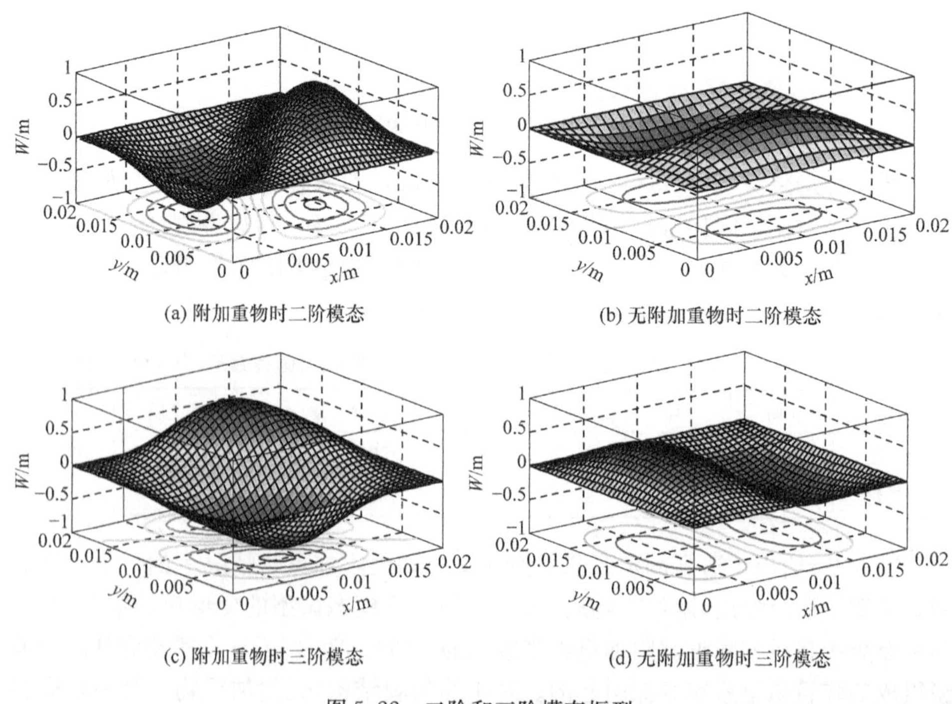

(a) 附加重物时二阶模态　　(b) 无附加重物时二阶模态

(c) 附加重物时三阶模态　　(d) 无附加重物时三阶模态

图 5.22　二阶和三阶模态振型

图 5.23 给出了边界固定张紧膜附加重物和无附加重物情况下的四阶模态振

型。从图中可以看出，无附加重物结构的振动模态仍然为对称模态，并不影响整个结构的隔声性能，而附加重物结构的模态振型发生了巨大改变。由图 5.23(a)可以看出，薄膜附加重物处的位移为零，薄膜的变形集中在重物与边界之间。附加重物的第四阶模态可以看成中心和薄膜外边界固定情况下，其余部分薄膜的固有模态。

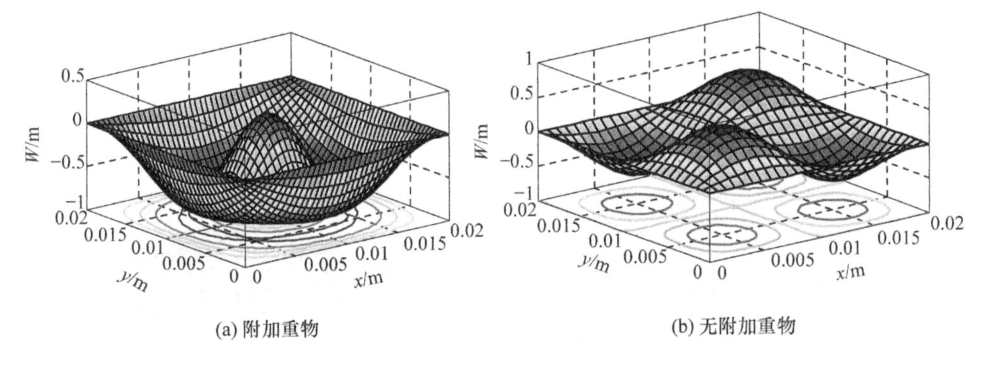

(a) 附加重物　(b) 无附加重物

图 5.23　四阶模态振型

通过对张紧膜结构的特征频率和模态进行分析可以看出，附加重物使膜结构的特征频率向低频移动，且出现新的模态。根据前面的内容可知，隔声相位在特征频率处发生翻转，这必然造成附加重物张紧膜结构第一阶模态和第四阶模态频率之间的某个频率位置处，薄膜中心和四周的振动位移反相，从而产生优异的隔声性能。另外，由于附加重物膜结构的节线多分布在对角线位置，在后面分析其在声激励下的振动响应时，通常取膜结构的对角线方向进行分析。

由以上分析结果可以看出，两个隔声谷所处的频率位置与附加重物张紧膜的第一阶模态和第四阶模态频率对应。将薄膜型声学超材料在 3 个特征频率位置处的横向位移绘制出来，如图 5.24 所示，在第一隔声谷处，整个结构的振动主要集中在质量块附近；在第二隔声谷处，整个结构附加重物处的横向位移几乎为零，位移主要集中在薄膜的四周；在隔声峰处，质量块附近的位移与薄膜四周处的位移反相，通过在整个面上叠加可以得出，整个结构的平均振动位移等于零。

薄膜型声学超材料透射面的透射声压是由薄膜的振动引起的。为了更清晰地描述薄膜面在特征频率处的振动情况，这里将薄膜型声学超材料在隔声峰和隔声谷频率处沿薄膜对角线方向的横向位移绘制出来，如图 5.25 所示。从图中可以看出，第一个隔声谷处，整个薄膜的位移集中在重物附近，并沿中心向外迅速减小，薄膜边界附近的位移几乎为零；第二个隔声谷处，薄膜中心处的位移极小，振动位移集中在重物与边界之间；在隔声峰处，薄膜中心与四周位移相反，隔声峰的产生可以看成由附加重物膜结构的第一阶模态和第四阶模态的线性叠加形成，只不过在叠加时，这两个本征模态是反相的。

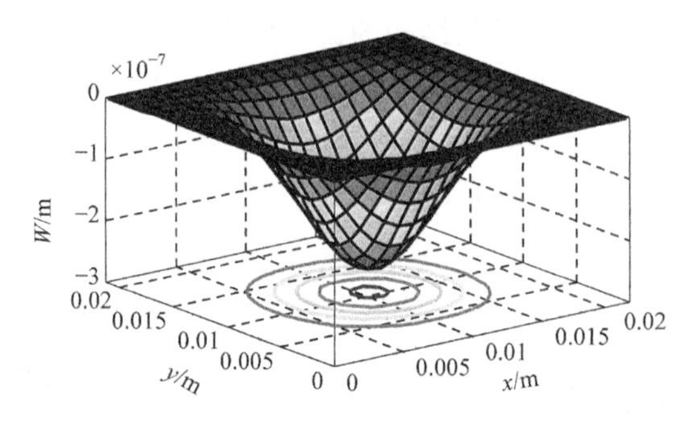

(a) 弹性薄膜在第一隔声谷频率处的位移

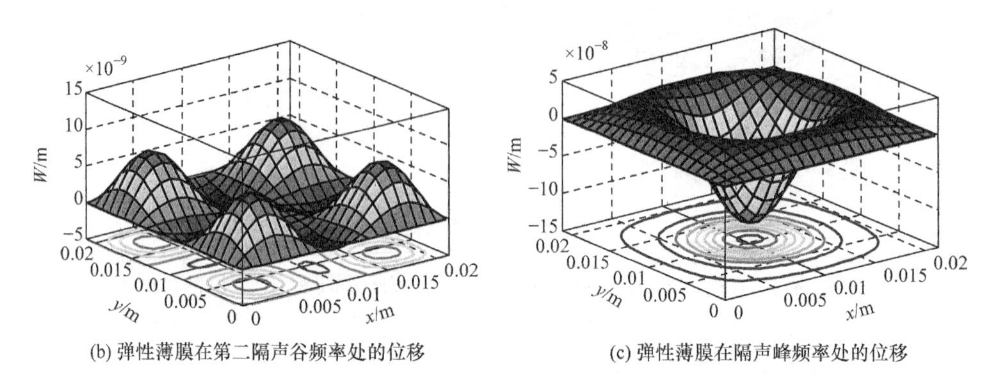

(b) 弹性薄膜在第二隔声谷频率处的位移　　(c) 弹性薄膜在隔声峰频率处的位移

图 5.24　薄膜型声学超材料特征频率处的位移响应

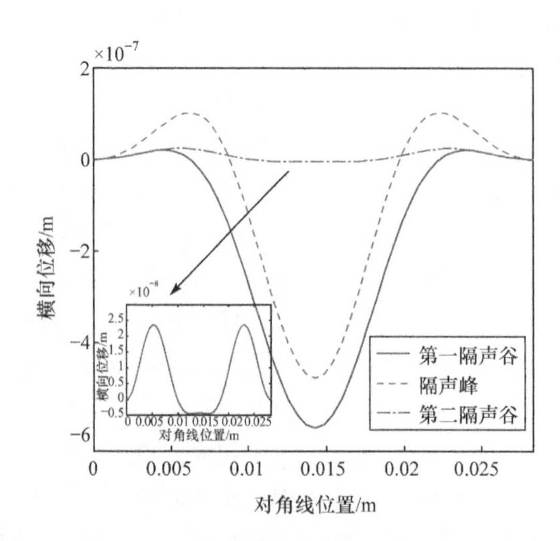

图 5.25　薄膜型声学超材料在隔声峰和隔声谷频率处沿薄膜对角线方向的横向位移

薄膜型声学超材料在隔声峰处的横向位移曲线表明，弹性薄膜四周和中心处的位移方向相反。将整个薄膜面的振动位移进行平均，进而将平均位移对时间求二阶导数，得到其平均加速度。由牛顿第二定律可知，物体的运动加速度与所受外力成正比，其比值为物体的质量。薄膜-重物系统在声压作用下振动，整个系统的加速度与所受压力成正比，这里，将其比值定义为等效动态质量。等效质量密度可以通过作用于薄膜表面垂直方向的压力和薄膜系统在这个方向的加速度的比值来求得，即

$$m_{\mathrm{eff}}=\frac{\langle\sigma_{zz}\rangle}{a_z} \tag{5.5}$$

式中，〈·〉表示在整个薄膜系统(包括薄膜和配重)的体平均值。若 m_{eff} 为正值，则表示薄膜系统的加速度方向与所受压力同向；若 m_{eff} 为负值，则表示薄膜系统的加速度方向与所受压力反向。

图 5.26 给出了理论计算得到的薄膜型声学超材料等效质量密度和平均位移曲线随频率的变化规律。从图中可以看出，随着频率的增大，等效质量密度在第一隔声谷位置(平均位移最大处)由正变为负，然后在隔声峰处由负跳变为正，最终在高频处趋近于整个系统的面平均值。整个薄膜平面的平均位移在两个隔声谷频率处取得最大值，在隔声峰频率处接近零。另外，等效质量密度的绝对值在隔声峰处极大，就好像整个系统的质量密度突然提高了一样，隔声效果也就得到了提高。

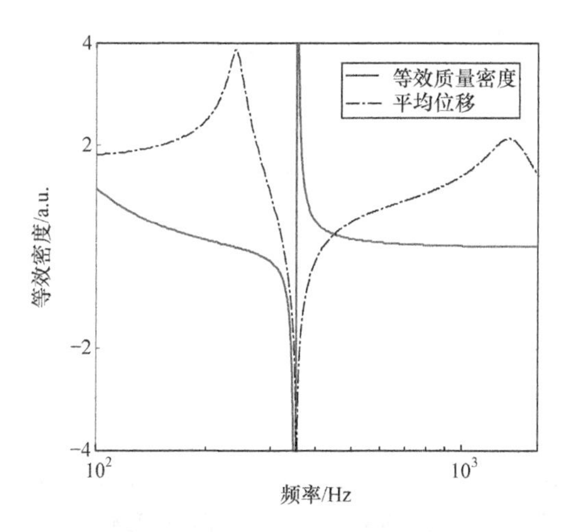

图 5.26　利用解析法计算得到的薄膜型声学超材料的等效质量密度和平均位移

总体来说，重物与薄膜密度的巨大差异，使整个薄膜型声学超材料表现出两种本征振动模态：第一种本征模态是由重物与薄膜组成的弹簧质量系统局域振动引起的；第二种本征模态是由重物与边界之间薄膜自身共振引起的。这两种本征模态相互独立。当入射波频率大于第一种本征模态频率时，重物与薄膜组成的弹簧质量系统振动反相，使整个材料的隔声性能提高。

5.3.3　薄膜型声学超材料的隔声特性调控规律

薄膜型声学超材料由支撑框架、弹性薄膜和附加重物组成。本节主要对边界固定、薄膜和重物底面为正方形、附加重物位于薄膜中心的单个薄膜型声学超材料单元进行特性分析和调控规律研究。这种结构为薄膜型声学超材料的一般结构单元，其规律具有一般性。

影响薄膜型声学超材料隔声性能的关键因素有薄膜张力 T、薄膜面密度 ρ_s、薄膜边长 L_x、重物面密度 ρ_{mass} 和重物大小 l_x。下面分别讨论这些参数对隔声特性的调控规律。在讨论中，保持其他参数不变，仅改变其中一个参数的大小，研究这个参数对整个声学超材料隔声性能的影响规律。对于薄膜型声学超材料，通常关心的是特征频率位置，即第一个隔声谷所处频率 f_1，隔声峰所处频率 f_2，第二个隔声谷所处频率 f_3；最大隔声量 TL_{max}；大于某一隔声量 TL_0 的频带宽度 B_f，如图 5.27 所示。

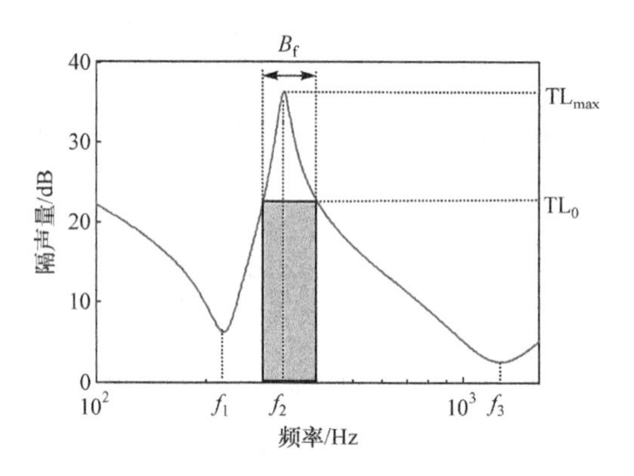

图 5.27　调控规律研究中涉及的物理量示意图

1. 薄膜面密度对隔声量的影响

图 5.28 给出了薄膜型声学超材料其他参数不变，薄膜面密度分别为 0.1kg/m²、0.2kg/m²、0.3kg/m² 时的隔声曲线。从图中可以看出，随着薄膜面密度的增加，整个材料第一个隔声谷频率 f_1 和隔声峰频率 f_2 的变化很小，而第二个隔声谷频率 f_3 向低频移动。根据前面的分析可知，f_3 处的隔声谷是由于附加重物处薄膜振动幅值约等于零，其余部分薄膜的自身质量与薄膜张紧力组成的振动系统在入射声波激励下发生共振产生的。这可以近似看成一个中心区域(附加重物处)和边界固定的弹性结构共振问题，其共振频率 f_3 可以写成如下形式：

$$f_3=k_1\frac{1}{\sqrt{\rho_s}} \tag{5.6}$$

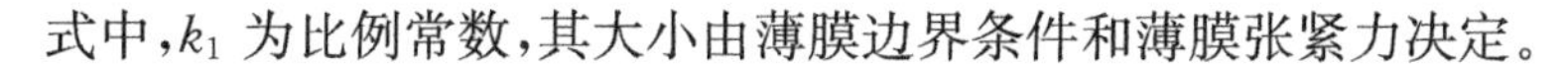

式中，k_1 为比例常数，其大小由薄膜边界条件和薄膜张紧力决定。

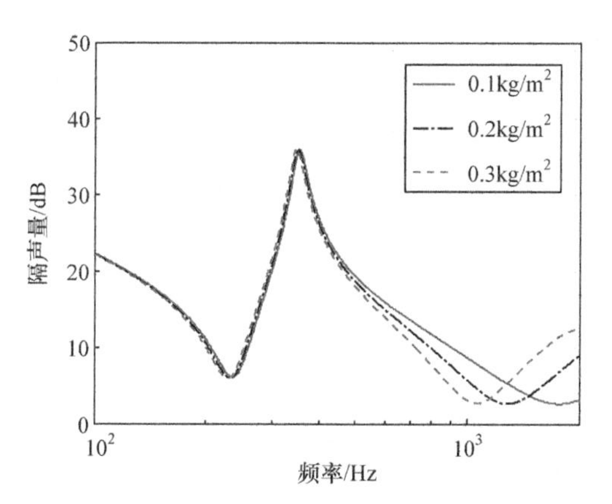

图 5.28 不同薄膜面密度的薄膜型声学超材料隔声曲线

图 5.29 给出了 f_1、f_2 和 f_3 随 $1/\sqrt{\rho_s}$ 的变化曲线。从图中可以看出，当 $1/\sqrt{\rho_s}$ 增大时，f_1、f_2 变大，但变化幅度很小，这是由于 f_1、f_2 随附加重物处的面密度增大而减小(关于这方面的讨论将在后面进行)，附加重物处的面密度为重物面密度和薄膜面密度之和，而重物面密度远大于薄膜面密度。当重物面密度不变时，增加薄膜面密度对附加重物处的面密度影响很小。由图 5.29(a)可以看出，f_3 与 $1/\sqrt{\rho_s}$ 呈正比关系，这与式(5.6)相吻合。

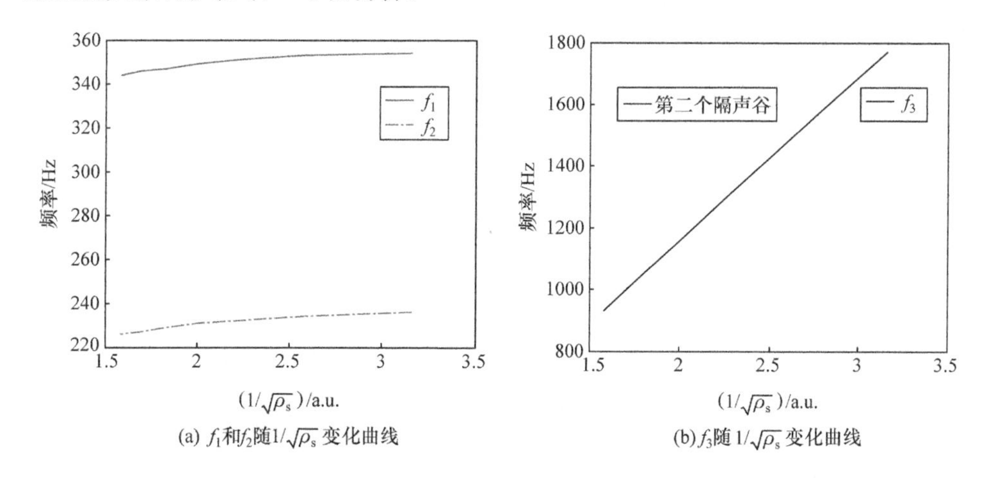

(a) f_1和f_2随$1/\sqrt{\rho_s}$变化曲线　(b)f_3随$1/\sqrt{\rho_s}$变化曲线

图 5.29 薄膜型声学超材料特征频率与 $1/\sqrt{\rho_s}$ 的关系曲线

图 5.30 给出了薄膜型声学超材料最大隔声量与薄膜面密度的关系曲线。从图中可以看出，薄膜面密度增大时，最大隔声量基本不变。图 5.31 给出了隔声量大于 25dB 的频带宽度与薄膜面密度的关系曲线。从图中可以看出，当薄膜面密

度增大时，频带宽度减小，这是由 f_3 向低频移动造成的；另外，频带宽度的减小幅度不大，这是因为隔声量大于 25dB 的频带宽度位于 f_2 左右，薄膜面密度对 f_2 左右的隔声影响不大。这一现象说明，在设计薄膜型声学超材料时，可以通过提高薄膜面密度来增加弹性薄膜的抗撕拉性能、防老化性能和阻尼耗散性能。

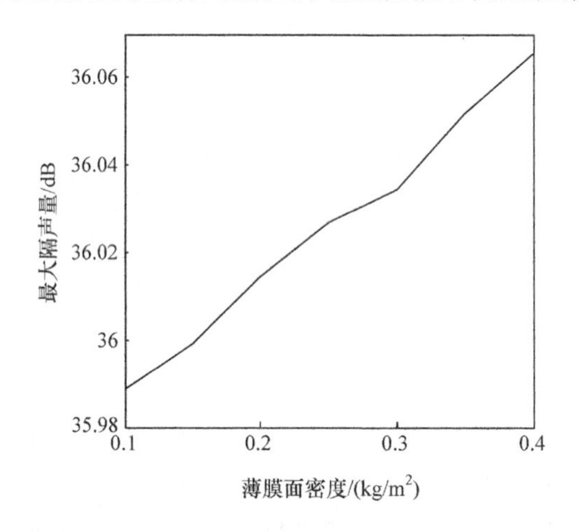

图 5.30　最大隔声量与薄膜面密度的关系曲线

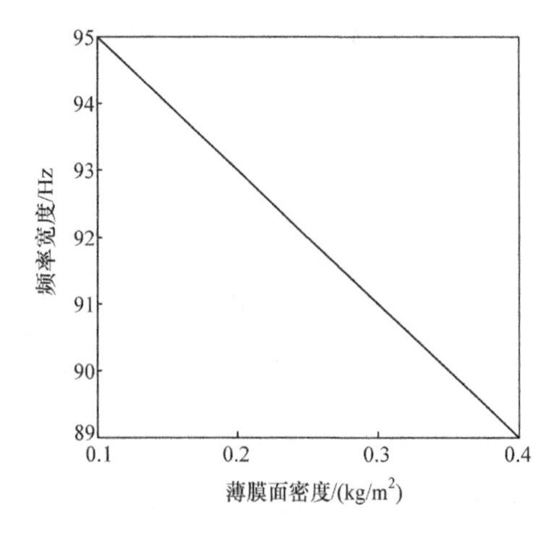

图 5.31　频带宽度与薄膜面密度的关系曲线

2. 重物面密度对隔声量的影响

保持其他参数不变，重物面密度为 10kg/m²、20kg/m²、30kg/m² 时薄膜型声学超材料的隔声曲线如图 5.32 所示。从图中可以看出，第一个隔声谷频率 f_1 和隔声峰频率 f_2 随重物面密度的增大而减小，第二个隔声谷频率 f_3 几乎不变。前面关于薄膜型声学超材料隔声机理的研究表明，f_1 处隔声谷的产生是由重物与弹性薄膜组成的弹簧-振子系统发生共振引起的，f_2 处隔声峰的产生是由重物与弹性薄膜组成的弹簧-振子系统局域振动方向与薄膜其余部分振动方向相反引起的。f_1 为弹簧-振子系统的一阶固有频率，其大小可以表示为如下形式：

$$f_1=\frac{1}{2\pi}\sqrt{\frac{k}{m_1+m_2}} \tag{5.7}$$

式中，k 由薄膜张紧力决定；m_1 和 m_2 分别由重物面密度和薄膜面密度决定。由于重物面密度远大于薄膜面密度，因此 m_1 远大于 m_2，可以忽略 m_1 对 f_1 的影响。

在保持薄膜张紧力不变的情况下，式(5.7)可以表示为如下形式：

$$f_1=k_2\frac{1}{\sqrt{\rho_{\text{mass}}}} \tag{5.8}$$

式中，k_2 为比例常数，其大小由重物形状和位置，以及薄膜张紧力决定。

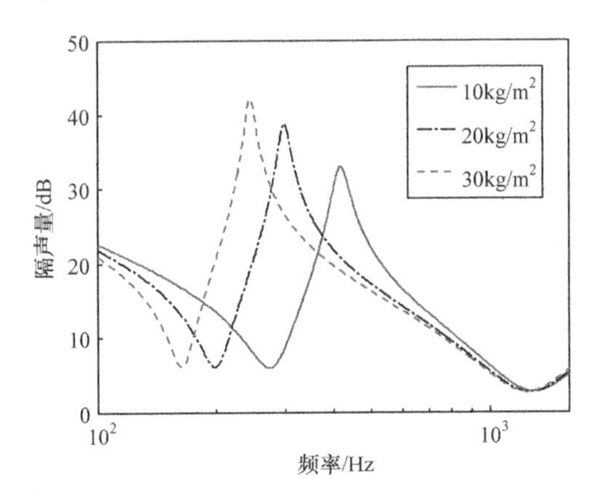

图 5.32　不同重物面密度的薄膜型声学超材料隔声曲线

图 5.33 给出了薄膜型声学超材料特征频率随 $1/\sqrt{\rho_{\text{mass}}}$ 的变化曲线。从图中可以看出，当 $1/\sqrt{\rho_{\text{mass}}}$ 增大时，f_1、f_2 线性增大。f_1 的变化规律与式(5.8)相符，隔声峰频率 f_2 的变化趋势与 f_1 类似，这是因为 f_2 处隔声峰主要是由重物与弹性薄膜组成的弹簧-振子系统反共振引起的。

图 5.34 给出了薄膜型声学超材料最大隔声量与重物面密度的关系曲线。从图中可以看出，随着重物面密度的增加，最大隔声量的幅值变大。图 5.35 给出了隔声量大于 25dB 的频带宽度与重物面密度的关系曲线。从图中可以看出，当重物面密度增大时，频带宽度增大，这是由最大隔声量增大造成的。图 5.34 和图 5.35 表明，在薄膜型声学超材料设计中，提高重物面密度能够有效提升薄膜型声学超材料的隔声性能。

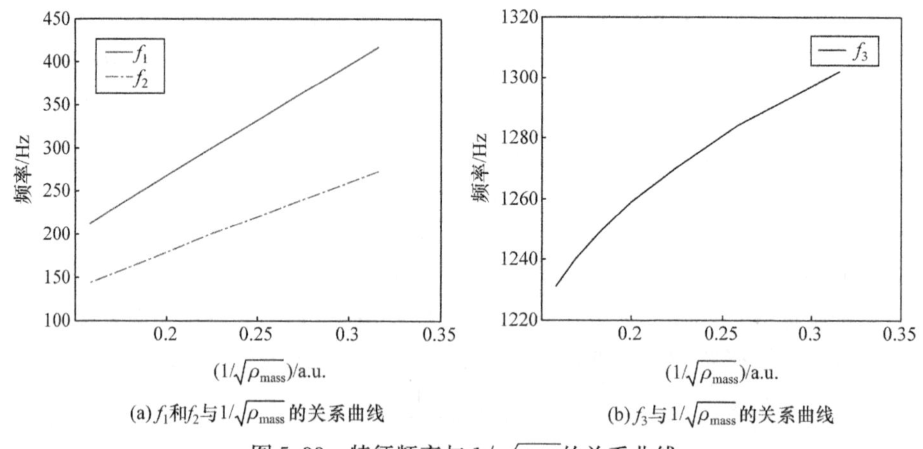

(a) f_1和f_2与$1/\sqrt{\rho_{mass}}$的关系曲线　　(b) f_3与$1/\sqrt{\rho_{mass}}$的关系曲线

图 5.33　特征频率与 $1/\sqrt{\rho_{mass}}$的关系曲线

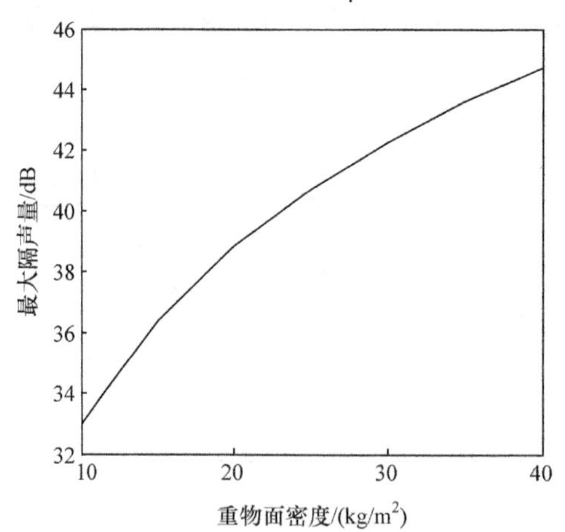

图 5.34　最大隔声量与重物面密度的关系曲线

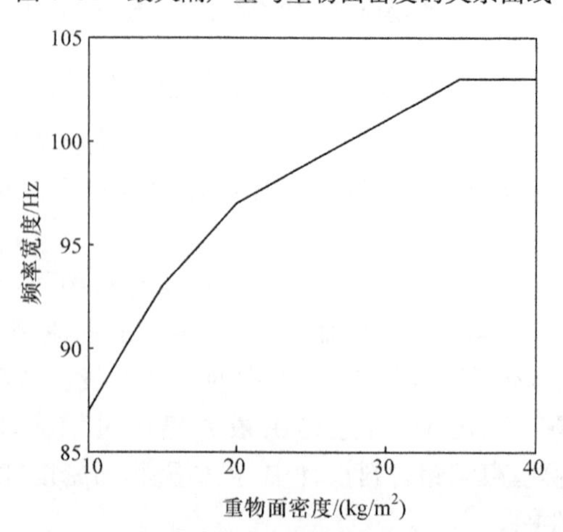

图 5.35　频带宽度与重物面密度的关系曲线

3. 薄膜尺寸对隔声量的影响

图 5.36 给出了其他参数不变时，薄膜边长分别为 15mm、20mm、25mm 的薄膜型声学超材料所对应的隔声曲线。从图中可以看出，随着单元薄膜尺寸的增加，整个声学超材料的隔声性能迅速下降。这是由于薄膜型声学超材料低频隔声的产生是由重物与薄膜组成的弹簧-振子系统发生局域共振引起的。当单元薄膜的面积增大时，局域共振部分所占的面积比重下降，对声波的隔离性能下降。可以想象，当薄膜无限大时，附加重物产生的局域共振对整个薄膜的隔声影响可以忽略不计。

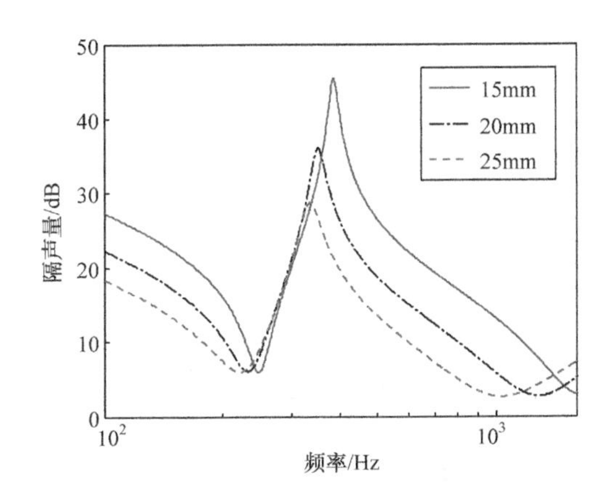

图 5.36　不同薄膜边长的薄膜型声学超材料隔声曲线

图 5.37 给出了 f_1、f_2、f_3 随薄膜边长的变化规律。从图中可以看出，当薄膜边长增大时，f_1、f_2 和 f_3 向低频移动，其中 f_3 受薄膜边长的影响更大。这是可以

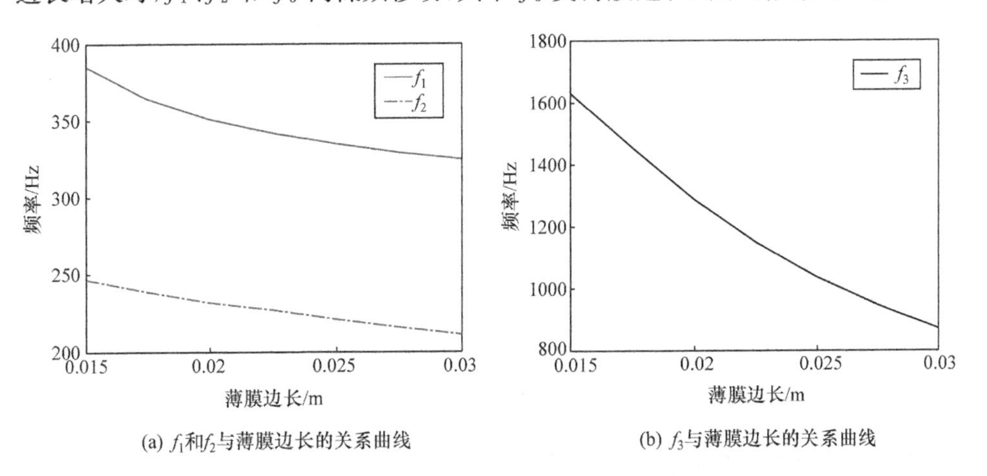

图 5.37　特征频率与薄膜边长的关系曲线

理解的。薄膜面积的增大，类似于弹簧的弹性系数降低，由于重物与薄膜组成的系统的振动局域在重物附近，因此 f_1 和 f_2 受薄膜尺寸的影响较小。

图 5.38 为薄膜型声学超材料最大隔声量与薄膜边长的关系曲线。从图中可以看出，随着薄膜边长的增加，最大隔声量的幅值逐渐变小。图 5.39 给出了隔声量大于 20dB 的频带宽度与薄膜边长的关系曲线。从图中可以看出，当薄膜边长增大时，频带宽度大幅度下降。图 5.38 和图 5.39 表明，在薄膜型声学超材料设计时，作为支撑的格栅结构的单元尺寸不能设计得太大，减小单元尺寸能够提高整个声学超材料的低频隔声性能。

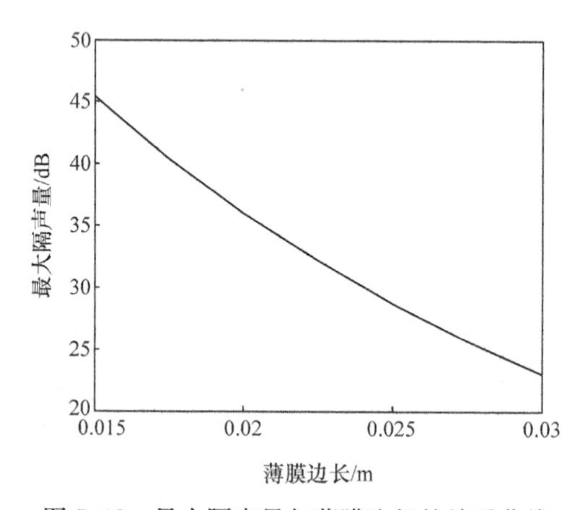

图 5.38　最大隔声量与薄膜边长的关系曲线

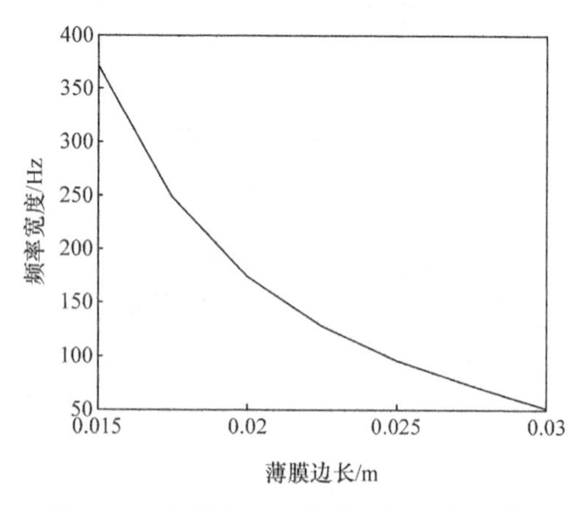

图 5.39　频带宽度与薄膜边长的关系曲线

4. 重物尺寸对隔声量的影响

图 5.40 给出了其他参数不变时，重物边长分别为 2mm、3mm、4mm 的薄膜型声学超材料所对应的隔声曲线。从图中可以看出，随着重物边长的增加，整个薄膜

型声学超材料的特征频率向高频移动，整个材料隔声性能的变化不是太大。这是因为重物边长分别为 2mm、3mm、4mm 时，其底面积都远小于整个薄膜的面积。

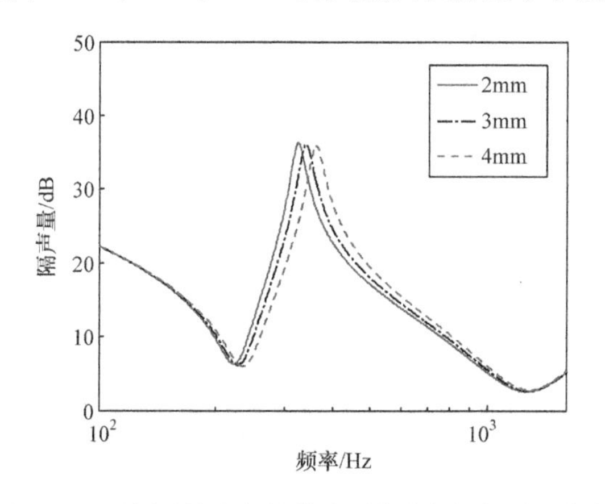

图 5.40　不同重物边长的薄膜型声学超材料隔声曲线

图 5.41 给出了薄膜型声学超材料特征频率随重物边长的变化规律。从图中可以看出，当重物边长增大时，f_1、f_2 和 f_3 向高频移动，其中 f_2 受重物边长的影响更大。

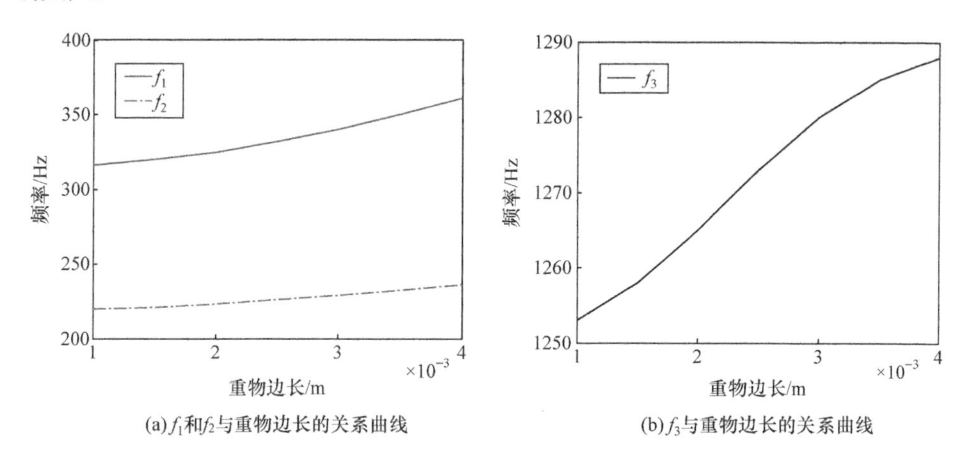

(a) f_1和f_2与重物边长的关系曲线　(b) f_3与重物边长的关系曲线

图 5.41　特征频率与重物边长的关系曲线

图 5.42 给出了薄膜型声学超材料最大隔声量与重物边长的关系曲线。从图中可以看出，随着重物边长的增加，最大隔声量的幅值减小，但减小的幅度不大。图 5.43 给出了隔声量大于 25dB 的频带宽度与重物边长的关系曲线。从图中可以看出，当重物边长增大时，频带宽度增大。在薄膜型声学超材料设计时，往往需要适当增大重物的底面积来更好地将重物与薄膜黏合在一起。

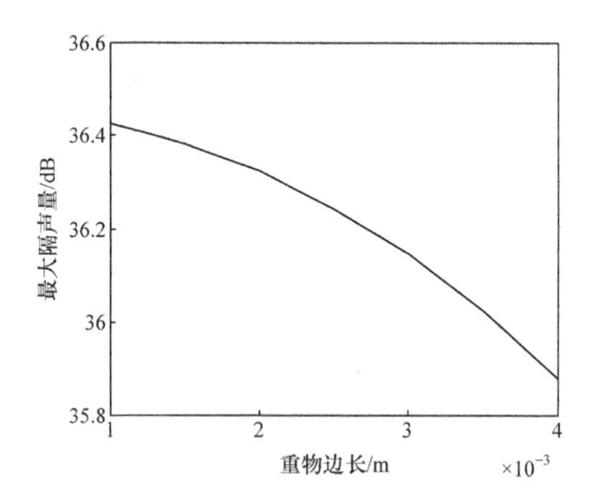

图 5.42　最大隔声量与重物边长的关系曲线

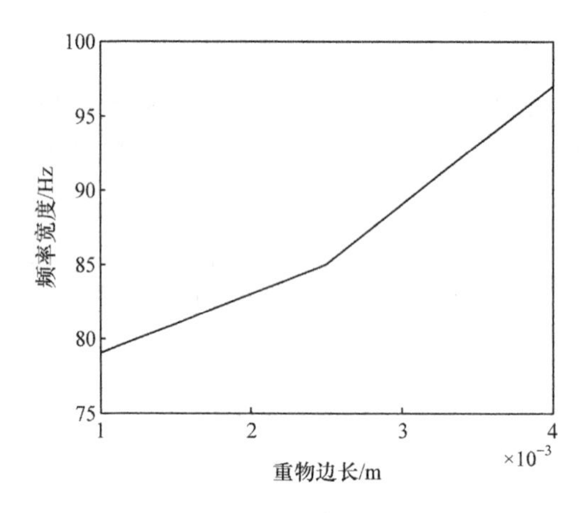

图 5.43　频带宽度与重物边长的关系曲线

5. 薄膜张紧力对隔声量的影响

图 5.44 给出了其他参数不变，薄膜张紧力分别为 100N/m、120N/m、140N/m 时的薄膜型声学超材料隔声曲线。从图中可以看出，随着薄膜张紧力的增加，整个材料的特征频率向高频移动。

图 5.45 给出了薄膜型声学超材料特征频率随$\sqrt{T}$的变化规律。从图中可以看出，薄膜型声学超材料的特征频率 f_1、f_2 和 f_3 与$\sqrt{T}$成正比。这是因为薄膜张紧力在薄膜-重物组成的弹簧-振子系统和薄膜自身内部共振系统中起到一个恢复力的作用，表现为弹簧刚度效应，因此薄膜型声学超材料的特征频率与$\sqrt{T}$成正比，即

$$f_1 \propto \sqrt{T},\quad f_2 \propto \sqrt{T},\quad f_3 \propto \sqrt{T} \tag{5.9}$$

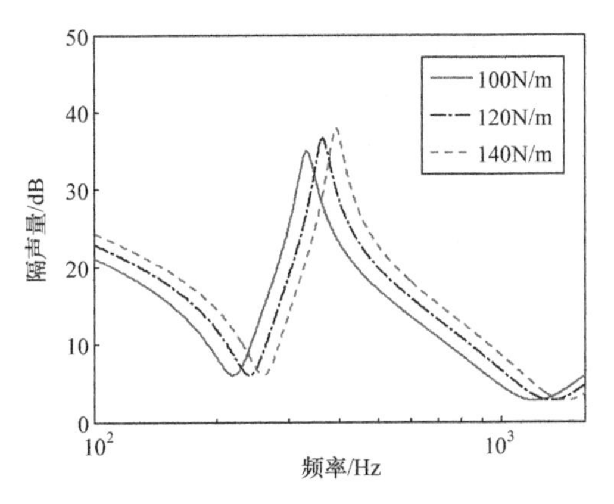

图 5.44　不同薄膜张力的薄膜型声学超材料隔声曲线

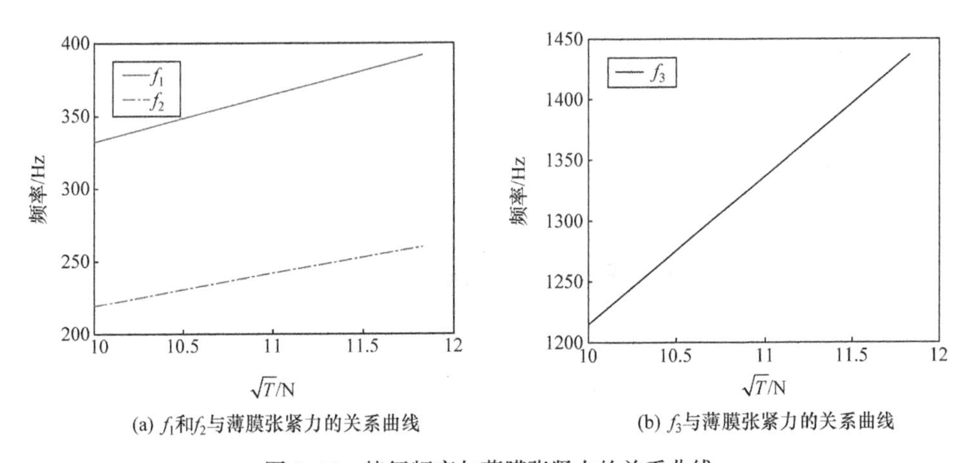

(a) f_1和f_2与薄膜张紧力的关系曲线　(b) f_3与薄膜张紧力的关系曲线

图 5.45　特征频率与薄膜张紧力的关系曲线

图 5.46 为薄膜型声学超材料最大隔声量与$\sqrt{T}$的关系曲线。从图中可以看

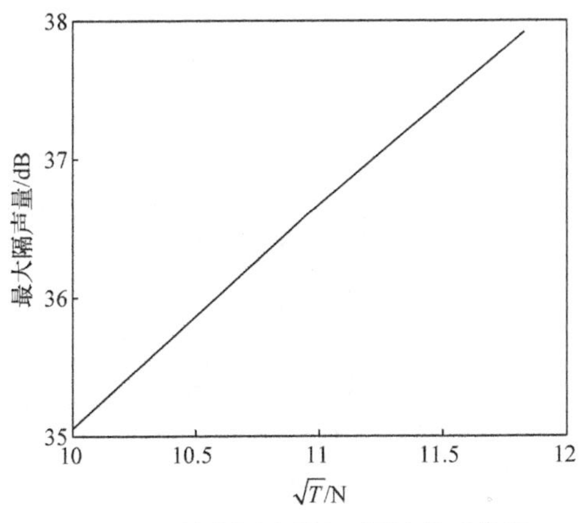

图 5.46　最大隔声量与$\sqrt{T}$的关系曲线

出，随着薄膜张紧力的增加，最大隔声量与$\sqrt{T}$呈线性增大关系。图 5.47 给出了隔声量大于 25dB 的频带宽度与薄膜张紧力的关系曲线。从图中可以看出，当薄膜边长增大时，频带宽度与$\sqrt{T}$呈线性增大关系，即

$$\mathrm{TL}_{\max}\propto\sqrt{T},\quad B_{\mathrm{f}}\propto\sqrt{T} \tag{5.10}$$

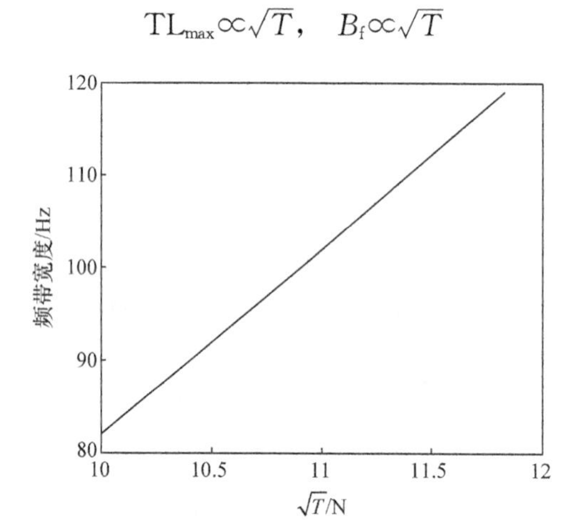

图 5.47 频带宽度与$\sqrt{T}$的关系曲线

5.3.4 薄膜型声学超材料的隔声特性实验研究

为了验证隔声特性，本节设计并制作了如图 5.48 所示的 4 单元薄膜型声学超材料实验样品。实验样品由支撑框架、薄膜和重物组成。支撑框架采用密度较轻且加工性能较好的铝。由于驻波管尺寸的限制，样品整体为短圆柱形，直径为

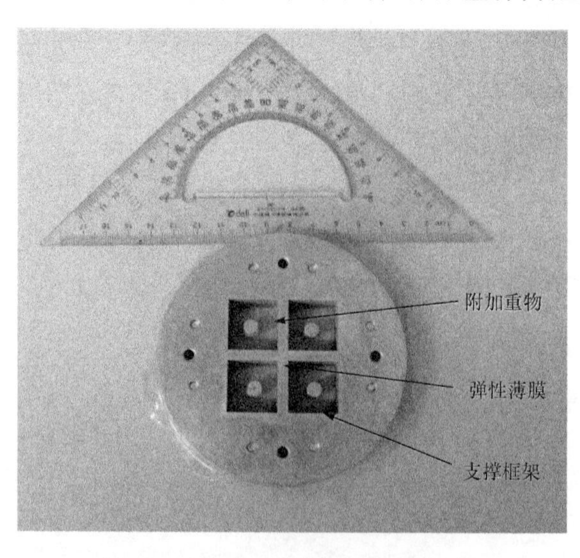

图 5.48 薄膜型声学超材料实验样品

100mm，厚度为15mm。铝制支撑框架上加工有4个20mm×20mm的矩形小孔，小孔之间的壁厚为4mm；薄膜材料采用弹性较大且撕拉强度较大的硅橡胶材料，厚度为0.2mm，密度为1000kg/m^3，弹性模量为2×10^7Pa，薄膜张力为112N/m；重物为便于添减重量的小磁铁，半径为2mm，每个小磁铁的重量为0.9g。支撑框架分为上、下两个部分，张紧的弹性薄膜放入中间夹紧后用螺钉固定。

测试系统采用丹麦Brüel & Kjær声学与振动测量公司开发的Pulse声学材料测试设备。该测试系统满足美国材料与试验协会（American Society for Testing and Materials，ASTM）所制定的隔声实验室测量标准（ENISO 10140-2-2010）。这里采用的是大管测试，其中每个大管内径为100mm，长度为440mm。驻波管测试频率范围为50～1600Hz。两个传感器放在大管的入射端，用于计算样品前表面的入射声压振幅和相位，两个传感器放在大管的透射端，用于求得样品后表面的透射声压振幅和相位。测试装置及仪器如图5.49所示。

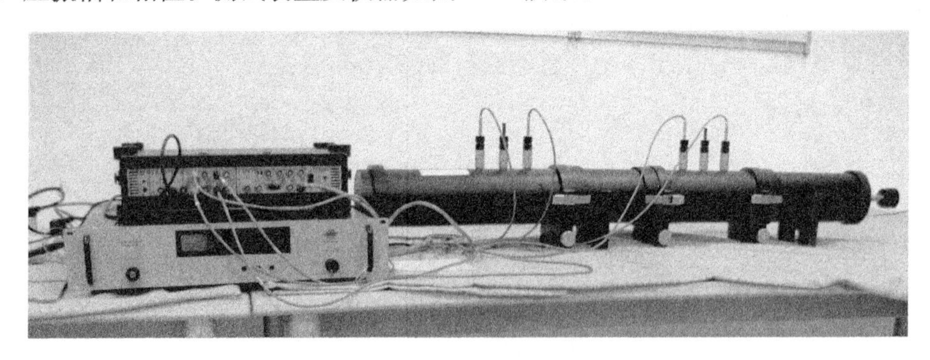

图5.49 阻抗管测试装置及仪器

阻抗管声学测试系统框图如图5.50所示，采用四传感器测量法进行样品的隔声量测量。软件设置的音频信号（一般为随机信号）经Pulse系统转换及音频放大器放大后，通过扬声器转换成声波进入阻抗管。4个传声器进行声压测量，测得的声压信号转换成电信号进入Pulse系统，Pulse系统将测得的信号转化成数字信号用于计算机及软件处理。计算机软件对信号进行Fourier变换及互谱计算，得到计算隔声量所需的值，最后计算出该测试样品的隔声量。

隔声系数的计算原理为驻波管四传感器传递函数法，如图5.51所示。在驻波管入射端设有一个扬声器作为声源，声源产生频率为ω的入射声波，4个传感器测得的声压分别表示为

$$
\begin{aligned}
P_1 &= A\mathrm{e}^{-\mathrm{i}k_a x_1} + B\mathrm{e}^{\mathrm{i}k_a x_1} \\
P_2 &= A\mathrm{e}^{-\mathrm{i}k_a x_2} + B\mathrm{e}^{\mathrm{i}k_a x_2} \\
P_3 &= C\mathrm{e}^{-\mathrm{i}k_a x_3} + D\mathrm{e}^{\mathrm{i}k_a x_3} \\
P_4 &= C\mathrm{e}^{-\mathrm{i}k_a x_4} + D\mathrm{e}^{\mathrm{i}k_a x_4}
\end{aligned}
\tag{5.11}
$$

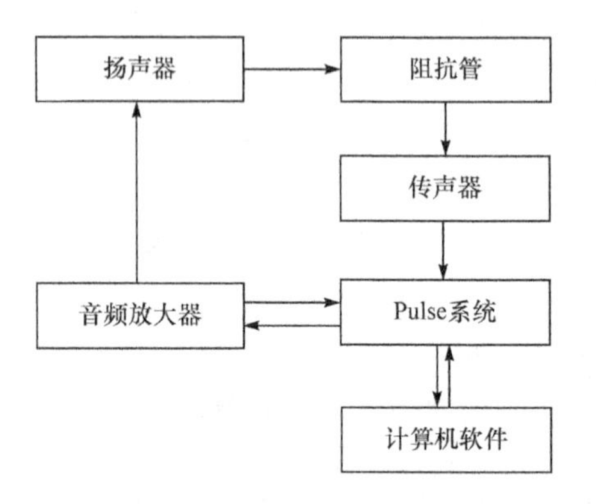

图 5.50 隔声量测量系统框图

式中，k_a 为空气中声波波矢；A 为前面声管中的正向传播声压幅值；B 为前面声管中的反向传播声压幅值；C 为后面声管中的正向传播声压幅值；D 为后面声管中的反向传播声压幅值。基于 4 个传感器测得的声压值，根据式(5.11)，求得 A、B、C 和 D 的表达式为

$$
\begin{aligned}
A&=\frac{\mathrm{i}}{2}\frac{P_1\mathrm{e}^{\mathrm{i}k_a x_2}-P_2\mathrm{e}^{\mathrm{i}k_a x_1}}{\sin[k(x_1-x_2)]}\\
B&=\frac{\mathrm{i}}{2}\frac{P_2\mathrm{e}^{-\mathrm{i}k_a x_1}-P_1\mathrm{e}^{-\mathrm{i}k_a x_2}}{\sin[k(x_1-x_2)]}\\
C&=\frac{\mathrm{i}}{2}\frac{P_3\mathrm{e}^{\mathrm{i}k_a x_4}-P_4\mathrm{e}^{\mathrm{i}k_a x_3}}{\sin[k(x_3-x_2)]}\\
D&=\frac{\mathrm{i}}{2}\frac{P_4\mathrm{e}^{-\mathrm{i}k_a x_3}-P_3\mathrm{e}^{-\mathrm{i}k_a x_4}}{\sin[k(x_3-x_2)]}
\end{aligned}
\tag{5.12}
$$

在线性条件下，声压幅值 A、B、C、D 之间的关系可以写成如下形式：

$$
\begin{bmatrix}A_a\\B_a\end{bmatrix}=\begin{bmatrix}t_{11}&t_{12}\\t_{21}&t_{22}\end{bmatrix}\begin{bmatrix}C_a\\D_a\end{bmatrix}
\tag{5.13}
$$

$$
\begin{bmatrix}A_b\\B_b\end{bmatrix}=\begin{bmatrix}t_{11}&t_{12}\\t_{21}&t_{22}\end{bmatrix}\begin{bmatrix}C_b\\D_b\end{bmatrix}
\tag{5.14}
$$

式中，下标 a 和 b 表示声学末端封闭和打开状态下测得的声压幅值。

由式(5.13)和式(5.14)可以得到样品的声压透射系数为

$$
t_1=\frac{A_aD_b-A_bD_a}{C_aD_b-C_bD_a}
\tag{5.15}
$$

由声压透射系数可以得到样品的隔声量为

$$
\mathrm{TL}=-20\lg|t_{11}|
\tag{5.16}
$$

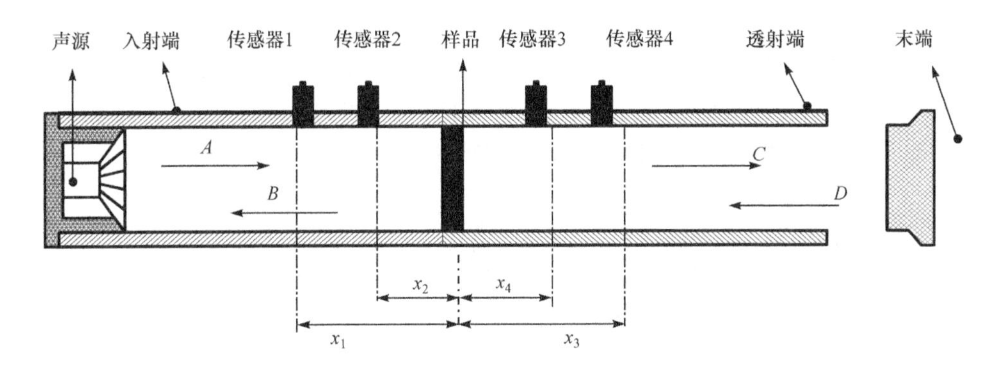

图 5.51　驻波管四传感器传递函数法测试隔声系数结构示意图

为了方便表述，将实验样品的示意图表示为图 5.52，其中 A 表示支撑框架，B 表示弹性薄膜，C 表示附加重物，1、2、3、4 分别表示单元 1、单元 2、单元 3、单元 4。

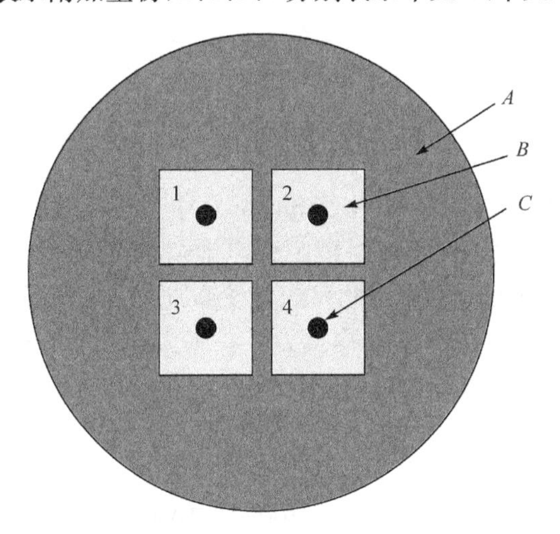

图 5.52　四单元薄膜型声学超材料结构示意图

为了比较含有两种单元和一种单元的薄膜型声学超材料的隔声性能，这里制作了两种样品，样品 1 和样品 2 的总质量相同，不同之处在于每个单元中心附加重物的大小不同，如表 5.6 所示。

表 5.6　样品 1 和样品 2 每个单元附加重物的质量

样品	单元 1/g	单元 2/g	单元 3/g	单元 4/g	总质量/g
1	0.18	0.27	0.27	0.18	0.9
2	0.225	0.225	0.225	0.225	0.9

样品 1 和样品 2 的隔声量测试结果如图 5.53 所示。从图中可以看出，当相邻

单元附加质量不同时(样品 1),在 210Hz 和 312Hz 处出现了两个隔声峰,在 198Hz、234Hz 和 1174Hz 处出现了 3 个隔声谷;而样品 2 在 310Hz 处出现了一个隔声峰,在 212Hz 和 1164Hz 处出现了两个隔声谷。相比样品 2,样品 1 实现了对 210Hz 和 312Hz 两个频率处声波的有效衰减。

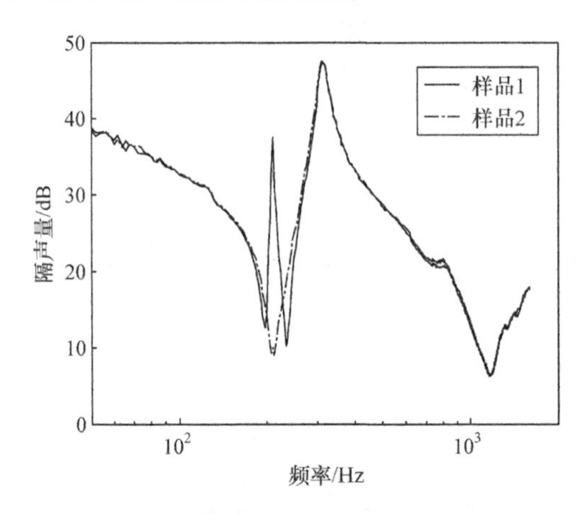

图 5.53　实验测试得到的样品 1 和样品 2 隔声曲线

有限元分析软件 COMSOL Multiphysics 中的声-结构耦合模块 Acoustic-Structure Interaction 可以方便地对薄膜型声学超材料的隔声性能进行分析。由于弹性薄膜本身没有受压性能,因此只能通过施加预应力,使薄膜获得必要的张力刚度,从而形成抵抗外部载荷的结构抗力。在张力作用下,薄膜结构产生大的变形,薄膜大变形造成的几何非线性使结构的平衡方程必须根据变形后的状态来建立于变形后的状态,以便考虑变形对平衡的影响。在有限元分析过程中,当边界确定时,膜结构几何形状的确定完全是静力平衡问题,与结构材料性能没有关系,实际计算中通常取值很小,为实际值的 1/100～1/1000,这就是小弹性模量法。采用小弹性模量法,使初始位移向目标位移过渡过程中产生的附加应力很小,可以忽略不计,因此,最终得到的目标曲面可以保持初始设定的预应力状态。同时,在非线性求解过程中,小弹性模量对加强收敛也有明显的作用。这里,设定弹性薄膜的弹性模量为1×10^5Pa。

图 5.54 为有限元分析软件 COMSOL Multiphysics 给出的测试结果的有效性验证。从图中可以看出,样品 1 在 210Hz 和 330Hz 处具有两个隔声峰,在 196Hz、240Hz 和 1334Hz 处有 3 个隔声谷;样品 2 在 320Hz 处出现隔声峰,在 216Hz 和 1300Hz 处出现两个隔声谷。通过对比可以看出,理论和实验结果是一致的。在软件仿真中没有考虑薄膜的阻尼,所以隔声谷处的隔声量为零,且隔声峰处的隔声量较大。

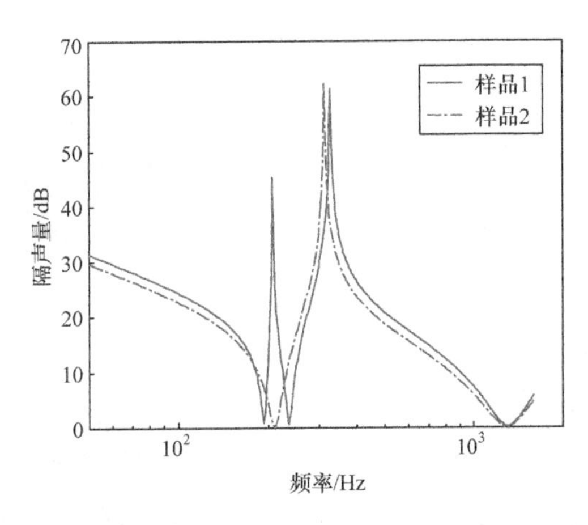

图 5.54　有限元法得到的样品 1 和样品 2 的隔声曲线

为了深入分析隔声峰值出现的原因，采用有限元分析软件将样品 1 在特征频率处的振型绘制出来，如图 5.55 所示。样品 1 含有两种不同的单元，这里将附加 0.18g 重物的单元称为单元 A，将附加 0.27g 重物的单元称为单元 B。在第一隔声谷频率处，样品 1 的振型集中在单元 B 的重物处，也就是说，第一隔声谷是由 0.27g 重物与其周围薄膜组成的弹簧-振子系统共振引起的；在第二隔声谷频率处的振型集中在单元 A 的重物处，同理，第二隔声谷是由 0.18g 重物与其周围薄膜组成的弹簧-振子系统共振产生的；在第三隔声谷处，单元 A 和单元 B 附加重物处的位移几乎为零，振型集中在重物与边界之间，第三隔声谷可以看成重物与边界之间的薄膜在声激励下发生共振产生的；在第一隔声峰处，单元 A 和单元 B 反相振动，可以将单元 A 和单元 B 看做一对偶极振子，由于单元 A 和单元 B 之间的距离远小于声波波长，因此单元 A 和单元 B 同幅反相振动使其远场声辐射为零，从而出现隔声峰值；在第二隔声峰处，单元 A 和单元 B 中心处的振动方向与四周薄膜振动方向相反，其中单元 A 四周薄膜的振动幅度更大，而单元 B 中心处的振动幅度更大，在整个平面上进行平均，其平均位移近似等于零，从而出现隔声高峰。

当隔声构件由具有不同隔声量的隔声单元组合而成时(如含有窗户和门的墙体)，这种组合隔声构件的总隔声量可以通过式(5.17)求得

$$\mathrm{TL} = -10\lg\tau = -10\lg\left(\frac{\sum_{i=1}^{q} S_i\tau_i}{\sum_{i=1}^{q} S_i}\right) \tag{5.17}$$

式中，S_i为第 i 个隔声单元的面积；τ_i 为第 i 个隔声单元的透射系数。第 i 个隔声单元的透射系数由其隔声量 TL_i 通过式(5.18)求得

$$\tau_i = 10^{-\mathrm{TL}_i/10} \tag{5.18}$$

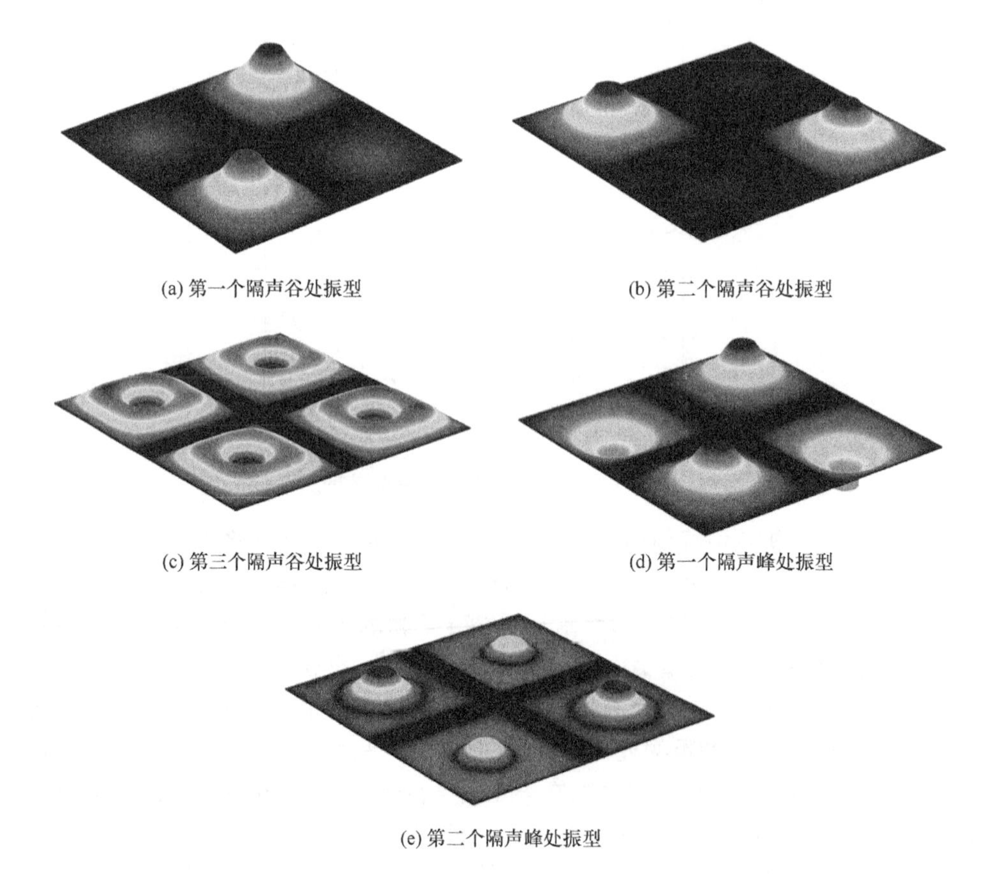

图 5.55　样品 1 在特征频率处的振型

根据组合隔声构件的总隔声量计算式(5.17)可以看出，整个隔声构件的隔声量小于隔声量最大单元的隔声量。下面对由两种不同隔声量的薄膜型声学超材料单元组合而成的多单元结构进行分析，观察这种多单元结构的隔声性能是否满足式(5.17)。

图 5.56 给出了有限元法得到的样品 1 的隔声曲线及组成样品 1 的单元 A 和单元 B 的隔声曲线，并将通过组合构件隔声理论计算得到的组合墙结构隔声曲线放在同一张图中进行对比。可以看出，样品 1 的前两个隔声谷分别位于单元 A 和单元 B 的第一个隔声谷处，另外，单元 A 和单元 B 的隔声曲线有两个交点(分别表示为 a 点和 b 点)。在这两个交点频率位置处，样品 1 的隔声量出现峰值，其隔声量远大于通过组合墙理论得到的隔声量。

这种含有两种单元的薄膜型声学超材料组合结构与传统组合墙结构隔声理论不同的根本原因是两种单元在某些频率下反相振动。图 5.57 给出了单元 A 和单元 B 的隔声曲线和对应的相位曲线。从图中可以看出，单元 A 和单元 B 的振动相

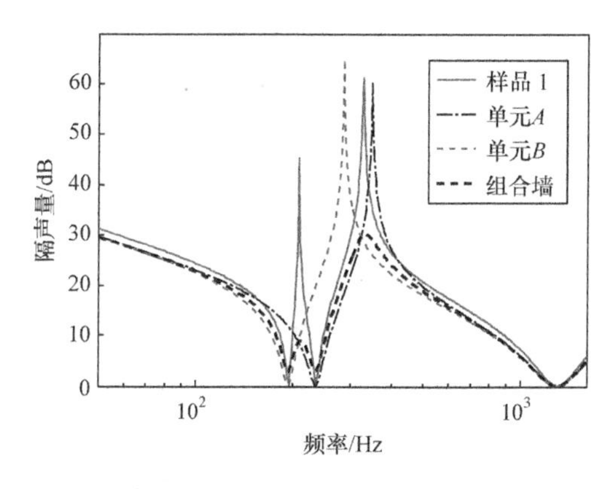

图 5.56　样品 1 和各单元隔声曲线与组合墙结构隔声曲线

位在特征频率处发生翻转，从而造成 194～234Hz 和 286～348Hz 的频率范围内单元 A 和单元 B 的相位相反，特别是单元 A 和单元 B 隔声曲线的两个交点处，两种单元的振动同幅反相，使整个薄膜型声学超材料表现出刚性，从而出现隔声峰。

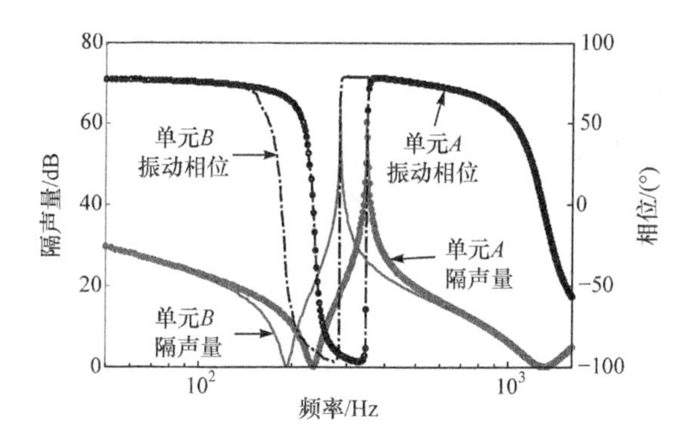

图 5.57　单元 A 和单元 B 的隔声曲线及其对应的相位曲线

5.4　基于声学超材料的管路噪声控制

5.4.1　传统管路噪声控制理论与方法

管路噪声主要来自管壁结构振动噪声和管内流体噪声。海水管路的结构振动噪声由管壁结构振动引起，同时还会传递到船体壳、板等其他与之相连的结构，继而产生声辐射；管内流体运动状态的不稳定会引起流噪声，噪声在向出口处传播的过程中，一部分能量通过管壁向外辐射，一部分通过进出口处的舷侧阀直接向水中辐射。在管口总辐射噪声中，管路流噪声的影响最大。噪声在管内流体介质中的传播不仅衰减小而且传播距离远。若不施以控制，流噪声极易传到出水口并从管口辐射出去。因此,流噪声控制成为管路系统噪声控制的主要研究内容[56]。

对管路系统噪声进行控制的基本途径一般是从噪声源的控制和噪声传播途径控制入手。结构噪声主要通过管壁结构振动控制进行消减,流噪声控制可以首先从噪声源的控制着手,如设计和采用低噪声泵、低噪声阀门等。然而,由于离心泵本身的结构特性、阀门等控制元件功能特点以及我国制造和加工工艺基础条件的限制,泵和阀门等引发的噪声源只能在一定程度上减小,不可能完全消除,而且船舶工况多变,泵、阀门等突然启闭(产生水锤噪声)而引发的噪声难以避免。在这种情况下,在流噪声传播途径上对其进行控制变得十分必要而且可行。

目前,管路流噪声传播控制措施主要有以下几种。①在管道中布置弹性接头、波纹管等元件[57,58]。通过结构不连续对入射波进行波反射,使部分反射波直接反射回去或与入射波、透射波发生相互干涉而达到减振降噪的目的。②安装消声弯头[59~61]。消声弯头一方面能将部分声能反射回去而起到消声作用,另一方面能使旁管与主管的声波在某些频率段产生180°的相位差进而产生相消干涉消声。为了实现利用较短的消声弯头就能达到相消干涉的效果,常用慢波速材料制成消声弯头。例如,用聚乙烯材料制成的消声弯头接入管路后,传递损失能在一定的频带范围内实现高达8dB的衰减。不过,消声弯头同时也是一个噪声源,管内流动的液体会在旁支节点处产生再生噪声。③在阀后安装节流孔板[62~64]。节流孔板一方面可以起到抗性消声的作用,另一方面分担了阀门的一部分压力降,使阀门节流压降减小,从而降低了管内流体流经阀门产生的噪声。④减少管路急弯头、支管,用以减小流体方向、状态的突然变化而产生的噪声,并在管壁外敷设阻尼材料吸收并耗散振动能量[65,66]。⑤在管道中安装管道消声器[67~69]。在管路系统中,噪声源传播下游位置加装消声器不仅可以有效吸收和衰减流噪声,而且通过计算优化改变消声器的安装位置,可以获得最小的管路输入阻抗,使泵出口的压力脉动降到最低。值得一提的是,在泵和阀门等主要噪声源下游依次安装短弹性连接管和消声器,能取得较好的流噪声吸收效果。此外,对于若干谱线特征特别明显的噪声,可以基于声波的叠加原理,在管路内人为地发射一个与原声场强度相同但是相位相反的声场,使它与原声场发生相消干涉消声,也可以达到消声的目的[70~72],这就是管道主动消声技术。

在以上各种噪声控制方法中,安装管路消声器是目前应用最广泛、效果最显著的一种方法。在船舶管路系统中引入消声器,可以降低管路系统中的流噪声。研究表明,在船舶舷间管路通海口处加装消声器,可以有效地抑制、隔离海水管路系统的噪声向舰外辐射。尽管如此,现有的管路消声器不是低频消声频带过窄(如共振腔式消声器虽然可以在较低频带内对流噪声传播进行衰减抑制,但其消声频带窄),就是消声频率过高(如扩张式消声器虽然在中高频段内的消声效果较为明显,但其低频消声效果受船内空间严格限制，效果有限)，仍难以满足管路系统噪声的低频宽带控制要求。当前，具有低频流噪声控制功能的船舶管路消声器研发的工作方兴未艾。

5.4.2　基于超材料的管路低频隔声设计原理与设计方法

扩张室消声器及其周期排列的海水管路系统对低频噪声的控制效果通常受到空间几何尺寸的限制。基于超材料亚波长控制思路，由周期排列的 Helmholtz 消声器(也称 Helmholtz 共振腔)，可以利用较小的尺寸获得低频消声带，从而实现小体积控制低频声。

1. 单个 Helmholtz 消声器

首先对单个 Helmholtz 消声器，也就是声学超材料的单元结构进行分析。典型的 Helmholtz 消声器一般由颈管和共振容腔组成，容腔形状可以是球形、圆柱形、椭球形或不规则腔体等，颈管横截面也可以是规则的圆形、方形、椭圆形或其他形状。事实上，容腔形状和颈管形状对消声器的消声性能影响很小或微乎其微，影响其消声性能的主要是颈管横截面积、长度和容腔体积以及腔内介质等。不失一般性，选择如图 5.58 所示的 Helmholtz 消声器结构，图中 Helmholtz 消声器的颈管位于共振腔之内，称为内置式消声器。当颈管位于共振腔外时，称外置式消声器。现有研究表明[73]，颈管内置或外置对消声器的声学性能影响不大。图 5.59 为内置式消声器的传递损失曲线；实线和点划线分别对应 Helmholtz 消声器和扩张室消声器的传递损失，虚线则对应 COMSOL Multiphysics 仿真软件计算的 Helmholtz 消声器传递损失。计算中，取消声器两端管路内径 r_p 为 4cm，扩张室长度和半径分别为 $l_c=4.9r_p$ 和 $r_c=2.875r_p$，颈管长度 l_n 和半径 r_n 分别为 $0.75r_p$ 和 $0.1r_p$。管路尺寸和共振腔体积与图 5.58 中的参数一致。由于 Helmholtz 共振腔关注的频率范围比较低，因此采用集中参数传递矩阵法进行计算便可满足计算精度，图中实线和虚线的一致性说明了这一点。

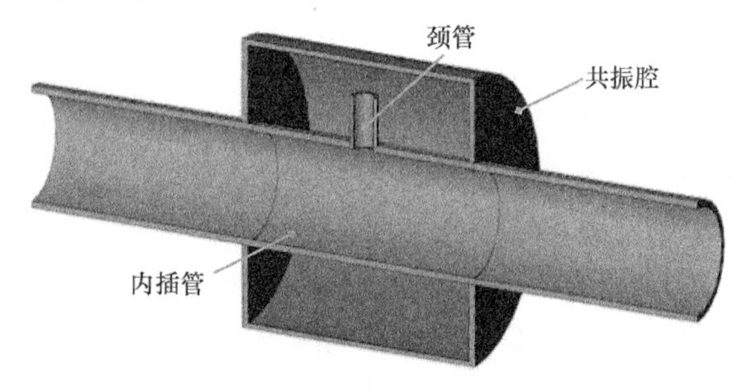

图 5.58　Helmholtz 消声器结构

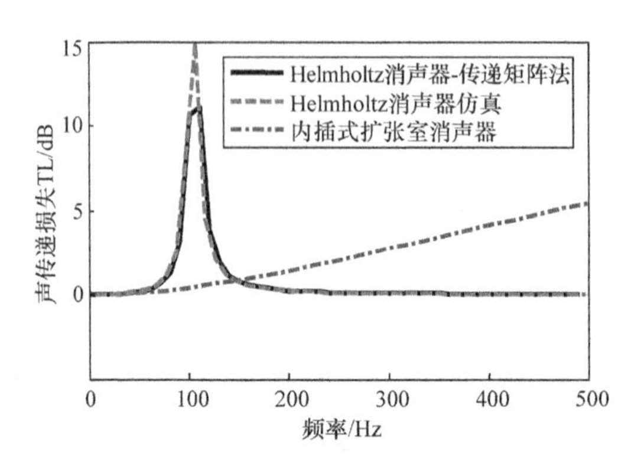

图 5.59　单个 Helmholtz 消声器的传递损失曲线

Helmholtz 消声器可以在相当低的频率范围内形成一个衰减比较强的消声峰。例如，在图 5.59 中，Helmholtz 消声器在 105Hz 频率附近的频率范围内对噪声的衰减达 10dB 以上，而同尺寸的内插式扩张室消声器在低频处的噪声衰减却非常弱，如图所示，其在 150Hz 以下的传递损失远小于 1dB。Helmholtz 消声器能形成低频消声峰主要归功于颈管液柱与共振腔内液体构成了一个 LC 振荡电路或弹簧质量振子。由力电对比分析，Helmholtz 消声器的声阻抗相当一个电感(声质量)与一个电容(声容)串联。颈管液柱具有一定的质量，能抗拒由声压脉动而引起的运动速度的变化。类似于电路中的电感具有缓和电流变化的作用，或弹簧质量模型中的质量块由于其惯性而具有抵抗外力冲击的作用。容腔内的液体具有阻碍来自颈管的声压变化的特性，可类比电路中的电容具有阻碍其两端电压变化的特性或弹簧具有阻挠质量块运动的特性。这样，当入射声波频率在 Helmholtz 消声器的固有频率附近时，将引发颈管内液体与容腔内液体声压的剧烈振动而使入射噪声能量基本集中在容腔和颈管内，如图 5.60 所示。这时管内声压值特别是下游出口端的声压值将很小。若 Helmholtz 消声器的共振频率比较低，则体现在消声效果上为良好的低频隔声性能。

2. Helmholtz 消声器周期布置

Helmholtz 消声器与结构振动控制领域中的局域振子具有相同的物理本质，它们都可以用弹簧质量模型或 LC 振荡电路进行描述，其呈现出的物理特性也极为相似。鉴于 Helmholtz 消声器与动力吸振器(局域振子)动力特性的一致性，可将 Helmholtz 消声器称为声学局域振子。单个局域振子具有一定的吸振能力，只不过它的吸振频率范围局限于其本身固有频率附近极窄的频段内，Helmholtz 消声器也是如此，只不过单个局域振子是结构振动领域，Helmholtz 消声器是声学领域。结构振动领域中局域共振带隙机理的提出为结构振动的低频宽带控制问题提

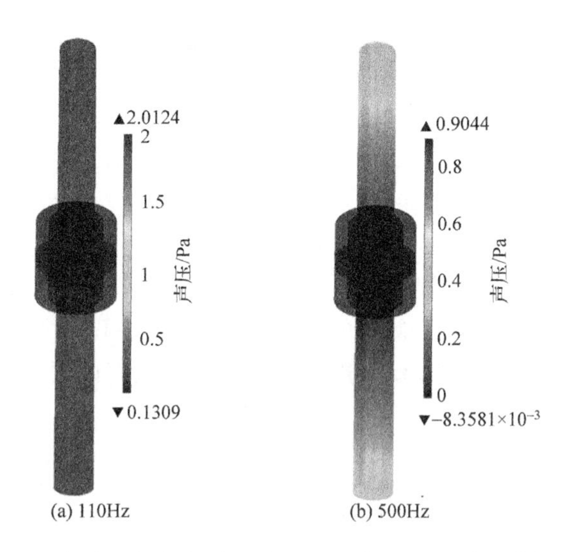

图 5.60　单 Helmholtz 消声器在 110Hz 和 500Hz 处的声压分布图

供了解决方法。该理论引入声学领域，在海水管路系统中周期布置声学局域振子，同样可以获得声波的低频超宽带隙，有望实现声波小尺寸控制大波长。

图 5.61 为声学超材料管路主管声波传播示意图。

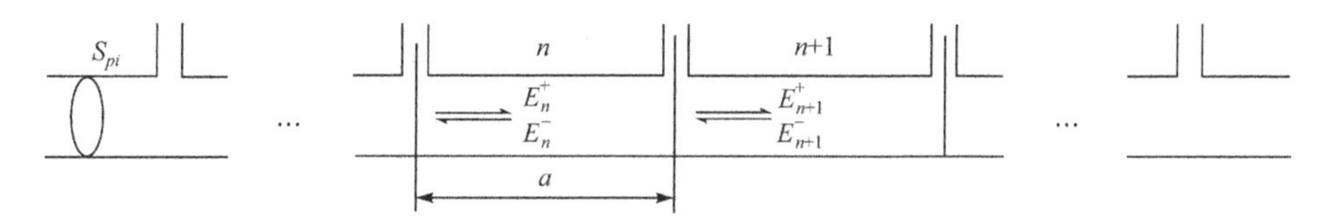

图 5.61　声学超材料管路主管声波传播示意图

由传递矩阵法可知，第 n 个元胞和第 $n+1$ 个元胞间的声波传递关系为

$$\begin{bmatrix} E_{n+1}^{+} \\ E_{n+1}^{-} \end{bmatrix} = T \begin{bmatrix} E_{n}^{+} \\ E_{n}^{-} \end{bmatrix} \tag{5.19}$$

由 Bloch 定理可知：

$$\begin{bmatrix} E_{n+1}^{+} \\ E_{n+1}^{-} \end{bmatrix} = \mathrm{e}^{\mathrm{j}qa} \begin{bmatrix} E_{n}^{+} \\ E_{n}^{-} \end{bmatrix} \tag{5.20}$$

结合式(5.19)与式(5.20)可得到声学超材料管路的色散关系(能带结构)。对于具有如图 5.61 所示元胞结构的声学超材料管路，其色散关系为

$$\cos(qa) = \cosh(ka) = \cos(ka) + \frac{\mathrm{i}Z_{pi}}{2Z}\sin(ka) \tag{5.21}$$

图 5.62 为周期布置 Helmholtz 消声器后的海水管路的声波能带结构图，图 5.62(a)为波矢 μ 的实部，图 5.62(b)为波矢 μ 的虚部。图 5.63 为有限长海水

管路等间距布置 5 个 Helmholtz 消声器后的传递损失。计算中，Helmholtz 消声器参数与图 5.58 的参数保持一致，腔内液体为水介质，消声器间距为 1m，即晶格常数 l_a 为 1m。很明显，图 5.62 中在 200Hz 以下出现了一个低频声波带隙：102～164Hz。与结构弹性波相同，在这个声波带隙频率范围内，声波无法传播。在周期附加有限个 Helmholtz 消声器的海水管路系统中，声波在当中传播将被有效地衰减，如图 5.63 所示。在 97～167Hz 内，衰减量均在 5dB 以上，最大衰减量达 271dB。而在海水管路中只安装一个 Helmholtz 消声器(图 5.58)时，其最大衰减量只有 35dB，而且 5dB 以上衰减量的区域范围只有 22Hz。这充分说明了在海水管路系统中周期布置 Helmholtz 消声器可以有效地提高低频噪声衰减量，拓宽低频带宽。

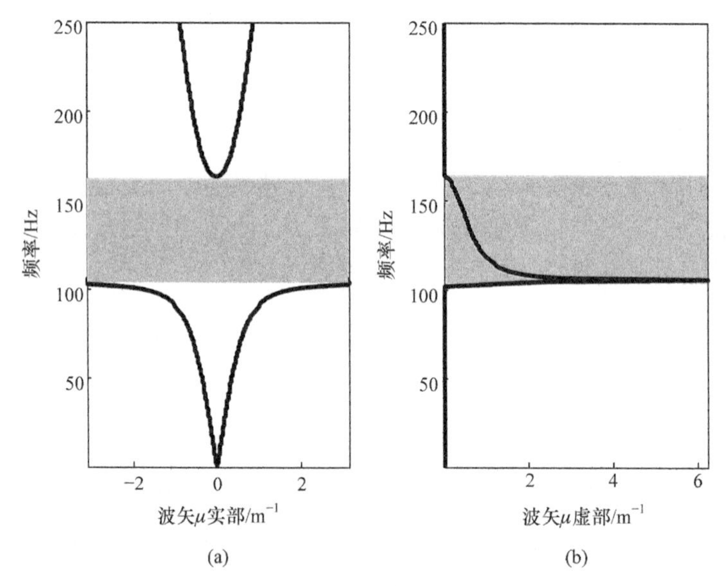

图 5.62　周期安装 Helmholtz 消声器的海水管路的声能带结构图

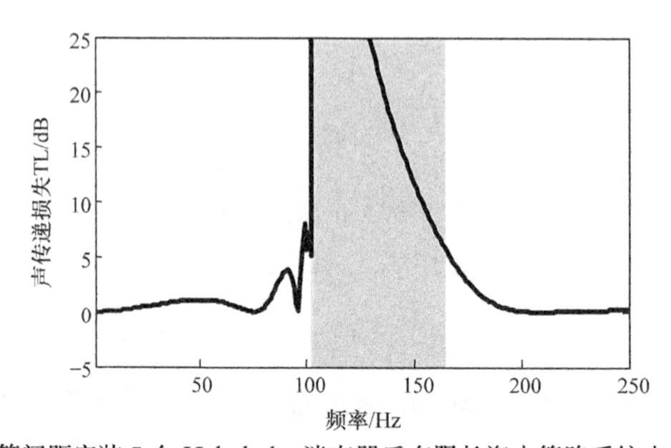

图 5.63　等间距安装 5 个 Helmholtz 消声器后有限长海水管路系统中的传递损失

5.4.3 隔声性能仿真分析

1. 负密度特性

在声学超材料的弹性波传播研究中，不少学者把低频弹性波带隙的形成归结为负密度或负弹性模量对能量传播的抑制作用。研究表明，在周期性安装或嵌入弹簧质量振子的弹性体材料或结构中，其整体等效材料性能上表现出负刚度、负密度、负声速等特性。周期附加 Helmholtz 消声器的海水管路系统在物理等效模型上就是一个周期安装弹簧质量振子的弹性体，如图 5.64(a)和(b)所示。这样的一个系统，应该同样具有等效负密度或负体积模量等特性。后面将探讨其等效材料特性。

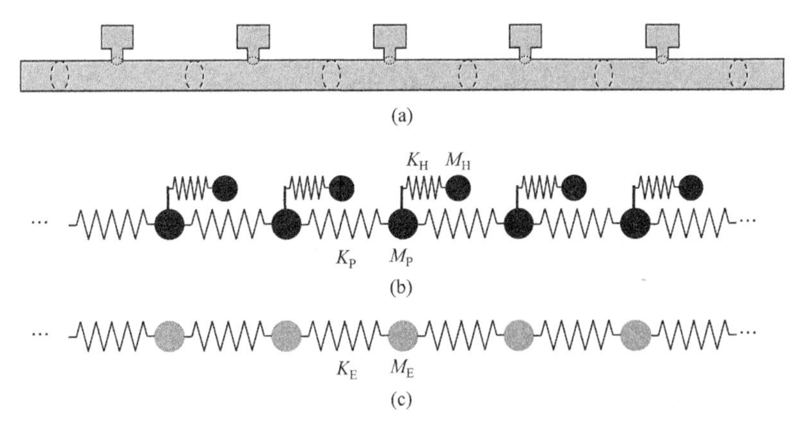

图 5.64　周期附加 Helmholtz 消声器的海水管路系统的物理等效模型

由于声学超材料管路系统在轴向方向具有周期性，因此可以只取其中一个周期元胞，研究其等效材料性能。在波长远大于声学元件尺寸的前提下，可以用声电类比的方法，将整个声学超材料管路系统等效为电路元件串并联模型，以方便定义海水管路系统内介质的等效密度和等效体积模量。附加 Helmholtz 消声器声学超材料管路系统的一个基本周期单元声电类比电路如图 5.65 所示。它相当于把声学超材料管路单元中的海水管路段分成两个相等的部分，每一部分可用电感 L_p 和电容 C_p 电路等效；同样，Helmholtz 消声器也可用电感 L_H 和电容 C_H 电路等效，其中，$m_h=\rho_f S_n l_n$ 和 $k_h=\rho_f S_n{}^2/(S_h l_h)$表示 Helmholtz 消声器的等效质量和等效刚度。当频率足够低时，声学超材料管路单元长度和 Helmholtz 消声器满足集中参数模型等效条件。此时，该声学超材料管路结构内介质可等效为不安装任何声学元件均质管的管内均质声学介质，其等效密度 ρ_e 定义如下[74]：

$$\rho_e=-\frac{S_p P}{\mathrm{i}\omega a_p(Q-Q_H)} \tag{5.22}$$

式中，Q_H 为 Helmholtz 消声器颈口流量；P 为管内压力经过一个周期单元后的压降。此外，压降与流量具有如下关系[75~77]：

$$Q=\frac{P}{Z_E},\quad Q_H=\frac{P_H}{Z_H} \tag{5.23}$$

式中，Z_E 为单个周期元胞的总阻抗；压降 $P=P_R-P_L$，P_L 和 P_R 分别为一个周期单元左右两边的声压值，它们满足 Bloch 周期边界条件，则由式(5.22)和式(5.23)便可计算得到等效密度。当然，若是基于图 5.64 所示的弹簧质量等效模型，则 Helmholtz 消声器腔内介质相当于图中的 K_H 和 M_H 弹簧质量振子，管内介质相当于 K_P 和 M_P 弹簧质量振子。它们与图 5.65 中所示电路元件具有如下对应关系：

$$K_H=\frac{1}{C_H},\quad M_H=L_H \tag{5.24}$$

$$K_P=\frac{2}{C_P},\quad M_P=2L_P \tag{5.25}$$

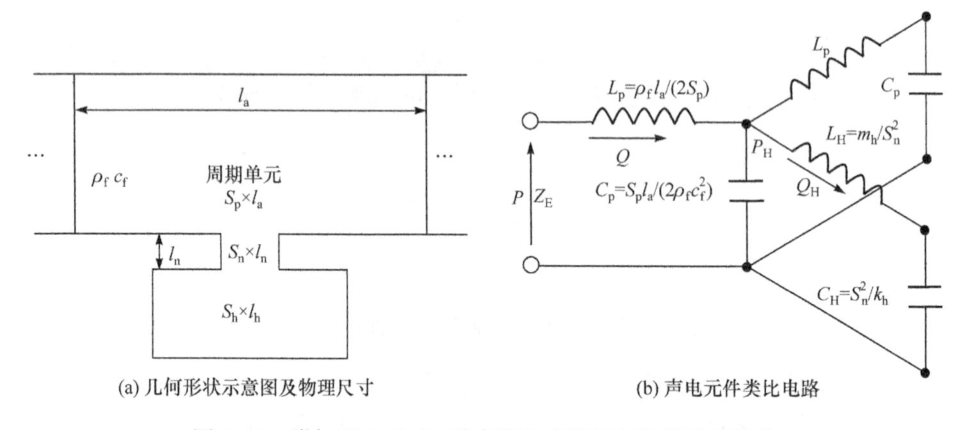

(a) 几何形状示意图及物理尺寸　　(b) 声电元件类比电路

图 5.65　附加 Helmholtz 消声器的声学超材料管路系统的一个基本周期单元及其声电类比电路图

假设图 5.64 中第 j 个元胞中质点 M_P 和 M_H 的位移分别为 u_{Pj} 和 u_{Hj}，则它们的位移具有如下关系：

$$M_P\ddot{u}_{Hj}+K_P(2u_{Pj}-u_{Pj-1}-u_{Pj+1})+K_H(u_{Pj}-u_{Hj})=0 \tag{5.26}$$

$$M_H\ddot{u}_{Hj}+K_H(u_{Hj}-u_{Pj})=0 \tag{5.27}$$

结合 Bloch 周期边界条件，不难获得该周期结构的波矢 q 的解析表达式：

$$\cos ql_a=1-\frac{\alpha_k}{2\beta_m}\frac{\Omega^2(\Omega^2-1-\beta_m)}{\Omega^2-1} \tag{5.28}$$

式中，$\Omega=\omega/\omega_0$，$\omega_0=2\pi f_H$；$\alpha_k=K_H/K_P$；$\beta_m=M_H/M_P$。

当没有附加元件的弹簧质量振子 K_E 和 M_E 周期排列时，其波矢 q 则为

$$\cos q l_{\mathrm{a}}=1-\frac{\alpha_k(1+\beta_m)}{2\beta_m}\chi_m\Omega^2 \tag{5.29}$$

式中，$\chi_m=M_{\mathrm{E}}/(M_{\mathrm{P}}+M_{\mathrm{H}})$为图 5.64(c)中质点的无量纲质量，$M_{\mathrm{E}}=\rho_{\mathrm{e}}a_{\mathrm{p}}/S_{\mathrm{p}}$。

为使式(5.28)与式(5.29)等效，则 χ_m 应满足如下条件：

$$\chi_m=1+\frac{\beta_m}{1+\beta_m}\frac{\Omega^2}{1-\Omega^2} \tag{5.30}$$

那么，此时管内介质的等效密度 ρ_{e} 为

$$\rho_{\mathrm{e}}=\frac{S_{\mathrm{p}}l_{\mathrm{n}}+S_{\mathrm{n}}a_{\mathrm{p}}}{S_{\mathrm{n}}a_{\mathrm{p}}}\left(1+\frac{\beta_m}{1+\beta_m}\frac{\Omega^2}{1-\Omega^2}\right)\rho_{\mathrm{f}} \tag{5.31}$$

图 5.66 为周期安装 Helmholtz 消声器的海水管路的管内介质等效无量纲密度。可以看出，该声学超材料管路系统内的管内介质在 102～164Hz 内呈现出等效负密度特性。这样的负密度特性使得声波传播到负密度区时，被系统聚集吸收，而无法继续往下游介质传播。该负密度频度范围与图 5.62 的声波带隙位置高度吻合，因此图 5.62 中的声波带隙可以归结为由该声学超材料管路系统的等效负密度效应导致。可见，该周期附加 Helmholtz 消声器的海水管路系统具有等效负密度等声学超材料特性。周期布置 Helmholtz 消声器以获得声波带隙与声学超材料的等效负密度区域设计具有同一性。

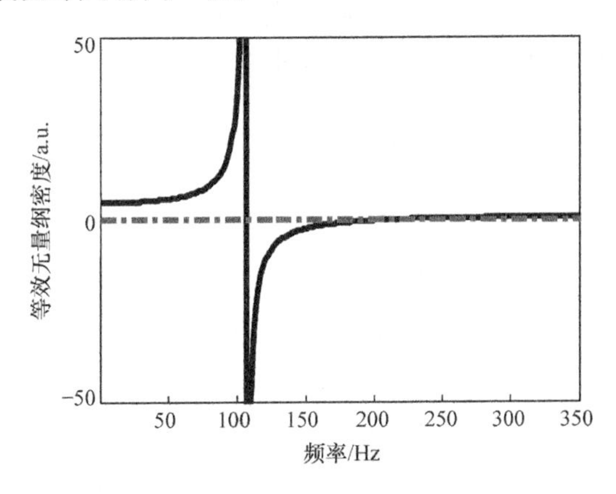

图 5.66　周期安装 Helmholtz 消声器的海水管路的管内介质等效无量纲密度

2. 多腔室周期结构

当在一个结点处安装多个参数不同的 Helmholtz 消声器时，可以展宽管路系统的消声频率范围，但其展宽的程度很有限，且消声量未能得到有效的提高。得益于周期结构超材料的带隙和负密度设计思想，将这样的单结点多 Helmholtz 消声器安装方式拓展成周期排列方式，如图 5.67 所示，那么其有效消声频率范围和消

声量将得到显著的拓展和提高。假设每个安装结点安装的 Helmholtz 消声器的个数为 N 个，每个结点处任意一个消声器的颈管长度、横截面积和共振腔体积分别为 l_j、S_{nj} 和 V_{cj}，运用前面的声电类比或弹簧质量模型类比方法和周期 Bloch 边界条件，不难得到该周期结构形成的声学超材料等效密度 ρ_e 为

$$\rho_e = 1 + \sum_{j=1}^{N} \frac{\beta_{mj}}{1-\Omega_j^2} \tag{5.32}$$

式中，$\beta_{mj} = M_{Hj}/M_P$、$\Omega_j = \omega_j/\omega_0$，$M_{Hj}$ 和 ω_j 分别为安装结点处第 j 个 Helmholtz 消声器的等效质量和共振频率。

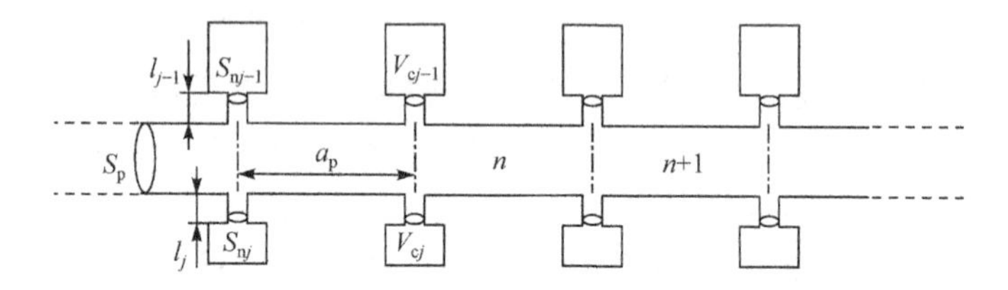

图 5.67　单结点多 Helmholtz 消声器的声学超材料管路系统结构示意图

以每个周期结点附加 3 个 Helmholtz 消声器为例，计算图 5.67 所示声学超材料管路的等效密度和声能带，如图 5.68 和图 5.69 所示。计算中，这 3 个 Helmholtz 消声器的体积均为 $V_c/2$，颈管长度分别为 l_n、$1.5l_n$ 和 $2l_n$，其中，V_c 和 l_n 分别为图 5.58 中消声器的体积和颈管长度；颈管横截面积保持不变，周期间隔 l_a 为 1m。

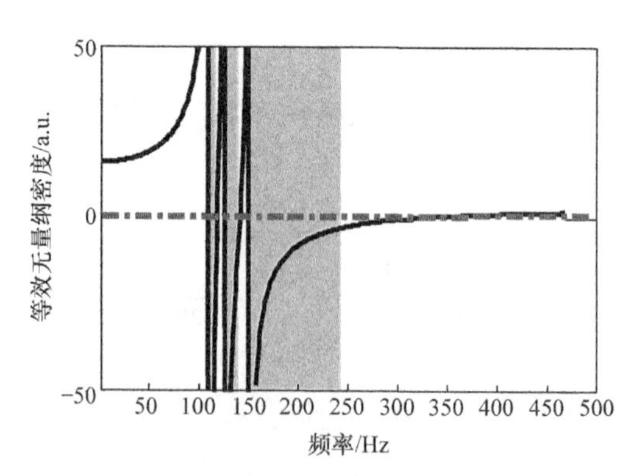

图 5.68　单结点多 Helmholtz 消声器周期布置下，海水管路的管内介质等效无量纲密度

显然，图 5.68 所示的负密度区域与图 5.69 所示的带隙区域基本一致，这些区域为 107～116Hz、122～137Hz 和 145～230Hz。图 5.70 为 5 个这样的声学超材料管路单元形成的有限周期结构管路的声压传递损失曲线。可以看出，当声波在这样的声学超材料管路系统传播 5 个周期后，在相应的负密度区域，声压将大大衰减，最大衰减量达 250.5dB，在 250Hz 以下低频段，衰减量 5dB 以上的频率范围达

119Hz。相比图 5.63 而言，该参数下的 Helmholtz 消声器总体积为原来的 1.5 倍，不过消声频段却为原来的 1.7 倍。可见，优化消声器的布置安装方式可提高声学超材料管路系统的噪声控制水平。

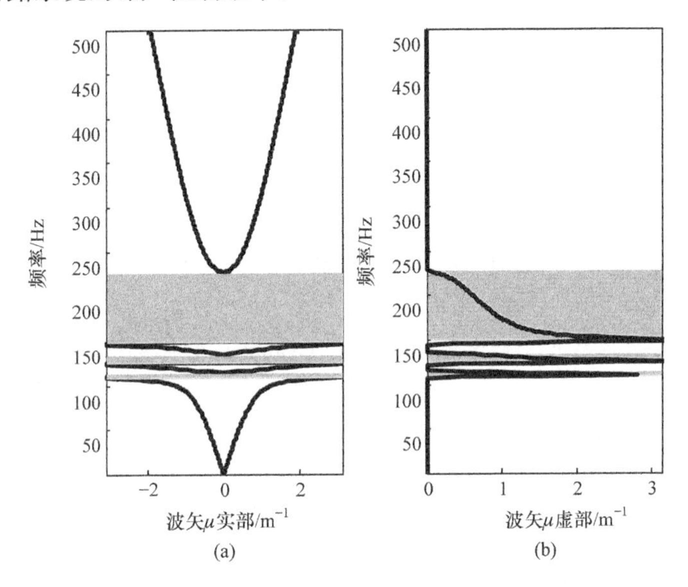

图 5.69　单结点多个 Helmholtz 消声器周期布置后海水管路的声能带结构

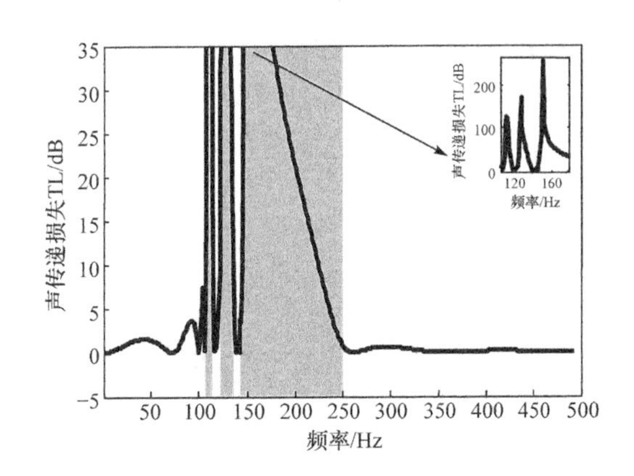

图 5.70　单结点多 Helmholtz 消声器周期布置后海水管路的传递损失

保持晶格常数和管路尺寸不变，图 5.71 为另一组 Helmholtz 消声器几何尺寸参数下海水管路系统的传递损失。与图 5.70 相同，每个周期结点处 Helmholtz 消声器的个数为 3，这 3 个消声器共振腔的体积分别为 $V_c/2$、$V_c/4$ 和 $V_c/4$，即总体积与图 5.63 中的 Helmholtz 消声器体积相同；颈管长度分别为 $2l_n$、$2.5l_n$ 和 $3.2l_n$，颈管横截面积不变。从图 5.71 中可以看出，该参数下，声学超材料管路系统在 104～118Hz、122～133Hz 和 138～196Hz 内的消声量均在 5dB 以上，这 3 个消声衰减区的总频带宽为 83Hz。这比同体积条件下，单结点单 Helmholtz 消声器周期布置(图 5.63 所示情况)时的 70Hz 要宽 13Hz。

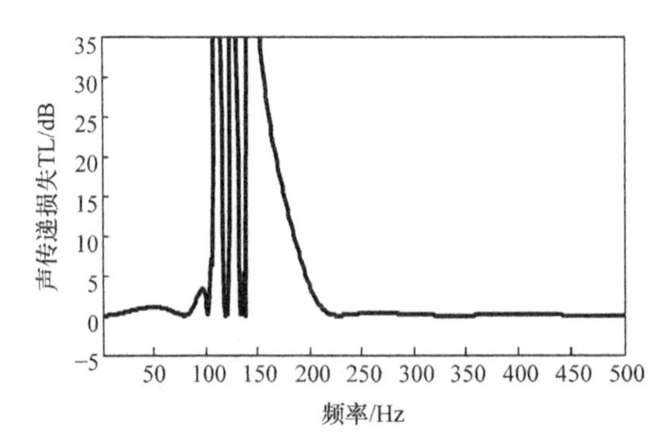

图 5.71　另一组参数下，有限个周期结点布置 Helmholtz 消声器后海水管路的传递损失

3. 气液腔周期结构

进一步，观察共振腔内填充不同介质时，Helmholtz 消声器周期布置后的声学性能。不失一般性，假设腔内介质有空气和水两种。与前面的实例相同，每个周期节点布置 3 个消声器，这 3 个消声器的颈管长度为 $l_n/3$，体积分别为 $0.16V_c$、$0.12V_c$ 和 $0.095V_c$，注入的空气腔填充率为 10%，其他参数不变。这样一个周期结构的声能带结构图和传递损失曲线如图 5.72 和图 5.73 所示。图 5.72 和图 7.53 呈现出的结果令人振奋：在 500Hz 以下频率范围内，获得了 28～309Hz 的低

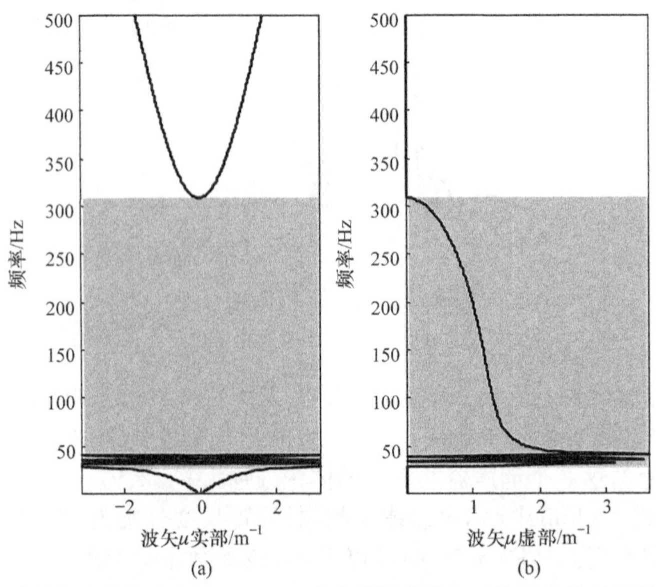

图 5.72　单结点多个气液腔 Helmholtz 消声器周期布置后海水管路的声能带结构图

频超宽声波带隙，并且在该频段内，衰减量均在 10dB 以上。值得一提的是，该周期结构附加元件的体积相当小，其总体积只有上述其他腔内充水介质声学超材料管路的 37.5%或更小，而其产生的声波带隙却远宽于共振腔内充水的情况，带边频率也要低得多。

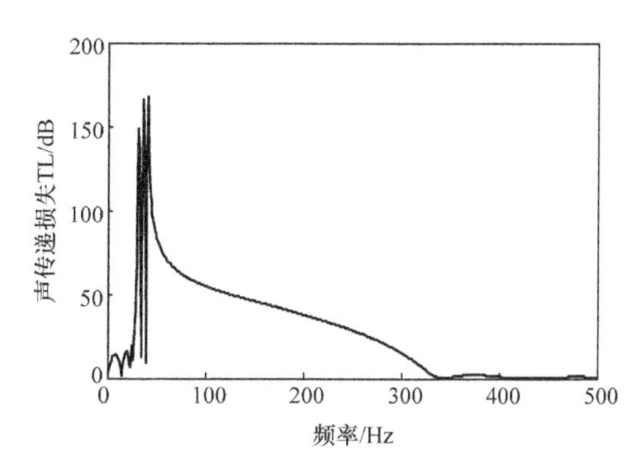

图 5.73　单结点多个气液腔 Helmholtz 消声器周期布置后海水管路的声压传递损失

5.4.4　实验测试与验证

为方便起见，采用空气管路对这些特性进行验证。

1. 空气声声学超材料管路噪声测试原理

图 5.74 为四传感器测量系统测量原理图。测试样品前后各安放两个传声器，可测出所在位置的复声压。样品前部复声压包含声源发出的入射波和经样品反射的反射波，样品后部复声压包含经测试样品进入接收管的平面声波和由管路末端反射形成的平面波。四传感器法测量声压的透射系数的计算公式为[78,79]

$$t_p=\frac{\sin[k(X_1-X_2)]}{\sin[k(X_3-X_4)]}\frac{P_4\mathrm{e}^{\mathrm{i}k(X_3-X_4)}-P_3}{P_1-P_2\mathrm{e}^{-\mathrm{i}k(X_1-X_2)}}\mathrm{e}^{\mathrm{i}k(X_2+X_4)} \tag{5.33}$$

式中，X_1、X_2、X_3、X_4 分别为传声器距离测试的样品表面的距离；P_1、P_2、P_3、P_4 分别对应 4 个传声器测得的声压：

$$P_1=A_n^+\mathrm{e}^{-\mathrm{i}kX_1}+A_n^-\mathrm{e}^{\mathrm{i}kX_1} \tag{5.34}$$

$$P_2=B_n^+\mathrm{e}^{-\mathrm{i}kX_2}+B_n^-\mathrm{e}^{\mathrm{i}kX_2} \tag{5.35}$$

$$P_3=C_n^+\mathrm{e}^{-\mathrm{i}kX_3}+C_n^-\mathrm{e}^{\mathrm{i}kX_3} \tag{5.36}$$

$$P_4=D_n^+\mathrm{e}^{-\mathrm{i}kX_4}+D_n^-\mathrm{e}^{\mathrm{i}kX_4} \tag{5.37}$$

式中，k 为波数，其计算公式为

$$k=\frac{2\pi f}{c} \tag{5.38}$$

式中，f 为驻波管中声波的频率；c 为驻波管中声波的传播速度[80]，其计算公式为

$$c=342.2\sqrt{\frac{T}{293}} \tag{5.39}$$

式中，T 为空气的温度(K)。由此，可求得隔声量计算公式为

$$\mathrm{TL}=-20\lg|t_p| \tag{5.40}$$

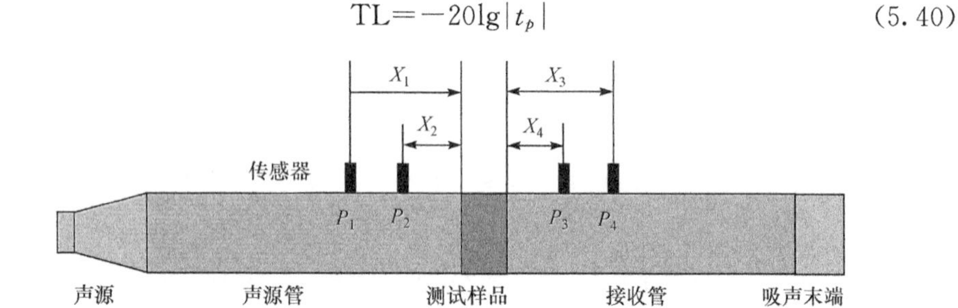

图 5.74　四传感器法隔声量测量原理示意图

2. 实验系统

B&K 声学测试系统如图 5.75 框内所示。采用四传感器法进行样品隔声量测量时，软件设置的音频信号(一般为随机信号)经 Pulse 系统转换及音频放大器放大后，由扬声器转换成声波进入阻抗管。4 个传声器对 4 个位置的复声压进行测量，测得的声压信号转换成电信号后进入 Pulse 系统，Pulse 系统将测得的信号转化成数字信号用于计算机软件处理。计算机软件对信号进行 Fourier 变换以及互谱计算，得到计算隔声量所需的值，最后计算出该测试样品的隔声量。

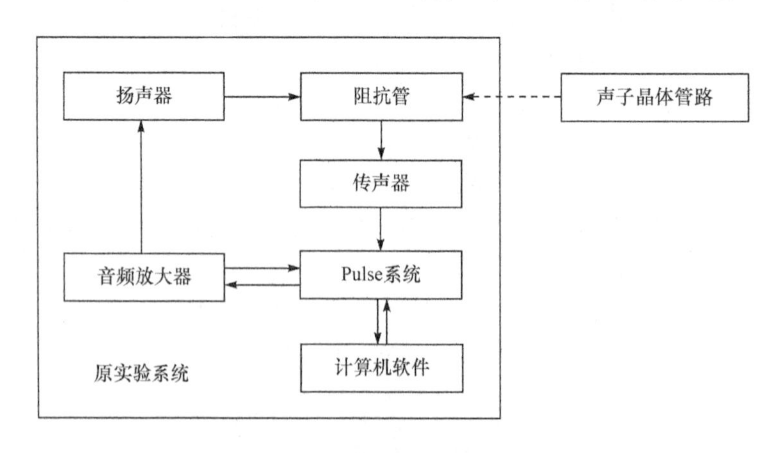

图 5.75　隔声量测量系统框图

声学超材料空气管路实验系统主要是在阻抗管测试系统的基础上对阻抗管测试样品段进行改进[81]。原有实验系统实物图如图 5.76 所示，虚线框内为阻抗管

测试样品段。改进后的阻抗管结构示意图如图 5.77 所示。这时将声学超材料管路段看做测试样品。其实验系统实物图如图 5.78 所示。

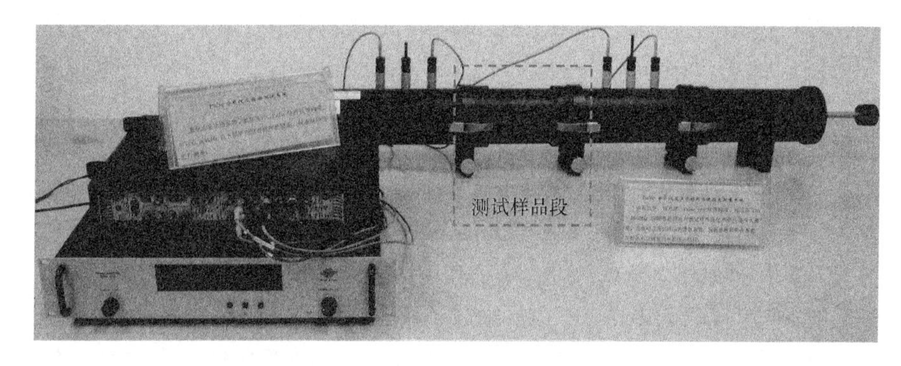

图 5.76　隔声测试实验系统实物图

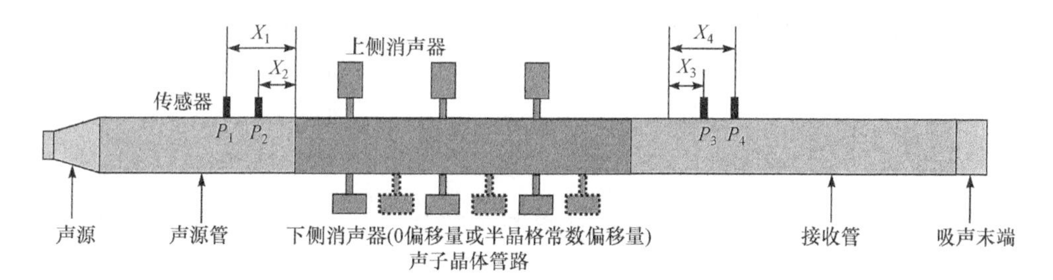

图 5.77　声学超材料空气管路噪声测试系统原理图

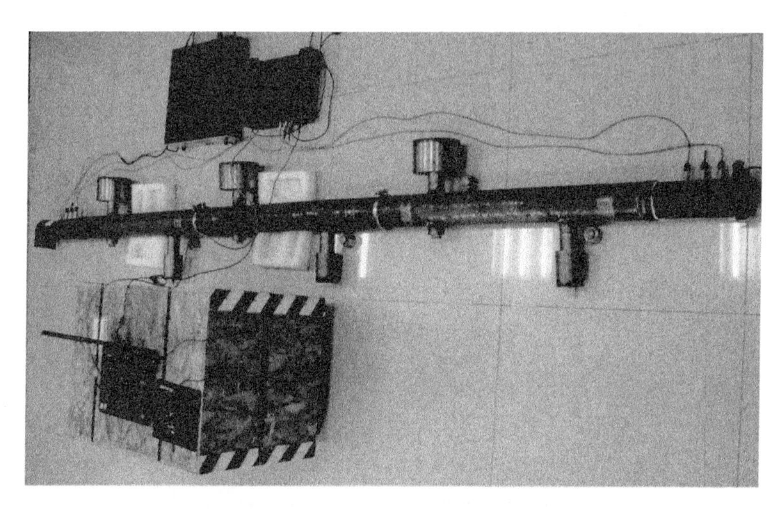

图 5.78　声学超材料空气管路噪声测试系统实物图

3. 声学超材料空气管路噪声测试

图 5.79 为周期附加第一种消声器的声学超材料管路的隔声量。第一种消声器集中参数理论给出的共振频率设计值为 130Hz，由平面波假设得出的共振频率理论结果为 145Hz，实验结果为 135Hz。理论分析结果、实验结果与设计值基本吻合。一阶带隙起始频率理论计算值为 171.5Hz。一阶带隙起始频率高于单个消声器共振频率。图 5.79 中局域共振带隙旁出现一个向高频发展的一阶带隙，与理论分析结果吻合。另外，从实验所测隔声量曲线上几乎观察不到二阶 Bragg 带隙。图 5.80 为周期附加第二种消声器声学超材料管路的隔声量。设计共振频率为 240Hz，一阶带隙起始频率低于共振频率，局域共振带隙旁出现一个向低频发展的 Bragg 带隙。另外，在共振频率以上的频带范围内可以观察到一个向高频发展的二阶 Bragg 带隙。但其隔声量明显小于一阶 Bragg 带隙的隔声。图 5.79 与图 5.80 的实验结果说明局域共振带隙主要影响与其临近的 Bragg 带隙，并且 Bragg 带隙与局域共振带隙越接近，所受影响越大。局域共振带隙对其他阶次的 Bragg 带隙影响很小。图 5.79 及图 5.80 中所示的实验结果验证了上述理论分析结论。

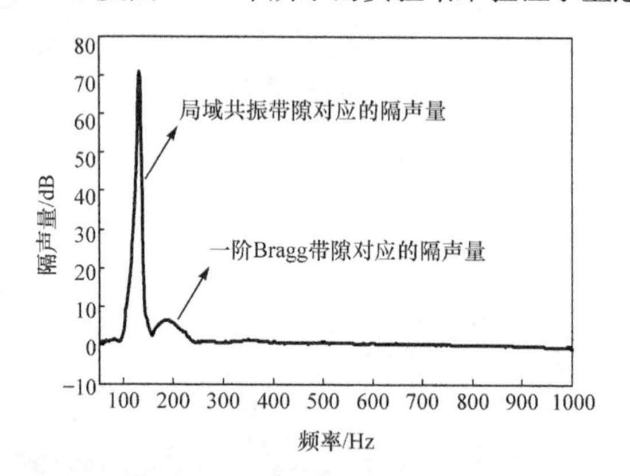

图 5.79　周期附加第一种消声器的声学超材料管路噪声测试结果

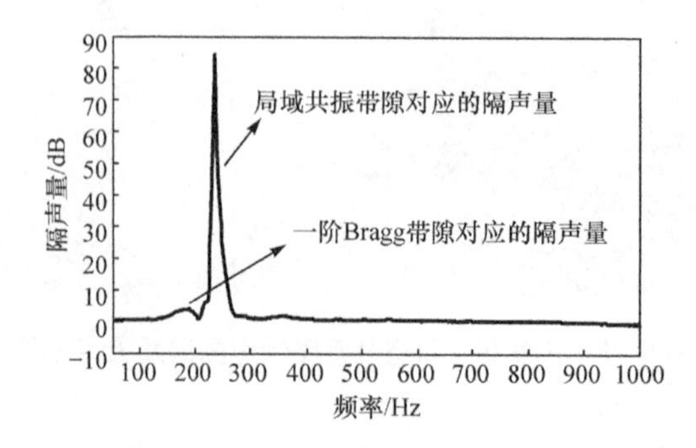

图 5.80　周期附加第二种消声器的声学超材料管路噪声测试结果

图 5.81 为零偏移量附加两种消声器的声学超材料管路噪声测试结果，两局域共振带隙之间，没有明显的 Bragg 带隙。与图 5.81 所示结果不同，半晶格常数偏移量附加两种消声器声学超材料管路噪声的测试结果中，两局域共振带隙间出现了一个明显的 Bragg 带隙，如图 5.82 所示。该实验结果同样验证了理论分析结果，对于单腔消声器组合元胞声学超材料管路，合理设置偏移量可扩宽 Bragg 声波带隙。此外，图 5.81 与图 5.82 中，二阶 Bragg 带隙相同，说明这种元胞结构的偏移量对二阶 Bragg 带隙无影响。

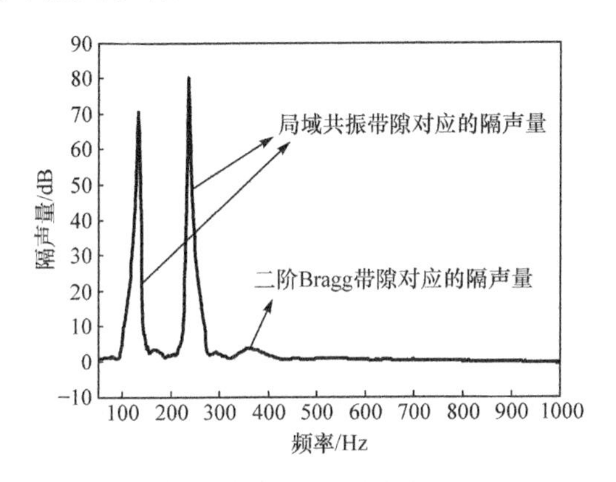

图 5.81　零偏移量附加两种消声器声学超材料管路噪声测试结果

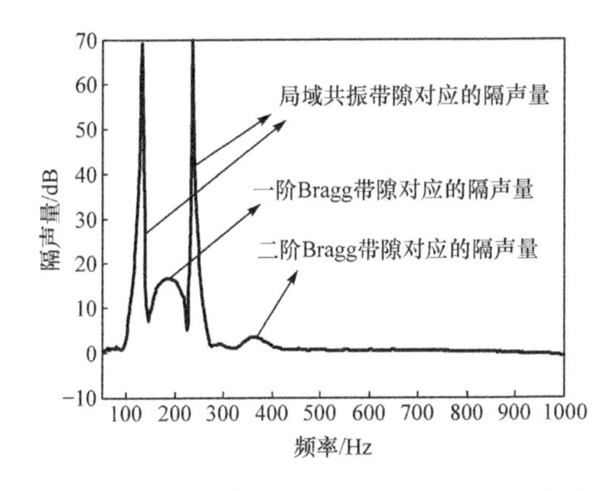

图 5.82　半晶格常数偏移量附加两种消声器声学超材料管路噪声测试结果

参 考 文 献

[1] 国家自然科学基金委员会工程与材料科学部. 机械工程学科发展战略报告(2011—2020)[M]. 北京：科学出版社，2011.

[2] 王盛春. 蜂窝夹层结构复合材料的声振特性研究[D]. 重庆：重庆大学，2011.

[3] 卢天建，辛锋先. 轻质板壳结构设计的振动与声学基础[M]. 北京：科学出版社，2012.

[4] 张广平,戴干策.复合材料蜂窝夹芯板及其应用[J].纤维复合材料,2000,17:25-27.

[5] 吴剑国,谢祚水,王自力.潜艇结构分析[M].武汉:华中科技大学出版社,2003.

[6] 马昌,张秀利.结构噪声控制的基础研究[J].机械工程师,1997,7:4,5.

[7] 杨德庆,柳拥军,金咸定.薄板减振降噪的拓扑优化设计方法[J].船舶力学,2003,7:91-96.

[8] 张涛,姜哲.基于声辐射模态的板加筋位置优化[J].科学技术与工程,2014,14:154-157,175.

[9] 欧阳山,隋富生.铝型材结构隔声优化[J].噪声与振动控制,2013,33:367-369.

[10] 朱大巍,黄修长,华宏星,等.敷设手性覆盖层加筋梁低频振动和声辐射特性[J].振动与冲击,2014,33:178-183.

[11] 霍新祥.高速列车车厢壁板的隔声研究[D].兰州:兰州交通大学,2013.

[12] Naify C J,Huang C,Sneddon M,et al. Transmission loss of honeycomb sandwich structures with attached gaslayers[J]. Applied Acoustics,2011,72:71-77.

[13] 于金朋,刘小霞,黄雪飞,等.隔音垫对高速列车内地板隔声特性影响研究[J].噪声与振动控制,2013,8:354-357.

[14] 张军,杜宇,李伟东,等.矩形封闭声腔壁板轻量化对声固耦合特性的影响[J].声学学报,2014,39:59-67.

[15] 闫孝伟,王彦琴,盛美萍,等.基于功率流的宽带复式动力吸振器优化设计[J].船舶力学,2003,7:130-138.

[16] 肖和业,盛美萍,吴伟浩.新型宽带动力吸振器优化设计[J].振动与冲击,2011,30:98-101.

[17] 刘耀宗,郁殿龙,赵宏刚,等.被动式动力吸振技术研究进展[J].机械工程学报,2007,43:14-21.

[18] Sun J Q,Jolly M R,Norris M A. Passive,adaptive and active tuned vibration absorbers-Asurvey[J]. Journal of Mechanical Design,1995,117:234-242.

[19] Brennan M J. Some recent developments in adaptive tuned vibration absorbers/neutralisers[J]. Shock and Vibration,2006,13:531-543.

[20] Kela L,Vähäoja P. Recent studies of adaptive tuned vibration absorbers/neutralizers[J]. Applied Mechanics Reviews,2009,62:60801.

[21] Dayou J,Brennan M J. Global control of structural vibration using multiple-tuned tunable vibrationneutralizers[J]. Journal of Sound and Vibration,2002,258:345-357.

[22] Jolly M R,Sin J Q. Passive tuned vibration absorbers for sound radiation reduction from vibratingpanels[J]. Journal of Sound and Vibration,1996,191:577-583.

[23] Harne R,Fuller C R. Lightweight distributed vibration absorbers for marine structures[J]. Proceedings of Meetings on Acoustics,2012,9:65003.

[24] Idrisi K,Johnson M E,Toso A,et al. Increase in transmission loss of a double panel system by addition of mass inclusions to a poro-elastic layer:A comparison between theory and experiment[J]. Journal of Sound and Vibration,2009,323:51-66.

[25] Marcotte P. A study of distributed active vibration absorbers[D]. Blacksburg:Virginia Polytechnic Institute and State University,2004.

[26] Howard C Q. Transmission loss of a panel with an array of tuned vibration absorbers[J]. Acoustics Australia, 2008, 36: 98-103.

[27] 范蓉平. 高速列车车厢减振降噪材料和结构的一体化设计技术与性能评估方法[D]. 上海：上海交通大学, 2009.

[28] 张少辉, 柴洪友, 马海全. 黏弹阻尼技术在航天器上的应用与展望[J]. 航天器工程, 2011, 20: 120-128.

[29] 范蓉平, 孟光, 贺才春. 黏弹性阻尼材料降低列车车内噪声的试验研究[J]. 振动与冲击, 2008, 27: 123-127.

[30] Ray M C, Shivakumar J. Active constrained layer damping of geometrically nonlinear transient vibrations of composite plates using piezoelectric fiber-reinforced composite[J]. Thin-Walled Structures, 2009, 47: 178-189.

[31] Lee J T. Active structural acoustics control of beams using active constrained layer damping through loss factor maximization[J]. Journal of Sound and Vibration, 2005, 287: 481-503.

[32] 杜海平, 石银明, 张亮, 等. 主动约束层阻尼振动控制研究进展[J]. 力学进展, 2001, 31: 547-554.

[33] 刘见华, 金咸定, 李喆. 多个阻振质量阻抑结构声的传递[J]. 上海交通大学学报, 2003, 37: 1205-1208.

[34] 刘见华. 舰船结构声传递的阻抑机理及应用研究[D]. 上海：上海交通大学, 2003.

[35] 刘见华, 金咸定, 李喆. 阻振质量阻抑结构声的传递[J]. 上海交通大学学报, 2003, 37: 1201-1204.

[36] 姚熊亮, 计方, 钱德进, 等. 偏心阻振质量阻抑振动波传递特性研究[J]. 振动与冲击, 2010, 29: 48-52.

[37] 宋玉宝, 温激鸿, 郁殿龙, 等. 固支边界下轻质蜂窝夹层结构声振特性分析[J]. 制造业自动化, 2013: 35: 9-12.

[38] Lau S K, Tang S K. Sound fields in a slightly damped rectangular enclosure under active control[J]. Journal of Sound and Vibration, 2000, 238: 637-660.

[39] Lee J C, Chen J C. Active control of sound radiation from a rectangular plate excited by a linemoment[J]. Journal of Sound and Vibration, 1999, 220: 99-115.

[40] Fahnline J B, Koopmann G H. Numerical implementation of the lumped parameter model for the acoustic power output of a vibrating structure[J]. The Journal of the Acoustical Society of America, 1997, 102: 179-191.

[41] Johnson M E, Elliott S J. Active control of sound radiation using volume velocity cancellation [J]. Journal of the Acoustical Society of America, 1995, 98: 2174-2186.

[42] 杨德庆, 戴浪涛. 可调动力吸振器降噪设计方法研究[J]. 舰船科学技术, 2006, 28: 43-47.

[43] Carneal J P, Charette F, Fuller C R. Minimization of sound radiation from plates using adaptive tuned vibration absorbers[J]. Journal of Sound and Vibration, 2004, 270: 781-792.

[44] 雷烨, 盛美萍, 肖和业. 直升机舱内噪声预估与分析[J]. 振动、测试与诊断, 2010, 30: 617-620.

[45] Song Y B, Feng L P, Wen J H, et al. Reduction of the sound transmission of a sandwich panel using the stop band concept[J]. Composite Structures, 2015, 128: 428-436.

[46] Song Y B, Feng L P, Wen J H, et al. Analysis and enhancement of flexural wave stop bands in 2D phononic plates[J]. Physics Letters A, 2015, 379: 1449-1456.

[47] Song Y B, Wen J H, Yu D L, et al. Reduction of vibration and noise radiation of an underwater vehicle due to propeller forces using periodically layered isolators[J]. Journal of Sound and Vibration, 2014, 333: 3031-3043.

[48] Song Y B, Wen J H, Yu D L, et al. Suppression of vibration and noise radiation in a flexible floating raft system using periodic structures[J]. Journal of Vibration and Control, 2015, 21: 217-228.

[49] Song Y B, Wen J H, Yu D L, et al. Analysis and enhancement of torsional vibration stopbands in a periodic shaft system. Journal of Physics D: Applied Physics, 2013, 46: 145306.

[50] 马大猷. 现代声学理论基础[M]. 北京:科学出版社,2004.

[51] Yang Z, Mei J, Yang M, et al. Membrane-type acoustic metamaterial with negative dynamic mass[J]. Physical Review Letters, 2008, 101(20): 204301.

[52] Chen Y Y, Huang G L, Zhou X M, et al. Analytical coupled vibroacoustic modeling of membrane-type acoustic metamaterials: Membrane model[J]. The Journal of the Acoustical Society of America, 2014, 136(3): 969-979.

[53] Yang M, Ma G C, Yang Z Y, et al. Coupled membranes with doubly negative mass density and bulk modulus[J]. Physical Review Letters, 2013, 110(13): 4026.

[54] Zhang Y G, Wen J H, Xiao Y, et al. Theoretical investigation of the sound attenuation of membtane-type acoustic metamaterials[J]. Physics Letters A, 2012, 376: 1489-1494.

[55] Zhang Y G, Wen J H, Zhao H G, et al. Sound insulation property of membrane-type acoustic metamaterials carrying different masses at adjacent cells[J]. Journal of Applied Physics, 2013, 114(6): 063515.

[56] 程广福,张文平,柳贡民,等. 船舶水管路噪声及其控制研究[J]. 噪声与振动控制,2003,2: 31-33.

[57] 朱忠,尹志勇,王锁泉,等. 声阻抗在管路柔性元件降噪效果评估中的应用[J]. 船舶力学,2008,1: 139-145.

[58] 朱石坚,陈刚. 管壁不连续对管路中传播的弯曲波的隔离[J]. 船舶力学,2006,10(5): 142-149.

[59] 李东升,薛晖,高岩. 慢波速旁路管水动力噪声消声器降噪特性研究[J]. 中国造船,2010,3: 92-99.

[60] Selamet A, Dickeyn S. The Herschel-Quincke tube: theoretical, computational, and experimentalinvestigation[J]. Journal of the Acoustical Society of America, 1994, 96(5): 3177-3185.

[61] Panigrahi S N, Munjal M L. Plane wave propagation in generalization multiple connected acoustic filters[J]. Journal of the Acoustical Society of America, 2005, 118(5): 2860-2868.

[62] 刘文彬. 水管路系统阀门流固耦合振动噪声特性研究[D]. 哈尔滨:哈尔滨工程大学,2011.
[63] 封海波. 海水管路系统中阀门动态特性和噪声控制的研究[D]. 哈尔滨:哈尔滨工程大学,2003.
[64] 万五一,练继建,李玉柱. 阀门系统的过流特性及其对瞬变过程的影响[J]. 清华大学学报(自然科学版),2005,45(9):1198-1201.
[65] 马文彬. 水管路系统可调频消声器研究[D]. 哈尔滨:哈尔滨工程大学,2005.
[66] 李英. SYSNOISE 软件在消声器设计中的应用[C]. 2010 年 LMS 首届用户大会论文集. 2006:110-113.
[67] Langthjem M A, Olhoff N. A numerical study of flow-induce noise in a two-dimensional centrifugal pump. Part I. Hydrodynamics [J]. Journal of Fluids Structures, 2004, 19: 349-368.
[68] Munjal M L. Acoustics of Ducts and Mufflers with Application to Exhaust and Ventilation System Design[M]. New York :John Wiley,1987.
[69] Chanaud R C. Effects of geometry on the resonance frequency of Helmholtz resonators. Part II[J]. Journal of Sound and Vibration,1997,204(5):829-834.
[70] 吴斌,费仁元,周大森. 管道噪声有源控制的声学特性研究 I 理论分析[J]. 北京工业大学学报,2003,29(4):411-413.
[71] Nelson P A,Elliot S J. Active Control of Sound[M]. London:Academic Press,1992.
[72] Kuo S M,Morgan D R. Active Noise Control Systems-Algorithms and DSP Implementation [M]. New York:John Wiley,1996.
[73] 金荣. 离心泵用赫姆霍兹水消声器研究[D]. 镇江:江苏大学,2012.
[74] Hu X H,Chan C T. Two-dimensional sonic crystals with Helmholtz resonators[J]. Physical Review E,2005,71:055601.
[75] Shen H J,Papdoussis M P,Wen J H,et al. Acoustic cloak/anti-cloak device with realizable passive/active metamaterials[J]. Journal of Physics D:Applied Physics,2012,45:285401.
[76] Shen H J,Wen J H,Yu D L,et al. Research on a cylindrical cloak with active acoustic metamaterial layers[J]. Acta Physica Sinica,2012,61(13):134303.
[77] Shen H J,Wen J H,Papdoussis M P,et al. Parameter derivation for an acoustic cloak based on scattering theory and realization with tunable metamaterials[J]. Modeling and Simulation in Materials Science and Engineering,2013,21:065011.
[78] 管洪. 泵的噪声[J]. 噪声与振动控制,1985,5:16-21.
[79] 罗斯. 水下噪声原理[M]. 关定华,译. 北京:海洋出版社,1983.
[80] 王钊. 泵壳进口宽度对离心泵性能影响的数值研究[D]. 兰州:兰州理工大学,2012.
[81] 沈惠杰. 基于声子晶体理论的海水管路系统声振控制[D]. 长沙:国防科学技术大学,2015.

第 6 章　基于声学超材料的新型声学功能器件设计探索

6.1 引　　言

超材料基于亚波长结构的波调制技术及所展现的奇异物理特性，使其在现代信息技术的发展中具有巨大的、广泛的潜在应用。近年来，超材料领域开发了大批新型光学功能器件，如突破衍射极限的近场及远场成像[1]、二次谐波发生[2]、光学整形[3]、亚波长波导[4]、辐射调控[5]和态密度增强[6]等，在亚波长显微观测、高密度光存储、微纳光刻等领域引起了极大的关注。

声波是一种重要的物质存在形式，也是一种重要的信息载体。与电磁波相比，声波是能在水下携带信息实现远距离传播的唯一波动形式，声信息的获取与传输是现代水声探测技术、通信技术、兵器技术及气候、生态检测的关键性基础技术。同时，声波在弹性介质中的传播具有穿透性强、安全无损等特点，在地质勘探、生物医学成像、超声无损检测等领域具有独特的地位。将声学超材料引入声波发射、传播、接收、处理等声信息处理各个环节的研究中，探索基于声学超材料的声波调制新原理、新技术，在声学检测、通信等声信息技术领域具有重要的理论意义和工程价值。

目前，在声学探测、传输等声信息处理方面，研究者结合声学超材料的负折射、表面隐失波反常增透等特殊物理效应，在高分辨率声透镜、声波整流[7]及声波微小物质控制[8]等方面进行了大量的研究，提出了多种新型声学功能器件的设计理论与方法。本章对其物理模型、声波调制原理、声学功能特性及应用前景进行介绍，初步探讨基于声学超材料的新型声学功能器件发展的新思路、新途径。

6.2 声学超材料声透镜技术

6.2.1 声透镜的概念、意义

与光学透镜成像原理类似，声透镜通过控制声波的传播路径，使穿过其中的声波在声透镜后一定位置聚焦，实现对目标声反射特性的成像及识别。图 6.1 为声透镜成像示意图，空间中目标的反射声波经过声透镜后聚焦到一定的焦平面位置，沿同一方向传播的波聚焦到同一点，沿不同方向的波聚焦到焦平面的不同点，在聚焦平面放置由多个阵元组成的接收基阵，通过接收不同方向和采样时刻的回波实现对目标的声成像。

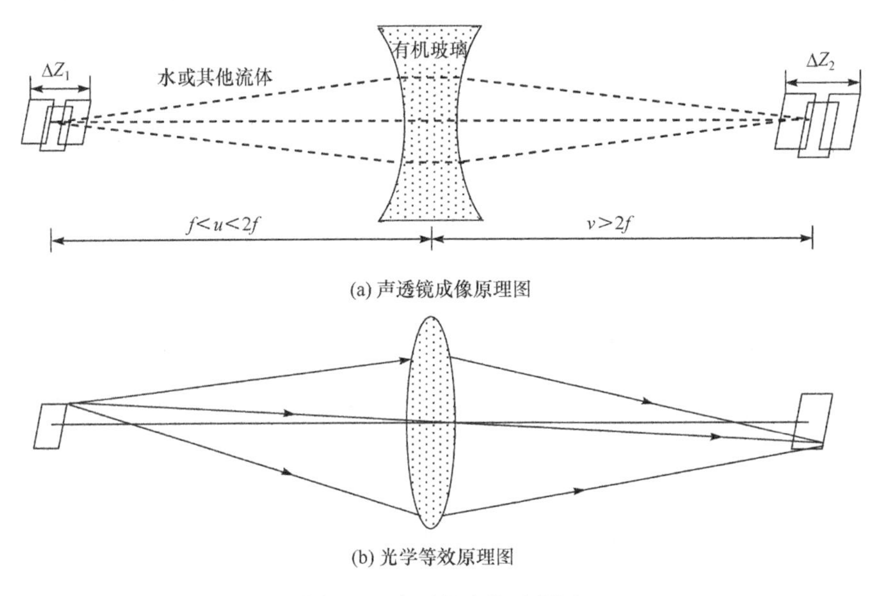

(a) 声透镜成像原理图

(b) 光学等效原理图

图 6.1 声透镜成像示意图

在无损检测、生物医学诊断及水下声呐探测等领域，利用一定的技术手段重建物体反射声波的能量分布，实现探测物体声学信号特征的高分辨率成像是声成像技术发展的重要方向。目前，围绕高分辨率声成像，已经发展了扫描声成像技术[9]、基于声场重构算法的声成像技术[10]及声透镜聚焦成像技术[11~13]等多种方法。其中，前两种方法需要对成像物体进行波束扫描或数据平均，成像需要的时间长，难以进行实时成像。同时，其需要利用扫描基阵控制探测波束，提高探测图像的分辨率就需要增加基阵的规模，这使探测系统的硬件规模和功耗相应增加，在实际应用中这两个条件制约了声成像分辨率的提高。声透镜技术利用透镜对声波的聚焦原理实现目标声信息特征的重现，物体反射声波的声压分布直接成像于像平面上，可实现实时成像；同时，由于取消了波束扫描基阵，仅需要少量的相关电路，因此具有电路简单、体积小、功耗低、成像清晰(即使在混浊的水下环境)等优点。该技术对中等视角的高分辨率成像时，换能器阵的阵元数可以比电子多波束成像方式减少一半以上。在生物医学方面，利用声透镜直接对光声信号成像，不仅可以对光声信号直接实时成像，而且可以利用时间分辨技术实现层析成像，这将为科研和医疗诊断提供更多有价值的信息。

由光、声成像的波动理论可知，一个放在透镜前的点声源，其波场信息的 Fourier 展开中包括传播的行波分量和隐失波分量。携带亚波长细节信息的高频分量为满足动量守恒成为隐失波,在传播过程中因振幅呈指数衰减无法到达成像面参与成像。普通透镜对点声源所成的像只包含传播行波分量,因此基于常规材料的透镜成像理论中存在一个半波长的成像分辨率极限。2000 年,Pendry[14] 指出,利用介电常数和磁导率同时等于 −1 的负折射率超材料,能够制作平板透镜实现成像,这样的材料中隐失波的传播具有放大效应,因此该成像透镜能够让隐失波分量参与成像,从而打破常规透镜成像的分辨率极限,提高成像分辨率,甚至实现电磁波的完美亚波长成像。2009 年,Zhang 等[15] 首次探索了声学超材料平板成像,经过近 10 年的发展,基于声学超材料的声透镜已经演化出几种不同的设计思路,并得到了初步的实验验证。

6.2.2　单负参数声学超材料透镜

实现亚波长成像的核心是能够让隐失波参与成像,或者说能够捕获隐失波。对于流体介质中放置负质量密度声学超材料平板构成的系统,声波入射时在流体与超材料界面上激发表面波模态,在近场将目标散射的隐失波耦合到表面态中,通过共振耦合,能够将隐失波信号传输通过平板并实现振幅的有效放大,从而在近场实现突破分辨率极限的亚波长成像。

图 6.2 为声波由流体半空间入射半无限大声学超材料的声场分析示意图[16]。左边的流体介质具有正的质量密度和体积弹性模量 ρ^{I} 和 B^{I},右边声学超材料的等效密度和体积弹性模量分别为 ρ^{II} 和 B^{II}。声波入射时,任一点的力平衡方程和质量连续性方程为

$$k_i P-\rho\omega v_i=0,\quad k_i v_i-\omega\frac{P}{\mu}=0 \tag{6.1}$$

式中,P 和 v_i 分别为空间任一点的声压与速度;k_i 和 ω 为波矢和角频率。

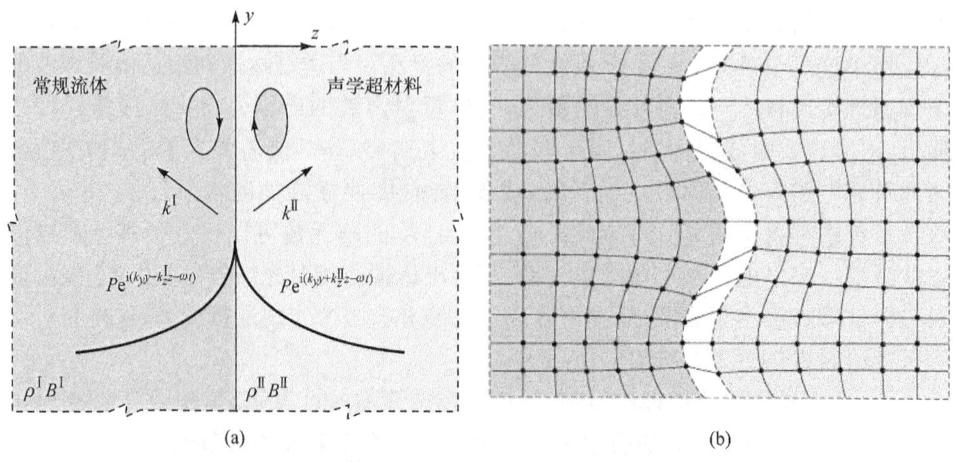

图 6.2　流体中声波入射声学超材料的声场分析

将声学超材料视为各向同性的类流体介质。由界面的声压和法向速度连续性条件得到界面两侧波矢法向分量之间的关系为

$$\frac{k_z^{\mathrm{I}}}{\rho^{\mathrm{I}}}+\frac{k^{\mathrm{II}}}{\rho^{\mathrm{II}}}=0 \tag{6.2}$$

由式(6.2)可以看到,当声学超材料的密度 $\rho^{\mathrm{II}}<0$ 时,界面两边的波矢法向分量具有正的虚部,这样的波矢描述的是一种声压在界面最大且沿界面的法向指数衰减的声表面波模式,也即声学超材料具有负的质量密度是激发声表面波模式的必要条件。由式(6.1)计算沿 y 方向和 z 方向的速度分量 v_y 和 v_z 可知,界面处两个方向的速度存在 $\pi/2$ 的相位差,这时介质中质点的运动轨迹为主轴平行于界面的椭圆[图 6.2(a)],这与 Rayleigh 波的表面波模式有所不同(质点的运动轨迹为主轴垂直于界面的椭圆)。图 6.2(b)为该表面波模式的位移场分布。

由界面切向波矢 k_y 的连续性条件及式(6.2)得到该表面波模式的色散曲线为

$$k_y^2=\omega^2\frac{\rho^{\mathrm{I}}\rho^{\mathrm{II}}}{(\rho^{\mathrm{II}})^2-(\rho^{\mathrm{I}})^2}\left(\frac{\rho^{\mathrm{II}}}{B^{\mathrm{I}}}-\frac{\rho^{\mathrm{I}}}{B^{\mathrm{II}}}\right) \tag{6.3}$$

由式(6.3)可知,要形成声表面波模式,除了要求 $\rho^{\mathrm{II}}<0$ 外,还需要 $k_y^2>k_0^2=\omega^2(\rho^{\mathrm{I}}/B^{\mathrm{I}})$。

设图 6.2 中两种介质的体积弹性模量相等,则式(6.3)可以简化为

$$k_y^2=\frac{\omega^2}{B}\left(\frac{\rho^{\mathrm{I}}\rho^{\mathrm{II}}}{\rho^{\mathrm{I}}+\rho^{\mathrm{II}}}\right) \tag{6.4}$$

对于由谐振单元构成的声学超材料,其等效质量密度为随频率变化的动态参数。例如,局域共振声学超材料的等效质量密度为 $1/(\omega_0^2-\omega^2)$,其中,ω_0 为局域共振单元的共振频率。由式(6.4)可以看到,当 $\rho^{\mathrm{II}}(\omega)\to(-\rho^{\mathrm{I}})$ 时,$k_y\to 0$,形成局域的声表面波带隙。在接近该带隙时,色散曲线趋于平直化,如图 6.3 所示。这时 $|\rho^{\mathrm{II}}(\omega)|\gg\rho^{\mathrm{I}}$、$k_y^2>k_0^2$ 和 $\rho^{\mathrm{II}}<0$ 的条件同时满足,将确保形成声表面波模式。

将厚度为 d 的无限长声学超材料平板置于流体介质中,通过该平板的声波传输可视为多散射过程。传输系数为

$$T(k_y,d)=\frac{tt'\exp(\pi\mathrm{i}k_z'd)}{1+rr'\exp(2\mathrm{i}k_z'd)} \tag{6.5}$$

式中

$$r=\frac{\dfrac{k_z}{\rho}-\dfrac{k_z'}{\rho'}}{\dfrac{k_z}{\rho}+\dfrac{k_z'}{\rho'}},\quad r'=-r,\quad t=1+r,\quad t'=1+r'$$

式中,t 和 t' 分别为前后界面处的声压传输系数;r 和 r' 则分别为前后界面处的声压反射系数。

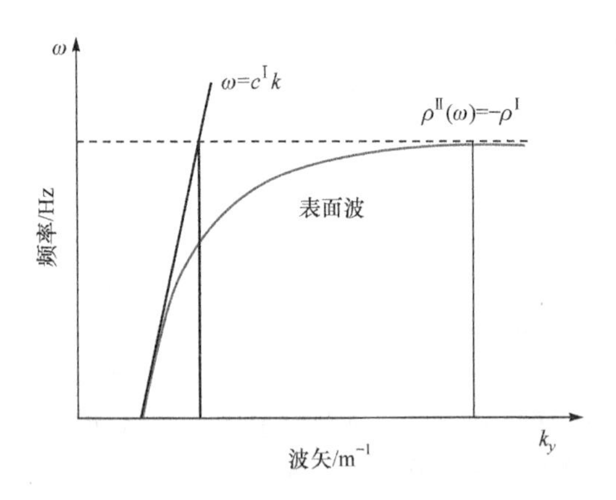

图 6.3　流体介质与负质量密度声学超材料界面声表面波模式的色散曲线

取声学超材料板的等效质量密度 $\rho^{\mathrm{II}}=(-1+0.01\mathrm{i})\rho^{\mathrm{I}}$，体积弹性模量 $B^{\mathrm{II}}=B^{\mathrm{I}}$。由式(6.4)得到的声波通过不同厚度平板时的传输系数如图 6.4 所示。可以看到，当 $k_y>k_0$ 即声学超材料等效质量密度为负时，$T(k_y,d)\gg1$，说明声波透过负质量密度超材料平板时振幅被明显放大，这意味着隐失波得到有效放大，且振幅放大倍数随板厚度发生变化。

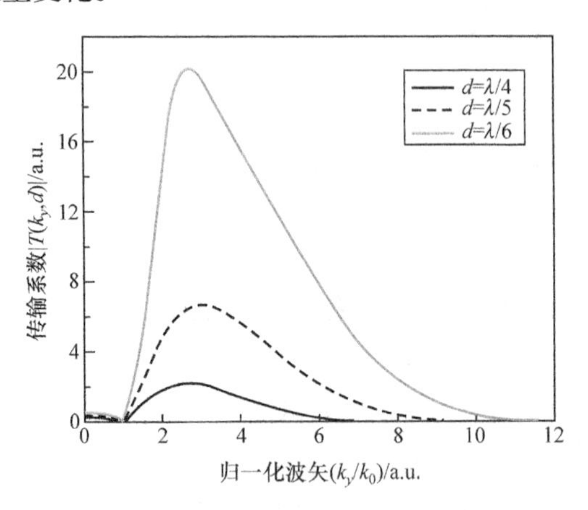

图 6.4　不同厚度声学超材料平板的传输系数

隐失波放大的幅度与超材料板的厚度相关，表明这时声波在板中的传输是两个界面间模式的共振耦合效果。通常，目标散射波中隐失波分量的压力场与速度场在相位上相差 $\pi/2$，它们存在近场，沿传播方向以指数形式衰减，要实现传输增强需要有能量的补充。而声学超材料薄板边界处的声表面波模式态就如同一个能量积蓄库，通过该边界模态，能够从激励源中取出能量，增强隐失波的振幅。因此，负质量密度的声学超材料薄板在界面处存在声表面波模式，从目标散射出的声波各种分量中，由于平板具有负的质量密度，行波分量大多在入射界面反射，隐失波分量则能激发板的声表面波模式，在板的左右两个界面上形成耦合的表面波模式，将信号传输通过该平板并实现振幅放大，从而将散射波信号的细节传递到板的另一侧。

这种放大效果意味着能够在声信号传输过程中有效地保持其中的隐失波分量，从而实现亚波长成像。图 6.5 给出负质量密度声学超材料平板的亚波长成像仿真分析结果。其中，板厚度 $d=\lambda/5$，在平板左方放置两个点声源，间距 $a=\lambda/4$，点声源的宽度 $u=\lambda/20$。平板的材料参数与图 6.4 相同。由图 6.5(a)所示的声压场分布可以看到，在平板后得到两个点声源的像点，能够被清晰地区分。图 6.5(b)为像平面上的声压幅值分布，可以看到，无声学超材料平板时两个像点不能被区分出来，清楚地表明平板对隐失波的振幅放大使成像的分辨率突破衍射极限，实现亚波长成像。

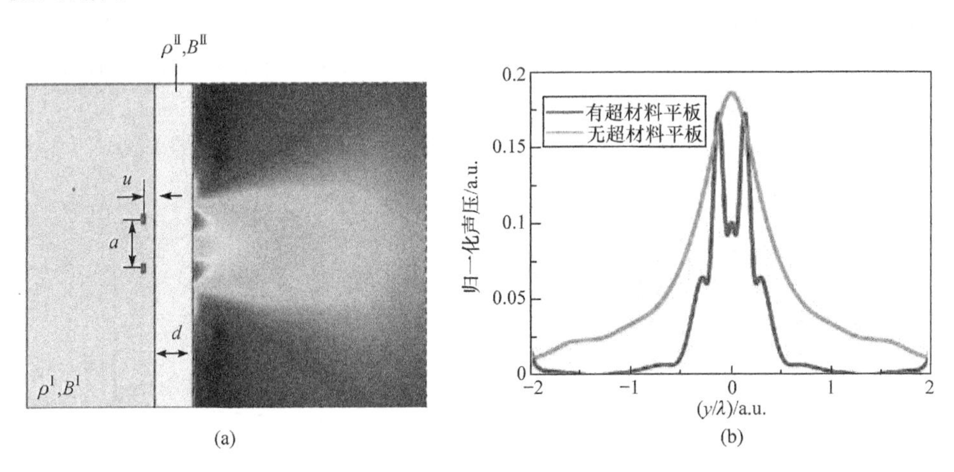

图 6.5　负质量密度声学超材料平板的亚波长成像

为了进一步验证上述分析，利用局域共振单元周期排列构造声学超材料，模型如图 3.53 所示。局域共振单元为包裹橡胶的金球，将其按面心立方(Fcc)结构周期排列在环氧树脂基体中。选取面心立方排列的填充率为 9.77%，橡胶包层的内半径和外半径之比为 17∶18。图 6.6 为归一化的等效质量密度 ρ_{eff}、等效压缩模量 E_{eff}和等效剪切模量 μ_{eff}随归一化频率 $\omega a/(2\pi c_1)$的变化，其结果以水银对应的材料参数为基准分别进行归一化，计算中所用到的材料参数与第 3 章相同，a 为面心立方排列的晶格常数，c_1 为水银的声速。可以看到，该局域共振超材料的有效体积模量和剪切模量几乎不随频率而变化，而有效质量密度随频率明显变化，在归一化频率为 0.02398～0.037851 时，等效质量密度为负，而等效体积模量和等效剪切模量为正[17~19]。

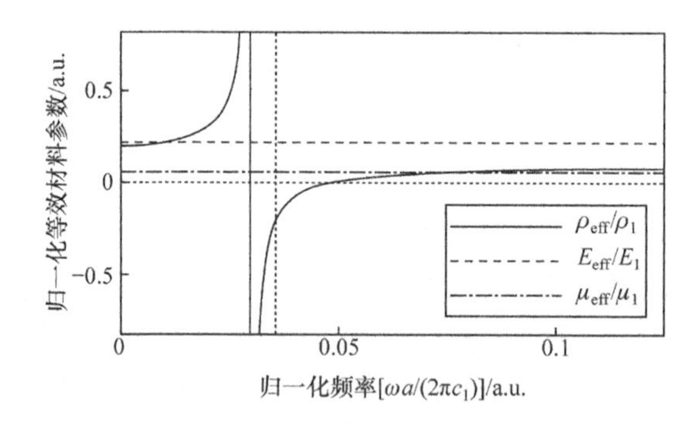

图 6.6　局域共振声学超材料等效材料参数随归一化频率的变化

将该超材料构成的平板置于水银中，由一个点声源进行近场激励，计算中取归一化频率为 0.02848，平板厚度 $d=0.2\lambda$，点声源与板的间距 $d_s=0.08\lambda_1$，λ_1 为对应频率下水银中的声波波长。图 6.7(a)为流体中的声压场分布，可以清楚地看到在平板后出现了该点声源的近场强度像。在该频率下，由图 6.6 可知，无论是纵波还是横波，在该超材料板中都不能传播，因此成像源于隐失波的传播。图 6.7(b)给出了在像平面的横向声压场幅值分布，结果表明该平板具有分辨率为 0.13λ 的亚波长成像能力。

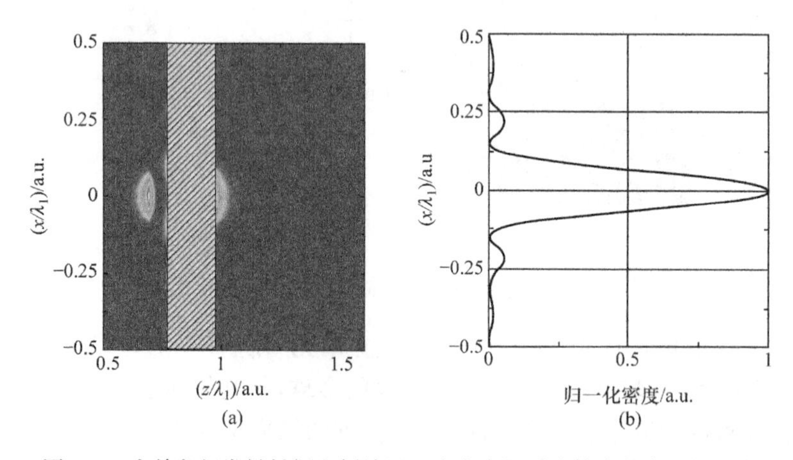

图 6.7　在单负超常材料板左侧放置一个点声源时流体中的声压场分布及像平面的横向声压分布

为了进一步分析该平板的分辨率，在平板左方放置两个点声源，间距为 $0.2\lambda_1$，点声源的宽度为 $\lambda_1/20$。图 6.8 为像平面上的声压幅值分布，同样可以看到，无平板时两个像点不能区分出来(图 6.8 中虚线)，引入超材料平板使原本不能分辨的两个点声源变得可以分辨。

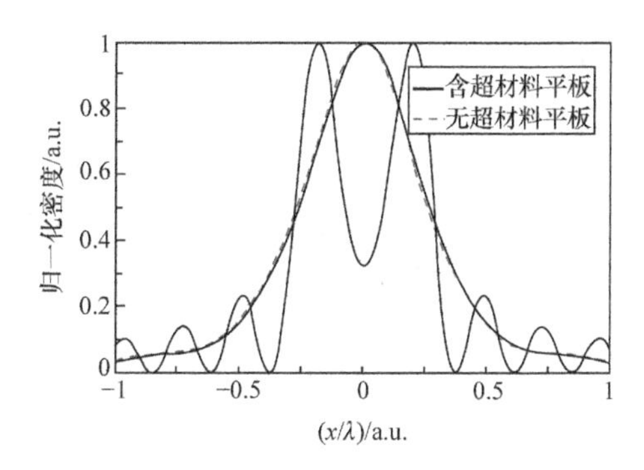

图 6.8　单负声学超材料平板透镜对两个相距为 $0.2\lambda_1$ 的点声源的分辨能力

这样的成像过程与平板的声表面波模式密切相关。图 6.9 为该声学超材料平板置于水银中时,固液界面上传播的表面波模式的色散曲线。图中,虚线代表无限延伸的平板与半无限水银组成的体系的表面波模式,位于虚线两边的实线代表浸于水银中的超材料平板两表面的对称与反对称耦合表面波模。可以看到,在体系的单负频率区间,表面波的色散曲线可以较远地偏离水银基线 $k_{\parallel}/k_1=1$,$k_{\parallel}$ 为表面波波数,k_1 为水银基中的波数。当归一化频率为 0.02848 时,耦合表面波的对称和反对称波数可达 $k_{\parallel}=2.9k_1$ 和 $k_{\parallel}=3.3k_1$。

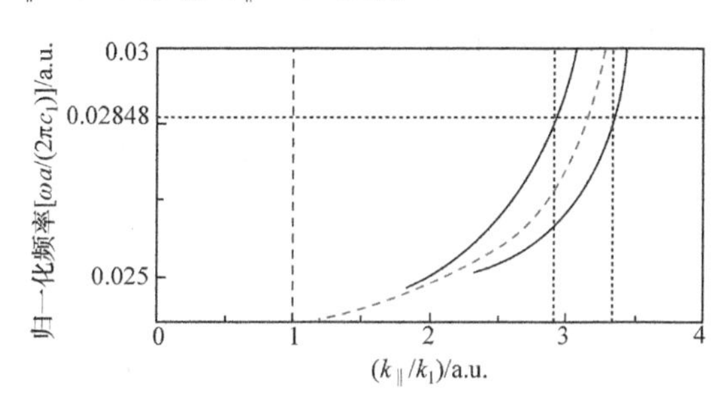

图 6.9　流体介质与声学超材料板界面声表面波模式的色散曲线

图 6.10 给出了该声学超材料平板的声压传输系数 T。由图 6.10 可以看到,在 $k_{\parallel}\in[2.0k_1,3.9k_1]$内,传输系数急剧增大,表明隐失波得到了增强。图中传输系数 T 的两个峰值刚好和图 6.9 中同频率下对应的两个耦合的表面波模式吻合。在等效质量密度单独为负时,超材料平板左侧点声源声激励中的行波分量在入射平板后被强烈衰减,而隐失波分量能激发板上的表面波模式,在板左右两个界面上形成耦合表面波,从而将激励点声源的亚波长细节传递到平板的另一侧,因而在板右边能得到一个完全由隐失波形成的近场亚波长像。

因此,实现负质量密度声学超材料平板亚波长成像的关键是:通过平板两界面表面波模式的耦合作用得到完全由隐失波组成的亚波长近场像。设计中,一方面,

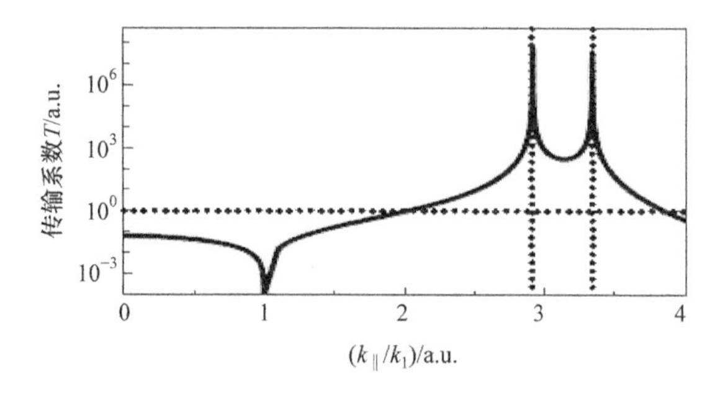

图 6.10　厚度 $d=0.2\lambda_1$ 的超材料平板在频率 $\omega a/(2\pi c_1)=0.02848$ 时的传输系数

要通过负参数将声源中的行波部分反射掉，减少对隐失波成像的干扰；另一方面，在对应的频率范围内，平板的表面波色散曲线要尽可能“多”地偏离平板外流体的基线，这使表面波模式能携带更“精细”的亚波长内容，从而提高亚波长成像中的分辨率。

6.2.3　双负参数声学超材料透镜

与光学超材料类似，声学超材料同样可以利用双负参数的设计得到等效负折射率，进而实现超材料平板透镜的亚波长成像[20,21]。

将具有单极共振模式和偶极共振模式的两种谐振单元按一定的方式组合起来，通过结构设计将两种单元的谐振频率调为同一频率，这时声学超材料将同时具有负的弹性模量和负的质量密度，表现出负的等效折射率。在局域共振声学超材料中引入两类不同的局域共振单元，在弹性介质中按一定的方式排列构成声学超材料。其中，一种单元由金球(高密度芯体)包裹软橡胶层构成，另一种单元由注入小气泡的水球构成。两种单元各自在空间周期排列构成一个面心立方晶格，再彼此沿体对角线错开 1/4 晶格常数，最终形成尖晶石结构的复式晶格。基体介质选取环氧树脂，金球包裹软橡胶层嵌于硬环氧树脂中的局域共振单元能提供偶极共振，实现负质量密度；包含气泡的水球结构单元则能提供实现负弹性模量的单极共振。

图 6.11 为该声学超材料的等效材料参数随归一化频率的变化，其中 ρ_{eff}、E_{eff} 和 μ_{eff} 分别用水银对应的材料参数归一化，a 为面心立方排列的晶格常数，c_1 为水银的声速。取金球包裹软橡胶层单元的填充率为 9.77%，橡胶包层内半径与外半径之比为 15∶18，注入小气泡的水球单元的填充率为 26.2%，其中气泡的半径与水球半径之比为 2∶25。从图 6.11 中可以看到，该声学超材料的等效剪切模量几乎不随频率而变化，因为结构中没有与之对应的共振单元；等效质量密度和等效体积模量则随频率而变化。两者随频率的变化具有相反的趋势，等效质量密度在频率增加到接近共振频率时，先猛然增加到很大值，然后在发生共振时转变为负值。

等效体积模量则是先逐渐减小并转变为负值，然后在共振频率发生强烈共振时转变为正值。这可以用如下的物理图像给予解释：负质量密度是由高密度芯体包裹非常软的橡胶镶嵌在硬环氧树脂中实现的。其中，橡胶包裹的金球比环氧树脂重。当频率增加到接近共振频率时，复合体系中由重核所起的作用变得越来越大，这必然使等效介质“看上去”越来越重，直到等效质量密度在共振频率处发散，因此，等效质量密度表现出随频率先增长的趋势。与之相反，负体积弹性模量是由包含空气的水球置于环氧树脂中实现的。包着气泡的水球比环氧树脂软，当频率增加直到共振处时，复合体系中由软核起的作用变得越来越重要，这使有效介质“看上去”变得越来越软，直到有效模量变为负并最终在共振处发散。在归一化频率范围[0.28308,0.30421]内，等效质量密度和等效体积模量同时为负，实现双负等效参数的声学超材料设计。

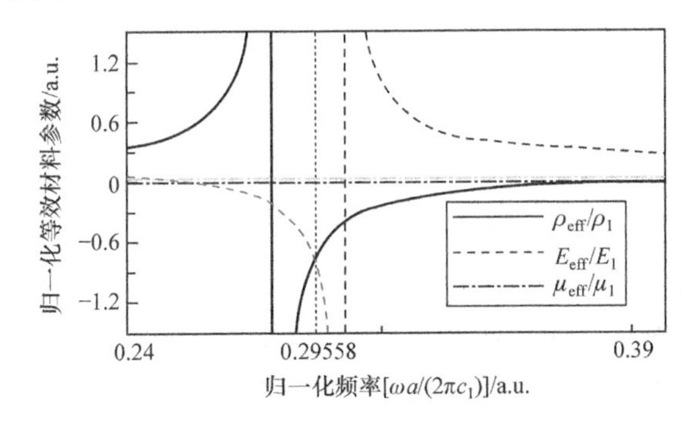

图 6.11　双负声学超材料等效材料参数随归一化频率的变化

图 6.12 为所设计双负声学超材料平板置于水银中时，在固液界面上传播的表面波的色散曲线。图中虚线代表半无限超材料平板与半无限水银组成体系的表面波的色散曲线，位于虚线两边的实线代表浸于水银中的超材料平板两表面的对称与反对称耦合表面波模色散曲线。选取频率 $\omega a/(2\pi c_1)=0.29558$，此时等效质量

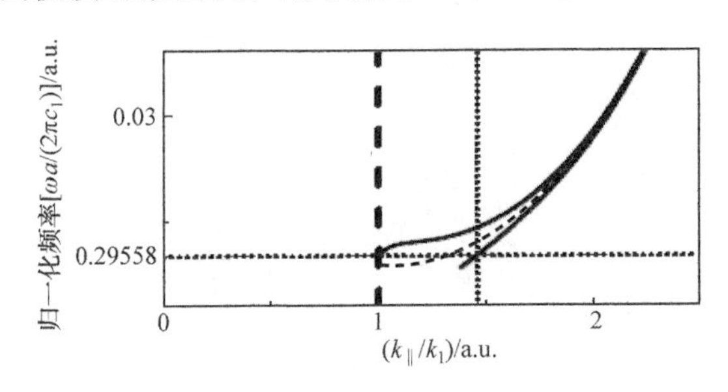

图 6.12　双负声学超材料平板的表面波色散曲线

其中位于中间的虚线代表半无限固液的表面波。两边的实线代表超材料平板两界面的对称与反对称耦合表面波

密度 $\rho_{\mathrm{eff}}=-0.75334\rho_1$，有效纵波模量 $E_{\mathrm{eff}}=-0.8108E_1$。与单负声学超材料类似，在等效质量密度和体积模量同时为负的频率区间，表面波的色散曲线可以明显地偏离水银基线 $k_{\parallel}/k_1=1$，这时超材料平板具有较好的隐失波放大效果。厚度 $d=0.25\lambda_1$ 的双负声学超材料平板的传输系数 T 随频率的变化如图 6.13 所示，这时行波与隐失波同时在平板中传播，隐失波明显被放大。

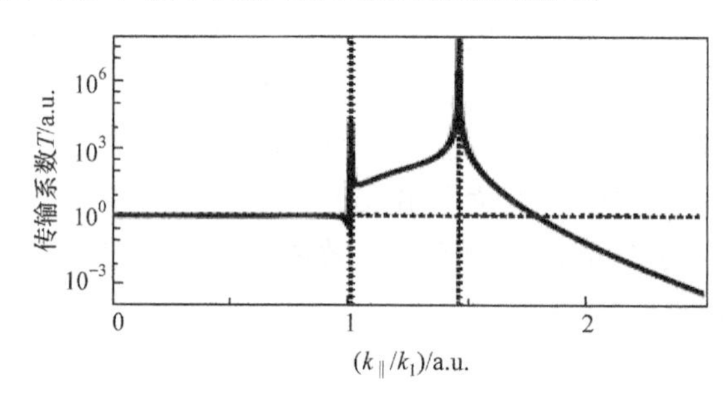

图 6.13　厚度 $d=0.25\lambda_1$ 的声学超材料平板在频率 $\omega a/(2\pi c_1)=0.29558$ 时的传输函数

选取频率 $\omega a/(2\pi c_1)=0.29558$，在该声学超材料平板左侧距离平板 0.25λ 处放置一点声源。仿真分析该声学超材料平板透镜的成像特性，结果如图 6.14 所示。其中，图 6.14(a)为流体中声波场的相位分布图，而图 6.14(b)给出流体中压力场强度的分布。从图中可以看到，双负声学超材料平板成像在其右边得到的是一个实像，这与前面负质量密度超材料平板成像不同。这是由于超材料平板的有效质量密度和有效纵波模量同时为负时，板中能传播纵波，点声源的行波分量能够在平板内传播并在板右边的像平面以负折射的形式重新汇聚为一点。图 6.14(a)中的小插图给出了平板内声波场的相位分布放大图，可以看到，与电磁波的双负声学超材料平板成像类似，声波首先在平板内汇聚。同时，板两界面上耦合的表面波

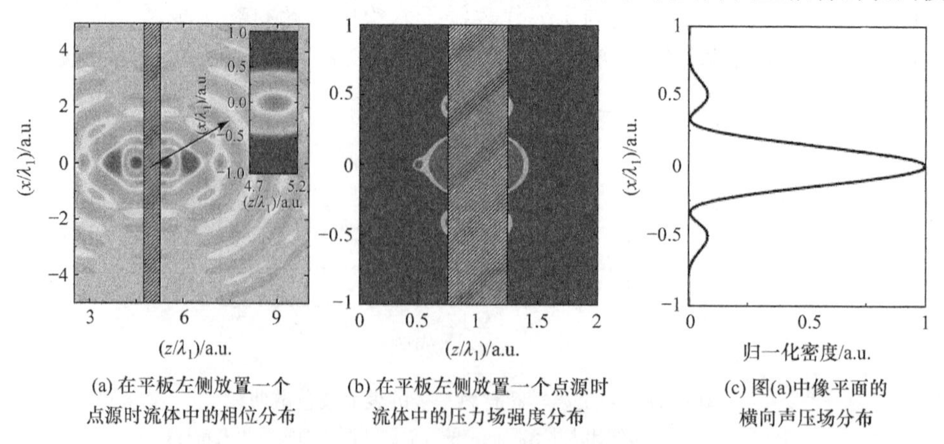

(a) 在平板左侧放置一个点源时流体中的相位分布　(b) 在平板左侧放置一个点源时流体中的压力场强度分布　(c) 图(a)中像平面的横向声压场分布

图 6.14　双负声学超材料平板的成像特性

将点声源的一部分亚波长细节带到了像平面，由此可以得到一个亚波长实像。声压场在像平面上的分布如图 6.14(c) 所示，可以看到点声源的成像宽度小于 0.35λ_1。

图 6.15 给出了该双负声学超材料平板透镜对两个相距为 0.35λ_1 的点声源的分辨能力。同样，由于平板透镜的存在，原本不能分辨的两个点声源(图 6.13 中虚线)可以被足够清楚地分辨出来。

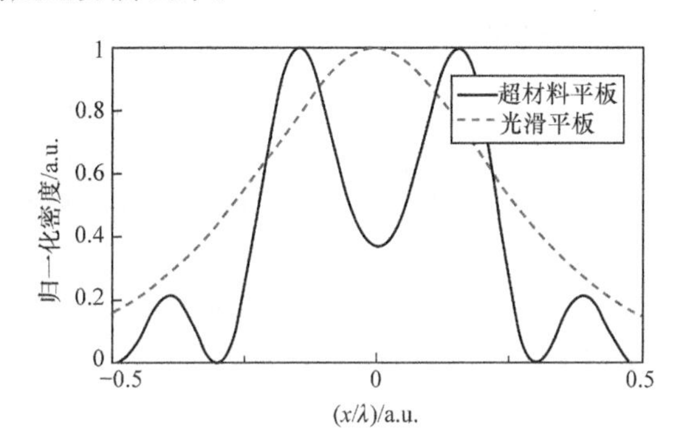

图 6.15　双负声学超材料平板透镜对两个相距为 0.35λ_1 的点声源的分辨能力

6.2.4　各向异性声学超材料透镜

为了得到突破分辨率衍射极限的高分辨率，必须在成像过程中尽可能收集隐失波的全部信息。由负质量密度声学超材料透镜的研究可以看到，除了负折射率材料外，声表面波模式以一定的方式与平板运动模式相耦合也能够放大隐失波实现亚波长成像[22,23]。

在固体介质中周期性设计亚波长狭缝，置于流体介质中构成的复合结构(图 6.16)在长波条件下能等效为均匀介质，其沿狭缝方向(z 方向)和周期方向(x 方向)的等效材料参数会产生较大的差异，成为具有高度各向异性的声学超材料。研究表明，这样的各向异性声学超材料构成的平板结构含有声学导波模式，当近场目标声散射波的隐失波分量与这些导波模式相耦合时，能够高效透过该平板并得到有效的放大。这样的声学超材料平板同样可以作为近场声透镜，将具有亚波长细节的声信号从板的前表面传输到后表面。

一维周期狭缝的钢平板置于空气中，如图 6.16(a)所示，狭缝的宽度、周期的晶格常数及板的厚度分别为 a、d、h。对于空气介质，钢平板可以视为全刚性边界条件。考虑声波沿 z 方向入射，平板前声场声压 P_1 和平板后声压 P_2 用 Rayleigh 级数展开分别为

$$P_1(x,z) = \sum_p (\delta_{0,p} e^{i\alpha_p z} + r_p e^{-i\alpha_p z}) e^{iG_p x} \tag{6.6}$$

$$P_2(x,z)=\sum_p t_p e^{i\alpha_p(z-h)}e^{iG_p x} \tag{6.7}$$

式中，$\delta_{0,p}$为 Kronecker 符号；p 为整数；r_p 和 t_p 为 p 阶反射分量和传输分量的幅值；$G_p=k_x+2\Omega p/d$ 为第 p 阶衍射波动量沿着平板表面周期方向的分量，k_x 是沿着该方向的波矢；$\alpha_p=\sqrt{k^2-G_p^2}$，$k$ 为空气中的声波波矢。

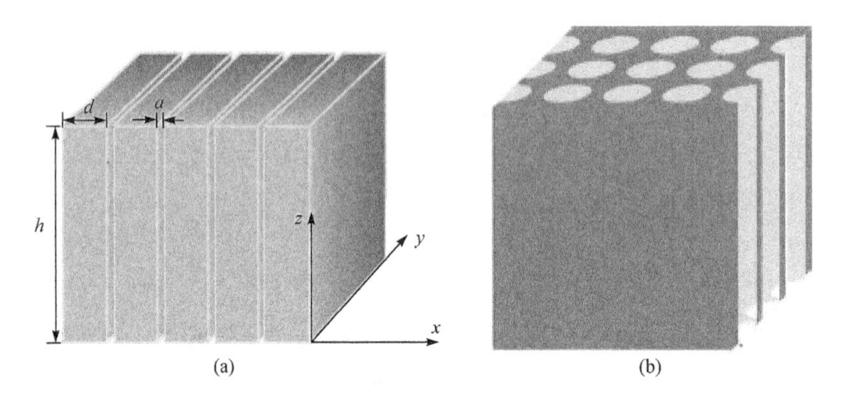

图 6.16 含周期性狭缝固体介质置于流体介质中构成的声学超材料

对任意第 m 个狭缝中的声场，展开为

$$P_3(x,z)=a^m e^{ikz}+b^m e^{-ik(z-h)}, \quad |x-md|\leqslant\frac{a}{2} \tag{6.8}$$

式中，a^m 和 b^m 分别为第 m 个狭缝中前向波和后向波的振幅。当狭缝的宽度远小于波长时，只需要考虑零阶导波模式。由平板与空气介质在界面的法向速度和声压的连续性条件得到 p 阶衍射波传输系数和反射系数分别为

$$t_p=\frac{4fkug_p}{[(1+\phi)^2-(1-\phi)^2u^2]\alpha_p} \tag{6.9}$$

$$r_p=\delta_{0,p}+\frac{2fkg_p(\phi-1)u^2-(1+\phi)}{\alpha_p(1+\phi)^2-(\phi-1)^2u^2} \tag{6.10}$$

式中，$u=e^{ikh}$ 为通过厚度为 h 的平板的相位积累；$f=a/d$ 为狭缝的填充比；$g_p=\sin(G_p a/2)$；$\phi=fk\sum\limits_{p=-\infty}^{\infty}(g_p^2/\alpha_p)$。

声波传输通过一厚度为 h_e、阻抗为 $Z_e=\rho_e c_e$ 的平板，基体介质的阻抗为 $Z_0=\rho_0 c_0$ 的传输系数及反射系数分别为

$$t=\frac{4[(Z_0/Z_e)/(1+Z_0/Z_e)^2]e^{i(\omega/c_e)h_e}}{1-[(1-Z_0/Z_e)/1+Z_0/Z_e]^2e^{2i(\omega/c_e)h_e}} \tag{6.11}$$

$$r=\frac{[(Z_0/Z_e-1)/(Z_0/Z_e+1)][1-e^{2i(\omega/c_e)h_e}]}{1-[(Z_0/Z_e-1)/(Z_0/Z_e+1)]^2e^{2i(\omega/c_e)h_e}} \tag{6.12}$$

对比 $p=0$ 时式(6.9)～式(6.12)的形式，该周期狭缝结构沿 z 方向可视为一

个 $\rho_e=\rho_0$、$Z_e=Z_0/h$、$h_e=h/n$ 的均匀介质平板，其中，$h=d/a$。沿 x 方向具有极高的声阻抗，因此该多狭缝系统在长波条件下可视为一均匀的各向异性声学超材料。

这样的各向异性声学超材料板支持声学导波模式的传播。取 $a=0.1d$、$h=4d$，当入射波为零时，由式(6.6)～式(6.8)可得该平板狭缝系统的色散关系曲线如图 6.17(a)所示。可以看到，大部分频率区域，色散曲线为线性变化，与均匀流体无异，但在一定频率内波矢随频率的增加迅速增大，出现了等间距的平直色散曲线，它们表征局域的导波模式，即一系列在各向异性声学超材料板内沿 x 方向传播的导波模式。

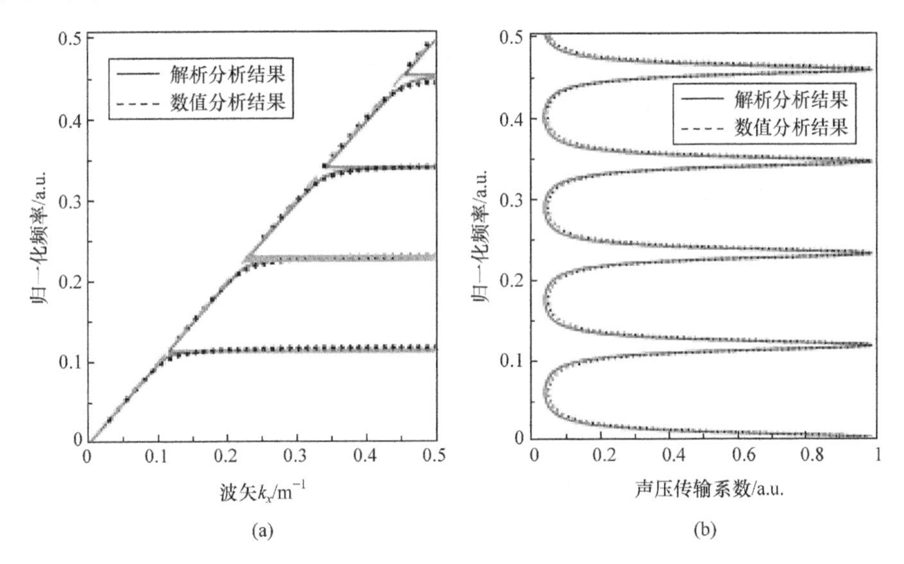

图 6.17　各向异性声学超材料的色散曲线和声压传输系数

其中偶模式满足如下色散关系：

$$\frac{1}{\mathrm{i}\phi}=\tan\frac{\omega h}{2c} \tag{6.13}$$

奇模式满足如下色散关系：

$$\frac{1}{\mathrm{i}\phi}=\cot\frac{\omega h}{2c} \tag{6.14}$$

图 6.17(b)为声波正入射时声压透射系数随归一化频率的变化。可以看到，导波模式平直带对应的频率处传输系数出现透射峰。由于狭缝的宽度远小于波长，沿着 z 方向，所有阶次的衍射波都是隐失波。只有当这些衍射波分量与平板的导波模式耦合时，入射声波才能通过导波模式沿着平板的法线方向传播。

由式(6.9)得到该各向异性超材料平板第二个透射峰附近的声压传输系数，它是沿平板法线方向波矢 k_x 的函数。该传输系数可视为平板的传递函数 $T(\omega,k_x)$，在平板后成像空间中的声场空间 Fourier 分量可由平板前方点声源空间的 Fourier 分量乘以传递函数得到。由于高阶的衍射波很小,可以忽略,因此只考虑零阶分量和一阶衍射波分量。

图 6.18 为传递函数 $T(\omega,k_x)$的幅值在不同频率下随波矢的变化。可以看到,不同频率下传递函数幅值随波矢的变化有明显的不同。当频率为 $\omega=0.226(2\pi c/d)$,与平板的导波模式频率相同时,可以看到,当波矢 k_x 位于隐失波的波矢范围内时,传递函数产生了一个明显的传输峰值,说明这时隐失波激发了一个导波模式。当频率为 $\omega=0.228(2\pi c/d)$,隐失波频率在导波模式频率附近时,平板仍然有明显的隐失波放大效果。当进一步增大频率到 $\omega=0.230(2\pi c/d)$时,传输峰消失,这时隐失波不再耦合到导波模式中。上述结果证明了各向异性声学超材料中,隐失波激发的表面波模式与超材料平板导波模式的耦合能够放大隐失波,实现亚波长成像。

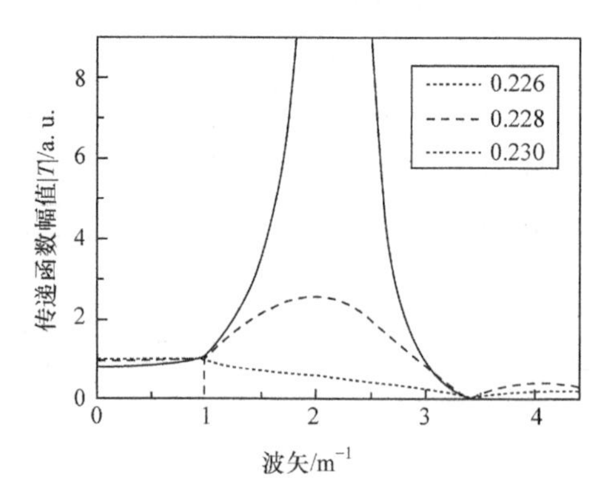

图 6.18　传递函数幅值在不同频率下随波矢的变化

利用各向异性声学超材料平板导波模式对隐失波的放大作用,可以实现亚波长成像。图 6.19 为将一点声源置于平板下部时,该超材料平板的成像效果,工作频率为 $\omega=0.228(2\pi c/d)$。可以看到,声波通过平板后,在后方形成了一个能量高度聚集的清晰像斑,其分辨率约为波长的四分之一。说明在此系统中,入射平板的隐失波与导波模式相耦合,得到有效放大并参与到成像中。通过激发这些波导模式,点声源的隐失波分量可以传输到板的顶部,而不是真正衰减掉,所以能在板的顶部形成具有亚波长细节的高分辨图像。虽然成像的目标源需要置于近场区域使平板透镜能够捕获隐失波信号,但只需要平板表面的导波模式频率与成像波长相吻合就可以。与负质量密度或双负参数声学超材料平板透镜相比,利用各向异性的声学超材料平板成像时,透镜系统的结构设计相对更加简单,频率调节更加容易,且有利于得到较高质量的成像效果。

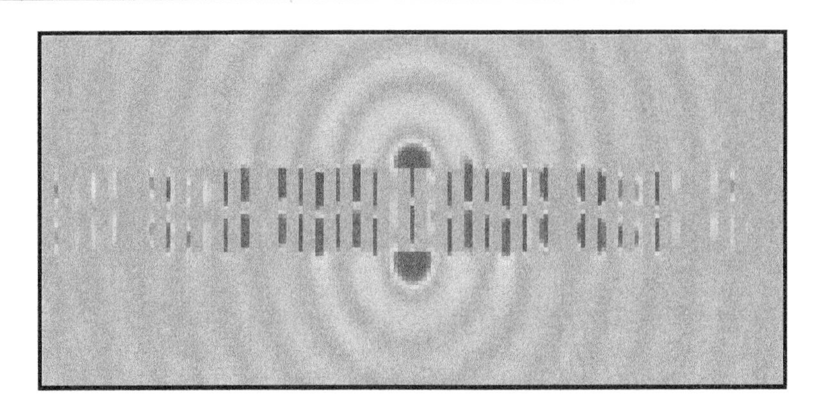

图 6.19　各向异性声学超材料平板的成像效果(见彩图)

6.3　声学超材料声整流技术

6.3.1　声整流的概念、意义

电子二极管的发明在信息技术发展历程中具有里程碑式的重要意义。实现能流传播的选择性单向导通控制为电子信息的调制提供了灵活多变的手段,对现代社会的技术变革产生了深远的影响。除了电流的单向传播控制,光、声、热等其他形式能流传播的单向传播控制也是多年来相关领域关注的基础问题。基于电磁波的偏振特性及法拉第旋转的非互易性,人们利用磁光晶体的法拉第效应,设计了允许光向一个方向通过而阻止向相反方向通过的光隔离器,实现了光的单向传输控制[24,25]。根据 Frenkel-Kontorova 链构成的非线性动力学系统中的不对称热传输现象,研究者提出了可实现单向热传导的“热二极管”理论模型,随后美国加利福尼亚大学伯克利分校及日本早稻田大学进一步制备出了有效的热整流器件[26,27]。

作为常见的能量和信息载体,声波是由压力变化引起介质疏密变化而产生的机械波。根据声学理论的互易原理,在任何一个线性声学系统中,声波能量的透射都是完全对称的(图 6.20)。就如同生活中的直观感觉,当某人能听到对方声音的同时,对方也应能听到他/她的声音。因此,要实现一种不对称的声能量流动方式,必须引入某种机制来打破整个系统的对称性。但由于声波没有类似电磁波的偏振特性及法拉第旋转这样的非互易效应,不能直接借鉴光学单向传输的设计原理来实现声波的类似控制。

利用微气泡悬浮液或缺陷态的非线性效应,将声波能量转移到高阶或低阶谐波中,再通过一定的频率选择机制,研究者证实了声波单向传输控制的可行性[28,29]。由于非线性介质的特点,这种通过引入非线性机制打破线性声学系统声学互易原理的思路目前还存在一定的局限性。例如,非线性材料的声波谐波转化

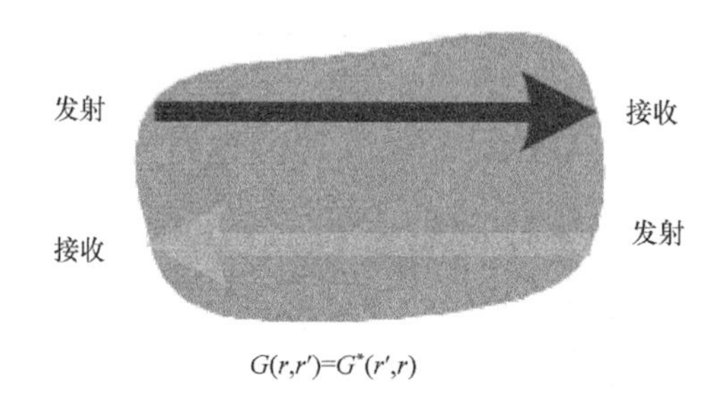

图 6.20　线性声学系统中必须满足的互易原理示意图
$G(r,r')$ 为声源与测量点分别位于 r 与 r' 时的 Green 函数，
$G^*(r',r)$ 为声源与测量点位置互换后的 Green 函数

效率低，导致正向传播的透射率过低；倍频或差频效应使原声波的信息特征不能有效传递；同时，非线性介质的参数调控复杂，稳定可靠的非线性介质实现困难。因此，研究者进一步提出利用线性声学系统，结合声波的方向调制和声子晶体的方向性带隙滤波，通过打破空间对称性实现声波单向传输的思路[30]。但其中的声波能流分散在多个传播方向，正向声透射能流不集中；同时，反射声能流与零级衍射波的存在，使这样的设计所产生的正向声透射率及声整流比不高。

为了提高正向声透射率及整流比，基于声学超材料的反常增透效应，探索声波单向传输的新物理机制及设计的研究得到了广泛的关注。这方面的研究对如何实现声波的单向选择性传输具有重要的基础性学术价值。同时，在水下声呐探测及超声医学检测方面，声波的单向传输控制对降低反射波的干扰、提高探测分辨率具有重要意义，蕴含着巨大的潜在经济价值和应用前景。

6.3.2　基于零折射率超材料的声整流

利用线性声子晶体进行声波传播方向的调制和滤波，能够实现具有一定带宽的声整流器件设计，但存在出射波波形畸变甚至混乱的问题，影响声信息的传输。考虑在声波的方向性调制和滤波设计中引入等效折射率接近零的声学超材料，这样的材料具有隧穿效应，对应的等效速度趋于无穷大，有利于在声波传播过程中保持波形。

图 6.21(a)为具有零折射率特性的声学超材料制作的声学棱镜[31]。在周围流体(空气)和棱镜间存在两个边界(边界 1 和边界 2)。在这些边界上，入射波、反射波和透射波在切向上必须满足动量守恒，透射波、反射波随入射波的变化可由慢度矢量图求解，如图 6.21(b)所示。

波从空气中入射到棱镜上，当入射角超过临界角度时发生全反射。这个临界角度为

$$\theta_{\mathrm{cr}}=\arcsin\frac{v_{\mathrm{air}}}{v_{\mathrm{ZIM}}} \tag{6.15}$$

式中，v_{air} 和 v_{ZIM} 分别为空气和零折射率材料中的声速。

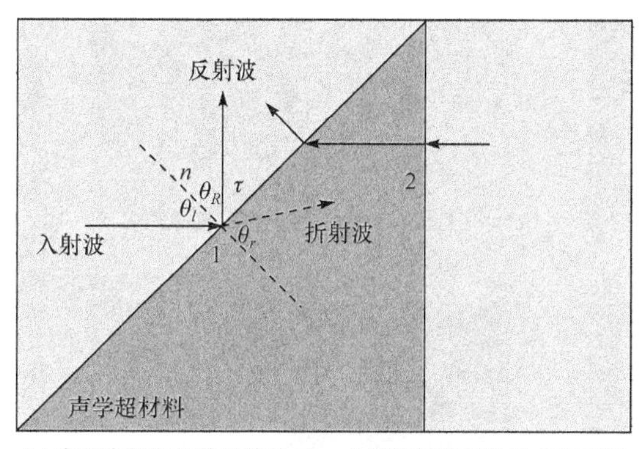

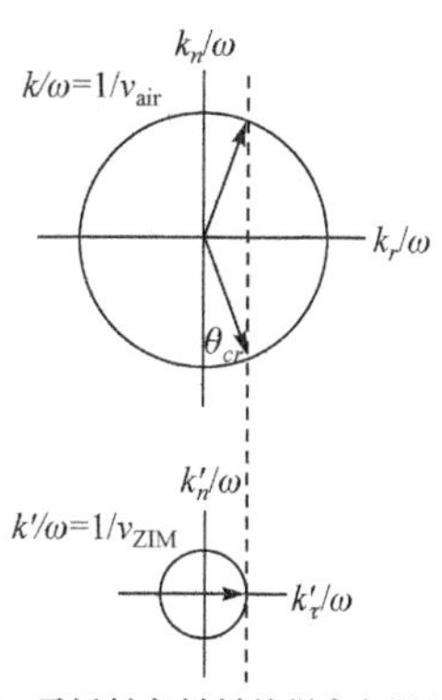

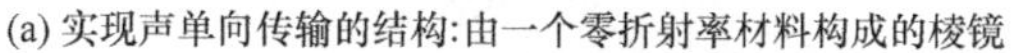

(a) 实现声单向传输的结构:由一个零折射率材料构成的棱镜　　(b) 零折射率材料的慢度矢量图

图 6.21　零折射率材料棱镜及波传播分析(见彩图)

当入射波以大于临界角的角度入射时,透射波会变成隐失波。由于 $v_{\mathrm{ZIM}} \gg v_{\mathrm{air}}$,临界角接近为 0[图 6.21(a)中黄色虚线],表明只有正入射的声波才能透过零折射率材料,因此这样的棱镜具有高度的角度选择性。然而,当波从零折射率材料入射到空气中时,却不存在临界角。因此,当入射波从左边入射到空气和棱镜的边界 1 上时,入射角大于临界角,入射波被全反射(红色线),而透射波是隐失波(黄色虚线),导致声波不能透过这个棱镜,也就是截止状态(红色线)。然而,当声波从右边正入射到边界 2 上时,由于零折射率的隧穿效应,声波可以通过这个棱镜,也就是导通状态(紫色线)。折射率趋于零意味着材料的相速度接近无穷大,临界角几乎为零,因此随意选择棱镜的倾斜角都可以实现声波的单向导通。此外,零折射率材料在拥有极大声速的同时阻抗却是匹配的,可以在正向导通时实现高的声波透射率。

图 6.22 给出了理想近零折射率流体介质棱镜的声学特性仿真结果。空气的密度和声速分别为 $\rho_{\mathrm{air}}=1.21\mathrm{kg/m^3}$ 和 $v_{\mathrm{air}}=343\mathrm{m/s}$;近零折射率材料的密度和声速分别为 $\rho_{\mathrm{ZIM}}=\rho_{\mathrm{air}}/140$ 和 $v_{\mathrm{ZIM}}=140v_{\mathrm{air}}$。平面波分别从两个方向入射到棱镜上,在透射端引入完美匹配层避免声波在边界上的反射。图 6.22(a)和(b)是倾角为 45°的零折射率棱镜在声波沿边界 1 和边界 2 方向入射的声压分布图。沿边界 1 入射时,由于阻抗匹配,入射声波可以高效地穿过棱镜。相反地,当沿边界 2 入射时,入射波被全反射,透射率接近于零。同时,注意到沿边界 1 入射时,透射声波和入射声波的波形几乎相同,仍然是平面波。这是由于零折射率材料特有的隧穿效应,入射声波在经过棱镜时没有产生任何相位延迟。根据隧穿效应的特点,透射声波的方向随棱镜的倾角而变化,图 6.22(c)和(d)给出了倾角为 60°的声棱镜系统在声波沿边界 1 和边界 2 方向入射时的声压分布图。可以看出,沿边界 1 入射时透射声波沿着边界 1 的法向传播。这样,通过改变棱镜的倾角,可以控制透射声波的传播方向。

2012 年,Liang 等[32]提出卷曲空间声学超材料的概念,利用方块螺旋结构设计声学超材料元胞。其结构原理如图 6.23 所示。铜板在空气中按规律摆放出声

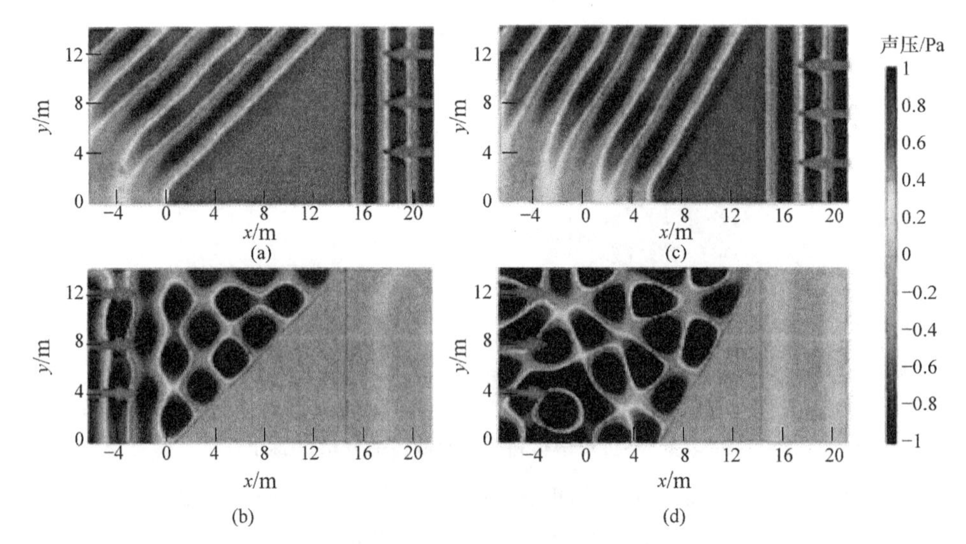

图 6.22 近零透射率声棱镜系统的声学特性仿真结果

(a)和(b)表示倾角为 45°的棱镜沿边界 1 入射和沿边界 2 入射的声压分布图；

(c)和(d)表示倾角为 60°的棱镜沿边界 1 入射和沿边界 2 入射的声压分布图

波传播的通道，由于声波在亚波长管道中传播时没有截止频率，因此可在结构中沿 Z 形路线传播。基于空间折叠的概念，该超材料可实现双负等效材料参数和零密度等效参数。

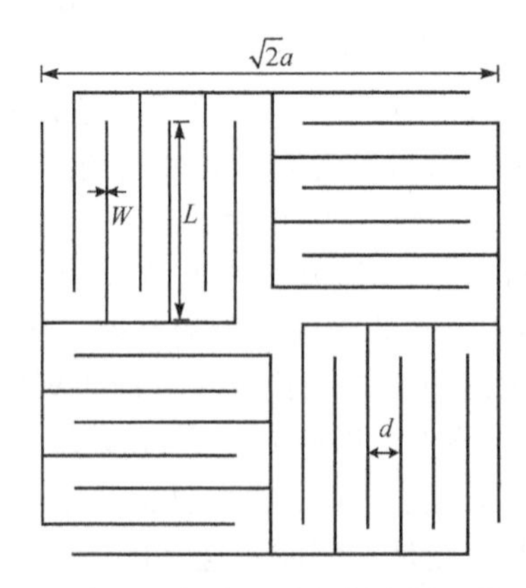

图 6.23 通过折叠空间实现零折射率材料的元胞示意图

设元胞的长度和宽度为$\sqrt{2}a$，铜板的宽度和长度分别为 $w=0.02a$ 和 $L=0.606a$，空气通道的宽度为 $d=0.081a$。基于该元胞的声学超材料的等效质量密度 ρ_r、等效声速 v_r、相对等效阻抗 Z_r 和能量透射系数随归一化频率的变化如图 6.24 所示，所有参数以空气的对应参数为基准进行归一化。可以看出，在归一化频率 $\omega a/(2\pi v_{\text{air}})\approx 0.215$ 时，等效质量密度 ρ_r 趋近 0，并且相对声速的实部可以达到 140。这时，超材料整体的相对折射率 $n_r=1/v_r\approx 0$，称为零折射率材料。同时，由图6.24(b)可以看出，零折射率材料的相对等效阻抗 $Z_r=1$，与空气的阻抗匹配，这一点也可以由图中的透射谱得以验证，即对应频率的透射率为1。

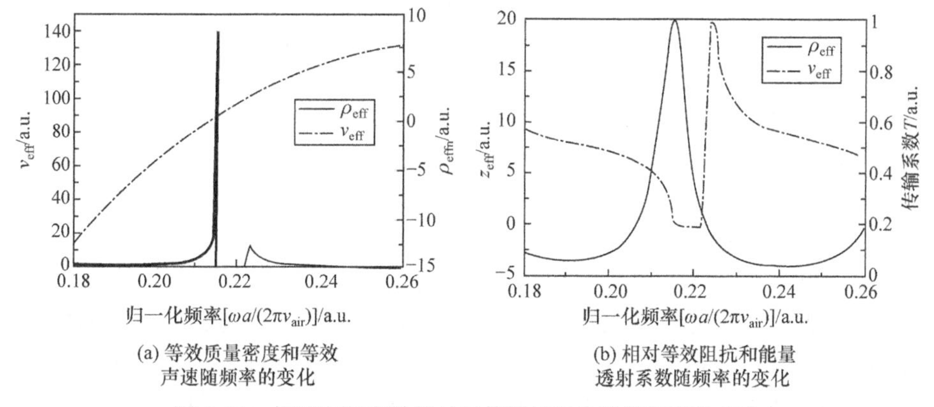

(a) 等效质量密度和等效声速随频率的变化

(b) 相对等效阻抗和能量透射系数随频率的变化

图6.24 折叠空间声学超材料等效材料参数随频率的变化

进一步利用图6.23所示空间折叠微结构的声学超材料代替图6.22中的理想近零折射率流体介质。图6.25(a)和(b)为声波沿正向(沿边界1)和反向(沿边界2)入射时声棱镜中的声压场分布图，棱镜中超材料微结构的细节部分见图6.25(b)中的插图。声波的单向传输特性较好地保持下来，这也证明了该微结构实现零折射率的有效性。为了验证等效零折射率材料的隧穿效应，在棱镜中切入了类似三角形的刚性散射体。图6.25(c)和(d)给出了这种情况下的声压场分布。可以看出，正向入射的声波也可以通过这个结构，并且出射的波形同样得以保持。这种基于隧穿效应的波形保持在医学超声成像和治疗等实际应用中具有重要的前景。

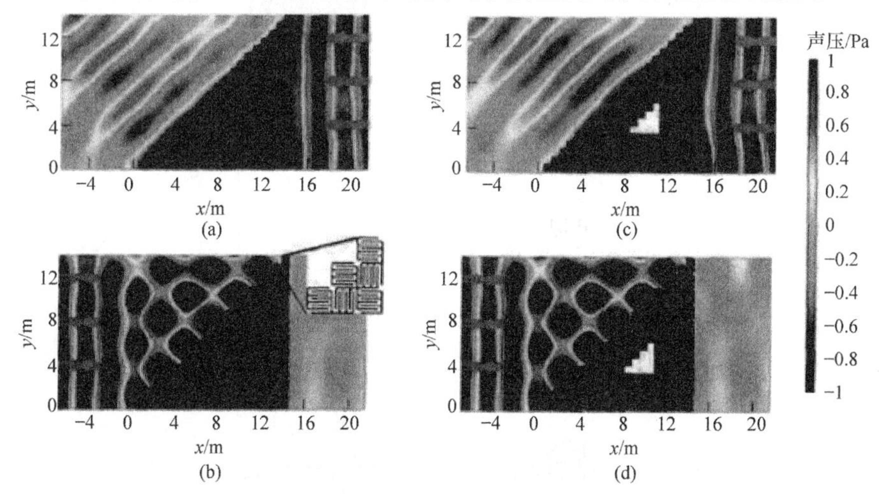

图6.25 空间折叠零折射率超材料棱镜的单向传输特性

(a)和(b)为在正向入射和在反向入射情况下的声压场分布图；(c)和(d)为中间嵌入硬散射体的棱镜在正向入射和反向入射情况下的声压场分布图

6.3.3 基于声波反常透射的声整流

目前,基于声学超材料平板的声波反常透射效应在波传播物理机制、影响因素及规律方面都有了较为深入的研究。该效应主要源于表面微结构所产生的声表面波与入射声波的相互耦合作用,可以通过平板微结构设计对声波的透射特性进行灵活有效的控制。超材料的声波反常透射效应使通过亚波长结构的设计能够实现远大于传统衍射结构的声透射率。这方面初期的研究对象主要是沿表面对称的结构,考虑将声波反常透射效应引入声整流设计中,通过非对称的表面结构设计,使声波的透射特性表现为非对称的透射增强。

设计如图 6.26 所示的单层非对称平板结构[33,34],一侧表面为周期性矩形栅格,另一侧表面为光滑平板,整个结构浸没在水中。图 6.27 为数值模拟的单层非对称板状结构的声透射谱。其中,TI 表示入射声波从周期性栅格一侧垂直激发样品;BI 表示入射声波从光滑平板一侧垂直激发样品;PP 表示入射声波垂直激发上下表面光滑、厚度为 1.5mm 的黄铜板。样品的单元结构参数为 $a=4\text{mm}$,$h=1\text{mm}$,$a_1=1\text{mm}$,$h_1=0.5\text{mm}$。流体的密度和声速分别为 $\rho_{\text{water}}=1000\text{kg/m}^3$ 和 $v_{\text{water}}=1433\text{m/s}$。平板材料为黄铜,材料参数分别为 $\rho_{\text{copper}}=8900\text{kg/m}^3$、$c_l=4700\text{m/s}$、$c_t=2260\text{m/s}$。

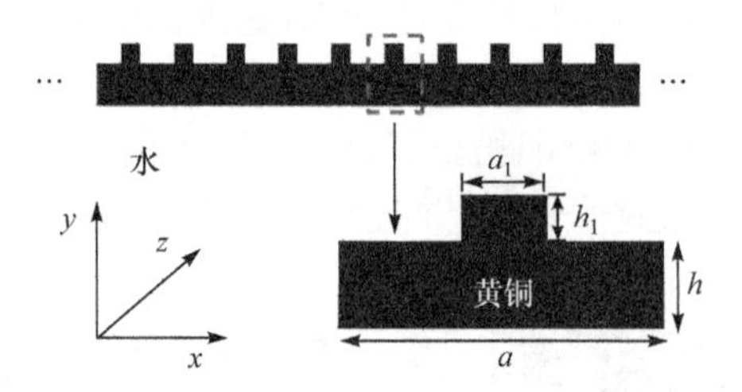

图 6.26 非对称平板声整流结构示意图

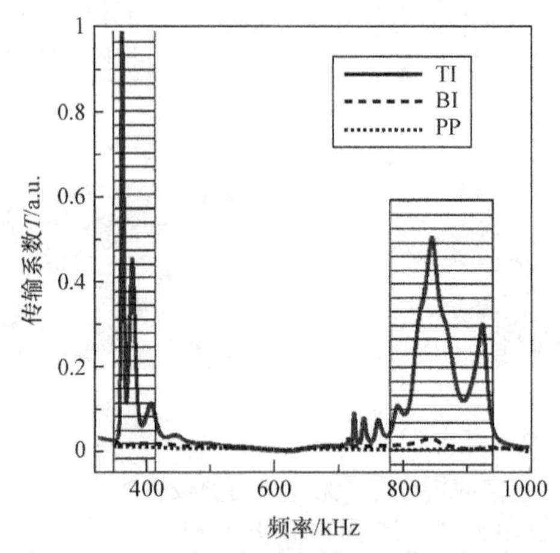

图 6.27 非对称平板声整流结构声透射谱

由图 6.27 可以看出，在 358～416kHz 与 786～934kHz 这两个频率范围内(格栅区域)，入射声波从周期性栅格结构一侧垂直入射时呈现较高的声透射率；而在反方向，在整个分析频段内的透射率都很低，因此在这两个频域内出现明显的声波非对称透射效应。

由图 6.27 可以看到，两边光滑的平板的透射率与超材料平板沿光滑面方向入射的透射率类似，这表明入射声波很难透过表面光滑的黄铜平板，非对称板状结构是产生声波非对称透射现象的原因。为了进一步研究声波非对称透射的物理机制，对单元结构在平面波入射激励时产生的声能流场及位移场进行分析，入射声波的频率为 844kHz (第二个非对称透射区域中透射峰值的频率)。图 6.28(a)和(b)分别表示 TI 与 BI 所对应的空间位移场分布。由图 6.28(a)可以看出，当入射声波从栅格一侧激发单元结构时，声波发生衍射，声波能量基于该衍射效应透过单元结构，因此可以清晰地看到单元结构上下两侧强烈的声能流场。在此基础上，将图 6.28(a)和(b)中单元结构的位移场进行放大，同时用箭头表示位移场的振动方向，分别如图 6.28(c)和(d)所示。图 6.28(c)为 TI 对应的位移场分布，可以看出，入射声波激发结构单元产生位移场的能量较强，位移场呈现典型的非对称兰姆波波形，从箭头指向可以看出，一部分位移发生反射，还有一部分位移透过单元结构。

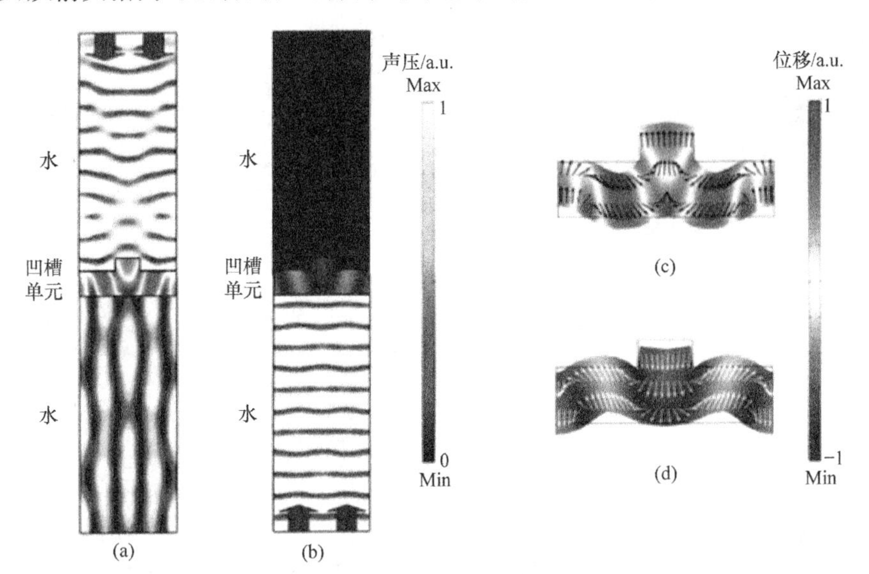

图 6.28　数值模拟频率为 844kHz 的平面波激发样品结构产生的声能流场(见彩图)(单元结构的上下部分的水)及位移场(单元结构内部)分布图

(a)和(b)为 TI、BI 单元结构的位移场分布图；(c)和(d)为 TI、BI 位移场放大图，箭头指向表示位移场的振动方向

对于 BI，由图 6.28(b)可以看出，当入射声波从光滑表面一侧激发单元结构时，几乎没有发生声波衍射，大部分声波在光滑表面一侧发生反射，因此到达单元

结构上方的声能流场极其微弱。由图 6.28(d)可以看出,BI 所对应的位移场同样为非对称兰姆波波形,但与 TI 对应的图 6.28(c)相比,BI 对应的位移场的能量非常微弱。因此,该声非对称透射效应源于单层非对称板状结构中激发的非对称兰姆波。对于 TI,激发的非对称兰姆波位移场较强,声透射率相对较高;而对于 BI,激发的非对称兰姆波位移场较弱,所产生的声透射率很低。

图 6.29 为同样结构尺寸的超材料平板结构采用不同材料时所对应的声透射谱。对于不同的材料,均出现两个非对称透射的区域,与图 6.28 所示的情形相同。材料参数如下。铁:$\rho_{\text{iron}}=7700\text{kg/m}^3$,$c_l=5960\text{m/s}$,$c_t=3260\text{m/s}$。钨:$\rho_{\text{tungsten}}=19100\text{kg/m}^3$,$c_l=5460\text{m/s}$,$c_t=2620\text{m/s}$。锌:$\rho_{\text{zinc}}=7100\text{kg/m}^3$,$c_l=4170\text{m/s}$,$c_t=2410\text{m/s}$。图 6.29 表明对于不同的材料,这样的平板结构均能激发非对称兰姆波产生非对称透射增强效应。

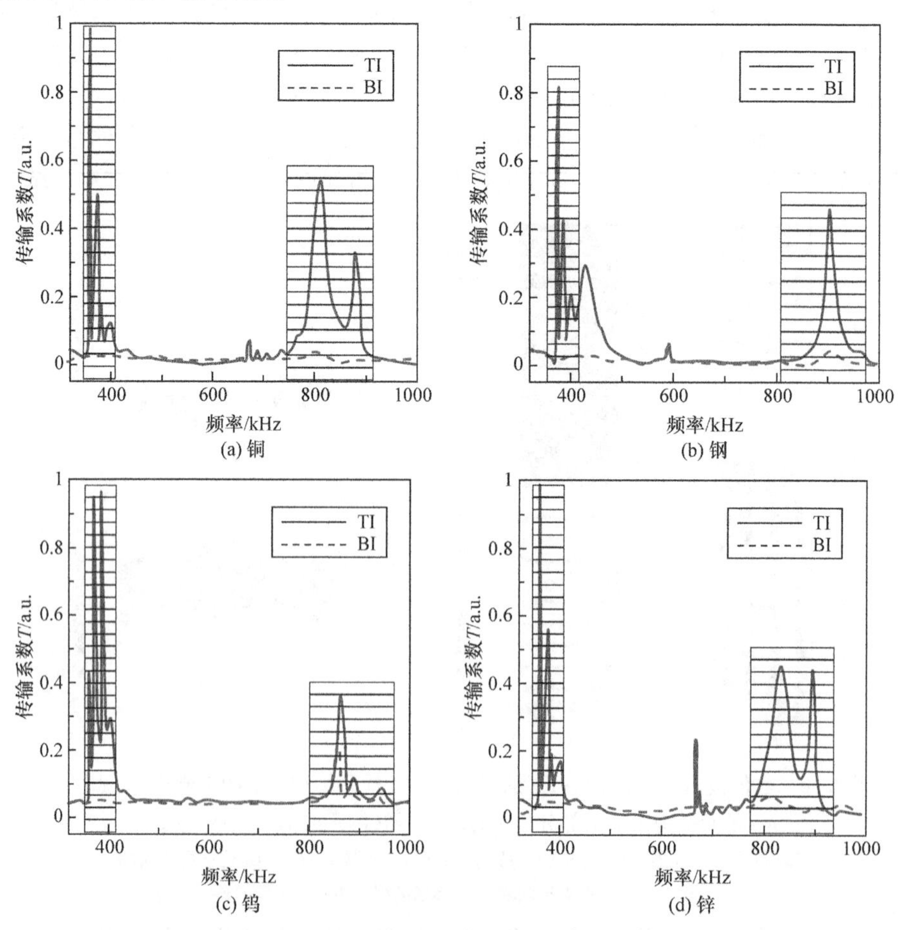

图 6.29　不同材料非对称平板的声透射谱

为了研究单元结构中结构参数对声透射谱的影响，这里分析了图 6.26 中参数 a、h、a_1、h_1 分别变化时声透射谱的变化。图 6.30 为 h、a_1、h_1 保持不变，a 变化为原尺寸(4mm)的 n 倍时的声透射谱，n 分别取 0.750、0.875、1.125、1.250。不同 n 值对应的非对称透射频带如下所示：

n=0.750 时，透射频带为 478～562kHz 和 1038～1140kHz；

n=0.875 时，透射频带为 409～464kHz 和 930～1014kHz；

n=1.125 时，透射频带为 319～346kHz 和 644～838kHz；

n=1.250 时，透射频带为 288～313kHz 和 580～759kHz。

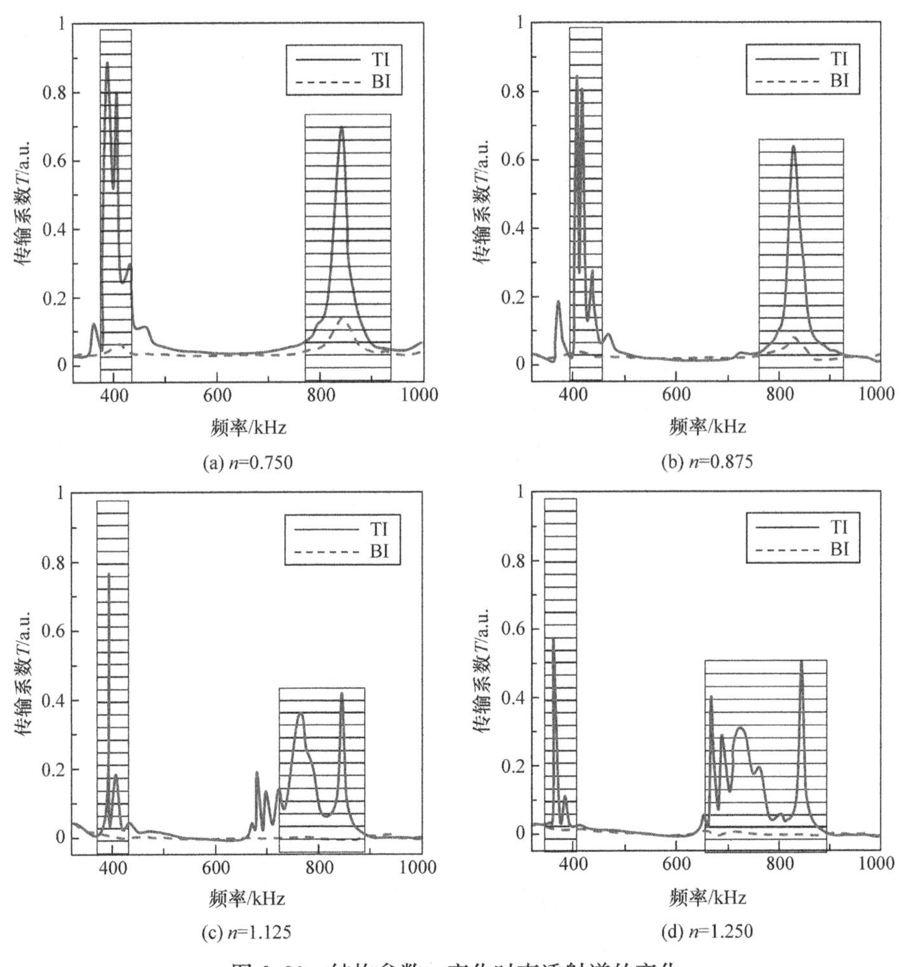

图 6.30　结构参数 a 变化时声透射谱的变化

可以看出，随着 n 值逐渐增大，非对称透射频带向低频移动，同时透射谱的形状、带宽及幅值也发生明显的改变，第一个非对称透射频带逐渐变窄，而第二个非对称透射频带逐渐变宽，且该频带逐渐由单峰结构转变为双峰结构。

图 6.31 为 a、h、h_1 保持不变，a_1 变化为原尺寸(1mm)n 倍时的声透射谱。n 同样分别取 0.750、0.875、1.125、1.250。随着 n 值逐渐增大，非对称透射频带范围基本不变。但第二个非对称透射频带对应的声透射谱的形状发生了明显的改变，当 n=0.750 时，声透射谱呈现明显的双峰结构，随着 n 值逐渐增大，第一个尖峰的幅值逐渐增大，并向第二个尖峰靠拢，同时第二个尖峰的幅值逐渐减小。当 n=1.250 时[图 6.31(d)]，第二个尖峰的幅值很小，透射谱形态接近单峰结构。

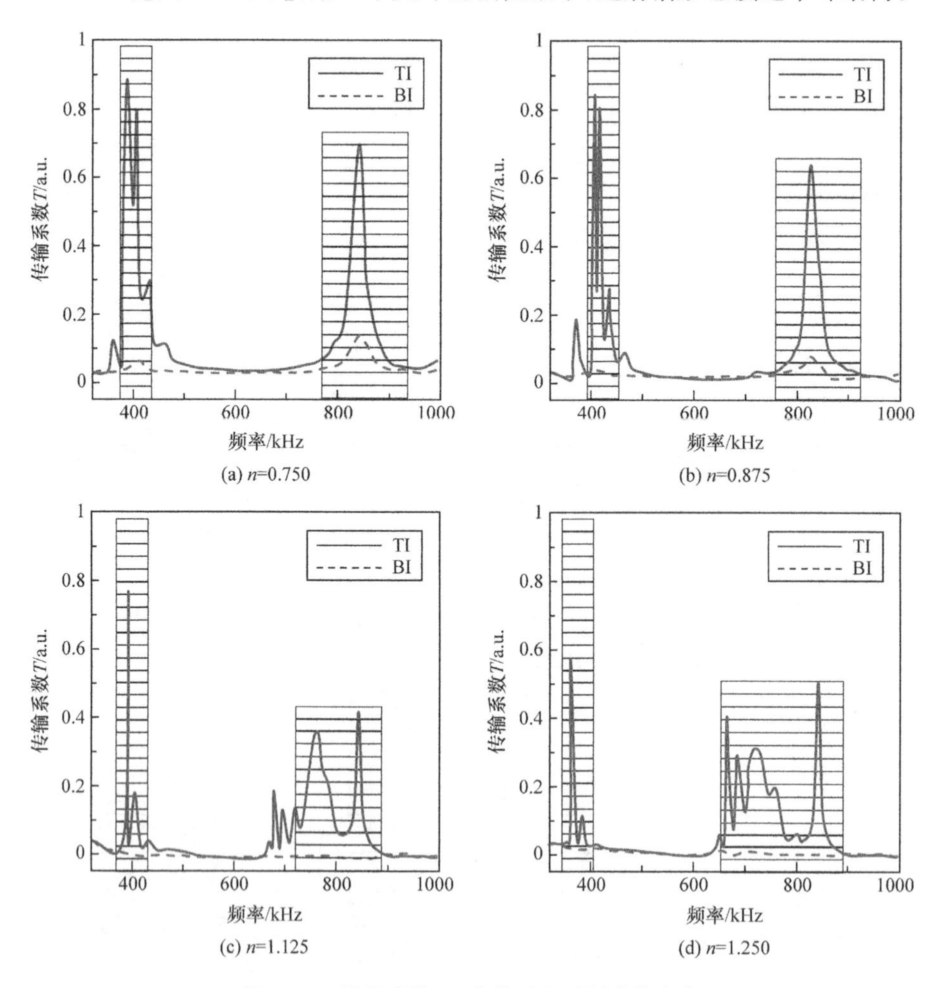

图 6.31　结构参数 a_1 变化时声透射谱的变化

图 6.32 为 a、a_1、h_1 保持不变，h 变化为原尺寸(1mm)的 n 倍时的声透射谱。n 同样分别取 0.750、0.875、1.125、1.250。可以看到，透射谱随 h 的变化与随 a_1 的变化类似。随着 n 值逐渐增大，非对称透射频带范围基本不变，第二个非对称透射频带的透射谱逐渐由双峰结构转变为单峰结构。

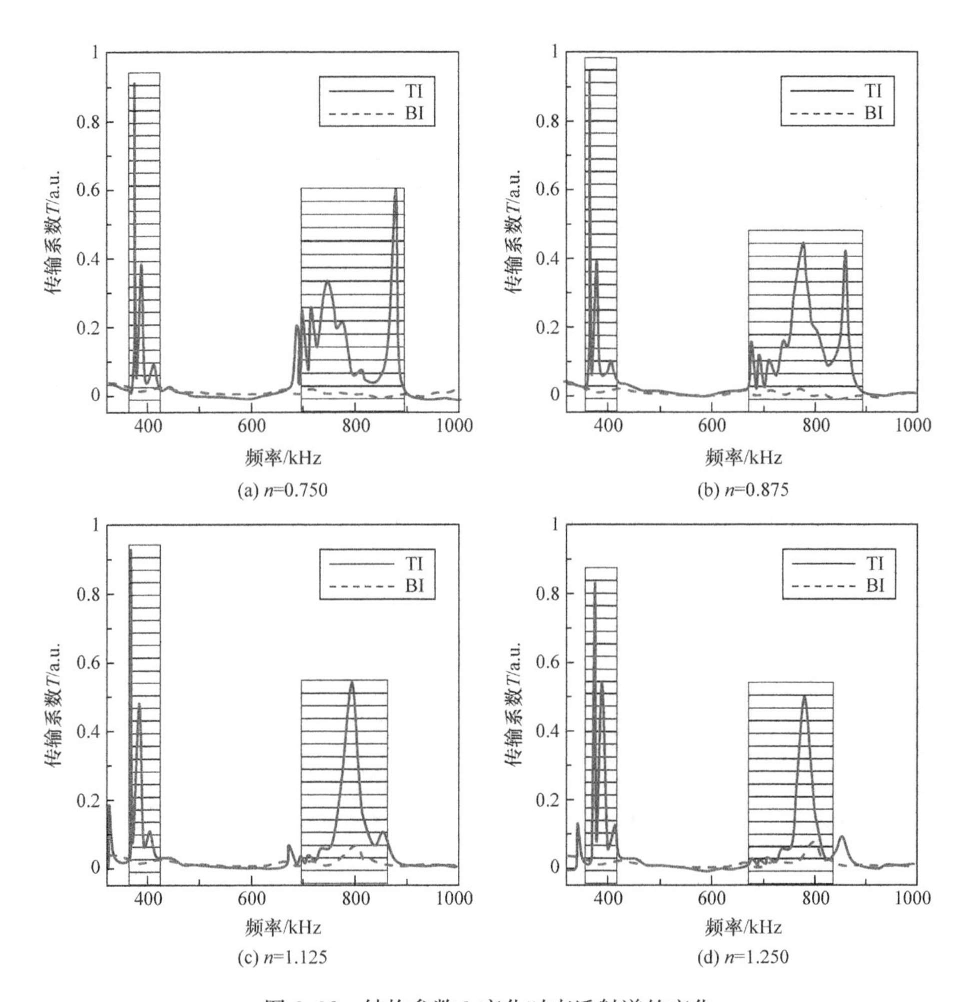

图 6.32　结构参数 h 变化时声透射谱的变化

图 6.33 为 a、a_1、h 保持不变，h_1 变化为原尺寸(0.5mm)n 倍时的声透射谱。n 同样分别取 0.750、0.875、1.125、1.250。可以看到，随着 n 值逐渐增大，第一个非对称透射频带范围不变；第二个非对称透射频带向低频方向移动，但幅度很小。此外，第二个非对称透射频带透射谱的幅度随着 n 值的增大而明显增大。

总体来看，非对称透射频带范围与参数 a 密切相关，而参数 a_1、h、h_1 对非对称透射频带范围的影响较小；透射谱的形态与结构参数 a、a_1、h 相关；h_1 与第二个非对称透射频带的透射率相关。

6.3.4　基于声学梯度材料的声整流

针对声整流器件的作用带宽拓展问题，考虑引入折射率渐变的声学梯度材料，

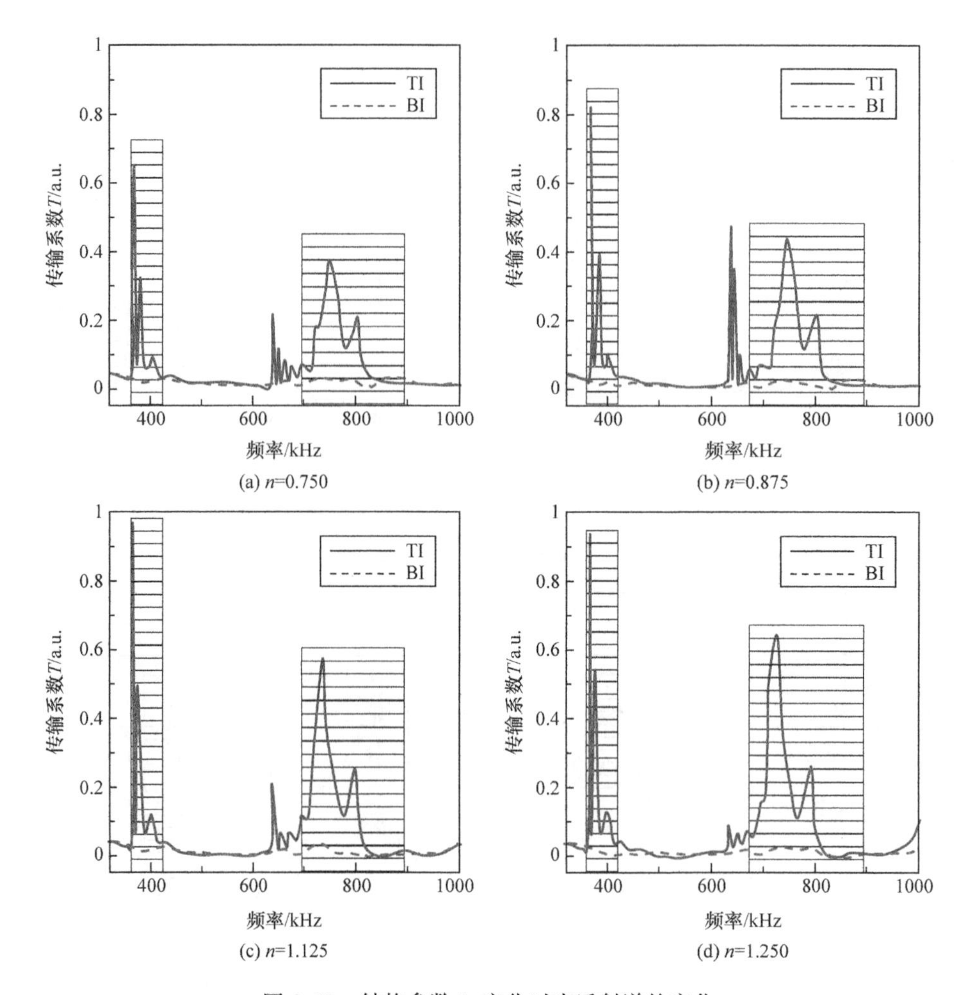

图 6.33　结构参数 h_1 变化时声透射谱的变化

通过非对称传播模式设计，在较宽的频带上实现非对称的声传输[35]。

为了使声波沿正反两个方向的传播轨迹具有不对称性，考虑如图 6.34 所示的二维声学梯度材料模型，图中渐变颜色的深浅表征声速随位置发生变化。该模型主要由三部分构成。第一部分（平行四边形 $ABCD$）中介质的声速值沿 x 方向由背景介质 c_0 以线性方式渐变至某一特定值 $c_1(c_0>c_1)$，上边界设置为吸收边界。第二部分（三角形 DEC）为声速等于 c_1 的均匀介质，第三部分（矩形 $EFGC$）中介质的声速由 c_1 渐变至 c_0。边界 AD 为完美吸收边界，其余边界均为刚性边界。整个模型中介质的密度与周围流体介质相同，均为 ρ_0。

不失一般性，对于第一部分（平行四边形 $ABCD$），设声速随位置的变化规律为

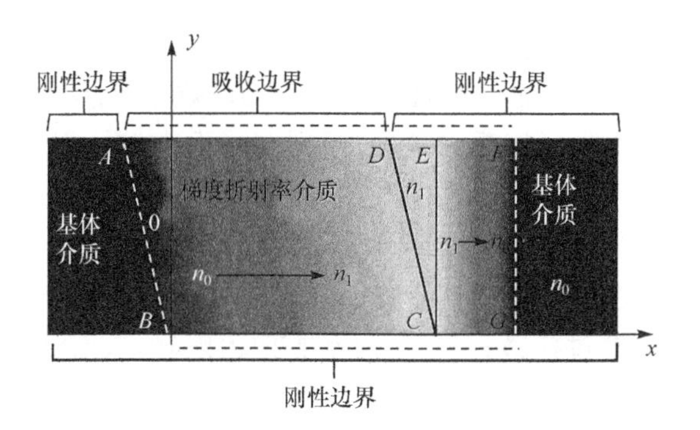

图 6.34　折射率渐变的声学梯度材料参数分布示意图

$$c(x,y)=(c_1-c_0)\frac{x+y\tan\theta}{l}+c_0 \tag{6.16}$$

介质中的声线方程为

$$\frac{\mathrm{d}}{\mathrm{d}s}\left(n\frac{\mathrm{d}\boldsymbol{r}}{\mathrm{d}s}\right)=\nabla n \tag{6.17}$$

式中，s 为从轨迹上某一固定点起测得的轨迹弧长；声线上任意一点的位矢 $\boldsymbol{r}=\boldsymbol{r}(s)$描述声线的轨迹；$n$ 为折射率。

基于式(6.17)，能够数值求解声波沿 $y=0$ 入射时的传播轨迹。当声波轨迹偏折幅度较小时，式(6.17)可近似为

$$n\frac{\mathrm{d}^2y}{\mathrm{d}x^2}+\frac{\partial n}{\partial x}\frac{\mathrm{d}y}{\mathrm{d}x}=\frac{\partial n}{\partial y} \tag{6.18}$$

图 6.35 为声波沿 x 轴正方向和负方向入射时由式(6.18)得到的传播轨迹结果，图中箭头标识了声波的入射方向。计算中选取的参数为 $l=0.475\mathrm{m}$，$CG=0.075\mathrm{m}$，$\tan\theta=2$，$c(x,y)=-134.7(x+2y)+337$。可以看到，当平面波由左侧入射时，由于声速在 x 增大的方向上始终减小，声波相当于由高折射率介质进入低折射率介质，因此会不断向法线方向偏转，大部分声能量能够透过整个模型。该方向为声整流的正向导通方向。而当声波沿右侧入射时，由于始终相当于进入高折射率介质，传播方向会不断向模型的上边界偏转，而最终被吸收。因此该方向可定

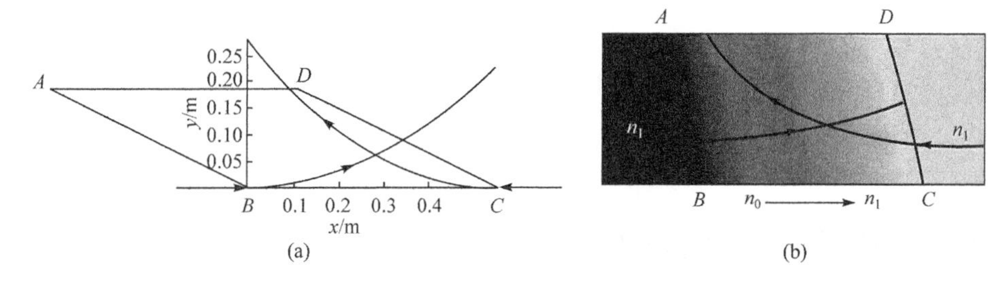

图 6.35　非对称传播的轨迹示意图

义为反向截止方向。该结构利用第一部分产生不对称的声传播特性，利用第二及第三部分在边界上消除声阻抗的不匹配，以达到正向高效导通、反向有效截止的目的。

图 6.36 给出了图 6.35(a)所描述的模型在平面声波入射时该声学梯度材料中的声强仿真结果。周围介质为空气，密度和声速分别为 $\rho_{air}=1.21\text{kg/m}^3$ 和 $v_{air}=343\text{m/s}$。入射平面波如箭头所示，分别沿 x 轴正方向和反方向入射到棱镜上，在透射端引入完美匹配层避免声波在边界上的反射。沿 x 轴正方向入射时，入射声波可以高效地穿过棱镜；当沿 x 轴负方向入射时，入射波被偏转、吸收，沿 x 方向的透射率可以忽略。

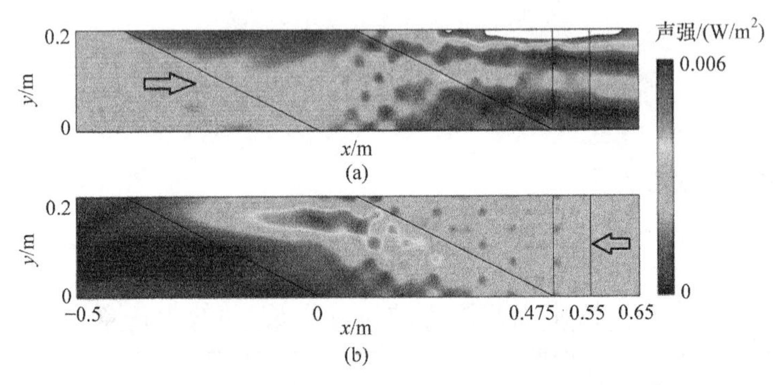

图 6.36　平面声波沿正向、反向入射时的声强仿真结果

图 6.37 给出了该结构导通方向和截止方向的透射系数随频率的变化(正向和反向)。该结构可以在极宽的频率范围内产生声波的不对称传播现象，与利用声线理论所得解析结果进行的预测能够很好地符合。

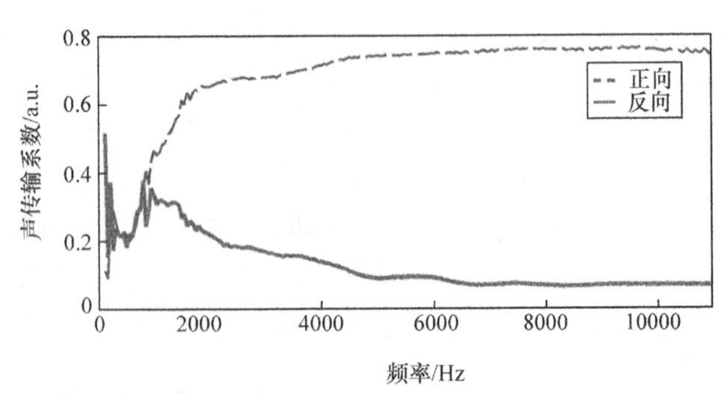

图 6.37　平面声波沿正向和反向入射时透射系数随频率的变化

6.4　声学超材料定向声发射技术

6.4.1　定向声发射的概念、意义

高指向性的激光是光通信、光学探测感知等光信息技术实现高速、高效发展的

技术基础。作为水下声波探测、通信及医学超声领域常见的能量和信息载体，提高工作声波束的指向性，能够有效增强信号强度、提高能量利用率，在声信息领域具有重要的理论和应用价值。日常生活中，人们能听到墙后的声音而不能看到墙后的物体，这表明与光波相比，声波在传输过程中的衍射效应要明显得多。因此，声波束的指向性通常比光波低得多，且随着波长的增加迅速降低，低频声波的定向传播十分困难。目前，提高声波束指向性的常规方法有两种。①把待发射的低频(音频)信号调制在高频(超声频率)载波信号上，用超声换能器发射出去；在传输过程中，低频的声波信号会由于空气的非线性声学效应自解调出来，而超声调制使其指向性明显提高[36]。②将若干个扬声器排列成阵列，每个扬声器单元辐射一个同相位波阵面，控制阵列中各阵元声波信号的相位，使各阵元的声波信号按特定的规律发生相长或相消叠加，而整体的声信号以波束的形式在一定的方向上传输[37,38]。第一种方法受超声载波加载效率的限制，能传输的声波能量较弱，第二种方法对指向性的改进有限，声波束的扩散角较大。

声子晶体研究中探索了利用人工声学结构来实现声波指向性传播的问题。利用声子晶体带隙边缘具有方向性的高态密度模式，能够实现声波的定向辐射，例如，声波入射二维声子晶体时，x、y 方向的平面波分量与 Γ-K 方向上第二条高态密度能带的带边态强烈地耦合，出射声波表现出良好的指向性。另一种思路是利用声子晶体共振腔结构产生的共振缺陷态，当共振缺陷态能强烈地和缺陷内部的声源耦合时，能够形成良好的指向性声源，其指向性来自共振缺陷态，且仅仅和辐射源的 y 方向平面波分量耦合[39,40]。

利用声子晶体调制声波往往需要结构的尺寸与波长相当，不利于低频声波的控制。而电磁超材料的研究表明，利用亚波长金属小孔阵列，基于表面等离激元与金属结构的相互耦合作用，能够实现光波增强透射和高指向性发射。6.1 节的分析表明，在平板上设计周期性的亚波长声学结构(如周期凹槽阵列)，同样可以实现声波的反常透射增强。在此基础上，结合出射面周期结构对声波辐射方向的控制分析与边界声阻抗调制分析，探索基于超材料的声波指向性传播的物理机制及设计理论，具有重要的基础性学术价值。同时，在水下声呐探测及超声医学检测方面，声波的指向性传播对提高探测分辨率具有重要意义，蕴含着巨大的潜在经济价值和应用前景。围绕这一问题，本节发展了多种不同的声波指向性发射设计思路。

6.4.2　基于声表面波模式调制的定向声发射

电磁超材料研究表明，平板超材料在利用表面波模式耦合实现电磁波反常增透的同时，能够利用表面波模式调节平板的电磁波辐射模式，实现电磁波高效、高定向性的发射。具有声波反常增透特性的声学超材料平板能否同样实现高定向性的声辐射呢？回答这个问题，需要对声学超材料平板的声透射和声辐射模式进行分析。

由式(6.2)可知，在两种半无限大流体介质表面产生声表面波的条件是其中一种流体介质具有负的质量密度。将图 6.38 所示的周期凹槽结构钢体置于流体中，设凹槽阵列沿 x 方向的周期晶格常数为 d，凹槽的宽度为 a，高度均为 h。该结构的等效质量密度可随凹槽结构尺寸大范围变化，在亚波长频段，当平面声波入射时，在凹槽阵列结构的入射面与出射面均可以激发声表面波模式。可以认为，这种周期凹槽结构置于流体中成为密度可调的声学超材料平板。在等效密度为负时产生的表面波模式在固体和流体介质之间形成了一种特殊的起伏界面，通过控制两个面上的声表面波模式与平板的共振模式相耦合能够实现透射增强。

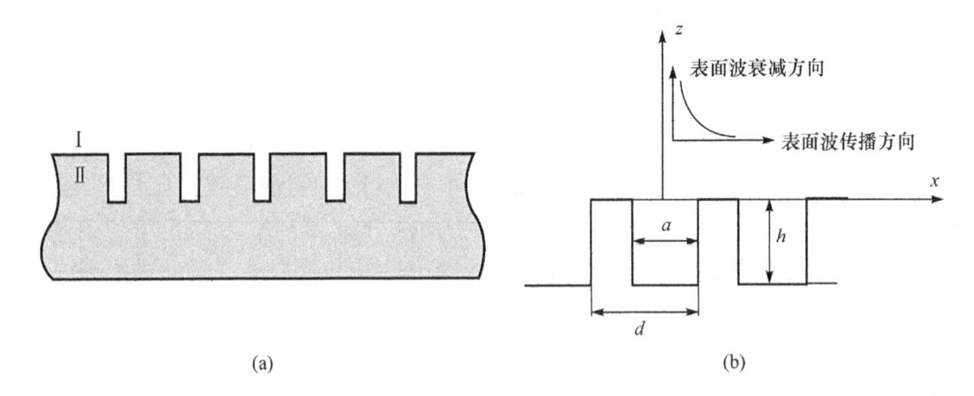

图 6.38 周期凹槽结构固体置于流体中构成的声学超材料平板

对于平板结构，辐射声波可以用波矢 k_0 来描述，k_0 可分解为平行分量 $k_{0\parallel}$ 和垂直分量 $k_{0\perp}$ 两部分。当平面声波垂直入射时，对于图 6.38 所示结构，由表面波衍射理论和光栅方程得到 $k_{0\parallel}$ 为[41,42]

$$k_{0\parallel}=-k_{\mathrm{asw}}+Nk_{\mathrm{g}} \tag{6.19}$$

式中，$k_{0\parallel}$、k_{asw}和 k_{g} 分别为平板衍射声波矢的平行分量、声表面波波矢和栅(凹槽)矢量；N 为整数。

当 $a\ll d$ 时，沿平板表面传播的声表面波的波矢纵向和横向分量的色散关系分别为

$$k_z=\mathrm{i}k_0\left(\frac{a}{d}\right)\tan k_0\left(h-a\lg\frac{2}{\pi}\right) \tag{6.20}$$

$$k_x=k_0\sqrt{1+\left(\frac{a}{d}\right)^2\tan^2 k_0\left(h-a\lg\frac{2}{\pi}\right)} \tag{6.21}$$

式中，$k_0=\omega/c_0$ 为流体介质中的波数，c_0 为流体中的声速。

图 6.39 中，实线为声学超材料平板声表面波 x 方向上波矢随频率的变化，倾

斜的虚线为声波在均匀流体(空气)中的线性色散关系。从图中可以看出,声表面波的色散曲线始终位于均匀流体中声波色散曲线的右侧,同频率下声表面波的波矢总大于空气中声波的波矢。这表明频率增加时,表面波的传输速度趋于变慢。k_x 是声材料平板亚波长结构几何结构参数(周期常数 d、凹槽宽度 a 和高度 h)的函数,通过凹槽结构设计调节 k_x 的色散关系,能够对波通过平板的特性进行有效的控制。

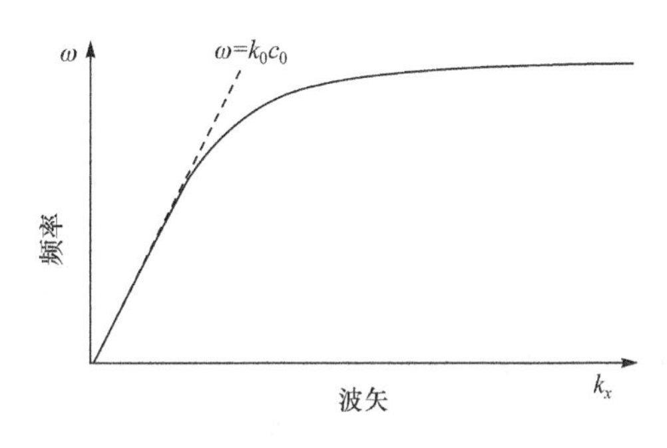

图 6.39　k_x 的色散关系

由式(6.19),k_g 与 k_{asw}相加使声表面波模式的色散关系折叠到 Brillouin 区内,要使非辐射的声表面波模式转化为声辐射模式,需要 k_x 为 0,即需要

$$k_{asw}-k_g=0 \tag{6.22}$$

对于图 6.38 所示的周期凹槽平板构成的声学超材料,取基体材料为铜,密度 $\rho=8500\text{kg/m}^3$,杨氏模量 $E=10^4\text{GPa}$,泊松比 $\sigma=0.37$;流体为空气,密度为 1.21kg/m^3,声速为 340m/s。由于空气和金属之间声阻抗的巨大差异,流固界面可以视为理想的刚性界面。取结构参数为 $a=5\text{mm}$,$d=60\text{mm}$,$h=9\text{mm}$,厚度$w=22\text{mm}$,由式(6.20)和式(6.21)得到声表面波模式转化为声辐射模式的频率为 5510Hz。为了实现声波的反常透射,在平板结构中引入狭缝,得到含狭缝的周期凹槽平板结构如图 6.40 所示。狭缝长为平板的厚度 22mm,调节狭缝宽度使其共振传输频率为 5510Hz,得到狭缝的宽度为 5mm。

设平面声波垂直入射,将含狭缝平板区域($z=0$)的衍射声波场用沿 x 方向的平面波展开,结合平板入射、出射面的声压、速度连续性条件,得到透射声波场的声压分布,从而分析该平板的透射特性。图 6.40 中实线为平面声波垂直入射时该声学超材料平板透射波远场的面积归一化传输系数(normalized-to-area transmittance)随入射波波长的变化曲线。可以看到,当入射波波长为 62mm 时,平板产生一个明显的透射峰,对应的频率恰好为 5510Hz,说明该远场透射峰是由声表面波模式转化为声辐射模式形成的,即入射平面声波激发平板入射面的声表面波模式,通过狭缝的共振模式与出射面的声表面波模式相耦合,再转化为声辐射模式。作为对比,虚线为同样厚度、材料的含狭缝光滑平板的传输特性分析结果,可以看到,这时虽然狭缝的共振模式仍然存在，但是在亚波长频段，入射声波不能透过平板。

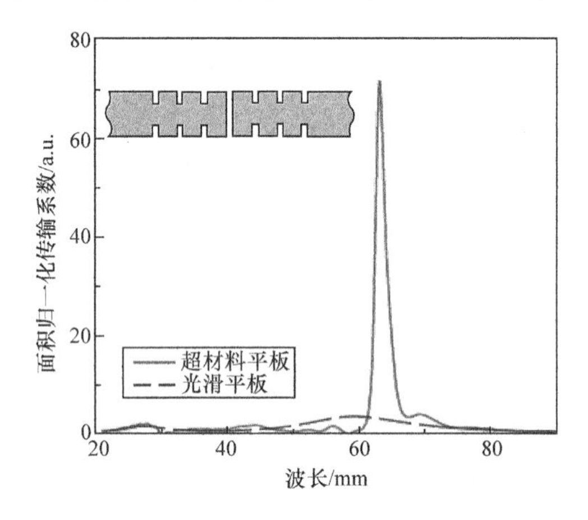

图 6.40　声学超材料平板的面积归一化传输系数随入射波波长的变化

图 6.41 为 5510Hz 平面声波入射该声学超材料平板时的声波能流密度分布有限元仿真结果。设入射平面波声压幅值为 1Pa，求解区域的外部用完美匹配层包裹以抑制反射。可以看到，声波透过狭缝后在 z 正方向形成了一个明显的指向性声辐射波束，表明宽幅平面声源的辐射能量被聚焦在法向上一个很窄的角度范围内。

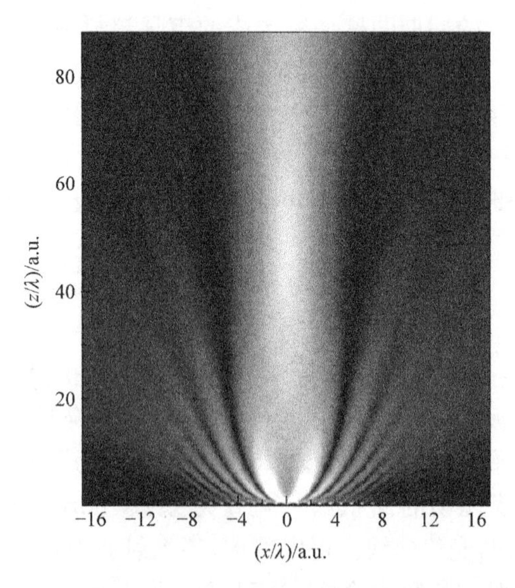

图 6.41　声学超材料平板在增透频率处的声场分布

图 6.42(a)为 5510Hz 处该平板的远场辐射声压随角度的变化曲线，图 6.42(b)为局部放大图。可以看到，辐射声能流密度在 $+z$ 方向上形成尖锐的峰值，半高宽

约为 4.40°，能量主要局限在一个极小的主瓣内，说明该平板的声辐射具有极高的指向性。由式(6.21)可以看到，实现指向性传播的声辐射模式耦合条件在结构参数确定后，只对一定频率满足。由图 6.40 可以看到，最大峰值出现在 $f=5510$Hz 处，随着频率偏离 5510Hz，传输效率迅速降低。分析主声束峰值随频率的变化可以发现，辐射声波束的幅度降低而半高宽增加。当频率从 5510Hz 增加到 5555Hz 或减小到 5450Hz 时，峰值幅度从 1.24Pa 迅速下降到 0.52Pa。

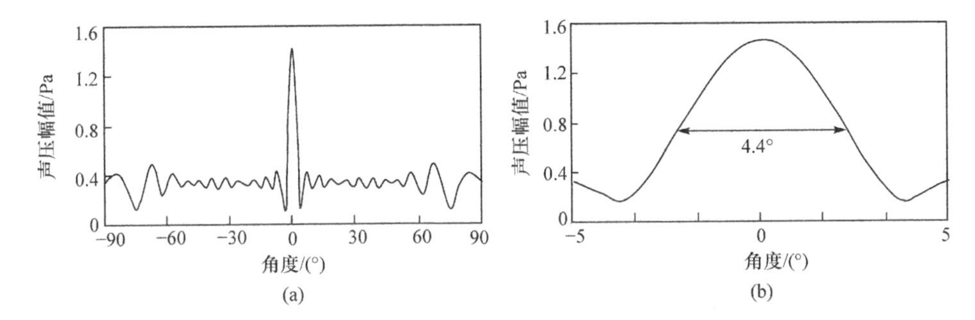

图 6.42　声学超材料平板在增透频率处远场辐射声压幅值随角度的变化

从结构上来说，受周期凹槽结构调制形成的声表面波模式与狭缝相互耦合，这种耦合作用随凹槽与狭缝距离的增加迅速降低。图 6.43(a)为图 6.41 中超材料平板附近的声场分布放大图，可以看到，距离狭缝越远，声表面波的幅值越低，因此靠近狭缝的凹槽单元的声表面波模式在声波指向性发射中起主要作用。分别选取在狭缝左右分布 2、5、10 个凹槽的有限周期超材料平板，研究周期数的变化对指向性声波束的强度、束宽产生的影响。图 6.43(b)为不同周期数时的远场辐射能流密度分布。可以看到，当两侧凹槽的周期数均为 $N=2$ 时准直效果并不明显；当 $N=5$ 时开始有明显的准直效果。声束的宽度和峰值分别随着 N 的增加而降低和提高。采用约 10 个周期即可获得半高宽小于 55°的良好指向性效果。

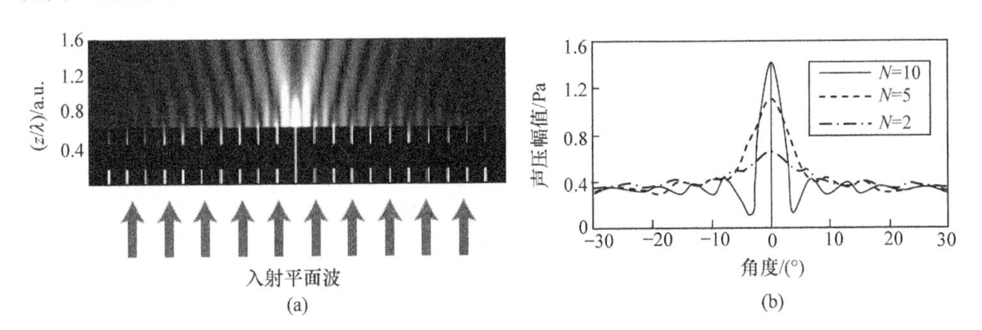

图 6.43　声学超材料平板在增透频率处近场的声场分布及远场辐射能流密度分布随周期凹槽数量的变化

上述声学超材料平板的定向声辐射中包括 3 个主要的物理过程:①声源激励平板表面亚波长微结构调制的声表面波模式;②平板入射面的声表面波模式通过亚波长狭缝的共振传输激发另一面的声表面波模式;③声表面波模式与平板声辐射模式耦合实现声波定向发射。其声学超材料平板调制的声表面波模式与声辐射模式的耦合是实现高指向性声发射的主要物理过程,其中表面周期微结构的声表面波调制是实现指向性发射的关键。可以考虑进一步的简化结构,将声源放置于声波超材料平板的出射面一侧,使声源辐射激发的声表面波模式与平板声辐射模式直接耦合,得到指向性声辐射波束。

考虑只在固体平板的一侧表面上设计周期矩形凹槽结构构成声学超材料平板,如图 6.44 所示。取结构参数与上述含狭缝的声学超材料平板模型相同,取消狭缝,同时在具有周期矩形凹槽一侧的固体板结构表面中央处放置一点声源。图 6.45 为 z 方向上远场归一化能流密度随频率的变化曲线,以置于光滑金属板表面的相同振幅点声源的辐射能流密度作为基准归一化,点声源的辐射功率设为 1W/m。可以看到,同样在 5462Hz 处产生声辐射的峰值。图 6.46 为 5510Hz 附近该模型声辐射模式的有限元仿真结果。在均匀流体介质中,放置于光滑金属板表面的点声源辐射的声波将向半空间内所有方向发散。但是,当金属表面上进行一定的微结构设计后,在 z 轴正方向上出现了一个明显的聚焦声波束,说明点声源的辐射能量被聚焦在法向上一个很窄的角度范围内,而其他方向的声场能流密度迅速衰减,意味着点声源的辐射能量几乎不会沿其他方向传输。

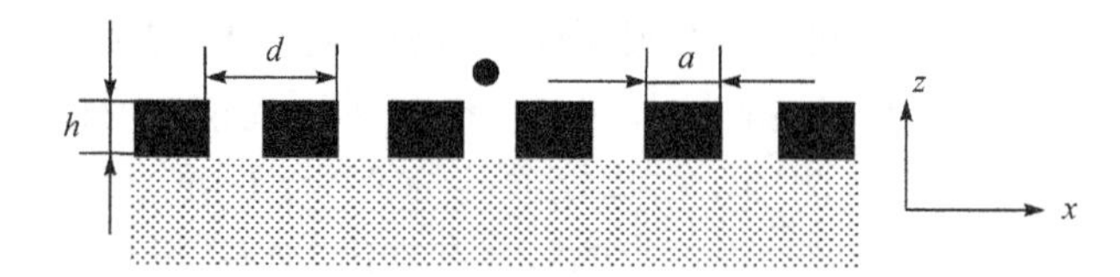

图 6.44 点声源激励一维声学超材料平板结构图

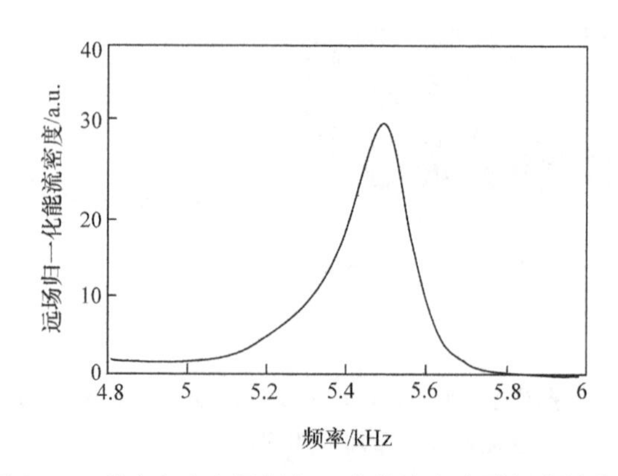

图 6.45 垂直方向上远场归一化能流密度随频率的变化

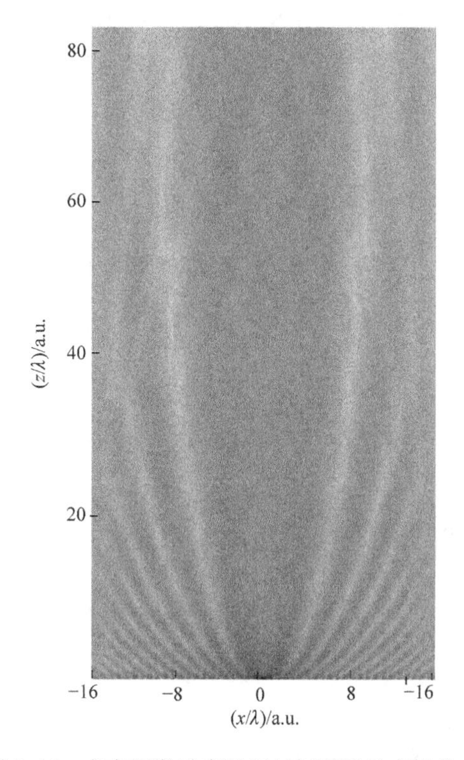

图 6.46　点声源激励声学超材料平板的声场分布

显然,这时由点声源激发平板的声表面波模式,获得沿 z 方向传输的高指向性声波束。平板结构作为二次声源,其面内波矢分量由表面波衍射理论和光栅方程确定:

$$k_{0\parallel}=k_{\text{asw}}\pm Nk_{\text{g}} \tag{6.23}$$

与狭缝结构类似,平板结构要实现沿 z 方向的高指向性声发射,需要满足 $k_{0\parallel}=0$,即周期矩形凹槽结构的设计参数及相应的指向性发射频率与含狭缝声学超材料平板一致。

6.4.3　基于界面声阻抗调制的定向声发射

在平板表面设计亚波长结构,一方面可通过表面波模式耦合使声学超材料平板实现反常透射增强,另一方面可以调节平板的声辐射模式,将这两方面的设计相结合可实现高指向性的声发射。在上述分析中,声辐射模式的调节也是基于声表面波模式实现的。由基本的声学原理,除了声表面波模式可以调节声辐射模式外,声学系统不同的声学边界条件也对应不同的声辐射模式,可以通过边界条件的调节来实现声辐射模式的调节。

如图 6.47 所示的二维声学系统中,一点声源位于 $y>0$ 的半无限空间中的

(x_0, y_0)处，该半无限空间在$y=0$边界上的声阻抗为Z'_s。

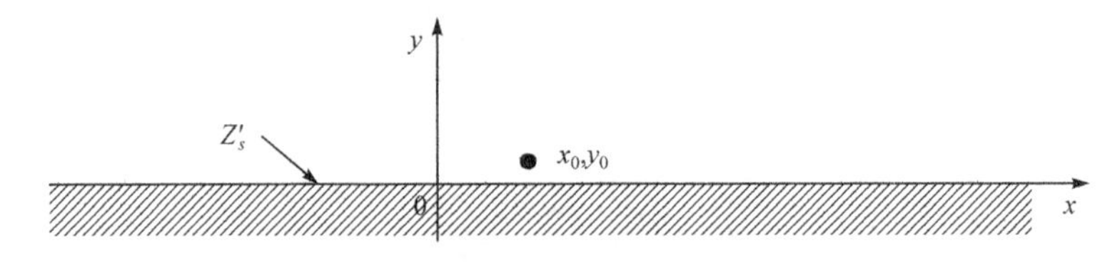

图 6.47　半无限空间点声源模型示意图

令该声学系统满足的声波方程和边界条件分别为[43,44]

$$\nabla^2 p+\frac{\omega^2}{c_0^2}p=-\delta(x-x_0, y-y_0) \tag{6.24}$$

$$\left.\frac{p}{v_n}\right|_{y=0}=Z'_s \tag{6.25}$$

系统的声学 Green 函数G应当满足

$$\nabla^2 G+k^2 G=-\delta(x-x_0, y-y_0) \tag{6.26}$$

式中，$k=\omega/c_0$。将G、$\delta(x-x_0, y-y_0)$进行平面波展开，得到

$$\frac{\mathrm{d}^2}{\mathrm{d}y^2}\int_{-\infty}^{\infty}G(k_x, y, \omega)\mathrm{e}^{\mathrm{i}k_x x}\mathrm{d}k_x+k_y^2\int_{-\infty}^{\infty}G(k_x, y, \omega)\mathrm{e}^{\mathrm{i}k_x x}\mathrm{d}k_x$$

$$=-\frac{1}{2\pi}\int_{-\infty}^{\infty}\mathrm{e}^{\mathrm{i}k_x(x-x_0)}\mathrm{d}k_x\delta(y-y_0) \tag{6.27}$$

式中，$k_y^2=k_0-k_x^2$，k_x和k_y分别为声场中沿x和y方向的波矢分量，$k_0=\omega/c_0$。代入边界条件Z'_s，最终得到该声学系统中声波 Green 函数为

$$G(x,y)=\frac{\mathrm{i}}{4\pi}\int_{-\infty}^{\infty}\frac{1}{k_y}\left\{\mathrm{e}^{\mathrm{i}[k_x(x-x_0)+k_y|y-y_0|]}+\frac{k_y Z'_s-\omega\rho}{k_y Z'_s+\omega\rho}\mathrm{e}^{\mathrm{i}[k_x(x-x_0)+k_y(y-y_0)]}\right\}\mathrm{d}k_x \tag{6.28}$$

可以看到，该 Green 函数包括两部分，第一部分为点声源引起的直接声辐射场，第二部分为边界引起的次级辐射场，可以视为由位于$(x_0, -y_0)$处的虚声源产生的声场。当$Z'_s=\infty$时，第二部分的系数满足$(k_y Z'_s-\omega\rho)/(k_y Z'_s+\omega\rho)=1$，此时的声场可看成两个同相位的点声源声场的叠加，也即当一个点声源被放置在无限大的刚性平面上时，系统的辐射声场可看成在关于平面对称位置的同相位的点声源与此点声源的声场叠加而产生的声场。当点声源离平面很近时，其声辐射模式类似于一个单极子声源。当$Z'_s=0$时，第二部分满足$(k_y Z'_s-\omega\rho)/(k_y Z'_s+\omega\rho)=-1$，此时的声场可看成两个反相位的声源辐射声场的叠加，即当平面为无限大的软平面时，系统的声辐射模式类似于一对偶极子声源。

偶极子声源的声辐射模式具有明显的指向性，这表明通过调节声学系统在边界处的等效阻抗，使声辐射模式表现出偶极子声源的特性，也能实现声波的指向性发射。考虑在固体介质表面引入亚波长微结构阵列来调制界面处的声阻抗率。图 6.48(a) 中，$y>0$ 为均匀流体介质半空间；$y<0$ 为均匀固体介质；在 $y=0$ 处，边界的声阻抗率 $Z_s'=p/v_n$，其中，p 为声压，v_n 为界面处质点法向方向的振动速度。在界面处引入 Helmholtz 共振腔阵列，如图 6.48(b) 所示。在亚波长条件下，界面的声阻抗率近似为 $Z_s=pS/U$，其中，S 为一个结构单元的表面积，$U=\iint\limits_s v_n\mathrm{d}s$ 为表面的法向平均速度。

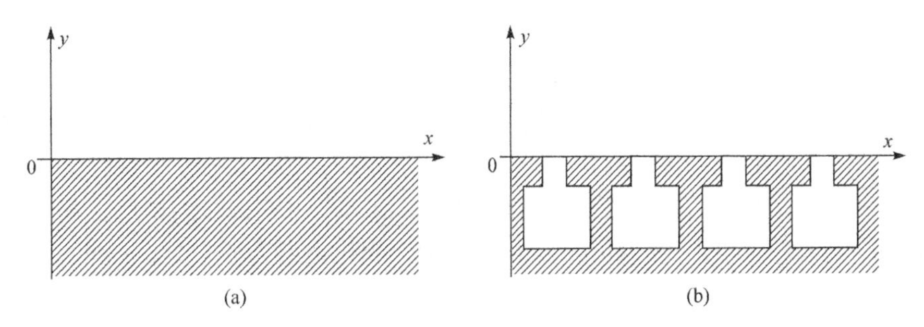

图 6.48　半无限空间点声源模型示意图

在引入微结构后，U 可以分为两部分，即 $U=\iint\limits_{s_1} v_{1n}\mathrm{d}s_1+\iint\limits_{s_2} v_{2n}\mathrm{d}s_2$，第一部分为均匀介质中质点的法向速度分量(Helmholtz 共振腔颈部外垂直于表面的质点振动速度的面积分)，第二部分为 Helmholtz 共振腔的体积速度分量(Helmholtz 共振腔颈部内的质点垂直于开口面的振动速度的面积分)。在长波近似下有 $Z_{a2}=p\Big/\iint\limits_{s_2} v_{2n}\mathrm{d}s_2$ 和 $\iint\limits_{s_1} v_{1n}\mathrm{d}s_1=v_{1n}S_1$。总的体积速度可写为 $U=v_{1n}S_1+p/Z_{a2}$。将其代入声阻抗率的公式，得到边界的等效声阻抗率为

$$Z_s'=\frac{Z_{a2}Z_sS}{Z_{a2}S_1+Z_s} \tag{6.29}$$

对于图 6.48(b)所示的 Helmholtz 共振腔阵列，设腔体的宽和长分别为 a 和 b，颈部宽度为 l，由阻抗转移分析得到其管口的声阻抗为

$$Z_{a2}=\mathrm{i}\left(\frac{1}{\omega C_a}-\omega M_a\right) \tag{6.30}$$

式中，ω 为声波的角频率；C_a 和 M_a 分别为 Helmholtz 共振腔的声容及声质量，分别为

$$C_a=\frac{ab}{\rho_0c_0^2} \tag{6.31}$$

$$M_a=\rho_0\left[\frac{l_{\mathrm{act}}}{l}+(0.514-0.318\ln kl)+\frac{b}{3a}+\sum_{n_x=1}\frac{a^2}{(n_x\pi)^3l^2}\sin^2\frac{n_x\pi l}{a}\right] \tag{6.32}$$

对于空气声系统，$Z_s \to \infty$，代入式(6.31)得到边界的等效声阻抗率为

$$Z_s' = \mathrm{i}\left(\frac{1}{\omega C_a} - \omega M_a\right)S \tag{6.33}$$

当 $\omega = 1/\sqrt{C_a M_a}$ 时，界面的等效声阻抗率为 0。可以看到，对于空气声系统来说，均匀固体介质边界往往是硬边界，然而在固体表面进行微结构设计，能够将硬边界变为软边界。

将亚波长结构的界面阻抗调制设计引入声学超材料反常增透设计中，建立如图 6.49 所示的含狭缝的二维超材料平板模型，在平板两侧周期排列 Helmholtz 共振腔。设平板的整体厚度为 3.6cm，狭缝宽度 h 为 2mm，分析表明，在 4160Hz 及 8384Hz 附近产生明显的反常增透效应。每个 Helmholtz 共振腔细管的长和宽分别为 0.5mm 和 1mm，共振腔的长与宽均为 5mm。平面声波从下而上入射该结构。图 6.50(a)为有限元仿真结果，作为对比，给出了声波透过同厚度含狭缝光滑平板的声场分布，如图 6.50(b)所示。计算中设固体边界为硬边界。

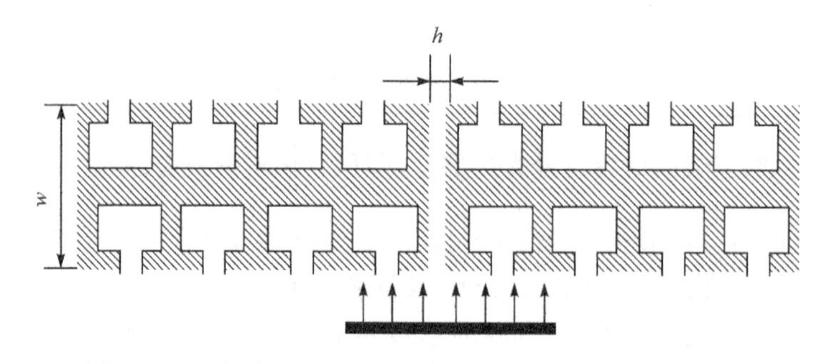

图 6.49 两侧含 Helmholtz 共振腔阵列的声学超材料平板

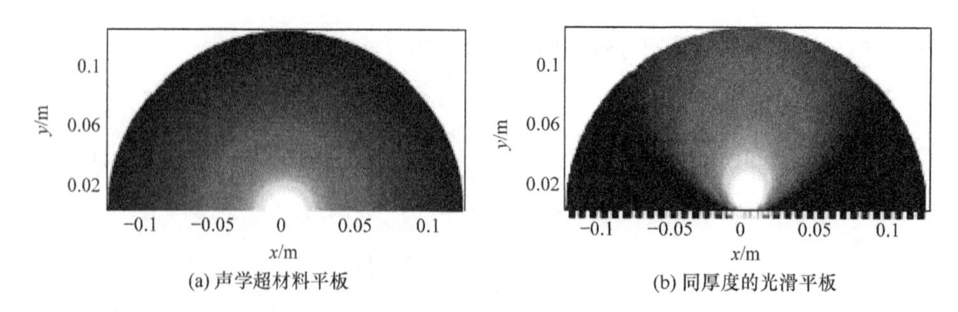

图 6.50 平面声波透射含狭缝平板的声强分布仿真结果

可以看到，两个模型中含狭缝的平板都产生了明显的声波增透效果，表明在平板表面设计 Helmholtz 共振腔阵列不对声波增透效应产生影响。但平板上部的透射声场分布有明显的区别，声波透过含狭缝光滑平板的声场分布类似于无指向性的单极子声源。由于透过狭缝的声波可视为平板边界附近的一点声源，因此这与

硬边界附近点声源产生的声场的理论分析结果一致。当两侧为 Helmholtz 共振腔阵列时，出射声场具有明显的指向性且没有明显的旁瓣，与偶极子声源的声场分布类似。这与软边界附近点声源产生声场的理论分析结果一致。上述结果说明 Helmholtz 共振腔阵列能有效地调节界面的声阻抗，实现声波的指向性辐射。

图 6.51 为平面声波入射含狭缝 Helmholtz 共振腔阵列声学超材料平板和光滑平板的透射谱。根据声辐射理论，声单极子的辐射效率正比于$(k_0a)^2$，偶极子的辐射效率正比于$(k_0a)^4$，其中，a 为点声源的尺寸，偶极子声源的辐射效率远低于单极声源。但从图 6.51 中可以看到，该声学超材料平板调制的出射声场模式类似于偶极子，但辐射效率与光滑平板类似于单极子模式的出射声场具有相同的数量级。这说明将声学超材料的表面阻抗调制与反常透射效应相结合，能够实现高效的偶极子声辐射，有利于实现高效的定向声辐射。

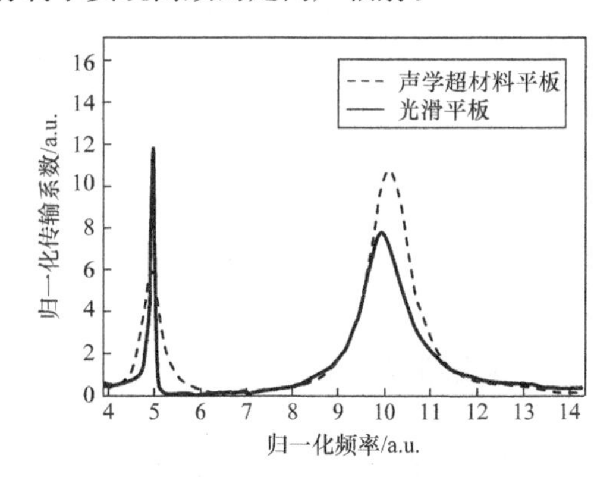

图 6.51　平面声波透过含 Helmholtz 共振腔阵列的声学超材料平板和光滑平板的透射谱

图 6.52(a)和(b)分别给出了 8600Hz 和 15000Hz 时含 Helmholtz 共振腔阵列声学超材料平板的声辐射特性仿真结果。可以看到，在 8600Hz 时平板的等效声阻抗率接近零，满足典型的偶极子定向声发射条件，但在 15000Hz 时，仍然出现了明显的偶极子定向声辐射特性。该结果表明声学超材料平板的定向声发射特性能在较宽的频段内保持。

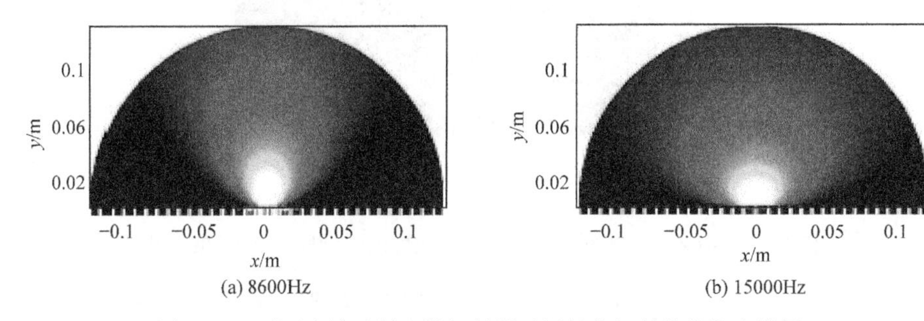

图 6.52　平面声波透射声学超材料平板的声辐射特性仿真结果

对于式(6.28)，当点声源的位置满足 $x_0=0$、$y_0\ll 1$、$Z'_s\neq 0$ 时，其近似为

$$G(x,y)=\frac{\mathrm{i}}{4\pi}\int_{-\infty}^{+\infty}\frac{2k_yZ'_s}{k_yZ'_s+\omega\rho}\frac{\mathrm{e}^{\mathrm{i}(k_xx+k_y|y|)}}{k_y}\mathrm{d}k_x \tag{6.34}$$

式(6.34)表明，从 0°($k_y=0$)～90°($k_x=0$)，声辐射强度积分项 $\mathrm{e}^{\mathrm{i}(k_xx+k_y|y|)}/k_y$ 在各个方向的贡献是不同的，随比例因子 $2k_yZ'_s/(k_yZ'_s+\omega\rho)$ 而变化，或者说声学超材料平板对不同方向的声辐射强度的调制可由比例因子 $2k_yZ'_s/(k_yZ'_s+\omega\rho)$ 来描述。当 $k_y=0$ 时，声辐射积分的比例因子为 0，表明沿 x 方向声辐射强度为 0。当 $k_y=\omega/c_0$，也即 $k_x=0$ 时，声辐射积分的比例因子最大，表明沿 y 方向的声辐射强度最大。当 Z'_s 较小时，受比例因子的调制，声辐射积分在沿 x 方向和 y 方向的变化趋于明显，声辐射能够保持明显的定向特性。而当 Z'_s 比较大甚至趋于无穷时，比例因子趋于 1，这时声辐射积分随方向的变化较小，声波的定向特性趋于不明显。因此，该声学超材料平板可以在一个较宽的频率范围内保持定向声发射特性。

根据上述分析，若能够使 Green 函数积分的比例因子 $2k_yZ'_s/(k_yZ'_s+\omega\rho)$ 随方向的变化率增大，则可进一步改善该声学超材料平板的声定向发射效果。为此，可以考虑引入负的声阻抗率。图 6.53 给出了 $Z'_s=-426\mathrm{kg/(m\cdot s)}$ 时，裁剪因子随频率和 k_x 的变化关系。可以看到，当 $k_x=0$ 时，裁剪因子趋于极大值，而当 k_x 由 0 增大时，裁剪因子迅速减小。

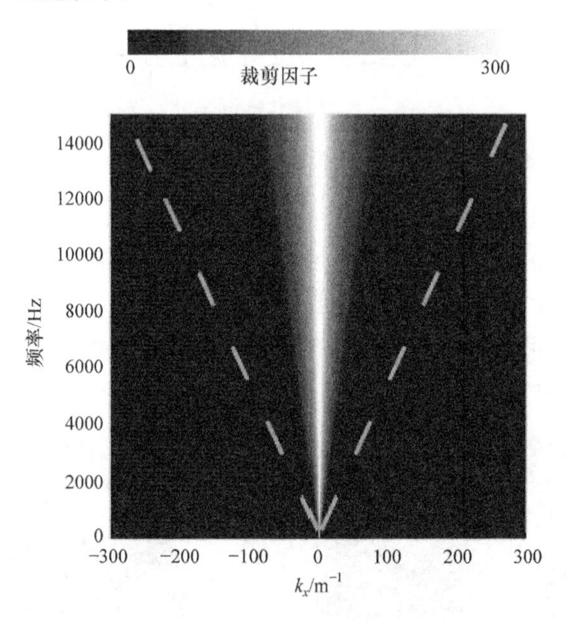

图 6.53　当 $Z'_s=-426\mathrm{kg/(m\cdot s)}$ 时，裁剪因子随频率和 k_x 的变化

图 6.54(a)为声阻抗率为负的含狭缝声学超材料平板在点声源激励时，辐射

出的声波声强分布的有限元仿真结果,图6.54(b)为理论计算的远场指向性图。可以看到,在距离声源60个波长(2.5m)处,声波依然具有非常好的指向性,并且观察不到明显的旁瓣。说明这样的边界条件能够实现较好的声波指向性发射。负阻抗率的声学超材料单元可通过在Helmholtz共振腔中引入压电薄膜而成为有源Helmholtz共振腔来实现。

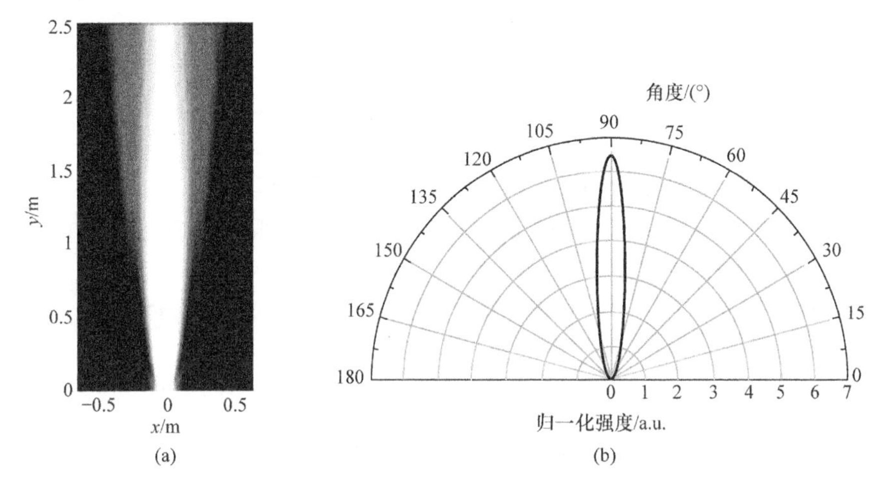

图6.54 负阻抗边界时点声源激励下含狭缝声学超材料平板的辐射声强分布图及远场指向性图

参考文献

[1] Pendry J B. Negative refraction makes a perfectlens[J]. Physics Review Letters, 2000, 85(18):3966-3969.

[2] Koschny T, Markos P, Smith D R, et al. Resonant and antiresonant frequency dependence of the effective parameters of metamaterials[J]. Physics Review E, 2003, 68(6):065602.

[3] Enoeh S, Tayeb G, Sabouroux P. A metamaterial for directive emission[J]. Physics Review Letters, 2002, 89(21):213902.

[4] YuanY, RanL X, Chen H S. Backward coupling waveguide coupler using left-handed material[J]. Applied Physics Letters, 2006, 88(21):211903.

[5] Liu X, Tyler T, Starr T, et al. Taming the blackbody with infrared metamaterials as selective thermal emitters[J]. Physical Review Letters, 2011, 107:045901.

[6] Noginov M A, Li H, Bamakov Y A, et al. Controlling spontaneous emission with metamaterials[J]. Optics Letters, 2010, 35:1863-1865.

[7] Liang B, Zou X Y, Yuan B, et al. Frequency-dependence of the acoustic rectifying efficiency of an acoustic diode mode[J]. Applied Physics Letters, 2010, 96(18):233511.

[8] Zheng H, Li F, Cai F. Phononic-crystal-based acoustic sieve for tunable manipulations of par-

ticles by a highly localized radiation force[J]. Physical Review Applied, 2014, 1: 051001.
[9] Denbigh P N. Swath bathymetry: Principles of operation and an analysis of errors[J]. IEEE Journal of Oceanic Engineering, 1989, 14(4): 289-298.
[10] Masnadi-Shirazi M A, De Moustier C, Cervenka P, et al. Differential phase estimation with the SeaMARC II bathymetric sidescan sonar system[J]. IEEE Journal of Oceanic Engineering, 1992, 17(3): 239-251.
[11] Kenneth M H. Three-dimensional acoustic imaging using micromechanical hydrophones[J]. Oceans'95, 1995, 2: 1174-1182.
[12] Belcher E O, Lynn D C, Dinh H Q, et al. Beamforming and imaging with acoustic lenses in small, high-frequency sonars[J]. OCEANS'99 MTS/IEEE, 1999, (3): 1495-1499.
[13] 李颂文. 声透镜波束形成技术[J]. 声学技术, 2007, 26(5): 771-774.
[14] Pendry J B. Negative refraction makes a perfect lens[J]. Physical Review Letters. 2000, 85(18): 3966-3969.
[15] Zhang S, Yin L, Fang N. Focusing ultrasound with an acoustic metamaterial network[J]. Physical Review Letters. 2009, 102(19): 194301.
[16] Ambati M, Fang N, Sun C, et al. Surface resonant states and superlensing in acoustic metamaterials[J]. Physical Review B, 2007, 75(19): 195447.
[17] Deng K, Ding Y, He Z, et al. Theoretical study of subwavelength imaging by acoustic metamaterial slabs[J]. Journal of Applied Physics, 2009, 105(12): 124903.
[18] Fokin V, Ambati M, Sun C, et al. Method for retrieving effective properties of locally resonant acoustic metamaterials[J]. Physical Review B, 2007, 76(14): 144302.
[19] 丁一群. 弹性波的双负超常材料[D]. 武汉: 武汉大学, 2009.
[20] He Z J, Li X C, Deng K, et al. Far-field focusing of acoustic waves by a two-dimensional phononic crystal with surface grating[J]. Europhysics Letters, 2009, 91: 57003.
[21] 邓科. 声子晶体及声超常材料的特性调控与功能设计[D]. 武汉: 武汉大学, 2010.
[22] Cai F Y, Liu F M, He Z J, et al. High refractive-index sonic material based on periodic subwavelength structure[J]. Applied Physics Letters, 2007, 91(20): 203515.
[23] Liu F M, Cai F Y, Peng S S, et al. Parallel acoustic near-field microscope: A steel slab with a periodic array of slits[J]. Physics Review E, 2009, 80(16): 026603.
[24] Haldane F D, Raghu S. Possible realization of directional optical waveguides in photonic crystals with broken time-reversal symmetry[J]. Physical Review Letters, 2008, 100(1): 013904.
[25] Fan L, Wang J, Varghese L T, et al. An all-silicon passive optical diode[J]. Science, 2012, 335: 447-450.
[26] Li B W, Wang L, Casati G. Thermal diode: Rectification of heat flux[J]. Physical Review Letters, 2004, 93(18): 184301.
[27] Chang C W, Okawa D, Majumdar A, et al. Solid-state thermal rectifier[J]. Science, 2006, 314: 1121-1124.
[28] Liang B, Yuan B, Cheng J C. Acoustic diode: Rectification of acoustic energy flux in one-di-

mensional systems[J]. Physical Review Letters, 2009, 103(10): 104301.

[29] Liang B, Guo X S, Tu J, et al. An acoustic rectifier[J]. Nature Material, 2010, 9: 989-992.

[30] Li X F, Ni X, Feng L, et al. Tunable unidirectional sound propagation through a sonic-crystal-based acoustic diode[J]. Physical Review Letters, 2011, 106(8): 084301.

[31] Li Y, Liang B, Gu Z M, et al. Unidirectional acoustic transmission through a prism with near-zero refractive index[J]. Applied Physics Letters, 2013, 103(5): 053505.

[32] Liang Z X, Feng T H, Lok S, et al. Space-coiling metamaterials with double negativity and conical dispersion[J]. Scientific Reports, 2013, 3: 1614.

[33] Sun H X, Zhang S Y, Shui X J. A tunable acoustic diode made by a metal plate with periodical structure[J]. Applied Physics Letters, 2012, 100(10): 103507.

[34] 孙宏祥. 人工结构介质中的声波非对称透射效应的研究[D]. 南京:南京大学, 2013.

[35] Li R Q, Liang B, Li Y, et al. Broadband asymmetric acoustic transmission in a gradient-index structure[J]. Applied Physics Letters, 2012, 101(17): 263502.

[36] Sha K, Yang J, Gan W S. Complex virtual source approach for calculating the diffraction beam field generated by a rectangular planar source[J]. IEEE Transactions on Ultrasonics, Ferroelectrics, and Frequency Control, 2003, 50(7): 890-897.

[37] Durnin J, Miceli J J, Eberly J H. Diffraction-free beams[J]. Physics Review Letter, 1987, 58: 1499-1501.

[38] Kaminer I, Bekenstein R, Nemirovsky J, et al. Nondiffracting accelerating wave packets of Maxwell's equations[J]. Physics Review Letter, 2012, 108: 163901.

[39] Wen J H, Yu D L, Liu J W, et al. Theoretical and experimental investigations of flexural wave propagation in periodic grid structures designed with the idea of phononic crystals[J]. Chinese Physics B, 2009, 18(6): 2404-2411.

[40] Wen J H, Yu D L, Cai L, et al. Acoustic directional radiation operating at the pass band frequency in two-dimensional phononic crystals[J]. Journal of Physics D: Applied Physics, 2009, 42: 115417.

[41] Cheng Y, Xu J Y, Liu X J. Tunable sound directional beaming assisted by acoustic surface[J]. Applied Physics Letters, 2010, 96(7): 071910.

[42] 程营. 人工结构介质中的声传输研究[D]. 南京:南京大学, 2011.

[43] Quan L, Zhong X, Liu X Z, et al. Effective impedance boundary optimization and its contribution to dipole radiation and radiation pattern control[J]. Nature Communications, 2014, 5: 3188.

[44] 全力. 声学人工结构对声学材料性质与边界的调控研究[D]. 南京:南京大学, 2014.

彩　　图

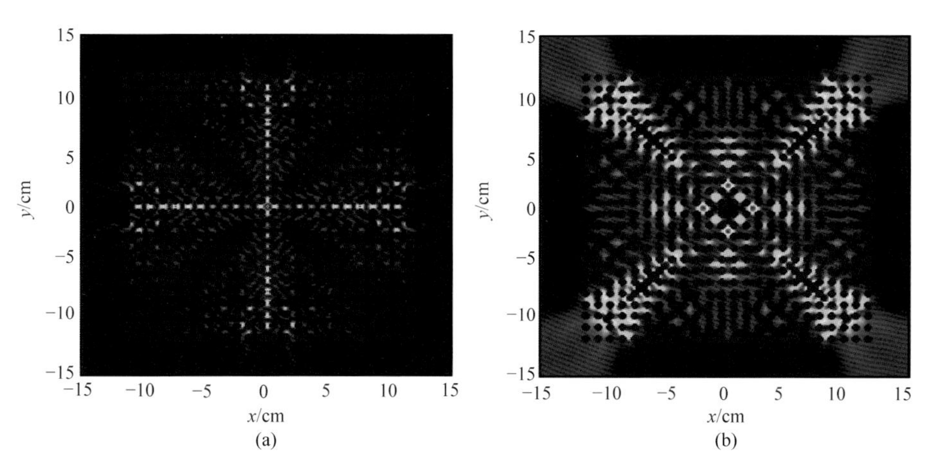

图 2.21　二维固/液周期系统中第一带隙边缘频率处的弹性波波场分布

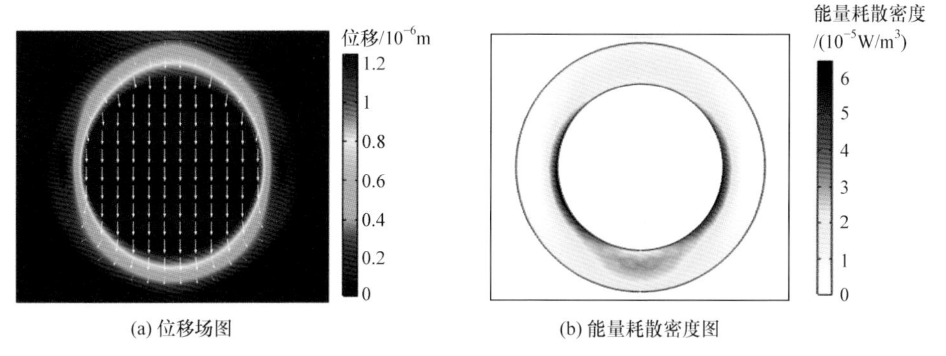

图 3.26　局域共振复合橡胶材料在第一吸声峰值频率处(460Hz)的位移场和能量耗散密度

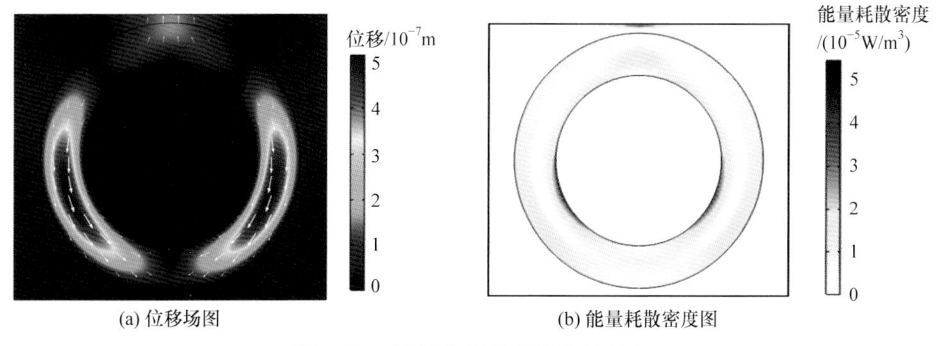

图 3.27　局域共振复合橡胶材料在第二吸声峰值频率处(1390Hz)的位移场和能量耗散密度

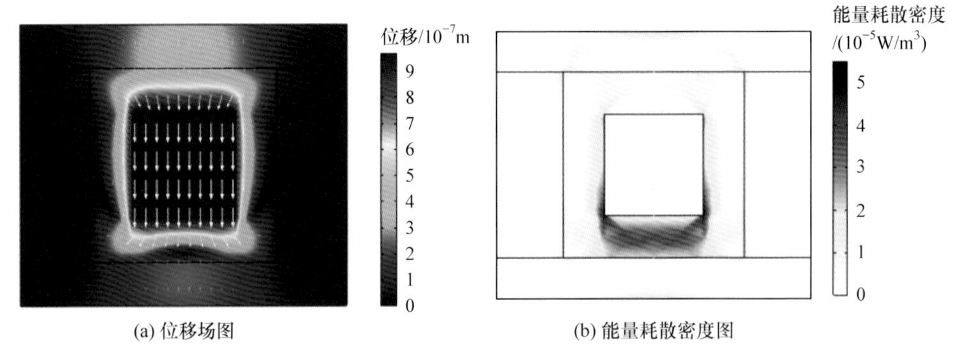

图 3.36 柱形局域共振结构 550Hz 处的位移场图及能量耗散密度

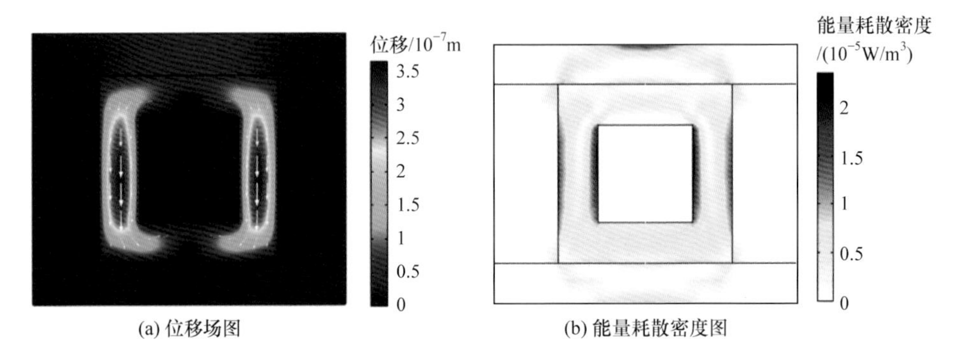

图 3.37 柱形局域共振结构 1470Hz 处的位移场图及能量耗散密度

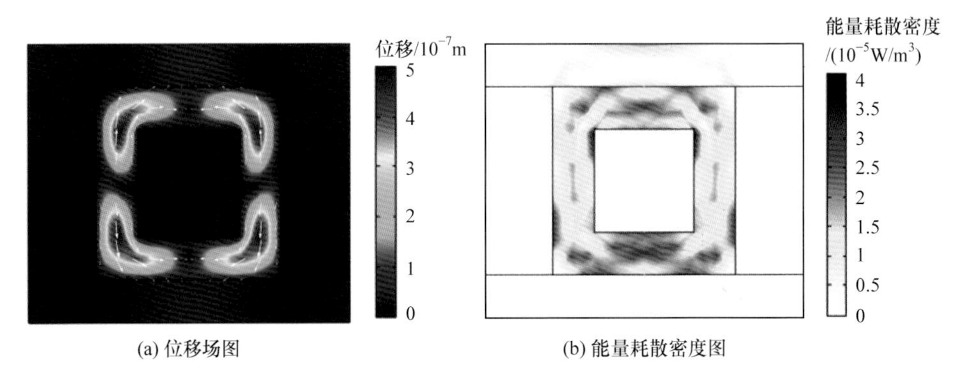

图 3.38 柱形局域共振结构 2030Hz 处的位移场图及能量耗散密度

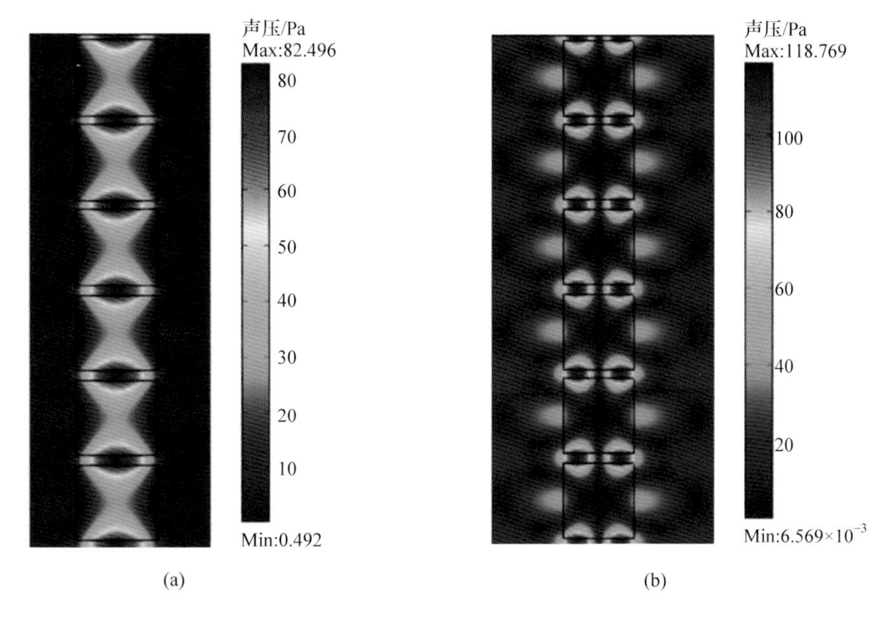

(a) (b)

图 3.65 平面波入射周期格栅结构在透射峰处的波场分布

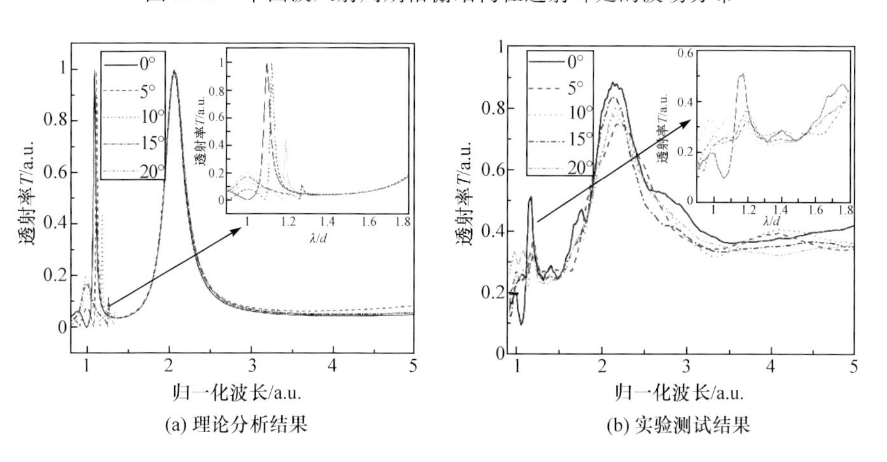

(a) 理论分析结果 (b) 实验测试结果

图 3.67 平面声波沿不同角度入射周期格栅平板的声波增透特性

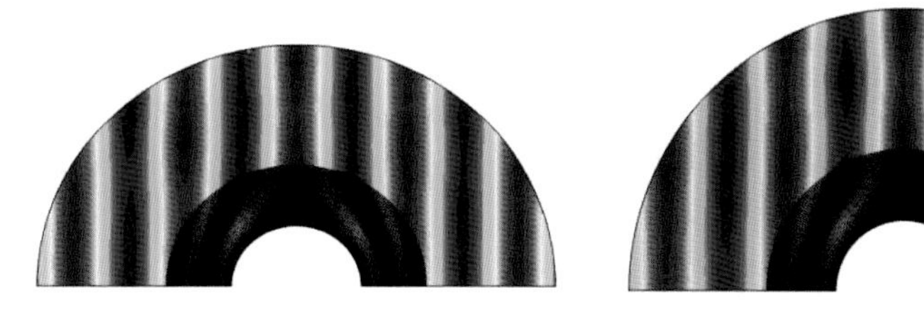

(a) 原变换下总声压场分布 (b) 新变换下总声压场分布

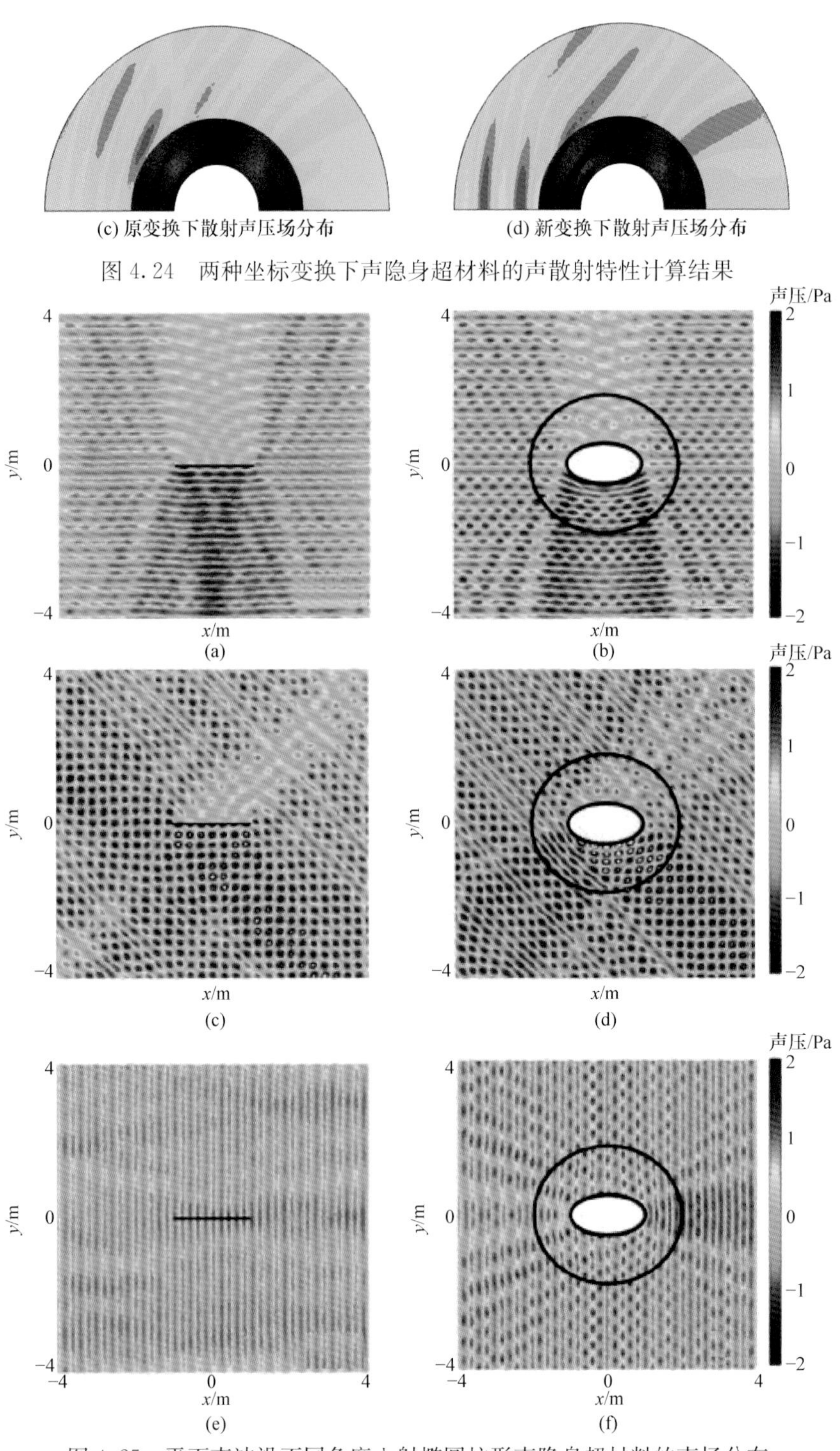

图 4.24　两种坐标变换下声隐身超材料的声散射特性计算结果

图 4.25　平面声波沿不同角度入射椭圆柱形声隐身超材料的声场分布

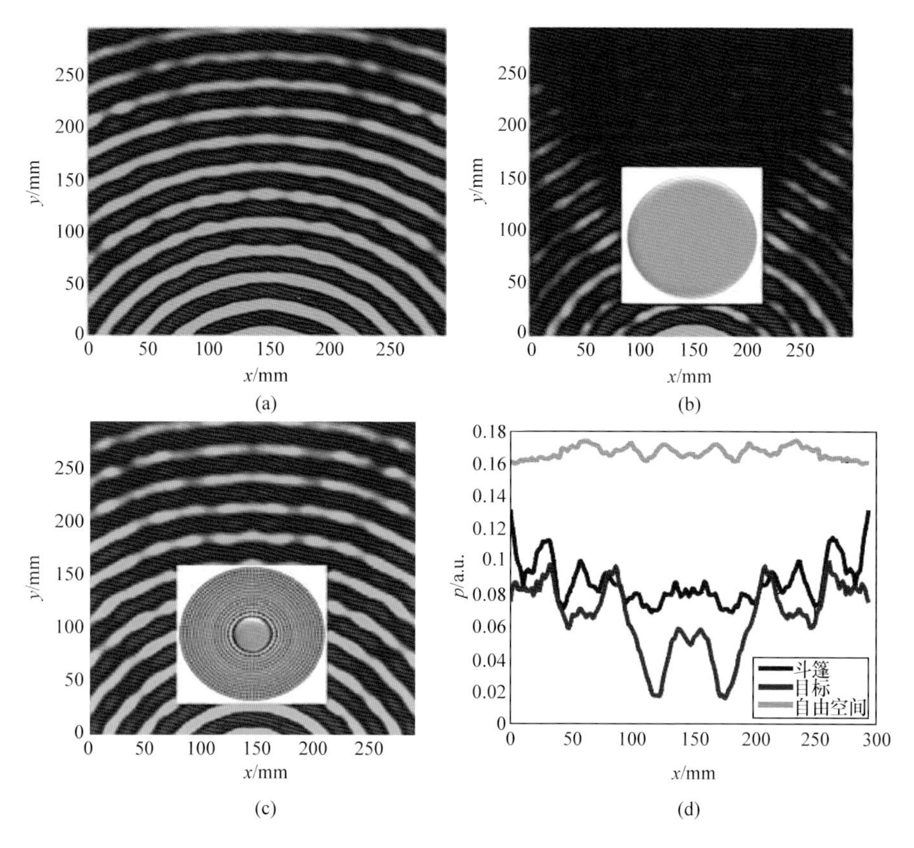

图 4.28　惯性隐身超材料的声波控制效果

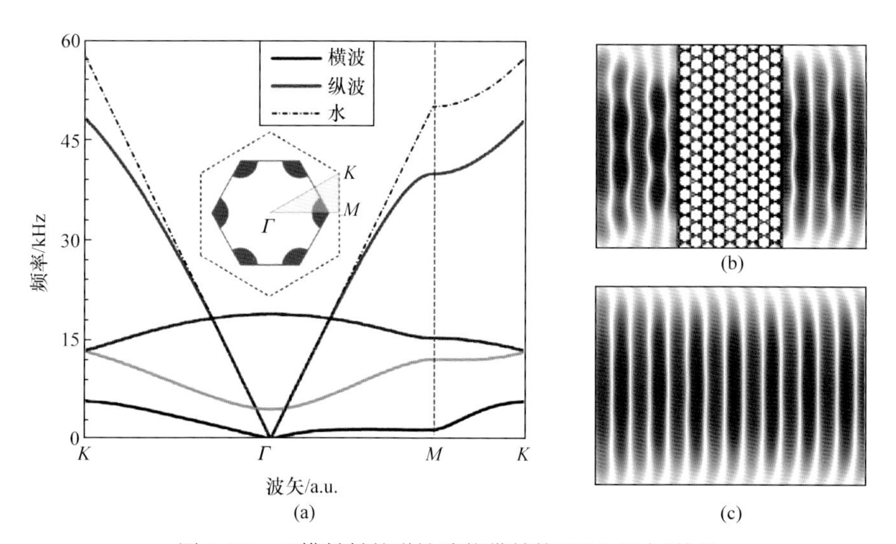

图 4.30　五模材料的弹性波能带结构及“金属水”特性

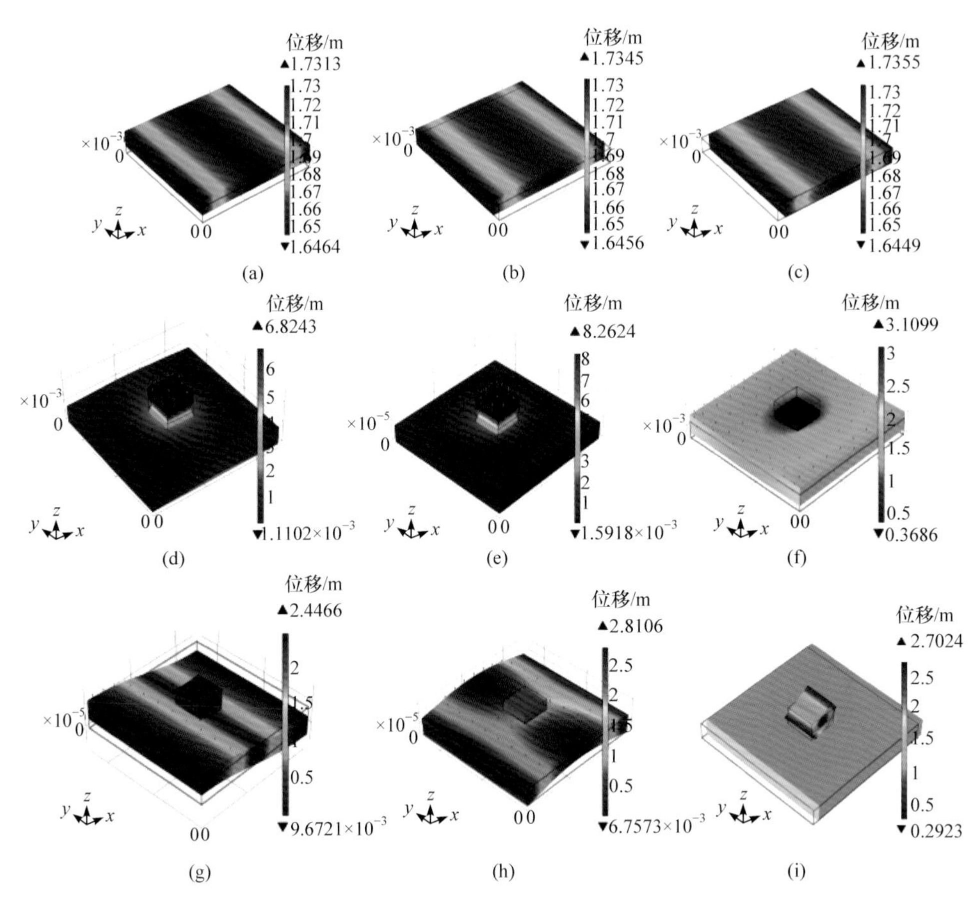

图 5.4　声学超材料夹层板本征模式对应的位移场分布

(a)～(i)分别对应于图 5.3 中标注为 a～i 的位置的本征模式

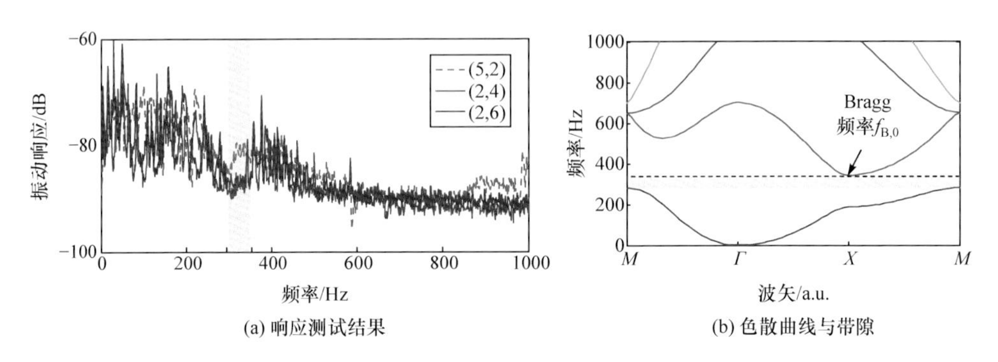

(a) 响应测试结果　　(b) 色散曲线与带隙

图 5.14　样品-Ⅰ的振动响应测试结果(单点响应)及理论带隙范围

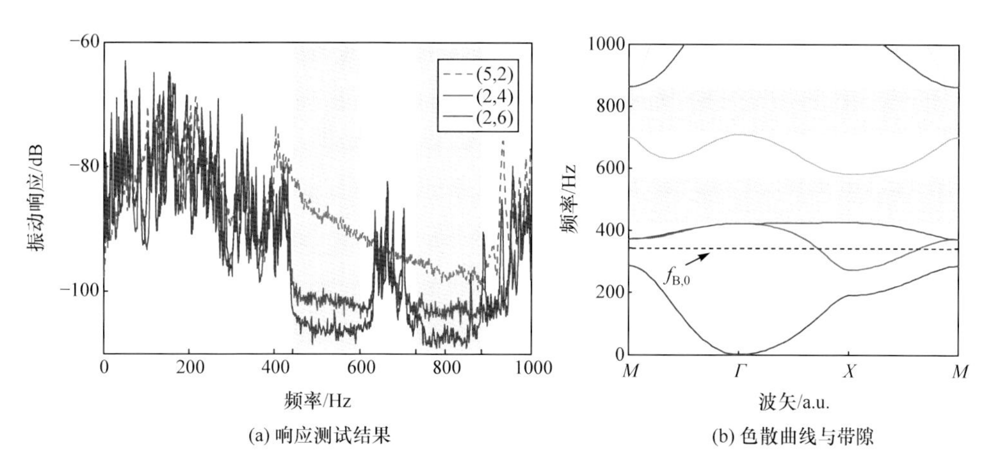

图 5.15　样品-Ⅱ的振动响应测试结果(单点响应)及理论带隙范围

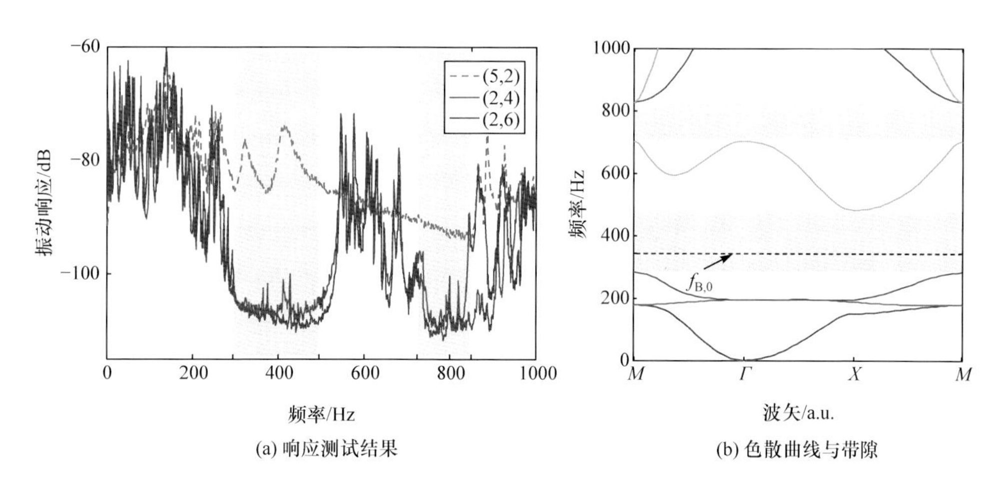

图 5.16　样品-Ⅲ的振动响应测试结果(单点响应)及理论带隙范围

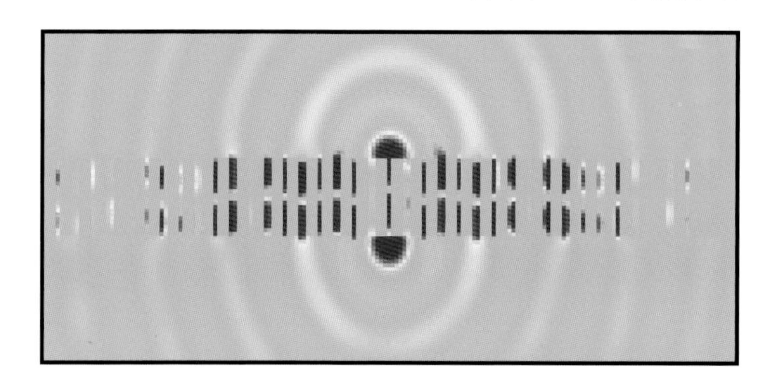

图 6.19　各向异性声学超材料平板的成像效果

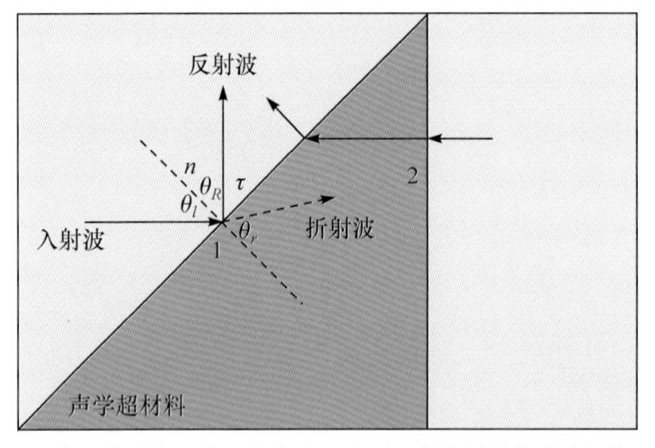

(a) 实现声单向传输的结构:由一个零折射率材料构成的棱镜

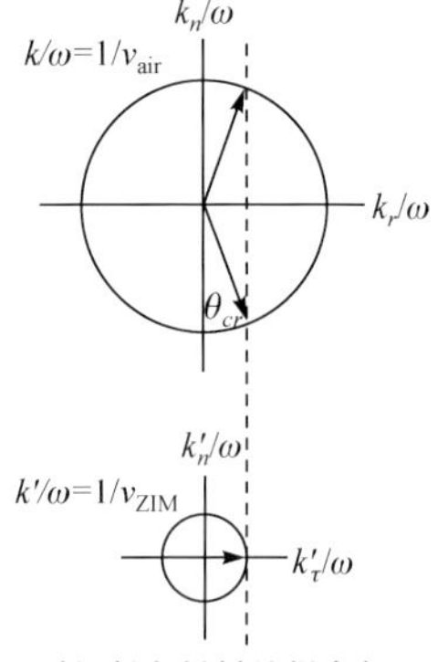

(b) 零折射率材料的慢度矢量图

图 6.21　零折射率材料棱镜及波传播分析

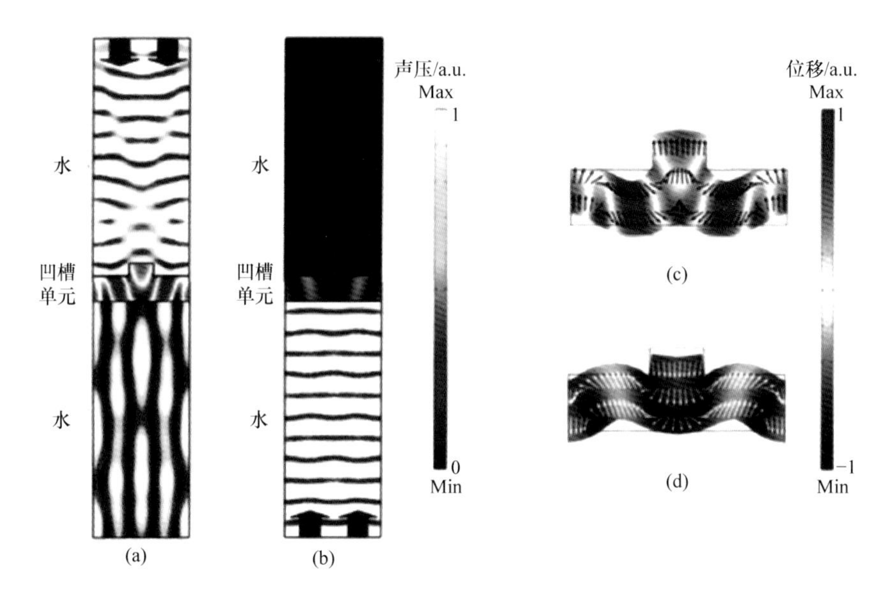

图 6.28　数值模拟频率为 844kHz 的平面波激发样品结构产生的声能流场（单元结构的上下部分的水）及位移场（单元结构内部）分布图

(a)和(b)为 TI、BI 单元结构的位移场分布图；(c)和(d)为 TI、BI 位移场放大图，箭头指向表示位移场的振动方向